# "碳中和多能融合发展"丛书编委会

**主 编:**

刘中民　　中国科学院大连化学物理研究所所长/院士

**编 委:**

包信和　　中国科学技术大学校长/院士

张锁江　　中国科学院过程工程研究所研究员/院士

陈海生　　中国科学院工程热物理研究所所长/研究员

李耀华　　中国科学院电工研究所所长/研究员

吕雪峰　　中国科学院青岛生物能源与过程研究所所长/研究员

蔡　睿　　中国科学院大连化学物理研究所研究员

李先锋　　中国科学院大连化学物理研究所副所长/研究员

孔　力　　中国科学院电工研究所研究员

王建国　　中国科学院大学化学工程学院副院长/研究员

吕清刚　　中国科学院工程热物理研究所研究员

魏　伟　　中国科学院上海高等研究院副院长/研究员

孙永明　　中国科学院广州能源研究所副所长/研究员

葛　蔚　　中国科学院过程工程研究所研究员

王建强　　中国科学院上海应用物理研究所研究员

何京东　　中国科学院重大科技任务局材料能源处处长

"十四五"国家重点出版物出版规划项目

国家出版基金项目
NATIONAL PUBLICATION FOUNDATION

**碳中和多能融合发展丛书**

刘中民　主编

# 物理储能技术

陈海生　徐玉杰　著

科学出版社
龙门书局
北京

# 内 容 简 介

　　本书是一部系统论述物理储能技术的专著，分三篇全面系统地展示压缩空气储能、蓄热和飞轮储能等物理储能技术基本原理与集成理论、系统分析优化方法、典型系统特性规律、系统与关键部件优化设计、典型系统实例与应用等。

　　本书可作为能源动力及其相关专业的本科生和研究生参考用书，也可供从事能源动力领域的科研、管理、设计、运行等工作的人员阅读参考。

**图书在版编目(CIP)数据**

物理储能技术 / 陈海生, 徐玉杰著. -- 北京 ： 龙门书局, 2024. 12. --（碳中和多能融合发展丛书 / 刘中民主编). -- ISBN 978-7-5088-6500-3

Ⅰ. TK02

中国国家版本馆 CIP 数据核字第 2024XM3367 号

责任编辑：吴凡洁 / 责任校对：王萌萌
责任印制：师艳茹 / 封面设计：有道文化

科 学 出 版 社
龙 门 书 局　出版
北京东黄城根北街 16 号
邮政编码：100717
http://www.sciencep.com

北京中科印刷有限公司印刷
科学出版社发行　各地新华书店经销
\*
2024 年 12 月第 一 版　开本：787×1092　1/16
2024 年 12 月第一次印刷　印张：24
字数：568 000

定价：168.00 元
(如有印装质量问题，我社负责调换)

2020 年 9 月 22 日，习近平主席在第七十五届联合国大会一般性辩论上发表重要讲话，提出"中国将提高国家自主贡献力度，采取更加有力的政策和措施，二氧化碳排放力争于 2030 年前达到峰值，努力争取 2060 年前实现碳中和"。"双碳"目标既是中国秉持人类命运共同体理念的体现，也符合全球可持续发展的时代潮流，更是我国推动高质量发展、建设美丽中国的内在需求，事关国家发展的全局和长远。

要实现"双碳"目标，能源无疑是主战场。党的二十大报告提出，立足我国能源资源禀赋，坚持先立后破，有计划分步骤实施碳达峰行动。我国现有的煤炭、石油、天然气、可再生能源及核能五大能源类型，在发展过程中形成了相对完善且独立的能源分系统，但系统间的不协调问题也逐渐显现，难以跨系统优化耦合，导致整体效率并不高。此外，新型能源体系的构建是传统化石能源与新型清洁能源此消彼长、互补融合的过程，是一项动态的复杂系统工程，而多能融合关键核心技术的突破是解决上述问题的必然路径。因此，在"双碳"目标愿景下，实现我国能源的融合发展意义重大。

中国科学院作为国家战略科技力量主力军，深入贯彻落实党中央、国务院关于碳达峰碳中和的重大决策部署，强化顶层设计，充分发挥多学科建制化优势，启动了"中国科学院科技支撑碳达峰碳中和战略行动计划"（以下简称行动计划）。行动计划以解决关键核心科技问题为抓手，在化石能源和可再生能源关键技术、先进核能系统、全球气候变化、污染防控与综合治理等方面取得了一批原创性重大成果。同时，中国科学院前瞻性地布局实施"变革性洁净能源关键技术与示范"战略性先导科技专项（以下简称专项），部署了合成气下游及耦合转化利用、甲醇下游及耦合转化利用、高效清洁燃烧、可再生能源多能互补示范、大规模高效储能、核能非电综合利用、可再生能源制氢/甲醇，以及我国能源战略研究等八个方面研究内容。专项提出的"化石能源清洁高效开发利用"、"可再生能源规模应用"、"低碳与零碳工业流程再造"、"低碳化、智能化多能融合"四主线"多能融合"科技路径，为实现"双碳"目标和推动能源革命提供科学、可行的技术路径。

"碳中和多能融合发展"丛书面向国家重大需求，响应中国科学院"双碳"战略行动计划号召，集中体现了国内，尤其是中国科学院在"双碳"背景下在能源领域取得的关键性技术和成果，主要涵盖化石能源、可再生能源、大规模储能、能源战略研究等方向。丛书不但充分展示了各领域的最新成果，而且整理和分析了各成果的国内国际发展情况、产业化情况、未来发展趋势等，具有很高的学习和参考价值。希望这套丛书可以为能源领域相关的学者、从业者提供指导和帮助，进一步推动我国"双碳"目标的实现。

中国科学院院士

2024 年 5 月

# 前言

2020年9月22日，习近平主席在第七十五届联合国大会一般性辩论中提到："中国将提高国家自主贡献力度，采取更加有力的政策和措施，二氧化碳排放力争于2030年前达到峰值，努力争取2060年前实现碳中和。"大力发展可再生能源，不断提高非化石能源消费在能源结构中的比重，加快构建清洁低碳、安全高效新型能源体系，是提高能源供给保障能力、实现"双碳"目标的根本途径。

可再生能源具有波动性、随机性等特性，实现其大规模利用尚存在挑战。储能作为灵活性调节装置，是解决可再生能源大规模高水平利用、保障供能安全可靠的核心支撑技术。物理储能技术作为储能技术的重要分支，具有寿命长、成本低、规模大、技术相对成熟、安全环保等优势，应用前景广阔。

目前，我国关于物理储能技术方面的书籍比较少。为进一步推动我国物理储能技术高水平发展，中国科学院工程热物理研究所组织在设计和工程应用方面具有丰富经验的相关专家及专业技术人员，完成了本书的撰写工作。

本书分三篇全面系统地介绍压缩空气储能、蓄热和飞轮储能的基本原理、国内外研究现状、关键材料制备与性能、核心部件(单元)设计与性能、系统设计优化与集成方法、典型实例与应用等。本书共14章：第1～5章介绍压缩空气储能技术，包括压缩空气储能概述(第1章)、系统建模(第2章)、系统优化分析方法(第3章)、典型系统全工况特性(第4章)、系统与关键部件优化设计(第5章)；第6～9章介绍蓄热技术，包括蓄热概述(第6章)、蓄热材料(第7章)、蓄热单元(第8章)、蓄热系统(第9章)；第10～14章介绍飞轮储能技术，包括飞轮储能概述(第10章)、飞轮技术(第11章)、飞轮电机(第12章)、轴承及飞轮电机轴系转子动力学(第13章)、变流器(第14章)。

本书内容翔实丰富，涵盖物理储能技术的主要方面，兼顾关键科学理论与实际工程应用，深入浅出地介绍主要物理储能技术的工作原理和特性，力争反映我国物理储能技术的最新进展。本书适合物理储能技术上下游企业和科研单位的研发人员与工程技术人员参考，也可作为高等院校相关专业师生的参考书。

本书作者皆为奋战在储能领域一线的专家、学者，详见编撰委员会名单。感谢参与撰写的全体同志。由于作者理论水平和实际经验有限，书中难免存在不足之处，恳请读者批评指正。

作 者

2024年10月

# 目录

## 第二篇　蓄　热

## 第三篇　飞　轮　储　能

# 第一篇　压缩空气储能

# 第 1 章

# 压缩空气储能概述

本章首先分析储能技术的作用及其应用前景，然后介绍物理储能技术中压缩空气储能技术分类及其原理，最后进一步详细介绍各类压缩空气储能技术的国内外研发与应用现状。

# 1.1　市场应用前景

### 1.1.1　应用价值分析

大规模开发利用可再生能源是实现"双碳"目标的重要途径，我国未来能源结构中可再生能源将从补充能源变为主体能源，以集中式为主的电力系统将转化成以集中式和分布式相结合、以新能源为主体的新型电力系统，这将推动能源的生产、运输、消费、技术和体制的深刻变革。

在这场能源变革中，电力是主力军，新能源是关键。2021 年，可再生能源在全球新增发电装机容量中的占比超过 90%，未来仍会保持较快的增长。但是，可再生能源具有强烈的随机性、波动性，其大规模接入对电力系统的安全、稳定运行带来新的挑战。储能作为优质的灵活性调节资源，将在高比例可再生能源的电力系统中发挥重要作用。图 1-1 显示了并网型储能潜在应用场景，储能在电力系统的发、输、配、用等环节都起重要作用。在发电侧，储能可起到辅助动态服务、延缓新建机组和平滑可再生能源输出等作用；在电网侧，储能可起到调峰、调频、备用容量、无功支撑、缓解线路阻塞和延缓输配电扩容等作用；在用户侧，储能可起到紧急备用、提升电能质量、容量费用管理和

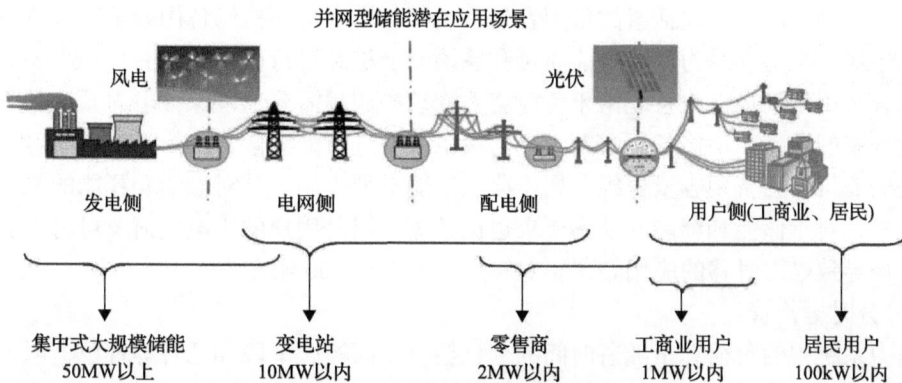

图 1-1　并网型储能潜在应用场景

电价管理等作用。具体应用如下。

(1)平滑可再生能源输出。

在负荷低或限电时，压缩空气储能可将间歇的、不稳定的可再生能源储存起来，在负荷高或不限电时，压缩空气储能可输出连续、稳定的电力。这一应用使得压缩空气储能和可再生能源作为一个完整系统，其输出是可控可调度的，减少了电力系统备用机组容量，使间歇性可再生能源变成电网友好和可调度的电能。

(2)辅助动态运行。

辅助动态运行是指压缩空气储能和火电机组共同按照调度要求调整输出功率，尽可能地减小火电机组输出功率的波动范围，尽可能地让火电机组在接近经济运行状态下工作，可以提高火电机组的效率，减少碳排放，同时可以避免动态运行对机组寿命的损害，减少设备维护和更换设备的费用。

(3)调峰。

电力系统在实际运行过程中，总的用电负荷曲线并不是一条水平的直线，而是有高峰和低谷之分。高峰负荷仅在一天的某个时段出现，因此需要配备一定的发电机组在高峰负荷时发电，以满足电力需求，实现电力系统中电力生产和电力消费间的平衡。压缩空气储能可以作为电力系统的调峰机组，在用电负荷低谷时段进行储能系统充电，在用电负荷高峰时段将存储的电量释放。

(4)调频。

电力系统频率是电能质量的主要指标之一，反映的是发电有功功率和负荷之间的平衡关系。实际运行中，频率并不能时刻保持在基准频率状态，当电力系统中原动机的功率和负荷功率发生变化时，必然会引起电力系统频率的变化。在传统能源结构中，电网短时间内的能量不平衡是由传统机组(在我国主要是火电和水电)通过响应自动发电控制(automatic generation control, AGC)信号来进行调节的。随着新能源的并网，风光的波动性和随机性使得电网短时间内的能量不平衡加剧，传统能源(特别是火电)由于调频速度慢，在响应电网调度指令时具有滞后性，不能满足新增的需求。压缩空气储能调频速度相对较快，可以灵活地在储能和释能状态之间转换，是较好的调频资源。

(5)备用容量。

电力系统备用容量包括事故备用容量、负荷备用容量和检修备用容量。事故备用容量是在应对突发情况时为保障电能质量和系统安全稳定运行而预留的有功功率储备。负荷备用容量用于满足电力系统由于负荷突然变动的调频需要，以保证电力系统频率符合标准而增设的容量。检修备用容量为电力设备预期进行的大修、小修而增设的容量。压缩空气储能可作为备用容量机组，属于典型的能量型应用，其对储能和释能的时间没有严格要求，对于储能和释能的功率要求也比较宽，但是用户的用电负荷及可再生能源的发电特征导致电力时移的应用频率相对较高，每年在 200 次左右。

(6)分时电价管理。

电力系统中的负荷总量随着时间的变化会出现高峰、平段和低谷等现象，电力部门根据这些特点，将每天的 24h 划分为高峰、平段和低谷等多个时段，对各时段分别制定不同的电价水平，即分时电价，基于分时电价，用户可以根据自己的实际情况安排用电计划，将电价较高时段的电力需求转移到电价较低的时段实现，从而达到降低总体电价水平的目的，即分时电价管理。分时电价管理与移峰很相似，但分时电价管理是基于分时电价体系来实现的。在实施了分时电价的电力市场中，储能是帮助电力用户实现分时电价管理的理想手段。在电价较低时给储能系统充电，在高电价时释能，在不改变用户用电习惯的情况下通过低存高放来降低整体用电成本。

(7) 容量费用管理。

在电力市场中，存在两种形式的电价，一种是电量电价，另一种是容量电价。其中，电量电价指的是按照实际发生的交易电量计费的电价，具体到用户侧，则指的是按用户所用电量计费的电价。容量电价与电量电价不同，它主要取决于用户用电功率的最高值，与该功率下使用的时间长短以及用户用电总量都无关。容量费用管理是指在不影响正常生产的情况下，通过降低最高用电功率，从而降低容量费用。用户可以利用储能系统在用电低谷时储能，在用电高峰时释能，从而降低整体负荷，达到降低容量费用的目的。

(8) 提高供电可靠性。

发生停电故障时，储能能够将储备的能量供应给终端用户，避免故障修复过程中的电能中断，以保证供电可靠性。该应用中的储能必须具备高质量和高可靠性的要求，储能时间和释能时间主要与安装地点相关：一方面，提高可靠性对应的经济效益与停电损失有关，而在某次停电事件中不同的负荷所受影响是不同的；另一方面，有些重要负荷涉及公共安全、灾后救援以及战时的一些特殊情况，这样的情况下提供电力供应保证服务的价值是非常难量化的。

(9) 提高电能质量。

储能技术用于提高电能质量，是指在负荷端的储能能够在短期故障的情况下保持电能质量，减少电压波动、频率波动、功率因数、谐波以及秒级到分钟级的负荷扰动等对电能质量的影响。与提高供电可靠性类似，通过储能提高电能质量获得收益，主要与发生电能质量不合格事件的次数及低质量的电力服务给用户造成的损失程度有关，同时配备的储能系统的容量等指标也影响该部分收益。

(10) 提供无功支撑。

在交流供电系统中，电感和电容都是必不可少的负载，如电动机、变压器等铁磁性负载，如果没有感性无功的励磁，设备无法正常工作，如远距离送电的线路本身，就是容性负载，只要是送电过程就相当于电容器在工作。也就是说在交流供电系统中，无功的存在对能量的传输和交换有巨大意义，不可缺少，甚至离开无功功率的交换系统就不能正常工作。储能系统可以通过控制其运行来提供电网所需的无功功率支撑，以维持电网稳定运行。

### 1.1.2　市场需求与前景

从全球来看，储能正以前所未有的速度发展，据不完全统计，截至 2023 年底，全球已投运储能项目累计装机功率约 289.2GW，相比 2022 年同期增长 21.9%；我国已投运储能项目累计装机功率 86.5GW，2023 年新增装机功率 21.5GW[1]。根据国际能源署 (International Energy Agency, IEA) 预测，到 2030 年全球储能装机功率将达到 438GW。根据国际可再生能源署(International Renewable Energy Agency, IRENA)的预测, 到 2030 年全球储能装机功率将达到 540GW 以上[2]。世界能源理事会(World Energy Council, WEC)预测, 到 2030 年全球储能总装机功率将达 450GW。国家发展改革委、国家能源局《关于加快推动新型储能发展的指导意见》指出[3], 到 2025 年, 实现新型储能从商业化初期向规模化发展转变, 新型储能技术装机功率达 3000 万 kW 以上, 新型储能在推动能源领域碳达峰碳中和过程中发挥显著作用; 到 2030 年, 实现新型储能全面市场化发展, 新型储能成为能源领域碳达峰碳中和的关键支撑之一。

电力系统对储能技术的需求可以分为功率服务和能量服务两类。对于功率服务, 储能要满足电网的暂态稳定和短时功率平衡需求, 需要响应快速的储能技术。对于能量服务, 储能用于长时间的功率调节和电能存储, 主要解决系统峰谷调节以及输配电线路阻塞等问题, 需要具备一定规模和高能量转换效率的储能技术。压缩空气储能与抽水蓄能相似, 是一种典型长时间尺度的大规模物理储能技术, 具有大功率、大容量、储能周期灵活、低成本、长寿命、本质安全等技术特点, 属于能量型储能技术, 在电力的生产、输送和消费等环节具有重要的应用需求和应用价值。

随着可再生能源的快速发展, 电力系统对长时储能的需求越来越迫切, 压缩空气储能等新型长时储能(除抽水蓄能外)开始进入快速发展阶段。2021 年, 我国新建成的压缩空气储能电站装机功率 170MW, 包括山东肥城 10MW 先进压缩空气储能电站、江苏金坛 60MW 无补燃压缩空气储能电站和河北张家口 100MW 先进压缩空气储能电站; 2022 年, 已有单机 300MW 级先进压缩空气储能项目开工建设, 储能时长也从 4h 增至 6h, 满足长时电力需求。2023 年 12 月, 国家能源局公布了 56 个新型储能试点示范项目, 其中有 11 个为压缩空气储能, 功率为 2610MW, 容量为 13750MW·h。压缩空气储能具有广阔的发展潜力, 根据美国能源大挑战市场报告(图 1-2), 到 2030 年, 全球压缩空气储能的装机容量将达到 60GW·h[4]。

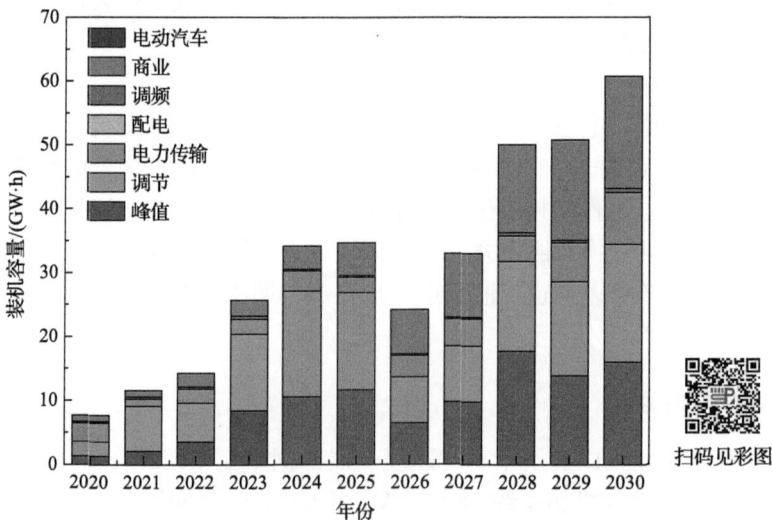

扫码见彩图

图 1-2　压缩空气储能系统装机的预测

## 1.2　分类与原理

自 1949 年 Stal Laval 提出可利用地下洞穴储存压缩空气以来，国内外学者对压缩空气储能(compressed air energy storage, CAES)系统开展了大量研究，技术取得了进步，特别是近 10 年发展迅速，国内外学者通过改变工质或其状态、优化系统流程、与其他技术耦合等方法，提出了多种新型压缩空气储能系统。压缩空气储能系统的类型主要包括传统压缩空气储能系统和绝热压缩空气储能系统等其他新型系统。

1) 传统压缩空气储能系统

传统 CAES 系统是基于燃气轮机技术发展起来的物理储能技术，系统原理如图 1-3 所示。储能时，利用低谷低质电驱动压缩机将空气压缩至高压，然后储存在高压储气室中，将电能转换成空气内能；释能时，高压空气从储气室释放，进入燃烧室同燃料一起燃烧，高温高压气体驱动膨胀机做功发电，将内能转换成电能。传统 CAES 系统的膨胀机排气温度较高，可回收这部分余热加热膨胀机入口空气，以提高系统效率。传统 CAES 系统一般将高压空气储存在地下的盐穴、岩穴等天然洞穴中，而且需要燃烧石油或天然气等化石燃料。

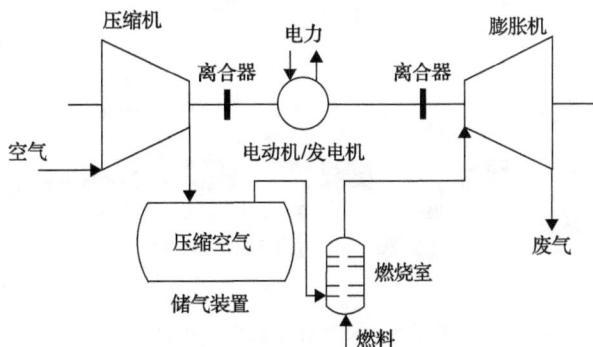

图 1-3　传统 CAES 原理图

2) 绝热压缩空气储能系统

绝热压缩空气储能(adiabatic compressed air energy storage, A-CAES)系统原理如图 1-4 所示。储能时，电力驱动压缩机将空气压缩至高温高压，同时回收压缩机末级压缩热并将其储存于蓄热器，冷却后的高压空气储存在储气室中；释能时，高压空气从储气室释放，并利用储存的压缩热加热高压空气，然后驱动膨胀机做功发电。A-CAES 系统回收利用了压缩热，取消了燃烧化石燃料，不仅可提高系统效率，还可摆脱对化石燃料的依赖，具有高效、环境友好、结构较简单等优点。

3) 蓄热式压缩空气储能系统

蓄热式压缩空气储能(thermal storage CAES, TS-CAES)系统原理(图 1-5)与 A-CAES 系统类似，其区别为：TS-CAES 系统回收储存压缩机级间热，而 A-CAES 系统只在压缩机末级回收储存压缩热，因此 TS-CAES（在没有外热源情况下）的蓄热温度一般低于 A-CAES 系统的蓄热温度；TS-CAES 系统可储存利用太阳能、工业余热等，提升膨胀机入口空气温度，增加膨胀机的输出功，提高系统能量密度和效率。图 1-5 为一种回收间冷热的 TS-CAES 系统，通过双罐间接蓄热的方式进行蓄热。

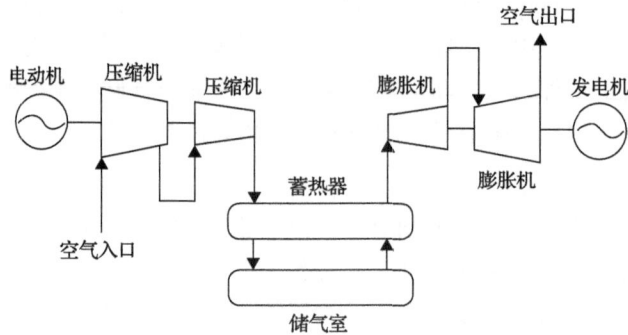

图 1-4  A-CAES 系统原理图

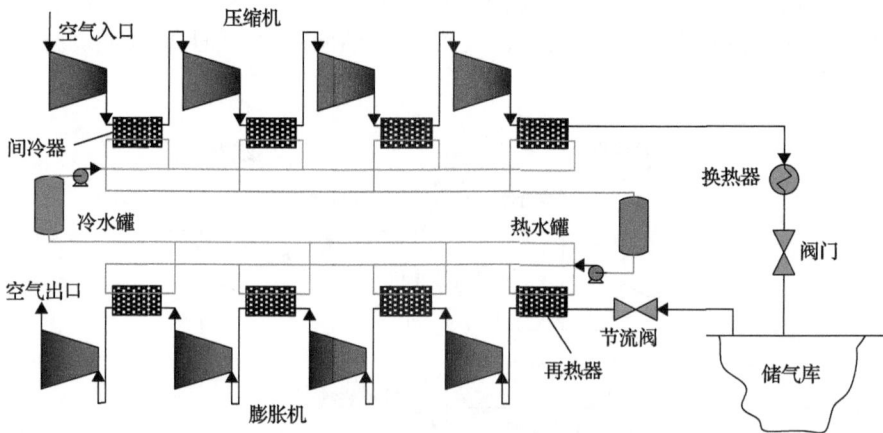

图 1-5  TS-CAES 系统原理图

4）液态空气储能系统

液态空气储能（liquid air energy storage, LAES）系统是将电能转化为液态空气内能以实现能量存储的技术。图 1-6 为一种 LAES 系统原理图。储能时，利用低质低谷电能将空气压缩、冷却、液化后储存在低温储罐中；发电时，液态空气从储罐中释放，加压后送入蓄冷装置将冷量回收储存，并使液态空气汽化，高压气态空气通过换热器进一步升温后进入膨胀机膨胀做功发电。液态空气的密度远大于气态空气，因此 LAES 系统储能密度远高于以气态空气形式储存的 CAES 系统，减小了系统占地面积。

5）超临界压缩空气储能系统

2009 年，中国科学院工程热物理研究所在国际上首次提出超临界压缩空气储能（supercritical compressed air energy storage, SC-CAES）系统新原理，图 1-7 为一种 SC-CAES 系统原理图，其工作原理为：储能时，系统利用电力驱动压缩机将空气压缩到超临界状态($T>132K$，$P>37.9bar$①），在回收压缩热后利用储存的冷能将其冷却液化，并储存于低温储罐中；释能时，液态空气被加压并回收冷量，然后吸收储存的压缩热变为超临界状态到膨胀机驱动电机发电。该系统利用液态空气储存提高储能密度，摆脱了对大型储气室的依赖，通过压缩热回收利用摆脱了对化石燃料的依赖。SC-CAES 系统具有高效、高能量密度、环境友好等优点。

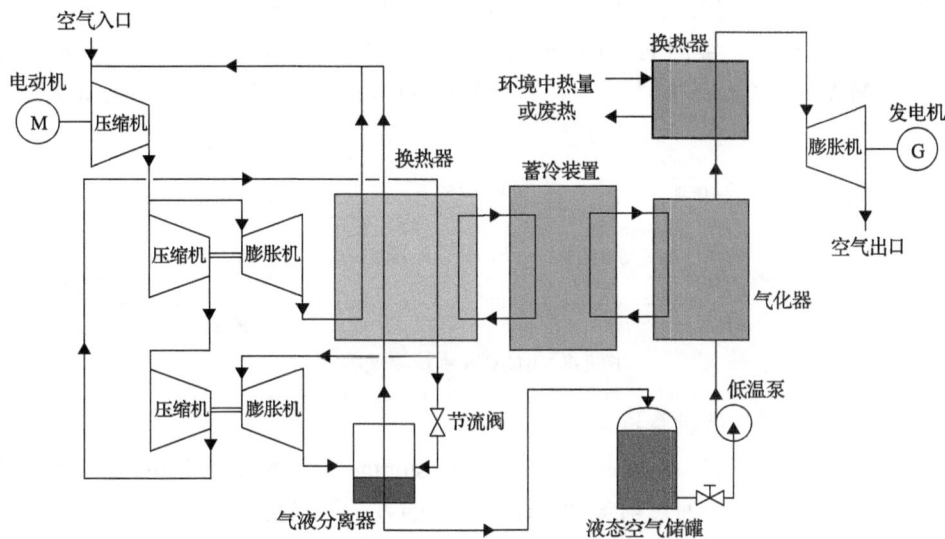

图 1-6　LAES 系统原理图

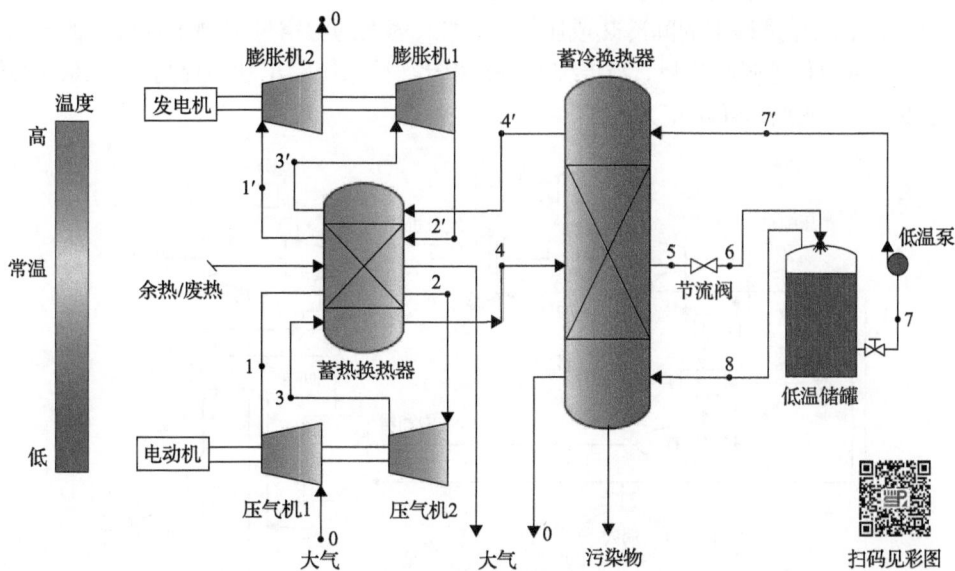

图 1-7　SC-CAES 系统原理图

---

① 1bar=$10^5$Pa。

6) 等温压缩空气储能系统

等温压缩空气储能(isothermal compressed air energy storage，I-CAES)系统是指系统储能压缩过程和释能膨胀过程为近等温过程，等温过程可通过喷水、浸液式压缩机和液体活塞等方式实现。图 1-8 为一种 I-CAES 系统，该系统通过液体冷却的方式实现等温压缩和等温膨胀，目前仍处于研发阶段。等温过程的实现比较困难，原因是其需要较好的强化传热技术，同时由于膨胀机入口温度较低，当储能压力不够高时，I-CAES系统的能量密度较低。美国的 SustainX 公司已在新罕布什尔(New Hampshire)州建立了一个 1.5MW 的 I-CAES 模型机，已从 2013 年开始运行，该兆瓦级系统可服务于建筑楼宇。

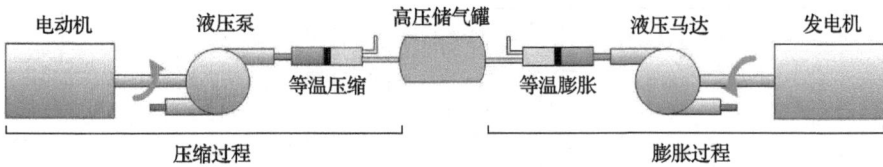

图 1-8　I-CAES 系统原理图

7) 湿空气压缩空气储能系统

湿空气压缩空气储能(compressed air energy storage with humidification, CASH)系统是指在释能膨胀过程中，通过给空气中加入蒸汽的方式，提高工质的比热容，使其吸热能力增强，压缩热得到充分利用。利用湿空气透平技术，既可减少传统 CAES 系统的能量损失，又可降低燃烧室温度，使氮氧化物排放减少。图 1-9 所示为一种 CASH 系统，该系统回收了压缩过程中的间冷热或压缩热，加入蒸汽的湿空气提高了混合气的比热容，在燃烧室中可更好地吸收热量，与传统 CAES 相比，该系统输出功率提高了 14%，热效率提高了 9%，但缺点是耗水量大。

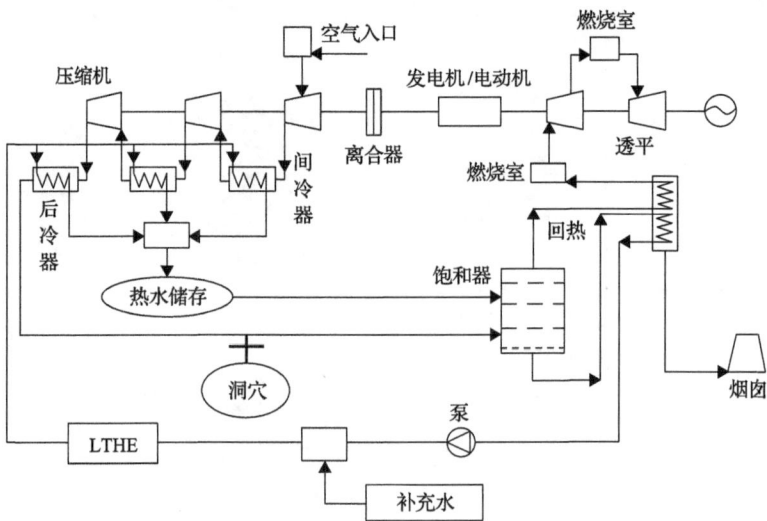

图 1-9　CASH 系统原理图

LTHE 为低温换热器

8) 恒压压缩空气储能系统

恒压压缩空气储能(isobaric compressed air energy storage, IsCAES)系统采用可变容积的储气装置实现等压储气,实现储能和释能过程中压缩机组出口和膨胀机组入口压力恒定,使压缩机和膨胀机一直工作在最佳运行点,且储气装置中的空气可以近乎完全释放。其中一种 IsCAES 系统的结构如图 1-10 所示,利用水压保持储气室内压缩空气压力恒定。此外,还有利用柔性气囊储气的水下恒压压缩空气储能系统和基于相变材料的恒压压缩空气储能系统。

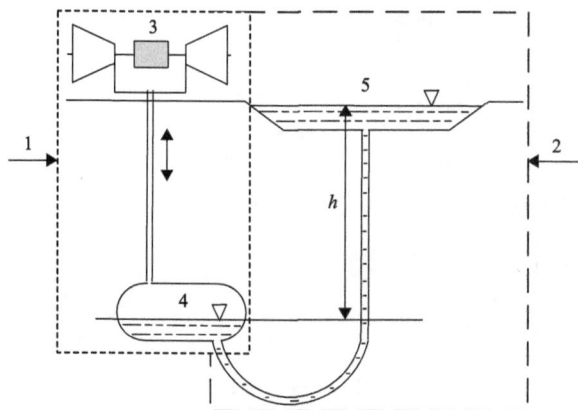

图 1-10　IsCAES 系统原理图

1. CAES;2. 蓄水系统;3. 压缩空气储能地上系统;4. 恒压储气洞;5. 蓄水池

水下恒压压缩空气储能系统通过将储气装置放置在深水(海洋或湖泊)中,具有高效率和高能量密度的优点,其适用于海岸线/深海区域的储能。但该系统的储气装置存在制造困难的问题,如需特殊的耐腐蚀材料、需将其固定在海底等。图 1-11 为一种水下恒压压缩空气储能系统原理图。

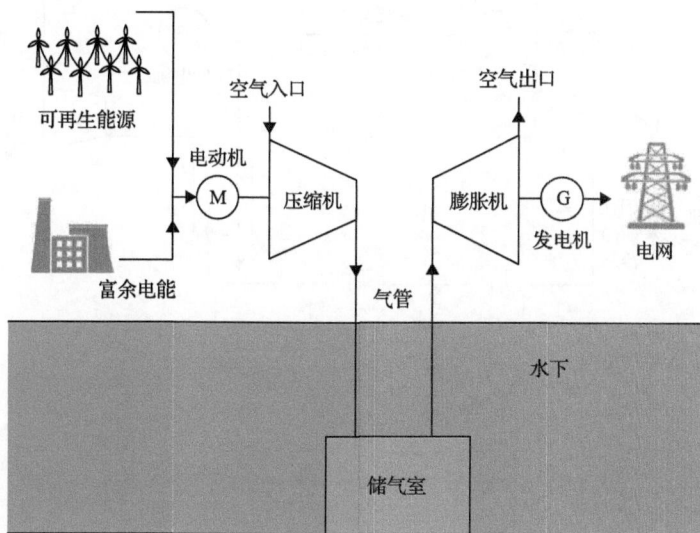

图 1-11　水下恒压压缩空气储能系统原理图

9) 与其他能源技术耦合的 CAES 系统

CAES 具有良好的环境适应性和兼容性，可与其他技术，如燃气轮机循环(图 1-12)、燃气轮机联合循环(图 1-13)、内燃机循环(图 1-14)、制冷循环(图 1-15)、可再生能源系统(图 1-16)等耦合；也可与其他储能技术如飞轮储能(图 1-17)、超级电容、液流电池等耦合，实现不同储能技术性能和功能的互补。表 1-1 为各种压缩空气储能技术的特点。

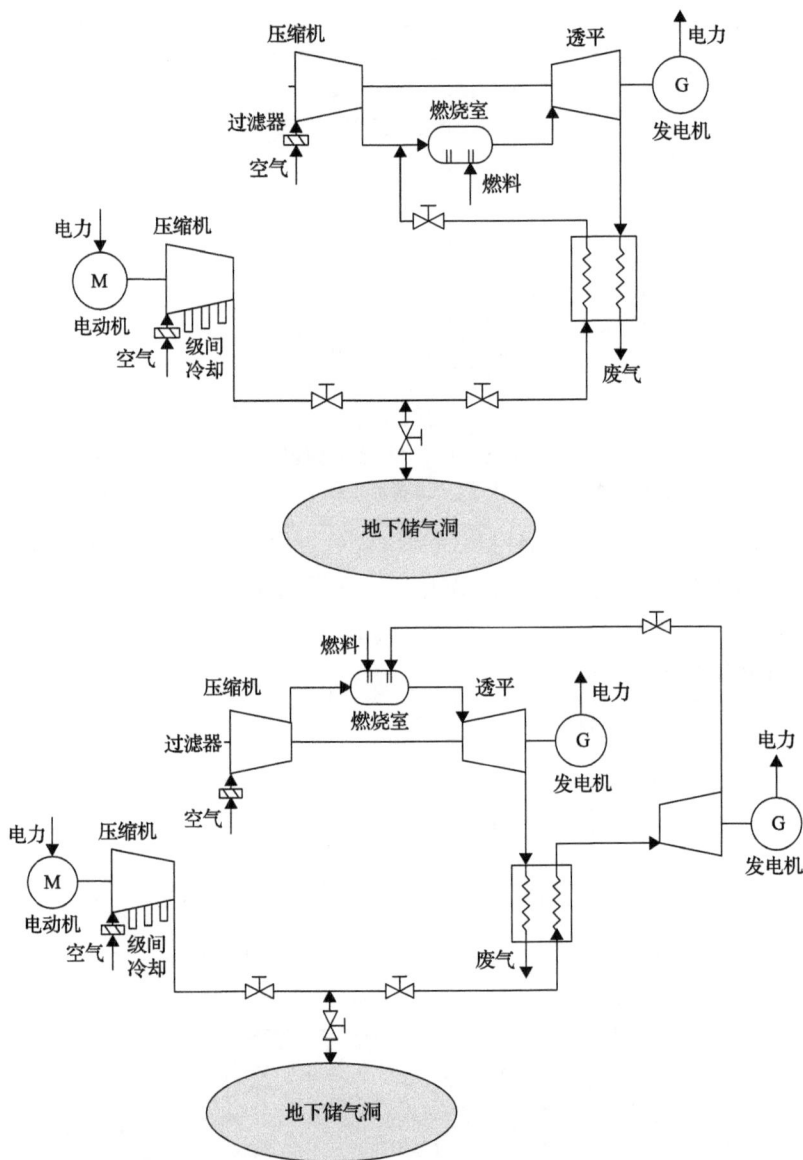

图 1-12 压缩空气储能与燃气轮机循环的耦合系统

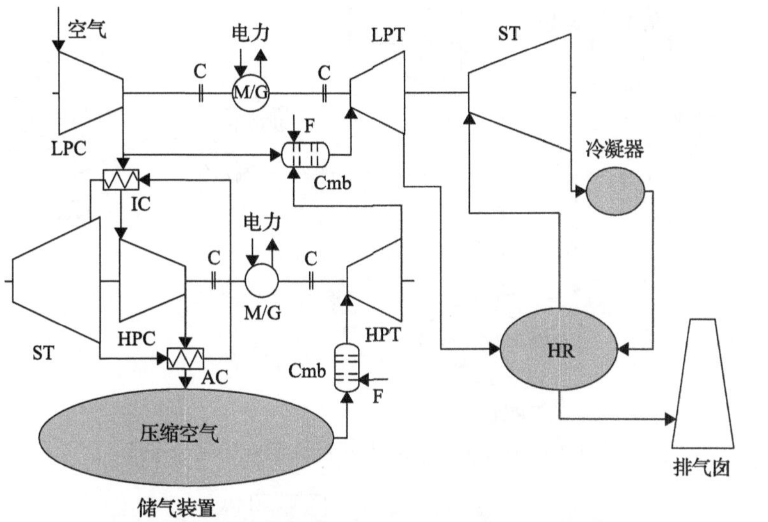

图 1-13　压缩空气储能与燃气轮机联合循环的耦合系统

HPT. 燃气透平；C. 离合器；Cmb. 燃烧室；LPC. 低压压缩机；HPC. 高压压缩机；ST. 汽轮机；HR. 余热锅炉；
F. 燃料；AC. 高温换热器；IC. 中温换热器；M/G. 电动/发电机

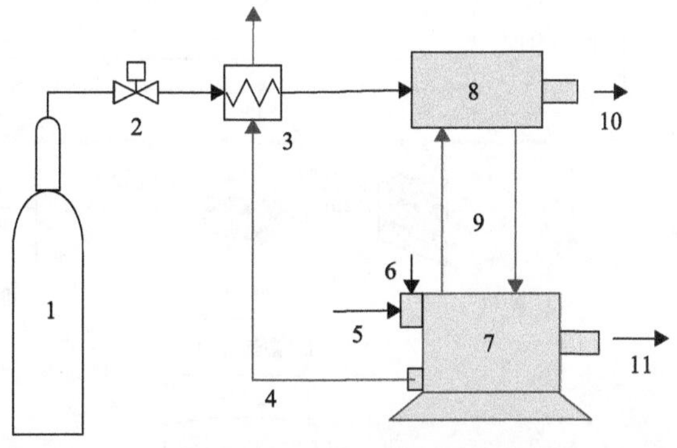

图 1-14　压缩空气储能与内燃机循环的耦合系统

1. 储气罐；2. 降压阀；3. 尾气换热器；4. 尾气；5. 空气；6. 燃油；7. 内燃机；8. 气动发动机；9. 冷却水；10,11. 轴功

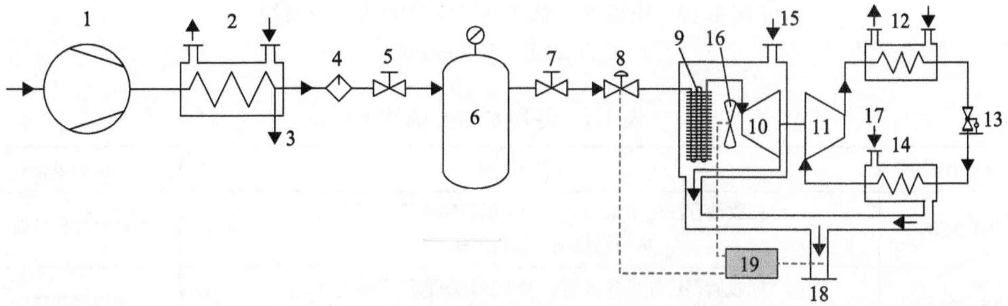

图 1-15　压缩空气储能与制冷循环的耦合系统

1. 空气压缩机；2. 换热器；3. 排水器；4. 干燥器；5,7. 控制阀门；6. 储气罐；8. 降压阀；9. 换热器；10. 膨胀机；
11. 压缩机；12. 冷凝器；13. 膨胀阀；14. 蒸发器；15,17. 进气口；16. 风扇；18. 排气口；19. 控制单元

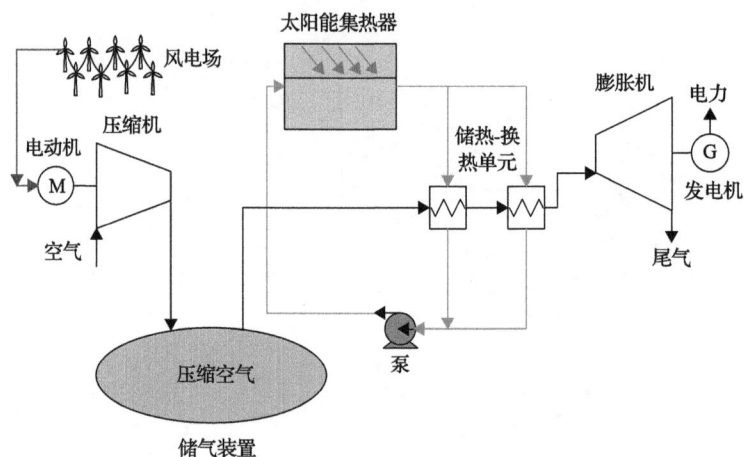

图 1-16　压缩空气储能与风能太阳能的耦合系统

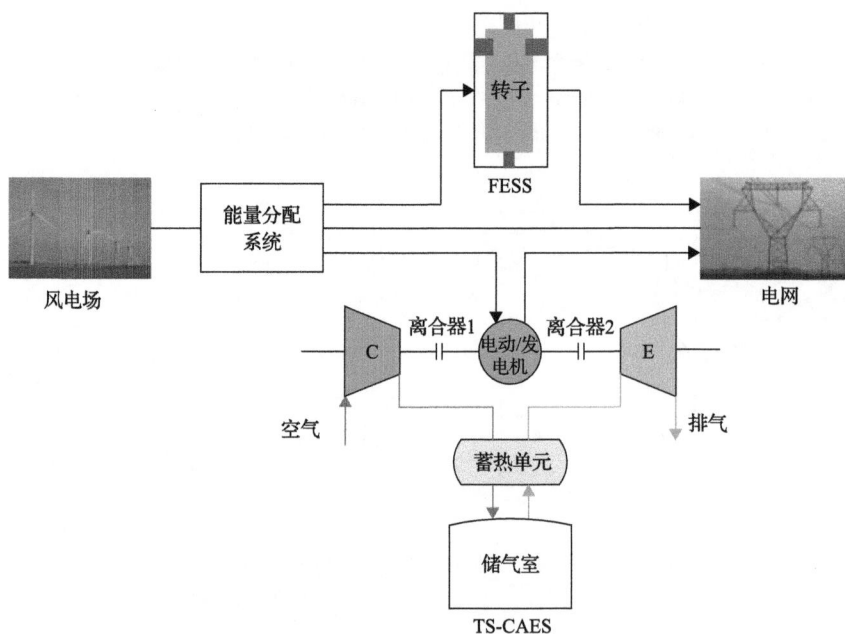

图 1-17　压缩空气储能与飞轮储能的耦合系统

C 为压缩机，E 为膨胀机

**表 1-1　各种 CAES 的技术特点**

| 技术名称 | 主要技术特点 | 增加设备 |
|---|---|---|
| A-CAES | 回收储存压缩机末级热，用于加热膨胀机入口空气，取消燃烧室并提高系统效率 | 高温蓄热装置 |
| TS-CAES | 回收储存压缩机各级热，用于加热膨胀机入口空气，取消燃烧室并提高系统效率 | 中温蓄热装置 |
| LAES | 空气以液态形式储存，提高能量密度，取消大型储气洞穴 | 液化装置和低温储罐 |
| CASH | 在高压工作空气中加入水蒸气增加出功，实现低 $NO_x$ 排放 | 饱和器、空气和水的混合装置 |

| 技术名称 | 主要技术特点 | 增加设备 |
|---|---|---|
| 水下恒压压缩空气储能 | 储气装置放置在水中，利用水压实现恒压储气，提高系统效率和能量密度 | 水下储气装置 |
| ICAES | 等温压缩和等温膨胀提高系统效率 | 等温系统 |
| SC-CAES | TS-CAES 系统和 LAES 系统的优势结合 | 蓄热装置、低温储罐 |
| CAES 的混合储能系统 | 与其他储能技术耦合，实现优势互补，如提高响应速度等 | 超级电容、飞轮等其他储能装置 |

# 1.3  国内外研发与应用现状

### 1. 传统压缩空气储能系统

目前有两座大规模传统 CAES 电站投入了商业运行。第一座是 1978 年投入商业运行的德国 Huntorf 电站，目前仍在运行中，如图 1-18 所示[5]。机组的压缩机功率为 60MW，释能输出功率为 290MW，于 2006 年扩容为 321MW，系统将压缩空气储存在地下 600m 的废弃矿洞中，矿洞总容积达 $3.1 \times 10^5 m^3$，压缩空气的压力最高可达 10MPa。机组可连续充气 8h，连续发电 2h。冷态启动至满负荷约需 6min，系统的设计能耗为 5800kJ/(kW·h)。该电站在 1979～1991 年期间共启动并网 5000 多次，平均启动可靠性为 97.6%，平均可用率为 86.3%，容量系数平均为 33.0%～46.9%。

第二座是于 1991 年投入商业运行的美国亚拉巴马(Alabama)州的 McIntosh 压缩空气储能电站，如图 1-19 所示，其储气洞穴在地下 450m，总容积为 $5.6 \times 10^5 m^3$，储气压力为 7.5MPa[6]。该储能电站压缩机组功率为 50MW，发电功率为 110MW，可以实现连续 41h 空气压缩和 26h 发电，机组从启动到满负荷约需 9min。该机组增加了回热器用以回收利用余热，以提高系统效率。该电站由亚拉巴马州电力公司的能源控制中心进行远距

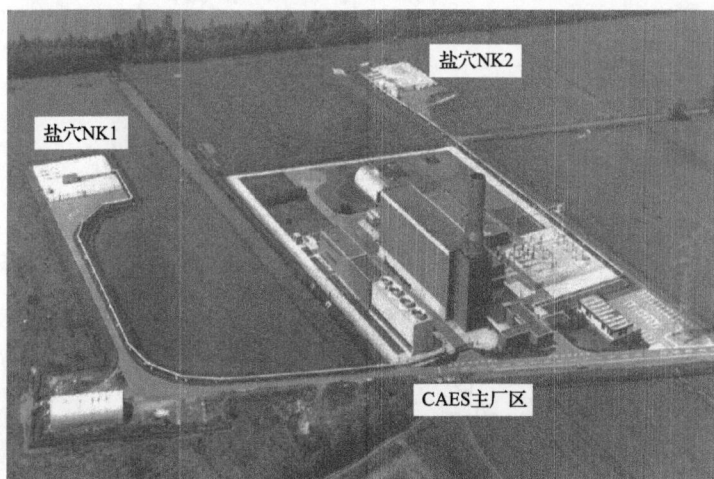

(a) 德国Huntorf 电站鸟瞰图

(b) Huntorf 电站内部结构图

图 1-18 德国 Huntorf 电站

(a) 美国McIntosh电站鸟瞰图

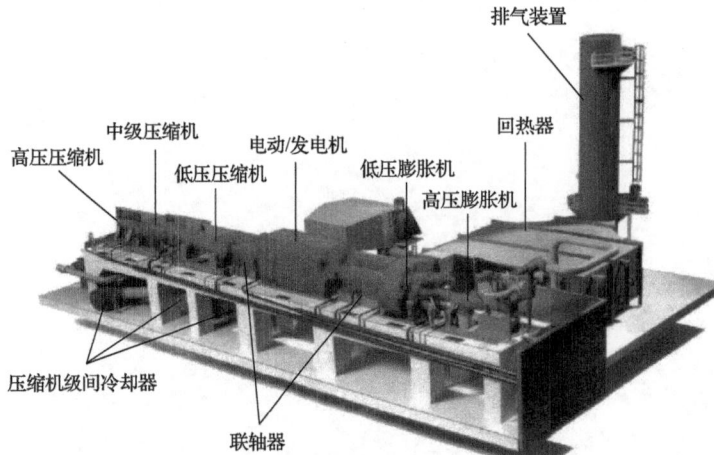

(b) 美国McIntosh电站内部结构图

图 1-19 美国 McIntosh 电站

离自动控制。1992 年储能耗电 46745MW·h，净发电量 39255MW·h，平均负荷因数为 4.1，以高位发热量计的发电热耗为 5565kJ/(kW·h)。

除上述两座已商业运行的压缩空气储能电站外，日本于 2001 年投入运行的上砂川町压缩空气储能示范项目，位于北海道空知郡，输出功率为 2MW，是日本开发 400MW 机组的工业试验用中间机组。它利用废弃的煤矿坑(约在地下 450m 处)作为储气洞穴，最大压力为 8MPa。此外，美国俄亥俄(Ohio)州从 2001 年起开始规划建设一座 2700MW 的大型压缩空气储能商业电站，该电站由 9 台 300MW 机组组成[7]，压缩空气储存于地下 670m 的岩盐层洞穴内，储气洞穴容积为 $9.57\times10^6m^3$。美国得克萨斯(Texas)州也规划了多座压缩空气储能电站[8]。

德国 Huntorf 电站属于第一代 CAES 系统。美国 McIntosh 电站和日本上砂川町项目等通过回热装置来减少燃料供应与尾气排放的 CAES 系统则属于第二代 CAES 系统。第一代和第二代都属于传统 CAES 技术。

### 2. 绝热压缩空气储能系统

瑞士 Alacaes 公司于 2016 年建设 1MW·h 的 A-CAES 示范系统，如图 1-20 所示[9,10]。该试验装置位于瑞士阿尔卑斯山比亚斯卡市附近，通过建造两个 5m 厚的锥形混凝土塞来密封压力区，利用直径为 5m、长为 120m 的部分废弃运输隧道作为其储气库，储能容量为 1MW·h。高温高压空气通过塞子中的进料管进入压力区，并直接输送到放置在压力区内的蓄热器。空气流经蓄热器冷却至环境温度，随后储存在空容积隧道部分。释能过程中，通过打开控制阀来逆转该过程，冷的加压空气进入蓄热器加热并通过其进入的同一管道离开储气装置。蓄热装置位于储气洞穴中，本体处于压力区，不需要承压，降低了蓄热成本和系统复杂性，绝热压缩，绝热膨胀，效率高。德国 RWE Power 公司于 2010 年启动 ADELE 项目，设计蓄热温度 600℃，设计储气压力 10MPa，理论设计效率可达 70%，该项目一直处于论证阶段。

图 1-20 瑞士 Alacaes 公司 A-CAES 项目

### 3. 等温压缩空气储能系统

美国 SustainX 公司于 2013 年在美国新罕布什尔（New Hampshire）州建成 1.5MW/1.5MW·h 的示范系统，如图 1-21 所示[11]。美国的 Lightsail 能源公司也开展 I-CAES 研发，目前正在加拿大新斯科舍（Nova Scotia）省建设 500kW/3MW·h 示范项目。

图 1-21　美国 SustainX 公司 I-CAES 电站

### 4. 液态空气储能系统

英国 Highview 储能公司于 2010 年建成 350kW/2.5MW·h LAES 示范系统并成功投运（图 1-22）[12]。目前正在英国曼彻斯特市的 Trafford Energy Park 建设 50MW/250MW·h LAES 系统。Highview Power 公司于 2019 年宣布将在美国的佛蒙特（Vermont）州建设 50MW/400MW·h 的 LAES 电站[13-15]。

图 1-22　英国 Highview 储能公司 LAES 电站

### 5. 超临界压缩空气储能系统

中国科学院工程热物理研究所于 2011 年在北京建成 15kW SC-CAES 原理样机，并于 2013 年在廊坊建成 1.5MW 示范系统(图 1-23)[16]，系统通过国家 863 计划项目、北京市科委重大项目验收及中国科学院技术成果鉴定，经第三方测试，系统额定效率达52.1%，被评价为"我国压缩空气储能的一项重要突破，达到国际领先水平"。

图 1-23　1.5MW SC-CAES 电站

### 6. 蓄热式压缩空气储能系统

中国科学院工程热物理研究所于 2013 年在河北廊坊建成国内首套 1.5MW TS-CAES 示范系统；于 2016 年在贵州毕节建成国际首套 10MW 示范系统[17]，效率达60.2%，是当时全球效率最高的 CAES 系统(图 1-24)；于 2021 年在山东肥城建成 10MW盐穴式 CAES 示范项目[8]，顺利实现并网发电，效率达到 60.7%(图 1-25)；于 2022 年在河北张家口建成国际首套 100MW 级人工硐室先进 CAES 国家示范项目[8]，效率达到70.2%(图 1-26)。

图 1-24　贵州毕节 10MW 先进 CAES 电站

图 1-25　山东肥城 10MW 盐穴式 CAES 电站

图 1-26　河北张家口 100MW 人工硐室先进 CAES 电站

清华大学与中盐集团、华能集团于 2022 年在江苏金坛建成 60MW/300MW·h 非补燃 CAES 电站，该系统采用地下盐穴进行储气 (图 1-27)[18]。

图 1-27　江苏金坛 60MW/300MW·h 非补燃 CAES 电站

加拿大的 Hydrostor 公司于 2019 年在加拿大安大略湖建成了 1.75MW/10MW·h 的 TS-CAES 电站，如图 1-28 所示[19]。Hydrostor 公司规划在澳大利亚的布罗肯希尔 (Broken Hill) 建造 200MW/1600MW·h CAES 电站，计划于 2025 年完成建设；规划在美国加利福尼亚州 San Luis Obispo County 建设 CAES 电站，规模为 400MW/3200MW·h，计划于 2027 年完成。

图 1-28　Hydrostor 公司 1.75MW/10MW·h TS-CAES 电站

#### 7. 水下压缩空气储能系统

加拿大 Hydrostor 公司于 2015 年建成 660kW 实验系统[20]，如图 1-29 所示。英国诺丁汉大学研制了直径 1.8m 和直径 5m 的储气包，并进行了实验研究。中国科学院工程热物理研究所于 2023 年完成兆瓦级水下恒压压缩空气储能系统实验样机研发，如图 1-30 所示，储气压力达到 7.15MPa，系统效率达到 55.6%，初步完成了风电与水下恒压压缩

图 1-29　加拿大 Hydrostor 公司水下恒压压缩空气储能系统

图 1-30　中国科学院工程热物理研究所兆瓦级水下恒压压缩空气储能系统样机

空气储能系统耦合实验,功率跟随误差不超过 5%。美国加利福尼亚大学、佛罗里达大学、北卡罗来纳大学、麻省理工学院,我国华北电力大学也进行了相关理论及实验研究。

## 参 考 文 献

[1] 陈海生, 俞振华, 刘为. 储能产业研究白皮书[R]. 北京: 中国能源研究会储能专委会, 中关村储能产业技术联盟, 2024.

[2] IRENA. 2020. Electricity storage and renewables: Costs and markets to 2030[R]. Abu Dhabi: International Renewable Energy Agency. https://www.irena.org/publications.

[3] 国家发展改革委, 国家能源局. 关于加快推动新型储能发展的指导意见[EB/OL]. (2021-07-23) [2023-09-15]. http://www.gov.cn/zhengce/zhengceku/2021-07/24/content_5627088.htm.

[4] Mann M, Babinec S, Putsche V. Energy storage grand challenge: Energy storage market report[R]. Golden, CO: National Renewable Energy Laboratory (NREL), 2020.

[5] Crotogino F, Mohmeyer K U, Scharf R. Huntorf CAES: More than 20 Years of Successful Operation[C]//Solution Mining Research Institute Spring Meeting, Orlando, 2001.

[6] Goodson J O. History of first US compressed air energy storage (CAES) plant (110-MW-26h) [R]. Palo Alto, CA: Electric Power Research Institute, 1992.

[7] Budt M, Wolf D, Span R, et al. A review on compressed air energy storage: Basic principles, past milestones and recent developments[J]. Applied Energy, 2016, 170: 250-268.

[8] Zhang X J, Gao Z Y, Zhou B Q, et al. Advanced compressed air energy storage systems: Fundamentals and applications[J]. Engineering, 2024, 34: 246-269.

[9] Geissbühler L, Becattini V, Zanganeh G, et al. Pilot-scale demonstration of advanced adiabatic compressed air energy storage, part 1: Plant description and tests with sensible thermal-energy storage[J]. Journal of Energy Storage, 2018, 17: 129-139.

[10] Becattini V, Geissbühler L, Zanganeh G, et al. Pilot-scale demonstration of advanced adiabatic compressed air energy storage, part 2: Tests with combined sensible/latent thermal-energy storage[J]. Journal of Energy Storage, 2018, 17: 140-152.

[11] Bollinger B. Demonstration of isothermal compressed air energy storage to support renewable energy production[R]. Seabrook: Sustainx Incorporated, 2015.

[12] Morgan R, Nelmes S, Gibson E, et al. An analysis of a large-scale liquid air energy storage system[J]. Proceedings of the Institution of Civil Engineers-Energy, 2015, 168(2): 135-144.

[13] Chen H S, Ding Y L, Peters T, et al. Method of storing energy and a cryogenic energy storage system: United States, US2016178129A1[P]. 2016.

[14] Highview Power. Highview Power to develop multiple cryogenic energy storage facilities in the UK and to build Europe's largest storage system[EB/OL]. (2019-10-21) [2019-10-21]. https://highviewpower.com/news_announcement/highview-power-to-develop-multiple-cryogenic-energy-storage-facilities-in-the-uk-and-to-build-europes-largest-storage-system/.

[15] Highview Power. Highview Power and encore renewable energy to co-develop the first long duration, liquid air energy storage system in the United States[EB/OL]. (2019-12-18) [2019-12-18]. https://highviewpower.com/news_announcement/highview-power-and-encore-renewable-energy-to-co-develop-the-first-long-duration-liquid-air-energy-storage-system-in-the-united-states/.

[16] Zhou Q, Du D M, Lu C, et al. A review of thermal energy storage in compressed air energy storage system[J]. Energy, 2019, 188: 115993.1-115993.17.

[17] Tong Z M, Cheng Z W, Tong S G. A review on the development of compressed air energy storage in China: Technical and economic challenges to commercialization[J]. Renewable and Sustainable Energy Reviews, 2021, 135: 110178.

[18] Borri E, Tafone A, Comodi G, et al. Compressed air energy storage—An overview of research trends and gaps through a bibliometric analysis[J]. Energies, 2022, 15(20): 7692.

[19] Barbour E R, Pottie D L, Eames P. Why is adiabatic compressed air energy storage yet to become a viable energy storage

option[J]. iScience, 2021, 24(5): 102440.

[20] Ebrahimi M, Carriveau R, Ting D S K, et al. Conventional and advanced exergy analysis of a grid connected underwater compressed air energy storage facility[J]. Applied Energy, 2019, 242: 1198-1208.

# 第2章

# 系 统 建 模

本章将详细介绍先进压缩空气储能系统的性能指标、典型单元的热力学模型以及模型求解方法，用于分析系统的热力学特性及变工况特性。

## 2.1 系统性能指标

压缩空气储能系统主要包括如下评价指标：系统效率、能量密度、系统容量和系统功率，具体如下。

系统效率的表达式为

$$\eta_{\text{CAES}} = \frac{W_{\text{out}}}{W_{\text{in}}} \tag{2-1}$$

式中，$\eta_{\text{CAES}}$ 为系统效率；$W_{\text{out}}$ 为释能过程净输出功，即释能过程膨胀机的总输出功减去辅机耗功；$W_{\text{in}}$ 为储能过程总耗功，即储能过程压缩机的耗功加上辅机耗功。

系统能量密度的表达式为

$$D_{\text{CAES}} = \frac{W_{\text{out}}}{V_{\text{chamber}}} \tag{2-2}$$

式中，$D_{\text{CAES}}$ 为系统能量密度；$V_{\text{chamber}}$ 为储气室体积。

系统容量即系统从充满到完全释能状态可释放的电能，即式(2-2)中的 $W_{\text{out}}$，可表示为

$$W_{\text{out}} = \int P_{\text{out}}(t)\text{d}t \tag{2-3}$$

式中，$P_{\text{out}}(t)$ 为 $t$ 时刻膨胀机的出功。

## 2.2 典型单元模型

### 2.2.1 压缩机模型

空气经过压缩机消耗的功率如式(2-4)所示，等熵效率如式(2-5)所示。

$$W_{\text{c}} = \dot{m}_{\text{c}}(h_{\text{out,c}} - h_{\text{in,c}}) \tag{2-4}$$

式中，$\dot{m}_c$ 为压缩机的质量流量；$h_{out,c}$ 和 $h_{in,c}$ 分别是压缩机的出口比焓和入口比焓。

$$\eta_c = \frac{h_{out,s,c} - h_{in,c}}{h_{out,c} - h_{in,c}} \tag{2-5}$$

式中，$\eta_c$ 为等熵效率；$h_{out,s,c}$ 为以等熵过程压缩到相同背压时的出口比焓。

在给定压缩机入口压力和温度的情况下，可通过出口压力、效率的设定，由式 (2-5) 求解出压缩机出口温度。

压缩机变工况运行时，压比和效率随转速、流量、导叶开度等参数变化。因此，压缩机的变工况性能主要是指压比和效率随其余参数的变化关系。

有学者曾根据大量的实验数据和一定的物理背景拟合出压缩机折合压比和折合效率的通用特性曲线计算公式[1]。

$$\dot{\varepsilon}_c = c_1(\dot{n}_c)\dot{G}_c^2 + c_2(\dot{n}_c)\dot{G}_c + c_3(\dot{n}_c) \tag{2-6}$$

$$\dot{\eta}_c = [1 - c_4(1 - \dot{n}_c)^2](\dot{n}_c/\dot{G}_c)(2 - \dot{n}_c/\dot{G}_c) \tag{2-7}$$

式中，$G_c$ 为质量流量；$n_c$ 为转速；$\varepsilon_c$ 为压比；顶标 "·" 代表相对折合量。其中，相对折合量及折合量为[2]

$$\dot{G}_c = \bar{G}_c/\bar{G}_{c0}, \quad \bar{G}_c = \frac{G_c\sqrt{T_1}}{p_1} \tag{2-8}$$

$$\dot{n}_c = \bar{n}_c/\bar{n}_{c0}, \quad \bar{n}_c = \frac{n_c}{\sqrt{T_1}} \tag{2-9}$$

$$\dot{\varepsilon}_c = \varepsilon_c/\varepsilon_{c0}, \quad \dot{n}_c = \eta_c/\eta_{c0} \tag{2-10}$$

式中，顶标 "—" 代表折合量；下标 0 代表设计值；下标 1 代表入口参数；$p$ 为压力；$T$ 为温度。

式 (2-6) 和式 (2-7) 中的系数 $c_1$、$c_2$、$c_3$ 和 $c_4$ 为折合转速的函数。

$$\begin{aligned}
c_1 &= \dot{n}_c/[p(1 - m/\dot{n}_c) + \dot{n}_c(\dot{n}_c - m)^2] \\
c_2 &= (p - 2m\dot{n}_c^2)/[p(1 - m/\dot{n}_c) + \dot{n}_c(\dot{n}_c - m)^2] \\
c_3 &= -(pm\dot{n}_c - m^2\dot{n}_c^3)/[p(1 - m/\dot{n}_c) + \dot{n}_c(\dot{n}_c - m)^2] \\
c_4 &= 0.3
\end{aligned} \tag{2-11}$$

针对离心压缩机，取 $m=1.8$，$p=1.8$。

设计转速下喘振裕度的计算式为

$$\text{S.M.} = \left(\frac{\varepsilon_s/G_s}{\varepsilon_d/G_d} - 1\right) \times 100\% \tag{2-12}$$

式中，$\varepsilon_s$ 和 $G_s$ 为某折合转速下失速点的压比和流量；$\varepsilon_d$ 和 $G_d$ 为该折合转速下设计点的压比和流量；S.M. 为该折合转速下压气机设计点工作稳定性裕度。假设设计转速下的喘振裕度为 18%。

其他转速下的喘振点的效率为

$$\dot{\eta}_{\mathrm{su},i} = 1 - a(1 - \dot{n})^2 \qquad (2\text{-}13)$$

式中，$\dot{\eta}_{\mathrm{su},i}$ 的基准点为设计转速下的喘振裕度；$\dot{n}$ 的基准点为设计转速（折合转速），通过实验数据拟合，取 $a$ 为 0.7，即通过式 (2-13) 可确定压缩机的喘振边界。堵塞边界确定为相对效率 0.85 处。

图 2-1 为根据以上公式计算的压缩机通用特性曲线。

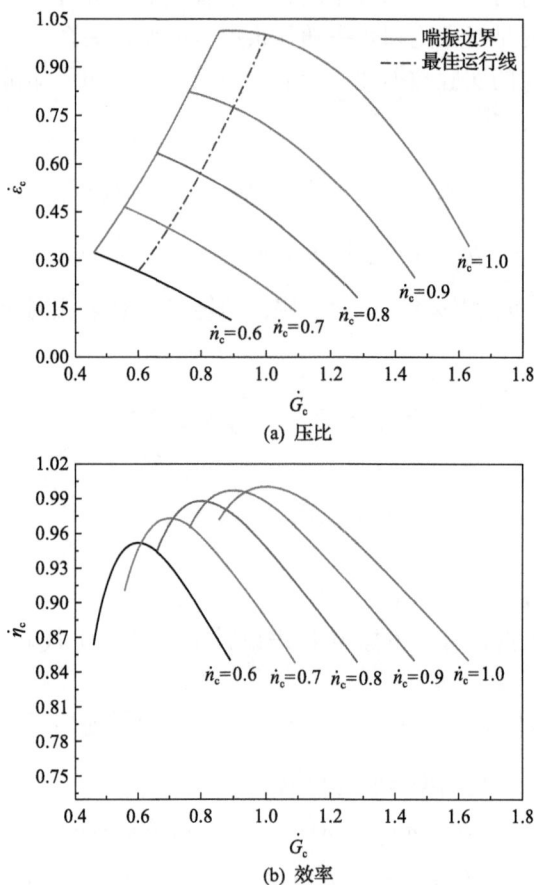

(a) 压比

(b) 效率

图 2-1　压缩机通用特性曲线

变导叶调节是目前调节压缩机运行工况的主要方式之一，压缩机变导叶特性计算如下：

$$\begin{aligned}
\overline{G}_{\mathrm{c}} &= \overline{G}_{\mathrm{c,map}}\left(1 + \frac{c_1 \Delta\alpha}{100}\right) \\
\varepsilon_{\mathrm{c}} - 1 &= (\varepsilon - 1)_{\mathrm{c,map}}\left(1 + \frac{c_2 \Delta\alpha}{100}\right) \\
\eta_{\mathrm{c}} &= \eta_{\mathrm{c,map}}\left(1 - \frac{c_3 \Delta\alpha^2}{100}\right)
\end{aligned} \qquad (2\text{-}14)$$

式中，$\varepsilon$ 为压比；$\Delta\alpha$ 为压缩机导叶开度；下标"c,map"表示零导叶开度下的值。

## 2.2.2 膨胀机模型

空气经过膨胀机的输出功率如式(2-15)所示：

$$W_t = \dot{m}_t(h_{in,t} - h_{out,t}) \tag{2-15}$$

式中，$\dot{m}_t$ 为经过膨胀机的空气质量流量；$h_{out,t}$ 和 $h_{in,t}$ 分别为膨胀机出口比焓和入口比焓。

等熵效率如式(2-16)所示：

$$\eta_t = \frac{h_{in,t} - h_{out,t}}{h_{in,t} - h_{out,s,t}} \tag{2-16}$$

式中，$h_{out,s,t}$ 为膨胀机以等熵过程膨胀到相同出口压力时的出口比焓。

在给定膨胀机入口压力和温度的情况下，通过出口压力、效率的设定，可求解出膨胀机出口温度。

根据系统流量和压比的工作范围，可选定膨胀机的结构型式。以叶轮式膨胀机为例，即透平膨胀机，透平膨胀机变工况运行时，膨胀比和效率随转速、流量、静叶转角等参数变化。因此，透平膨胀机的变工况特性主要指压比和效率随其余参数的变化关系。

由于透平膨胀机的通流特性可类比于喷管，可根据计算喷管通流特性的弗留格尔公式得到修正的透平膨胀机通流特性公式(2-17)[3]：

$$\dot{G}_t = \sqrt{1.4 - 0.4\dot{n}_t}\sqrt{(1/\pi_t^2 - 1)/(1/\pi_{t0}^2 - 1)} \tag{2-17}$$

式中

$$\dot{G}_t = \frac{\overline{G}_t}{\overline{G}_{t0}}, \quad \overline{G}_t = \frac{G_t\sqrt{T_3}}{p_3} \tag{2-18}$$

$$\dot{n}_t = \frac{\overline{n}_t}{\overline{n}_{t0}}, \quad \overline{n}_t = \frac{n_t}{\sqrt{T_3}} \tag{2-19}$$

其中，下标 3 表示透平膨胀机进口，下标 0 表示设计值，下标 t 表示透平膨胀机；$\pi$ 为膨胀比。

等熵效率根据大量实验数据及物理背景拟合：

$$\dot{\eta}_t = [1 - t_4(1 - \dot{n}_t)^2]\frac{\dot{n}_t}{\dot{G}_t}(2 - \dot{n}_t/\dot{G}_t) \tag{2-20}$$

式中

$$\dot{\eta}_t = \frac{\eta_t}{\eta_{t0}} \tag{2-21}$$

$$t_4 = 0.3 \tag{2-22}$$

其中，$\dot{\eta}_t$ 为相对折合透平膨胀机效率；$\eta_t$ 为透平膨胀机效率。

根据式 (2-17) 和式 (2-20) 计算可得透平膨胀机的通用特性曲线如图 2-2 所示。

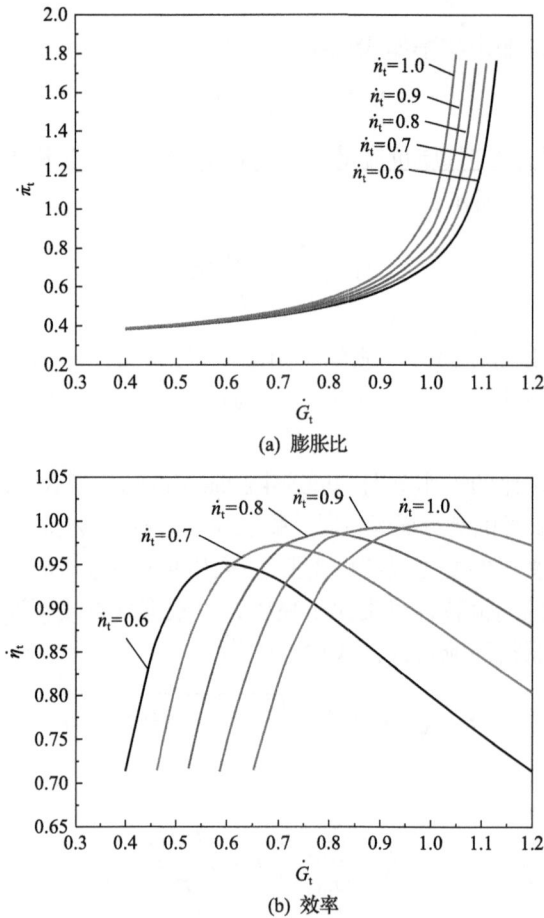

(a) 膨胀比

(b) 效率

图 2-2  透平膨胀机通用特性曲线

与压缩机主要调节方式类似，静叶调节也是目前调节透平膨胀机运行工况的主要方式之一，考虑到透平膨胀机的静叶调节特性，对文献中的透平膨胀机变静叶特性模型进行修正，并用文献中数据进行拟合，可得到透平膨胀机的变静叶特性中的流量转换关系为[4]

$$\frac{\overline{G}_t}{\overline{G}_{t,map}} = 1.19 - \frac{3}{10000}(\Delta\beta - 25)^2 \tag{2-23}$$

式中，$\Delta\beta$ 为透平膨胀机静叶转角；下标"t,map"指零静叶转角下的值，其静叶转角适用范围为 $-30° \sim +50°$。

透平膨胀机等熵效率为

$$\frac{\eta_t}{\eta_{t,map}} = 1 - \frac{0.9}{10000}\Delta\beta^2 \tag{2-24}$$

### 2.2.3　蓄热换热器模型

压缩空气储能系统的蓄热器可为填充床蓄热、混凝土蓄热和双罐间接蓄热等形式，蓄热材料可为石子、混凝土、导热油、水、相变材料等，其中以水作为蓄热材料的双罐间接蓄热器最为常见，双罐间接蓄热器主要部件包括间冷器、再热器、热水罐和冷水罐等。

#### 1. 间冷器/再热器

在间冷器中，空气释放的热量和循环水吸收的热量相等：

$$\dot{m}_{a,c}(h_{a,in,inte} - h_{a,out,inte}) = \dot{m}_{w,c}(h_{w,out,inte} - h_{w,in,inte}) \tag{2-25}$$

式中，下标 a 表示空气，w 表示循环水，c 表示压缩机，in 和 out 分别表示入口和出口，inte 表示间冷器；$h$ 为焓；$\dot{m}$ 为质量流量。

同时热量传递满足传热方程：

$$\dot{m}_{a,c}(h_{a,in,inte} - h_{a,out,inte}) = k_{inte} A_{inte} \Delta T_{inte} \tag{2-26}$$

式中，$k_{inte}$ 为间冷器传热系数；$A_{inte}$ 为间冷器换热面积；$\Delta T_{inte}$ 为空气和水的平均换热温差，采用对数平均温差的形式，换热器中的对数平均温差可表示为

$$\Delta T_m = \frac{\Delta T_{max} - \Delta T_{max}}{\ln \dfrac{\Delta T_{max}}{\Delta T_{min}}} \tag{2-27}$$

式中，$\Delta T_{max}$ 和 $\Delta T_{min}$ 分别为换热器两侧温差的较大者和较小者。

在再热器中，同样存在能量平衡方程和传热方程：

$$\dot{m}_{a,t}(h_{a,in,rehe} - h_{a,out,rehe}) = m_{w,c}(h_{w,out,rehe} - h_{w,in,rehe}) \tag{2-28}$$

$$\dot{m}_{a,c}(h_{a,out,rehe} - h_{a,in,rehe}) = k_{rehe} A_{rehe} \Delta T_{rehe} \tag{2-29}$$

式中，$k_{rehe}$ 为再热器传热系数；$A_{rehe}$ 为再热器换热面积；下标 t 表示膨胀机；$\Delta T_{rehe}$ 为空气和水的平均换热温差，同样采用对数平均温差的形式。

间冷器和再热器均为气液换热，其在变工况下运行时，传热系数会发生改变，该传热系数计算可采用余热锅炉省煤器段的经验模型[5]：

$$\frac{k}{k_d} = \left(\frac{\dot{m}}{\dot{m}_d}\right)^{\alpha} \left(\frac{\bar{T}}{\bar{T}_d}\right)^{\beta} \tag{2-30}$$

式中，$k$ 为传热系数；$\dot{m}$ 为质量流量；$\bar{T}$ 为入出口的平均温度；下标 d 表示设计工况。通过实验数据拟合，取指数 $\alpha=0.52$，$\beta=0.31$。

空气经过间冷器和再热器会产生一定的压力损失，该压力损失的计算可采用管道压力损失模型：

$$\frac{\Delta p/p_{in}}{(\Delta p/p_{in})_d} = \frac{(m\sqrt{T}/p)_{in}^2}{(m\sqrt{T}/p)_{in,d}^2} \tag{2-31}$$

式中，$\Delta p$ 为空气经间冷器/再热器的压力损失；带下标 in 的参数表示入口参数，d 表示设计值。

### 2. 热水罐

实际工程中，热水罐外面一般布置较厚的保温层，散热系数很小；经散热器进入冷水罐的水温与环境温度相差很小，与外界换热量很小，因此不考虑热水罐和冷水罐的散热损失。

从各级间冷器出来的热水混合满足能量守恒：

$$\sum_{i=1}^{N} \dot{m}_i h_{i,\text{in}} = h_{\text{tank}} \sum_{i=1}^{N} \dot{m}_i \tag{2-32}$$

式中，$\dot{m}_i$ 为各级间冷器的循环水质量流量；$h_{i,\text{in}}$ 为各级间冷器出口循环水的比焓；$h_{\text{tank}}$ 表示热水罐中热水的比焓。

通过式(2-32)可得热水罐内热水的焓值和水温，进而可得释能时进入各级再热器热水的温度。

各级再热器出口水混合过程的计算与式(2-32)类似，可求得各级混合后的排水温度。

储能/释能过程中，各级间冷器/再热器的出口混合水温随时间变化，因此为计算整个储能/释能过程中的水温，需要对整个过程热水罐/再热器出口混合水的焓值进行积分：

$$h_{\text{storage}}(t) = \frac{\int_0^t \left( \sum_{i=1}^{N} m_i(s) \right) h_{\text{in,tank}}(s) \, \mathrm{d}s}{\int_0^t \left( \sum_{i=1}^{N} m_i(s) \right) \mathrm{d}s} \tag{2-33}$$

式中，$h_{\text{in,tank}}$ 为热水罐进口焓值。

根据式(2-33)可求得储能结束后热水的温度(即蓄热温度)和释能过程中排水的平均温度。

### 2.2.4 蓄冷换热器模型

在 SC-CAES 中，蓄冷换热器可采用填充床直接蓄冷、填充床间接蓄冷和有机工质双罐蓄冷等形式。其中，填充床直接蓄冷结构简单，有望达到较高的系统效率，因此本章以填充床直接蓄冷进行说明。蓄冷换热器需回收液体膨胀机出口常压气态空气的冷量，因此在蓄冷换热器中布置螺旋管换热器以回收冷量，如图 2-3 所示，该蓄冷换热器中，高压空气与石子直接接触换热，常压气态空气与石子通过螺旋管壁间接换热。

由于填充床三维数值模拟复杂，需要消耗大量的计算资源和时间，对于大型采用填充床的蓄热系统的模拟，一般采用近似的一维和二维模型。

采用一维两相模型进行计算，计算包括以下假设。

(1)一维。

(2)流动过程无压降。

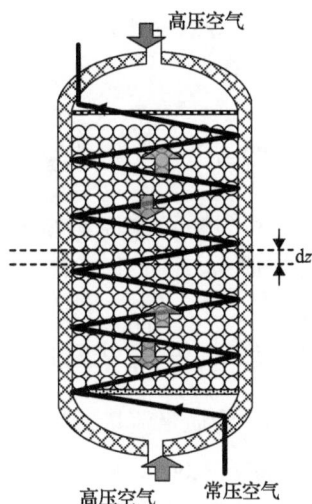

图 2-3 蓄冷换热器示意图

（3）忽略气体的导热。

（4）忽略器壁的热惯性。

那么储能时，取微元体 dz，如图 2-3 所示，根据高压空气质量守恒，有

$$\varepsilon \frac{\mathrm{d}\rho_a}{\mathrm{d}t} = -\frac{\mathrm{d}(v_a\rho_a)}{\mathrm{d}z} \tag{2-34}$$

式中，$\varepsilon$ 为填充床孔隙率；下标 a 表示空气（高压状态）；$v$ 为速度；$\rho$ 为密度。

相对于气液交换面积（气态指螺旋管内常压空气状态，液态指填充床石子间的高压空气状态，由于其压力很高，状态接近液态），气固换热交换面积很小，且气固传热系数较小，因此忽略气固换热。

对于高压空气，根据能量守恒，有

$$\varepsilon \frac{\mathrm{d}(\rho_a h_a)}{\mathrm{d}t} = -\frac{\mathrm{d}(v_a\rho_a h_a)}{\mathrm{d}z} - \hat{k}(T_a - T_r) - k_{a\_g}\frac{A_L}{A\Delta z}(T_a - T_g) - k_p\frac{D\pi}{A}(T_a - T_0) \tag{2-35}$$

式中，$h$ 为比焓；$\hat{k}$ 为体积传热系数；$T$ 为温度；$k_{a\_g}$ 为气液传热系数，为简化起见，并根据气液传热系数的大致范围，取为定值 $500\mathrm{W}/(\mathrm{m}^2\cdot\mathrm{K})$；$A_L$ 为微元内螺旋管的表面积；$A$ 为微元体的截面积；$\Delta z$ 为微元体高度；$k_p$ 为蓄冷器或换热器内高压空气与环境的总传热系数；$D$ 为蓄冷换热器的直径；下标 r 表示石子，g 表示常压气态空气。其中，$\hat{k}$ 的表达式为

$$\hat{k} = \frac{k_{a\_r}A_{a\_r}}{A\Delta z} \tag{2-36}$$

其中，$k_{a\_r}$ 为高压空气和石子的传热系数；$A_{a\_r}$ 为微元体内高压空气和石子的换热面积。

对于石子，根据能量守恒，有

$$\rho_r c_r(1-\varepsilon)\frac{\mathrm{d}T_r}{\mathrm{d}t} = \hat{k}(T_a - T_r) + \lambda_{\mathrm{eff}}\frac{\mathrm{d}^2 T_r}{\mathrm{d}z^2} \tag{2-37}$$

式中，$c_r$ 为石子的比热容；$\lambda_{\text{eff}}$ 为石子等效导热系数；$\varepsilon$ 为孔隙率。

对于常压空气，根据能量守恒，有

$$V_{\text{L}}\rho_{\text{g}}\frac{\mathrm{d}h_{\text{g}}}{\mathrm{d}t} = -v_{\text{g}}A_{\text{J}}\rho_{\text{g}}\Delta z\frac{\mathrm{d}h_{\text{g}}}{\mathrm{d}z} + k_{\text{a\_g}}A_{\text{L}}(T_{\text{a}} - T_{\text{g}}) \tag{2-38}$$

式中，$V_{\text{L}}$ 为微元内螺旋管的体积；$A_{\text{J}}$ 为螺旋管的横截面积。

式(2-38)可转化为(由于实际取值 $m_{\text{g}}$ 方向与 $z$ 轴相反)

$$V_{\text{L}}\rho_{\text{g}}c_{\text{g}}\frac{\mathrm{d}T_{\text{g}}}{\mathrm{d}t} = \dot{m}_{\text{g}}c_{\text{g}}\Delta z\frac{\mathrm{d}T_{\text{g}}}{\mathrm{d}z} + k_{\text{a\_g}}A_{\text{L}}(T_{\text{a}} - T_{\text{g}}) \tag{2-39}$$

式中，下标 g 表示常压气态空气；$\dot{m}_{\text{g}}$ 为质量流量，其流动方向与 $z$ 轴正方向相反；$c_{\text{g}}$ 为比热容，在计算范围内变化很小($1.01 \sim 1.06$)，取平均值 $1.03\text{kJ/(kg·K)}$。

释能时，无常压空气流动，因此不考虑常压空气的影响，根据高压空气质量守恒，有

$$\varepsilon\frac{\mathrm{d}\rho_{\text{a}}}{\mathrm{d}t} = -\frac{\mathrm{d}(v_{\text{a}}\rho_{\text{a}})}{\mathrm{d}z} \tag{2-40}$$

对于高压空气，根据能量守恒方程，有

$$\varepsilon\frac{\mathrm{d}(\rho_{\text{a}}h_{\text{a}})}{\mathrm{d}t} = -\frac{\mathrm{d}(v_{\text{a}}\rho_{\text{a}}h_{\text{a}})}{\mathrm{d}z} - \hat{k}(T_{\text{a}} - T_{\text{r}}) - k_{\text{p}}\frac{D\pi}{A}(T_{\text{a}} - T_0) \tag{2-41}$$

对于石子，根据能量守恒，有

$$\rho_{\text{r}}c_{\text{r}}(1 - \varepsilon)\frac{\mathrm{d}T_{\text{r}}}{\mathrm{d}t} = \hat{k}(T_{\text{a}} - T_{\text{r}}) + \lambda_{\text{eff}}\frac{\mathrm{d}^2 T_{\text{r}}}{\mathrm{d}z^2} \tag{2-42}$$

在式(2-34)～式(2-42)中，相关未知参数的表达式如下：

一般管内流体与管外流体的总传热系数的倒数可表示为

$$\frac{1}{k} = \frac{1}{k_{\text{inside}}} + r_{\text{inside}}\sum_{j=1}^{n}\frac{1}{\lambda_j}\ln\frac{R_{j+1}}{R_j} + \frac{1}{k_{\text{outside}}} \tag{2-43}$$

式中，$k_{\text{inside}}$ 和 $k_{\text{outside}}$ 分别表示管内表面和外表面传热系数；$\lambda_j$ 表示各保温层的导热系数；$R_j$ 为各保温层的内壁半径；$r_{\text{inside}}$ 为管内壁半径。

根据式(2-43)可知，对于选取的蓄冷换热器，其主要热阻为保温层的热阻，因此忽略表面热阻和不锈钢热阻，高压空气与环境的总传热系数的倒数近似为

$$\frac{1}{k_{\text{p}}} = \frac{R_{\text{in}}/2}{\lambda_{\text{ins}}}\ln\left(\frac{R_{\text{in}}/2 + d_{\text{steel}} + d_{\text{ins}}}{R_{\text{in}}/2 + d_{\text{steel}}}\right) \tag{2-44}$$

式中，$\lambda_{\text{ins}}$ 为保温层导热系数；$d_{\text{steel}}$ 为不锈钢的厚度；$d_{\text{ins}}$ 为保温层的厚度(保温层在最外层)；$R_{\text{in}}$ 为填充床内壁半径。

石子等效导热系数 $\lambda_{\text{eff}}$ 可表示为

$$\lambda_{\text{eff}} = \lambda_r(1-\varepsilon) + \lambda_a\varepsilon \qquad (2\text{-}45)$$

式中，$\lambda_r$ 和 $\lambda_a$ 分别为石子和高压空气的导热系数。

石子比热容 $(c_r)$ 根据实验数据拟合，实验数据如表 2-1 所示。

表 2-1　石子比热容随温度的变化

| 温度/K | 比热容/(kJ/(kg·K)) |
|---|---|
| 113.15 | 0.46 |
| 153.15 | 0.55 |
| 193.15 | 0.63 |
| 233.15 | 0.70 |
| 273.15 | 0.77 |
| 313.15 | 0.80 |
| 353.15 | 0.89 |
| 393.15 | 0.98 |
| 433.15 | 1.09 |

拟合结果为

$$\begin{cases} c_r = 7\times10^{-6}T_r^2 - 0.003T_r + 1.05, & T_r \geqslant 273.15\text{K} \\ c_r = 0.0019T_r + 0.2502, & T_r < 273.15\text{K} \end{cases} \qquad (2\text{-}46)$$

空气物性可通过调用物性软件 REFPROP 查询。

### 2.2.5　储气室模型

压缩空气储能系统的储气室可采用高压储罐、地下盐穴、人工硐室等。储气室与外界既有能量交换，也有质量交换。如图 2-4 所示，高压空气通过罐壁与环境换热，通过罐口进行充放气。

储能系统储能与释能运行过程中，根据能量守恒和质量守恒，有[6]

$$\begin{cases} \dfrac{\text{d}(mu)}{\text{d}t} = \dot{Q} - \dot{W}_{\text{CV}} + \sum(\dot{m}h) \\ \dfrac{\text{d}m}{\text{d}t} = \dot{m}_{\text{in}} - \dot{m}_{\text{out}} \end{cases} \qquad (2\text{-}47)$$

式中，$\dot{m}$ 为空气质量流量；$u$ 为单位质量空气的内能；$\dot{Q}$ 为储气室内部与外界热交换；$\dot{W}_{\text{CV}}$ 为容积功；$h$ 为空气比焓；$t$ 为时间。

由 $u = h - pv$ 可得

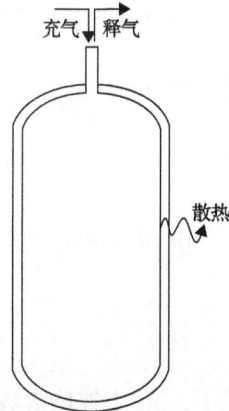

图 2-4　储气室模型图

$$\frac{\mathrm{d}(mu)}{\mathrm{d}t} = \frac{\mathrm{d}(mh - mpv)}{\mathrm{d}t} = \frac{\mathrm{d}(mh - pV)}{\mathrm{d}t} = \frac{\mathrm{d}(mh)}{\mathrm{d}t} - p\frac{\mathrm{d}V}{\mathrm{d}t} - V\frac{\mathrm{d}p}{\mathrm{d}t} \tag{2-48}$$

式中，$v$ 为空气比体积；$V = mv$ 为储气室容积。

结合式(2-47)和式(2-48)可得

$$\dot{Q} - \dot{W}_{\mathrm{CV}} + \sum(\dot{m}h) = \frac{\mathrm{d}(mh)}{\mathrm{d}t} - p\frac{\mathrm{d}V}{\mathrm{d}t} - V\frac{\mathrm{d}p}{\mathrm{d}t} \tag{2-49}$$

移项之后可得

$$\frac{\mathrm{d}(mh)}{\mathrm{d}t} = \dot{Q} - \dot{W}_{\mathrm{CV}} + \sum(\dot{m}h) + p\frac{\mathrm{d}V}{\mathrm{d}t} + V\frac{\mathrm{d}p}{\mathrm{d}t} \tag{2-50}$$

将 $\dot{W}_{\mathrm{CV}} = p\dfrac{\mathrm{d}V}{\mathrm{d}t}$ 代入可得

$$\frac{\mathrm{d}(mh)}{\mathrm{d}t} = \dot{Q} + \sum(\dot{m}h) + V\frac{\mathrm{d}p}{\mathrm{d}t} \tag{2-51}$$

进一步可得

$$m\frac{\mathrm{d}h}{\mathrm{d}t} + h\frac{\mathrm{d}m}{\mathrm{d}t} = \dot{Q} + \sum(\dot{m}h) + V\frac{\mathrm{d}p}{\mathrm{d}t} \tag{2-52}$$

假设为理想气体，将 $\mathrm{d}h = c_p \mathrm{d}T$ 代入有

$$mc_p\frac{\mathrm{d}T}{\mathrm{d}t} + h\frac{\mathrm{d}m}{\mathrm{d}t} = \dot{Q} + \sum(\dot{m}h) + V\frac{\mathrm{d}p}{\mathrm{d}t} \tag{2-53}$$

式中，$c_p$ 为定压比热容。

将 $\dfrac{\mathrm{d}m}{\mathrm{d}t} = \dot{m}_{\mathrm{in}} - \dot{m}_{\mathrm{out}}$ 和 $\sum(\dot{m}h) = \dot{m}_{\mathrm{in}}h_{\mathrm{in}} - \dot{m}_{\mathrm{out}}h_{\mathrm{out}}$ 代入，有

$$mc_p\frac{\mathrm{d}T}{\mathrm{d}t} = \dot{Q} + \dot{m}_{\mathrm{in}}h_{\mathrm{in}} - \dot{m}_{\mathrm{out}}h_{\mathrm{out}} + V\frac{\mathrm{d}p}{\mathrm{d}t} - h(\dot{m}_{\mathrm{in}} - \dot{m}_{\mathrm{out}}) \tag{2-54}$$

进一步有

$$mc_p\frac{\mathrm{d}T}{\mathrm{d}t} = \dot{Q} + \dot{m}_{\mathrm{in}}c_p(T_{\mathrm{in}} - T) - \dot{m}_{\mathrm{out}}c_p(T_{\mathrm{out}} - T) + V\frac{\mathrm{d}p}{\mathrm{d}t} \tag{2-55}$$

由 $pV = mR_{\mathrm{g}}T$ 可得

$$V\frac{\mathrm{d}p}{\mathrm{d}t} = R_{\mathrm{g}}m\frac{\mathrm{d}T}{\mathrm{d}t} + R_{\mathrm{g}}T\frac{\mathrm{d}m}{\mathrm{d}t} \tag{2-56}$$

式中，$R_{\mathrm{g}}$ 为气体常数。

进一步有

$$V \frac{\mathrm{d}p}{\mathrm{d}t} = R_\mathrm{g} m \frac{\mathrm{d}T}{\mathrm{d}t} + R_\mathrm{g} T (\dot{m}_\mathrm{in} - \dot{m}_\mathrm{out}) \tag{2-57}$$

将式(2-57)代入式(2-55)，有

$$mc_p \frac{\mathrm{d}T}{\mathrm{d}t} = \dot{Q} + \dot{m}_\mathrm{in} c_p (T_\mathrm{in} - T) - \dot{m}_\mathrm{out} c_p (T_\mathrm{out} - T) + R_\mathrm{g} m \frac{\mathrm{d}T}{\mathrm{d}t} + R_\mathrm{g} T (\dot{m}_\mathrm{in} - \dot{m}_\mathrm{out}) \tag{2-58}$$

进一步有

$$m(c_p - R_\mathrm{g}) \frac{\mathrm{d}T}{\mathrm{d}t} = \dot{Q} + \dot{m}_\mathrm{in} c_p (T_\mathrm{in} - T) - \dot{m}_\mathrm{out} c_p (T_\mathrm{out} - T) + R_\mathrm{g} T (\dot{m}_\mathrm{in} - \dot{m}_\mathrm{out}) \tag{2-59}$$

则

$$m(c_p - R_\mathrm{g}) \frac{\mathrm{d}T}{\mathrm{d}t} = \dot{Q} + c_p T_\mathrm{in} \dot{m}_\mathrm{in} - c_p T_\mathrm{out} \dot{m}_\mathrm{out} - \dot{m}_\mathrm{in} T (c_p - R_\mathrm{g}) + \dot{m}_\mathrm{out} T (c_p - R_\mathrm{g}) \tag{2-60}$$

将 $R_\mathrm{g} = c_p - c_v$（$c_v$ 为定容比热）代入则有

$$mc_v \frac{\mathrm{d}T}{\mathrm{d}t} = \dot{Q} + c_p T_\mathrm{in} \dot{m}_\mathrm{in} - c_p T_\mathrm{out} \dot{m}_\mathrm{out} - c_v \dot{m}_\mathrm{in} T + c_v \dot{m}_\mathrm{out} T \tag{2-61}$$

整理之后，有

$$\frac{\mathrm{d}T}{\mathrm{d}t} = \frac{\dot{Q} + c_p T_\mathrm{in} \dot{m}_\mathrm{in} - c_p T_\mathrm{out} \dot{m}_\mathrm{out}}{mc_v} - \frac{T}{m} (\dot{m}_\mathrm{in} - \dot{m}_\mathrm{out}) \tag{2-62}$$

将 $\dot{Q} = k_\mathrm{w} A_\mathrm{w} (T_\mathrm{w} - T)$ 代入则有

$$\frac{\mathrm{d}T}{\mathrm{d}t} = \frac{c_p T_\mathrm{in} \dot{m}_\mathrm{in} - c_p T_\mathrm{out} \dot{m}_\mathrm{out} + k_\mathrm{w} A_\mathrm{w} (T_\mathrm{w} - T)}{mc_v} - \frac{T}{m} (\dot{m}_\mathrm{in} - \dot{m}_\mathrm{out}) \tag{2-63}$$

式中，$k_\mathrm{w}$ 为储气室内空气与环境的总传热系数；$A_\mathrm{w}$ 为储气室的表面积。

将式(2-63)代入式(2-57)，则有

$$\frac{\mathrm{d}p}{\mathrm{d}t} = R_\mathrm{g} \frac{c_p T_\mathrm{in} \dot{m}_\mathrm{in} - c_p T_\mathrm{out} \dot{m}_\mathrm{out} + k_\mathrm{w} A_\mathrm{w} (T_\mathrm{w} - T)}{V c_v} \tag{2-64}$$

综上可得储气装置内部温度和压力变化微分关系式为

$$\begin{cases} \dfrac{\mathrm{d}p}{\mathrm{d}t} = R_\mathrm{g} \dfrac{c_p T_\mathrm{in} \dot{m}_\mathrm{in} - c_p T_\mathrm{out} \dot{m}_\mathrm{out} + k_\mathrm{w} A_\mathrm{w} (T_\mathrm{w} - T)}{V c_v} \\[3mm] \dfrac{\mathrm{d}T}{\mathrm{d}t} = \dfrac{c_p T_\mathrm{in} \dot{m}_\mathrm{in} - c_p T_\mathrm{out} \dot{m}_\mathrm{out} + k_\mathrm{w} A_\mathrm{w} (T_\mathrm{w} - T)}{mc_v} - \dfrac{T}{m} (\dot{m}_\mathrm{in} - \dot{m}_\mathrm{out}) \end{cases} \tag{2-65}$$

考虑储气室初始条件及边界条件，便可求出任意时刻储气室内的压力和温度等热力

学参数。

通过式(2-65)计算的理论值与实验值的对比，总传热系数取为定值34.4W/(m²·K)，可以发现理论与实验结果吻合很好(图 2-5)。一般空气自然对流系数为 3～10W/(m²·K)，而空气强制对流系数为20～100W/(m²·K)，因此罐体与外界的总传热系数在10W/(m²·K)量级的范围内，与上述计算结果吻合。

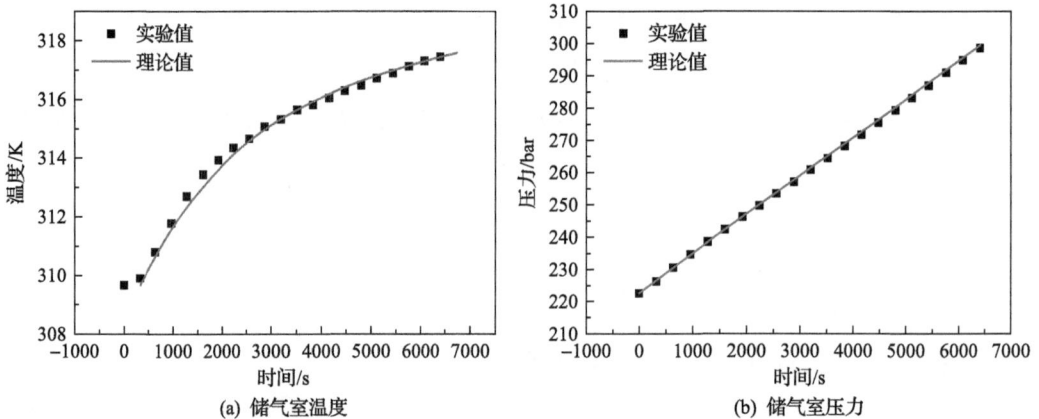

图 2-5 储气室温度、压力的理论值与实验值的比较

## 2.3 系统模型与求解

### 2.3.1 设计点计算模型与求解方法

模块化建模方法较好地解决了传统建模方法存在的问题，并已成为系统建模发展的新方向[7]。系统模块化建模首先需要建立足够的典型单元模型，预先组成完整的模块库，再根据系统流程结构的具体特点选择相应的单元模型，在充分考虑热力学和工程具体要求和约束的情况下，通过一定手段实现一定功能的组合，构造出的系统优化设计模型拥有大量部件，又能包容不同技术和所有关键因素的合理变化区域。另外，由于所采用的通用性系统组合的模块化建模的特点，系统模型不仅能满足压缩空气储能系统集成的要求，还可以根据需要进行方便的拓展和补充。模块化建模方法的优点主要表现在以下几个方面：①将复杂系统化整为零，化繁为简，显著降低了建模的复杂性和对用户的要求。②提高了单元模块模型的通用性，不同模块可以分别开发，一个模块只需开发一次，可重复使用，避免了重复劳动，提高了研究和工作效率。③模块自动连接组合系统一次性开发完成之后，可使用户不必再为模块的连接及其实现费时费力，而将主要精力和时间投放在新模型开发、模型优化、对研究对象进行分析和设计等主要工作上。

由于模块化建模具有诸多优点，近年来得到了快速发展。首先，在稳态模型和系统优化方面，有美国 AspenTech 公司开发的 Aspen Plus 软件、德国 STEAG 电力集团开发的 EBSILON 可视化热力系统建模软件、美国 MESA 公司开发的能量分析程序 MESA、德国 Sonnenschein 公司研制的电站能量平衡和效率优化计算的程序、奥地利格拉茨大学开发的用于热力学循环计算的软件等。其次,在热力系统动态仿真方面,有美国 AspenTech 公司开发的 Aspen Hysys 软件、Fortum 公司和芬兰国家技术研究中心共同开发的 Apros 软件、英国 Invensys 公司推出的动态过程模拟系统 Dynsim、美国威斯康星大学麦迪逊分校开发的 TRNSYS 等、我国清华大学热能工程系开发的 200MW 大型火电站培训仿真器实时模型等。用于自编程实现模块化建模的常用语言包括 C 语言、Fortran、Python 等。

压缩空气储能系统模块化建模的一般步骤如下:首先确定研究系统的自变量,这些自变量应为系统最核心的参数,然后基于物理背景,建立各部件的数学方程,再根据相邻部件接口参数(流量、温度和压力等热力学参数)相同,建立系统整体计算模型,有时系统自变量在系统模型中并非显式的(如储能压力),而是要根据系统整体计算模型求解,当获得各部件的详细参数后,系统的性能指标便可根据系统整体计算模型得出。图 2-6 为设计点计算的逻辑图。

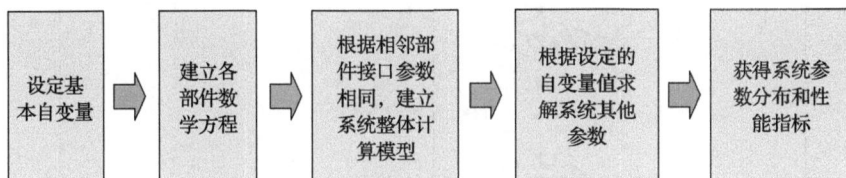

图 2-6　系统设计点计算逻辑图

### 2.3.2　变工况计算模型与求解方法

在设计点建模及求解方面,目前已经有比较成熟的商业化软件,这些软件不仅具备完整的工质物性数据库,还操作简单、计算快捷,在热力系统模拟中得到了非常广泛的应用。然而,在变工况计算和动态仿真方面还存在操作复杂、计算自动化程度不高等问题,下面将详细介绍压缩空气储能系统的变工况计算模型及求解方法。

1. 系统总体计算框架

压缩空气储能系统的变工况一般考虑两种运行策略,即等功率比运行和优化运行,其中优化运行为优化压缩机入口导叶(inlet guide vane,IGV)开度和透平膨胀机静叶转角。

以 TS-CAES 系统为例,图 2-7 和图 2-8 分别为储能过程和释能过程的变工况计算逻辑图。计算储能过程时,先给定系统初始条件,包括储气室压力、温度等,然后给定系统的运行策略(等功率比运行或优化运行),在一定的环境因素和负荷要求下,计算系统各参数随时间的变化规律。储能终止条件为储气室压力达到储气室设计压力上限,最后通过对时间的积分得到系统的总耗功、蓄热温度、总储气量(即进入压缩机的空气总质量)、储能时间等参数。

计算释能过程时,初始条件为储能过程的计算结果,包括蓄热温度、储气室压力和温度以及储能过程结束时的总储气量,然后给定系统的运行策略(等功率比运行或优化运行),在一定的环境因素和负荷要求下,计算系统各参数随时间的变化规律。释能终止条

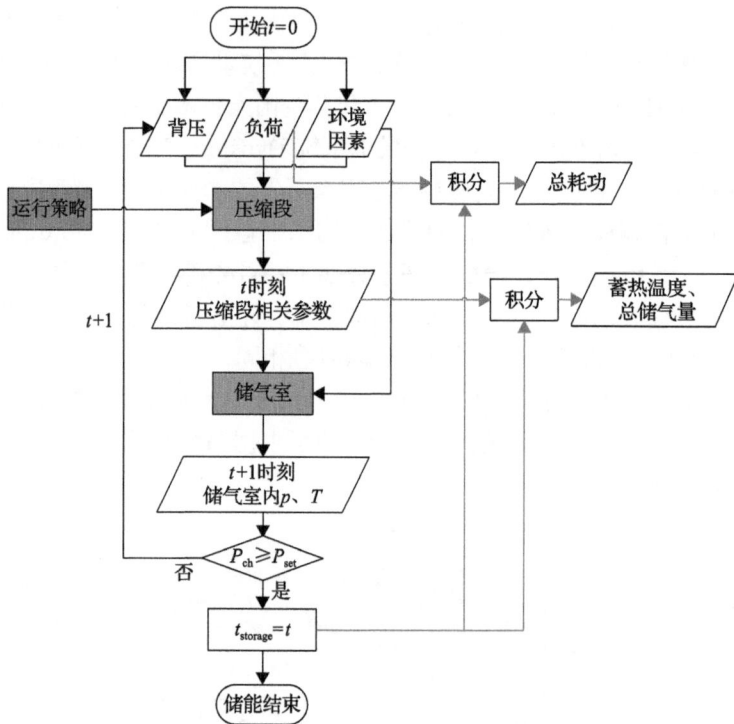

图 2-7　TS-CAES 储能过程计算逻辑图

$P_{ch}$ 为储气室压力，$P_{set}$ 为储气室压力设计压力上限，$t_{storage}$ 为储能时间

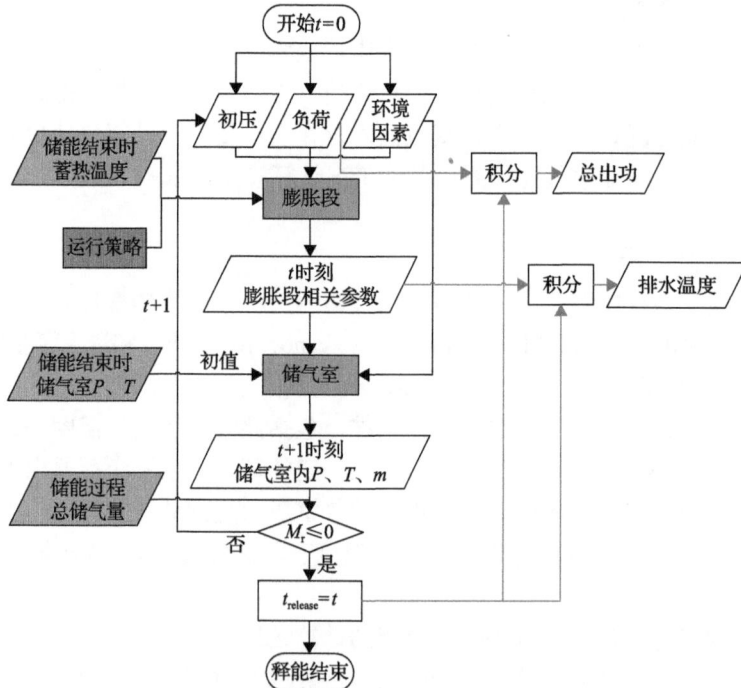

图 2-8　TS-CAES 释能过程计算逻辑图

$M_r$ 为储能过程中储存的空气在释能过程中的剩余质量；$t_{release}$ 为释能时间

件为储能过程中的总储气量得到全部释放，储能和释能过程满足质量守恒。最后通过对时间的积分得到系统的总输出功、排水温度、释能时间等参数。

2. 压缩段计算方法

压缩段有两种运行策略，即等功率比运行和优化导叶开度运行[8]。

1）等功率比运行

$$\frac{W_{1,\mathrm{C}}}{W_{1,\mathrm{C,d}}} = \frac{W_{2,\mathrm{C}}}{W_{2,\mathrm{C,d}}} = \frac{W_{3,\mathrm{C}}}{W_{3,\mathrm{C,d}}} = \frac{W_{4,\mathrm{C}}}{W_{4,\mathrm{C,d}}} \tag{2-66}$$

式中，下标数字代表级数，d 代表设计点值，C 代表压缩机。

变工况运行时，各级压缩机输入功率的比值与设计值时的比值相同。若各级压缩机在设计工况下压比相同，则在等功率比运行下，当各级等熵效率变化不大时，各级压比较为接近，排水温度接近，可避免较大的热水混合损失。

2）优化导叶开度运行

以第一㶲效率为优化目标，通过优化各级导叶开度，使该㶲效率最大。优化方法可采用序列二次规划方法。

零导叶开度运行时，当环境因素确定后，压缩段的自由变量只有一个，可通过给定某一自变量（如流量或背压）后迭代求解，求解较简单，而等功率比运行和导叶开度优化运行时压缩段计算较复杂，图 2-9 为压缩段在等功率比运行和导叶开度优化运行时的计算逻辑图。计算逻辑为在不同的流量和背压下，通过迭代计算求取各级导叶开度、总耗功和蓄热温度等参数。在两种运行策略下，迭代终止条件不同、等功率比运行时，需要满足各级功率比与设计工况下相同，如式（2-66）所示；优化导叶开度运行时，则需要通过优化算法使目标函数（即㶲）效率最大。

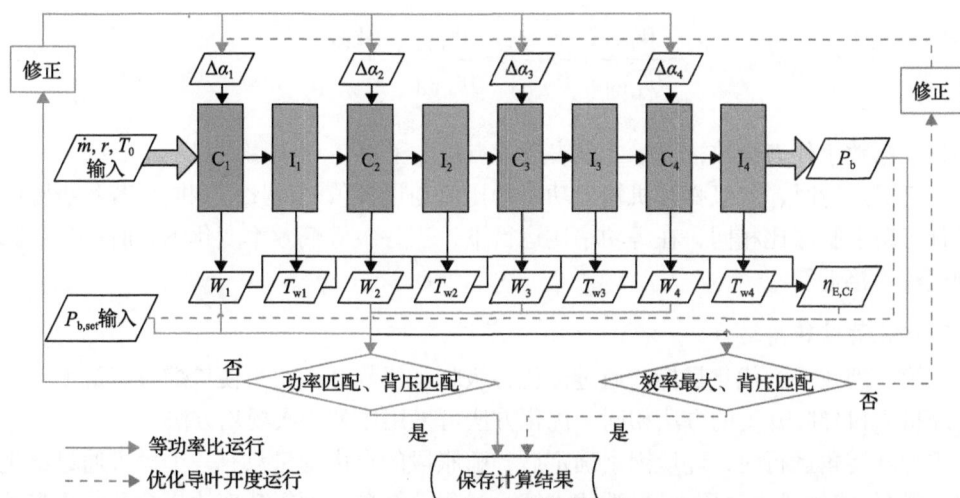

图 2-9 压缩段计算逻辑图（等功率比运行和优化导叶开度运行）

$\dot{m}$ 为为质量流量；$r$ 为转速；C 为压缩机；I 为间冷器；$P_{\mathrm{b}}$ 为压缩机组的背压；$\eta_{\mathrm{E,C}i}$ 为压缩机组的㶲效率；$P_{\mathrm{b,set}}$ 为压缩机组的背压设定值；$\Delta\alpha_1 \sim \Delta\alpha_4$ 为入口导叶开度

为避免较大的间冷器换热温差(使损失较小,蓄热温度较高),同时使蓄热量满足释能需求,变工况时,循环水质量流量与压缩机空气质量流量呈比例变化。

压缩段的评价指标包括以下几个。

第一㶲效率:

$$\eta_{E,C1} = \frac{E_{air} + E_{hot\_water}}{W_{total,c}} \qquad (2\text{-}67)$$

式中,$E_{air}$ 为压缩段出口高压空气的㶲;$E_{hot\_water}$ 为压缩段热水的㶲;$W_{total,c}$ 为压缩段的总耗功。

由于压缩段入口空气的状态为环境状态,入口的循环水也为环境状态,两者的㶲值均为 0,因此压缩段的输入㶲为总耗功。压缩段输出高压空气和热水,两者的㶲值均大于 0,因此式(2-67)表征同时考虑高压空气㶲和热水㶲的㶲效率。

为研究热水㶲对压缩段第一㶲效率的影响,计算了不考虑热水㶲的压缩段㶲效率,如式(2-68)所示,定义压缩段第二㶲效率为

$$\eta_{E,C2} = \frac{E_{air}}{W_{total,c}} \qquad (2\text{-}68)$$

### 3. 膨胀段计算方法

膨胀段可分为两种运行策略,即等功率比运行方式和优化静叶转角运行方式,下面将对这两种运行方式进行详细分析。

#### 1) 等功率比运行

$$\frac{W_{1,T}}{W_{1,T,d}} = \frac{W_{2,T}}{W_{2,T,d}} = \frac{W_{3,T}}{W_{3,T,d}} = \frac{W_{4,T}}{W_{4,T,d}} \qquad (2\text{-}69)$$

式中,下标数字代表级数,下标 d 代表设计点值,下标 T 代表膨胀机。

变工况运行时,各级膨胀机输出功率的比值与设计值时的比值相同。若各级膨胀机在设计工况下膨胀比相同,在等功率比运行下,当各级等熵效率变化不大时,各级膨胀比的值较为接近。

#### 2) 优化静叶转角运行

以第一㶲效率为优化目标,通过优化各级膨胀机静叶转角,使该㶲效率最大。与优化压缩机入口导叶开度的方法相同,优化方法可采用序列二次规划方法。

零静叶转角运行时,环境因素确定后,膨胀段的自由变量只有一个,可通过给定某一自变量(如流量或入口压力)后迭代求解,过程较简单,而等功率比运行和优化静叶转角运行时的膨胀段计算较复杂。图 2-10 为膨胀段的计算逻辑图,计算逻辑为在不同的入口压力和流量下,通过迭代计算获取各级膨胀机静叶转角值、总输出功和排水温度等参

数值。在不同的运行策略下，迭代终止的条件不同，等功率比运行时，需要使各级输出功的比值与设计工况下的比值相同；而优化静叶转角运行时，则需使膨胀段㶲效率达到最大值。

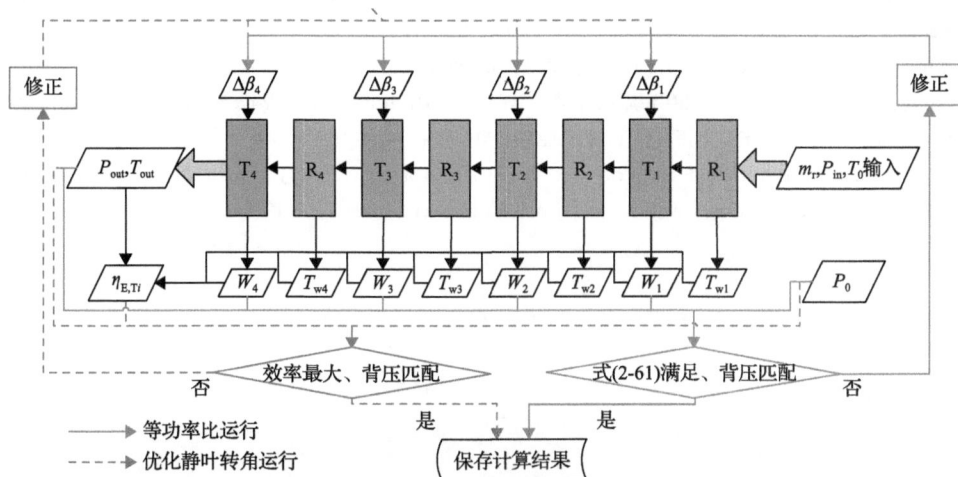

图 2-10　膨胀段计算逻辑图（等功率比运行和优化静叶转角运行）

$\Delta\beta$ 为静叶转角；$m_r$ 为流量；$P_{in}$ 为入口压力；$P_0$ 为环境压力；$T_0$ 为环境温度；$P_{out}$ 为出口压力；$T_{out}$ 为出口温度；$\eta_{E,Ti}$ 为膨胀机组㶲效率；$R_1$ 为再热器

与压缩段循环水的流量调节类似，膨胀段变工况运行时，循环水质量流量与膨胀机空气质量流量呈比例变化。

膨胀段的输出㶲为总输出功，当不考虑排水㶲和排气㶲的再利用时，输入㶲为入口高压空气的㶲和热水的㶲，其㶲效率可定义为第一㶲效率，如式（2-70）所示。当排水㶲和排气㶲均得到利用时，其㶲效率可定义为第二㶲效率，如式（2-71）所示。

第一㶲效率为

$$\eta_{E,T1} = \frac{W_{total,t}}{E_{air,t} + E_{water,t}} \tag{2-70}$$

式中，$W_{total,t}$ 为膨胀机的总输出功；$E_{air,t}$ 为膨胀段入口高压空气的㶲；$E_{water,t}$ 为膨胀段入口热水㶲。

第二㶲效率为

$$\eta_{E,T2} = \frac{W_{total,t}}{E_{air,t} + E_{water,t} - E_{exit\_water} - E_{exit\_air}} \tag{2-71}$$

式中，$E_{exit\_air}$ 为膨胀段排气㶲，$E_{exit\_water}$ 为膨胀段排水㶲。

## 参 考 文 献

[1] 张娜, 林汝谋, 蔡睿贤. 压气机特性通用数学表达式[J]. 工程热物理学报, 1996, 17(1): 21-24.

[2] Zhang N, Cai R X. Analytical solutions and typical characteristics of part-load performances of single shaft gas turbine and its cogeneration[J]. Energy Conversion and Management, 2002, 43(9-12): 1323-1337.

[3] 卢韶光, 林汝谋. 燃气透平稳态全工况特性通用模型[J]. 工程热物理学报, 1996, 17(4): 4.

[4] Guo H, Xu Y J, Guo C, et al. Off-design performance of CAES systems with low-temperature thermal storage under optimized operation strategy[J]. Journal of Energy Storage, 2019, 24: 100787.

[5] 蔡睿贤, 胡自勤. 余热锅炉变工况计算[J]. 工程热物理学报, 1990, 11(1): 4.

[6] 李盼, 杨晨, 陈雯, 等. 压缩空气储能系统动态特性及其调节系统[J]. 中国电机工程学报, 2020, 40(7): 2295-2305, 2408.

[7] 金红光, 林汝谋. 能的综合梯级利用与燃气轮机总能系统[M]. 北京: 科学出版社, 2008.

[8] Guo H, Xu Y J, Zhang Y, et al. Off-design performance and an optimal operation strategy for the multistage compression process in adiabatic compressed air energy storage systems[J]. Applied Thermal Engineering, 2019, 149: 262-274.

# 第3章

# 系统优化分析方法

本章将主要介绍两种系统优化分析方法,第一种为传统的㶲分析方法,是通用热力系统分析方法,第二种为根据压缩空气储能系统流程和参数特点建立的对应点优化分析方法,是适用于压缩空气储能系统特有的优化分析方法,具有便捷性和直观性特点。

## 3.1 㶲分析方法

### 3.1.1 㶲分析方法介绍

#### 1. 㶲的定义

热力学第二定律限制了某些能量向另一种形态的转换。各种形态能量相互转换时具有明显的方向性,如机械能、电能等可全部转化为热能,理论上转换效率接近 100%。这类可无限转换的能量称为㶲(exergy),机械能全部为㶲[1]。因而,习惯上将"有用功"作为"可无限转换能量"的同义词。但是,反方向的热能转换为机械能、电能等,却不可能全部转换,转换能力受到热力学第二定律的制约。因此,从技术使用和经济价值角度,前者品位(质量)更高。热能本身也有质量的差别。不但能量具有做功能力,热力系中的工质或物流也具有做功能力。例如,与环境处于热力不平衡的闭口系,当它与环境发生作用、可逆地变化到与环境平衡时,可做出最大有用功,称为闭口系工质的热力学能(㶲)。又如,与环境处于热力不平衡的一定量的流动工质,流过稳流热力系,在只与环境发生作用的条件下可逆地变化到与环境平衡时,做出的最大有用功则为稳流工质的焓㶲。此外,热力系与环境间存在化学势、浓度、电磁场等其他力场不平衡时,系统也都具有做功能力。这里的环境指一种抽象的环境,它具有稳定的 $P_0$、$T_0$ 及确定的化学组成,任何热力系与其交换热量、功量和物质,它都不会改变。因此,热力学中定义为,在环境条件下,能量中可转化为有用功的最高份额的能量称为该能量的㶲;在环境条件下不可转化为有用功的那部分能量称为炕。任何能量 $E$ 都由㶲($E_x$)和炕($A_n$)两部分组成[2]。

##### 1)热量㶲

温度为 $T_0$ 的环境条件下,系统($T > T_0$)所提供的热量中可转化为有用功的最大值是热量㶲,用 $E$ 表示。

如果以环境为冷源,系统为热源,它是变温热源。如图 3-1 所示,设想有一系列微元卡诺热机在它们之间工作,每一卡诺循环做出的循环净功,即系统提供的热量 $\delta Q$ 中的

热量㶲$E_{x,Q}$为

$$\delta E_{x,Q} = \left(1 - \frac{T_0}{T}\right)\delta Q \tag{3-1}$$

热量炕为

$$\delta A_{n,Q} = \delta Q - \delta E_{x,Q} = \frac{T_0}{T}\delta Q \tag{3-2}$$

热量㶲 $E_{x,Q}$ 为循环工质对过程积分，即

$$E_{x,Q} = \int_1^2 \left(1 - \frac{T_0}{T}\right)\delta Q = Q - T_0 \int_1^2 \frac{\delta Q}{T} \tag{3-3}$$

因为是可逆循环，各过程可逆，所以 $\mathrm{d}S = \frac{\delta Q}{T}$，即

$$E_{x,Q} = Q - T_0 \Delta S \tag{3-4}$$

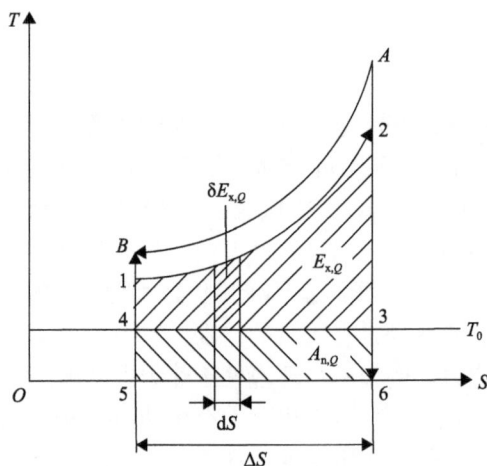

图 3-1　热量㶲和热量炕

2) 冷量㶲

温度低于环境温度 $T_0$ 的系统($T < T_0$)，吸入热量 $Q_0$ 时做出的最大有用功称为冷量㶲，用 $E_{x,Q_0}$ 表示。以简单的恒温系统吸热为例。这时以环境为热源、系统为冷源，其间设想有一可逆卡诺机，系统吸热 $Q_0$ 时做出的最大有用功称为冷量㶲，即

$$E_{x,Q} = \int_1^2 \delta Q\left(1 - \frac{T_0}{T}\right) \tag{3-5}$$

冷量炕为

$$A_{n,Q_0} = Q - E_{x,Q} = T_0 \int_1^2 \frac{\delta Q}{T} = T_0(S_2 - S_1) = Q_0 \tag{3-6}$$

3）闭口系工质的热力学能㶲

闭口热力系只与环境作用，从给定状态以可逆方式变化到与环境平衡的状态所能做出的最大有用功，称为该状态下闭口系的㶲，或称热力学能㶲，以 $E_{x,U}$ 表示。

将式(3-6)由给定状态到环境状态积分，即为工质热力学能㶲 $W_{u,max}$：

$$E_{x,U} = W_{u,max} = U - U_0 - T_0(S - S_0) + p_0(V - V_0) \tag{3-7}$$

系统由状态 1 变化到状态 2，除环境外无其他热源交换热量时，所能做出的最大有用功为 $W_{1\text{-}2,max}$，可得

$$W_{1\text{-}2,max} = U_1 - U_2 - T_0(S_1 - S_2) + p_0(V_1 - V_2) = E_{x,U_1} - E_{x,U_2} = -\Delta E_{x,U} \tag{3-8}$$

4）稳流工质的焓㶲

稳流工质在只与环境作用时，从给定状态以可逆方式变化到环境状态时所能做出的最大有用功，即为稳流工质的物流㶲，以 $E_x$ 表示。处于某种给定状态$(p, T, v, h, s(\text{熵}))$下的 1kg 工质，流速为 $c_f$、高度为 $z$，流入稳定开口系，流出时达到与环境相平衡的状态，相应的参数为 $p_0$、$T_0$、$v_0$、$h_0$、$s_0$。这时，相对于环境的宏观流速 $c_{f0} = 0$，基准高度 $z_0 = 0$。

最大有用功为

$$W_{1\text{-}2,max} = E_{x,H_1} - E_{x,H_2} = -\Delta E_{x,H} = H_1 - H_2 - T_0(S_1 - S_2) \tag{3-9}$$

2. 㶲效率

对于给定条件下的热力过程，㶲损失的大小能够衡量该过程的热力学完善程度。㶲损失越大，说明过程的不可逆性越大。但是㶲损失是一个绝对数量，仅可以比较相同条件下的热工设备和装置，例如，同样是 100MW 的多台汽轮机，㶲损失大的那台热力学完善程度就差。但是，对于不同条件下的热工设备与装置，用㶲损失作为判据就不合理，如两台汽轮机，一台是 100MW，另一台是 200MW。一般而言，后者的㶲损失大，但就整个㶲的利用程度，即热力学完善程度而言，其相对损失未必大。为此，引入㶲效率的概念，表示热力系统或热工设备中㶲的利用程度。

在系统或设备的能量传递和转换过程中，将被利用或收益的㶲 $E_{x,gain}$ 与支付或耗费的㶲 $E_{x,pay}$ 的比值定义为系统或设备的㶲效率，用 $\eta_{e,x}$ 表示：

$$\eta_{e,x} = \frac{E_{x,gain}}{E_{x,pay}} \tag{3-10}$$

差即为系统或设备中进行的不可逆过程引起的㶲损失：

$$E_{x,L} = E_{x,pay} - E_{x,gain} \tag{3-11}$$

从而有

$$\eta_{e,x} = \frac{E_{x,pay} - E_{x,L}}{E_{x,pay}} = 1 - \frac{E_{x,L}}{E_{x,pay}} = 1 - \xi \tag{3-12}$$

式中，$\xi$ 为㶲损失系数，定义为

$$\xi = \frac{E_{x,L}}{E_{x,pay}} \tag{3-13}$$

因此，㶲效率是耗费㶲的利用份额，而㶲损失系数是耗费㶲(㶲代价)的损失份额。在循环分析中，所涉及的各设备㶲损失系数中的耗费㶲(㶲代价)既可以是设备的㶲代价，亦可以是整个循环的㶲代价。当㶲代价是整个循环的㶲代价时，㶲损失系数可以认为是广义㶲损失系数。

在由㶲效率的定义式确定㶲效率时，必须首先确定系统或过程中的㶲代价和㶲收益。一个系统有输入的㶲、有输出的㶲，但输入㶲不一定就是㶲代价，而输出㶲也不一定就是㶲收益。在系统的所有输入㶲和输出㶲中，哪些㶲是㶲收益，需视各类热工设备或装置而定，即使对于某一具体的热工设备，也要视分析的目标和当时的工作条件而定。因此，㶲效率的形式可能是多样的。

㶲效率公式的建立必须遵循以下原则。

(1)在㶲效率公式的分子、分母中必须包括所有进出系统的㶲。

(2)任意一项㶲只能出现一次，某项㶲不能同时既作为代价又作为收益。

(3)进入系统的㶲在㶲效率公式的分子上为负，在分母上为正，即进入系统的㶲在分子上为负收益，在分母上为正代价。

(4)输出系统的㶲在㶲效率公式的分子上为正，在分母上为负。

(5)㶲效率之值必有 $\eta_{e,x} > 0$，$\eta_{e,x} \leqslant 100\%$。

### 3. 㶲分析的基本模型

能量系统㶲分析的目的在于计算、分析系统内部与外部的不可逆损失，揭示用能过程的薄弱环节，以进行改进；或以㶲效率等为目标函数进行最优化分析计算，达到全面节能的目的。

总能量系统包括许多单元设备，如蒸气动力循环装置，包括锅炉、汽轮机、冷凝器、给水泵和冷油器等，这些单元设备可以称为子系统。对整个能量系统进行的能量分析和㶲分析，只有在各个子系统的分析完成之后才能进行。

对子系统进行㶲分析的目的在于以下几个方面。

(1)依据子系统的㶲分析，对子系统的用能水平进行合理评价。

(2)依据子系统内的㶲损分析，判别用能过程中的薄弱环节。

(3)根据㶲分析结果，提出改进意见。

(4)在子系统㶲分析的基础上，对系统进行㶲分析和改进，或建立系统的优化目标函数，以进行系统的优化。

按照㶲分析的不同要求，可以建立不同的㶲分析模型，这些模型使子系统内部和子系统与外界间的各种能量传递、转换过程一目了然，为建立㶲平衡方程、进行㶲分析带来了极大方便。子系统的㶲分析主要有黑箱模型和白箱模型两种方式。

1) 黑箱模型

黑箱模型分析（黑箱分析）是借助输入、输出子系统的能流信息来研究子系统内部用能过程宏观特性的一种方法。在黑箱分析中可以计算出子系统的㶲效率 $\eta_{e,x}$ 和过程的㶲损失系数 $\zeta$，但不能计算子系统内各过程的㶲损失系数。因此，黑箱分析只能用来对子系统的用能状况进行粗略分析。

子系统的黑箱模型，是把子系统看成由不"透明"的边界所包围的体系，并以实线表示边界，以带箭头的㶲流线表示输入、输出的㶲流，以虚线箭头表示子系统内所有不可逆过程集合的总㶲损失，并在各㶲流线上标出㶲流符号，这样就构成了一个黑箱模型。

黑箱模型中的实线箭头表示的㶲流值，是可以通过仪表直接测出的数据计算出来的。

$$E_{x,L} = E_{x,in} - E_{x,out} \tag{3-14}$$

式中，$E_{x,in}$ 为各股输入㶲之和；$E_{x,out}$ 为各股输出㶲之和。

该式表明，只需借助输入、输出子系统的㶲流信息，而不必剖析子系统内部过程，即可获得反映子系统用能过程的宏观特性，这是黑箱模型的一个突出优点。显然，黑箱模型是一种既简易而又能获得重要结果的分析方法，这是黑箱分析获得广泛应用的主要原因。

在实际子系统中，输入、输出子系统的㶲流通常是多段的，且各股㶲流的性质、效用不一。为使不同子系统的黑箱模型具有统一的型式，拟取下列㶲分析术语。

(1) 供给㶲 $E_{x,sup}$：由㶲源或具有㶲源作用的物质供给体系的㶲，通常有燃料㶲、蒸汽㶲、电㶲等。燃料㶲包括物理㶲和化学㶲。

(2) 带入㶲 $E_{x,br}$：除㶲源以外的物质带入体系的㶲，如送入炉内助燃的空气㶲，生产子系统的原料㶲等。

(3) 有效㶲 $E_{x,ef}$：被子系统有效利用或由子系统输出可有效利用的㶲。对于动力装置即为输出的机械能，对于工艺子系统即为达到工艺要求的产品离开体系所具有的㶲，如锅炉产生的蒸汽㶲，原油加热炉输出的原油㶲，水泵出口水的压力㶲、动能㶲等。

(4) 无效㶲 $E_{x,inef}$：体系输出的总㶲中除有效㶲以外的部分。通常无效㶲即体系的外部㶲损失。

(5) 耗散㶲 $E_{x,irr}$：由体系内的不可逆性所引起的能量耗散，即内部㶲损失。

可以写出子系统的通用㶲平衡方程式为

$$E_{x,sup} + E_{x,br} = E_{x,ef} + E_{x,inef} + E_{x,irr} \tag{3-15}$$

此外，对某些子系统，当带入㶲很小以至可以忽略，或无带入㶲时，有

$$E_{x,br} = 0 \tag{3-16}$$

根据式(3-16)，可以写出子系统㶲效率的通用表达式及㶲损失系数表达式。子系统

的㶲效率为

$$\eta_{e,x} = \frac{E_{x,ef}}{E_{x,sup}} = 1 - \frac{E_{x,irr} + E_{x,inef}}{E_{x,sup}} \qquad (3-17)$$

子系统的㶲损失系数为

$$\xi_{in} = \frac{E_{x,irr} + E_{x,inef}}{E_{x,sup}} \qquad (3-18)$$

2) 白箱模型

采用黑箱模型不能分析体系内部各用能过程的状况，这是黑箱分析的不足之处。对于一些重要的耗能设备，仅有黑箱分析显然是不够的。

白箱模型是为了克服黑箱模型的缺陷而提出来的。这种模型将分析对象看成由"透明"的边界所包围的系统，从而可以对系统内的各个用能过程逐个进行剖析，计算出各过程的耗散㶲。这样，白箱模型分析(白箱分析)不仅可以计算出子系统的㶲效率和热力学完善度，还能计算出体系内各过程的㶲损失系数，揭示系统中用能不合理的"薄弱环节"。因此，白箱分析是一种精细的㶲分析。

白箱模型的表示方法如下：以虚线表示体系的边界，以带箭头的㶲流线表示输入、输出的㶲流，对其中属于外部的㶲损失，在㶲流线上标以黑点，而对于体系内的不可逆过程，则在㶲流线上标圆圈；子系统内外各过程的相互关系，以㶲流线的串并联表示；在各相应的部位标出㶲流和㶲损失符号。这样，就构成了一个完整的白箱模型。这样的模型可以将子系统的用能状况，包括外部㶲损失与内部㶲耗散，全部在模型中清楚地显示出来。

进入子系统的供给㶲为 $E_{x,sup} = \sum_i E_{x,sup,i}$，带入㶲为 $E_{x,br} = \sum_i E_{x,br,i}$，外部㶲损失为 $E_{x,L,out} = \sum_i E_{x,inef,i}$，内部㶲耗散为 $E_{x,L,in} = \sum_i E_{x,irr,i}$。白箱模型的㶲平衡方程为

$$\sum_i E_{x,sup,i} + \sum_i E_{x,br,i} = E_{x,ef} + \sum_i E_{x,inef,i} + \sum_i E_{x,irr,i} \qquad (3-19)$$

子系统的㶲效率为

$$\eta_{e,x} = 1 - \frac{\sum_i E_{x,irr,i} + \sum_i E_{x,inef,i}}{\sum_i E_{x,sup,i}} \qquad (3-20)$$

子系统内不可逆过程 $i$ 的㶲损失系数为

$$\xi_{in,i} = \frac{E_{x,irr,i}}{\sum_i E_{x,sup,i}} \qquad (3-21)$$

子系统外部物流或能流排放过程 $i$ 的㶲损失系数为

$$\xi_{\text{out},i} = \frac{E_{\text{x,inef},i}}{\sum_i E_{\text{x,sup},i}} \tag{3-22}$$

换热器的白箱模型如图 3-2 所示。换热器的外部㶲损失有耗热㶲损失 $E_{\text{x,L,s}}$。热流体离开换热器带走的㶲为无效㶲，也属于外部㶲损失。换热器内的㶲耗散由两部分组成：一部分是热流体对冷流体的温差传热过程；另一部分是冷、热流体各自克服流阻的耗散㶲。

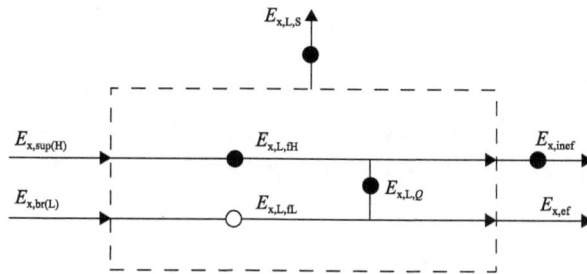

图 3-2　换热器的白箱模型

由以上分析可以看出，从获得节能的实际效益考虑，单元子系统的㶲分析只能解决个别的、局部的问题，系统的㶲分析才能解决整体的、全局的问题。这就是系统㶲分析的重要性和必要性。

系统㶲分析的目的和作用主要有以下几方面。

（1）对系统的整体用能技术状况进行评价，其中主要是对系统中㶲的有效利用程度及系统的节能潜力进行评价。

（2）找出系统中用能薄弱的设备，为选择需要进行白箱分析的设备及确定系统改造的主要对象提供依据。

（3）全面分析系统的耗能结构、㶲损失分布、㶲流去向，为系统的整体技术改造提供技术资料。

### 3.1.2　典型案例分析

图 3-3 为本节所研究 SC-CAES 系统的示意图[3, 4]。该系统由带间冷器的多级压缩机、带再热器的多级膨胀机、蓄冷换热器、液体膨胀机、低温泵、液态空气储罐、电机、发电机等组成。其工作原理为：在初始条件下，液态空气储罐中注满液态空气；在用电高峰，液态空气经低温泵加压至超临界压力后，输送至蓄冷换热器被加热至常温，再吸收储能过程中的压缩热后经膨胀机膨胀做功，同时液态空气中的冷能被回收并存储于蓄冷换热器中；在用电低谷，空气被压缩到超临界状态（$T > 132\text{K}$，$P > 37.9\text{bar}$），并在间冷器中冷却至常温后，利用存储的冷能将其等压冷却液化，经节流降压后常压存储于液态空气储罐中，同时空气经压缩机的压缩热被回收并存储于间冷器。

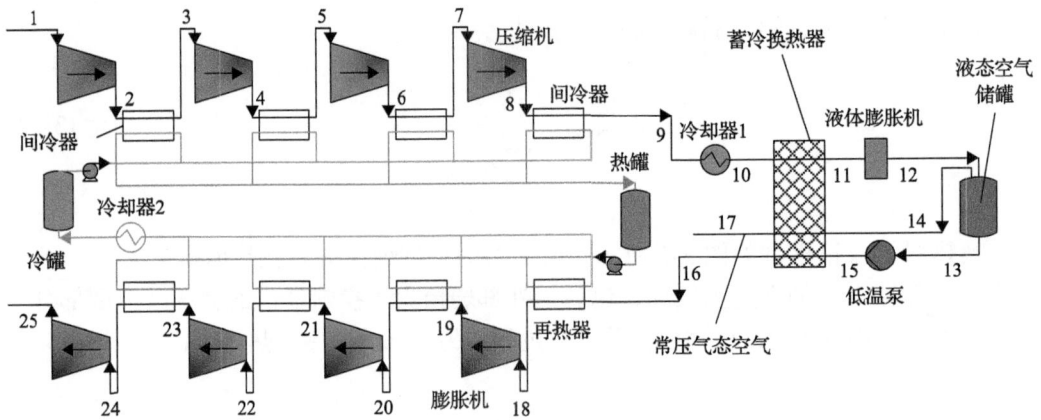

图 3-3　SC-CAES 系统示意图

　　为了解系统内部的㶲损失和㶲分布。首先需要对系统的热力学参数进行计算。所选基本参数如表 3-1 所示，其中根据填充床的 Ergun 公式，蓄冷换热器的压力损失设置为 0.1bar，其他参数来自文献调研的实际数据。根据模拟结果，表 3-2 列出了图 3-3 所示的过程点状态参数。

表 3-1　系统基本参数设置

| 参数 | 参数值 | 参数 | 参数值 |
|---|---|---|---|
| 系统功率/MW | 10 | 低温泵等熵效率/% | 84 |
| 释能时间/h | 1 | 液体膨胀机等熵效率/% | 78 |
| 环境温度/K | 298 | 间冷器/再热器换热温差/K | 2 |
| 环境压力/bar | 1 | 间冷器压力损失/bar | 0.2 |
| 储能压力/bar | 100 | 再热器压力损失/bar | 0.2 |
| 释能压力/bar | 78.5 | 蓄冷换热器最小温差/K | 3 |
| 压缩机等熵效率/% | 85 | 蓄冷换热器压力损失/bar | 0.1 |
| 膨胀机等熵效率/% | 88 | | |

表 3-2　系统各状态点的热力学计算值

| 流程点 | 温度($T$)/K | 压力($P$)/bar | 熵($s$)/(J/(kg·K)) | 质量流量($\dot{m}$)/(kg/s) |
|---|---|---|---|---|
| 1 | 298 | 1 | 6704.51 | 26.70 |
| 2 | 437.76 | 3.24 | 6753.84 | 26.70 |
| 3 | 300 | 3.04 | 6390.71 | 26.70 |
| 4 | 440.82 | 9.83 | 6440.01 | 26.70 |
| 5 | 300 | 9.63 | 6054.39 | 26.70 |
| 6 | 441.26 | 31.16 | 6103.60 | 26.70 |
| 7 | 300 | 30.96 | 5703.45 | 26.70 |
| 8 | 442.04 | 100.2 | 5752.61 | 26.70 |
| 9 | 300 | 100 | 5322.23 | 26.70 |

续表

| 流程点 | 温度($T$)/K | 压力($P$)/bar | 熵($s$)/(J/(kg·K)) | 质量流量($\dot{m}$)/(kg/s) |
|---|---|---|---|---|
| 10 | 300 | 100 | 5322.23 | 26.70 |
| 11 | 85.59 | 99.9 | 3004.12 | 26.70 |
| 12 | 78.74 | 1 | 3032.58 | 26.70 |
| 13 | 78.74 | 1 | 2912.09 | 25.38 |
| 14 | 78.74 | 1 | 5358.45 | 1.32 |
| 15 | 82.29 | 78.5 | 2947.77 | 25.38 |
| 16 | 297 | 78.4 | 5393.60 | 25.38 |
| 17 | 297 | 1 | 6701.14 | 1.32 |
| 18 | 435.87 | 78.2 | 5814.01 | 25.38 |
| 19 | 333.29 | 26.94 | 5856.18 | 25.38 |
| 20 | 435.87 | 26.74 | 6136.10 | 25.38 |
| 21 | 334.51 | 9.21 | 6178.16 | 25.38 |
| 22 | 435.87 | 9.01 | 6453.70 | 25.38 |
| 23 | 335.07 | 3.10 | 6495.75 | 25.38 |
| 24 | 435.87 | 2.90 | 6780.77 | 25.38 |
| 25 | 335.27 | 1 | 6822.81 | 25.38 |

模拟结果显示,SC-CAES 系统的能量密度为 $3.46 \times 10^5 kJ/m^3$,系统效率为 67.242%。系统㶲损失分布如表 3-3 所示。可以看出,四级压缩过程中的㶲损失最大,约占输入㶲的 10.539%,占总㶲损失的 32.173%。其次,四级膨胀过程也带来了较大的㶲损失,占总㶲损失的 26.137%。此外,蓄冷换热器和再热器也是㶲损失较大的过程,因此这些过程是提高系统效率的关键过程。

表 3-3　系统㶲损失分布

| 项目 | 㶲损失占输入㶲的比例/% | 㶲损失占总㶲损失的比例/% |
|---|---|---|
| 四级压缩机 | 10.539 | 32.173 |
| 四级膨胀机 | 8.562 | 26.137 |
| 末级膨胀机排气 | 0.369 | 1.127 |
| 间冷器 | 1.805 | 5.509 |
| 再热器 | 2.766 | 8.443 |
| 散热器 | 1.453 | 4.437 |
| 蓄冷换热器 | 3.926 | 11.986 |
| 液体膨胀机 | 1.523 | 4.649 |
| 低温泵 | 1.815 | 5.539 |
| 总计 | 32.758 | 100 |

系统的总㶲损失占输入㶲的比例为 32.758%,其与系统效率为 67.242%是一致的。为了更形象地表示系统的㶲损失分布,图 3-4 给出了系统的㶲流图。值得注意的是,

蓄冷换热器冷侧的输入/输出㶲大于热侧的输入/输出㶲，这就导致了液体膨胀机、低温储罐和低温泵的㶲值大于经过压缩机和膨胀机的㶲值。

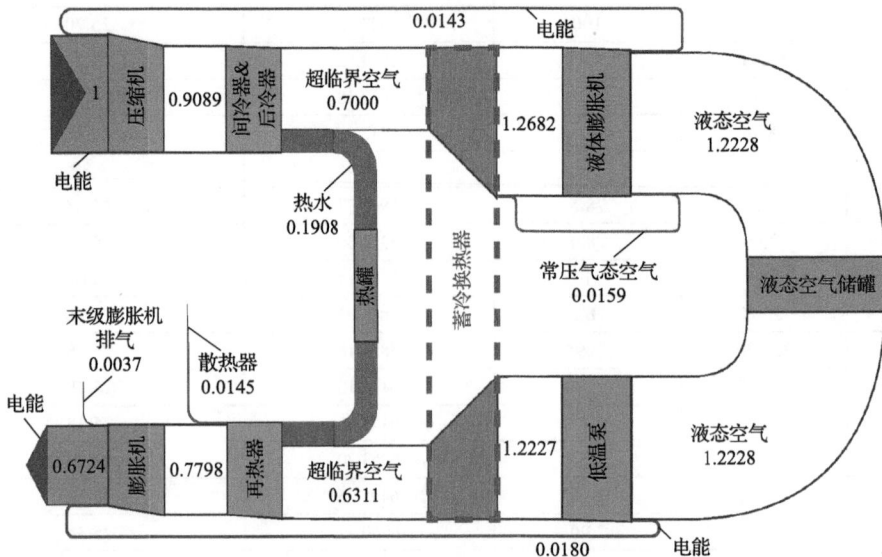

图 3-4　超临界压缩空气储能系统的㶲流图

## 3.2　对应点优化方法

### 3.2.1　优化方法介绍

传统压缩空气储能系统(图 1-3)的工作原理为：储能时，电能通过压缩机将空气压缩至高压并储存于地下洞穴，实现电能的储存；释能时，储存在地下洞穴的高压空气进入燃烧室与燃料混合燃烧产生高温高压燃气，随后进入膨胀机膨胀做功。由此可见，储能过程和释能过程在系统流程上存在一定的对称性，如储能过程空气在压缩机中的压缩过程和释能过程空气在膨胀机中的膨胀过程、储能过程中洞穴的充气过程和释能过程中洞穴的释气过程等。同时，系统流程点也存在一定的对应性，如压缩机出口和膨胀机入口、压缩机入口和膨胀机出口等。

图 3-3 所示的 SC-CAES 系统同样具有流程对称性和流程点对应性的特点，如对应的参数点为：各级压缩机出口和入口以及对应级膨胀机的入口和出口；蓄冷换热器高温端入口和出口；蓄冷换热器低温端入口和出口；液态空气储罐的出口和入口等。针对压缩空气储能流程的对称性和流程点对应性的特点进行研究，探索适用于压缩空气储能设计和优化的新方法[5]。将流程上对应的两个点称为对应点，如图 3-3 所示的 SC-CAES 系统，各对应点分别为：1-25；2-24；3-23；4-22；5-21；6-20；7-19；8-18；9/10-(16+17)；11-(15+14)。其中，将储能的终点和释能的起点称为储存对应点(储存点)。压缩空气储能系统在储能时，工质通过各热力过程状态不断改变，最终到达储存点的状态；释能时，

工质通过一系列的对应过程不断地恢复其状态参数。由于过程能量损失的存在，释能过程中流程点参数无法完全恢复到其对应点的参数(无外部能源介入的情况下，或排除外部能源介入的影响)，因此将通过释能过程各对应点参数的恢复情况，以及对应设备与外界㶲交换的情况等进行系统性能分析。

将这种新的分析方法称为对应点分析方法，其建立在系统热力计算结果的基础上，通过对相关参数的计算和分析，得到系统的性能与系统改进和优化的方向。图 3-5 为压缩空气储能系统对应点和对应设备的模型图，将储能过程和释能过程各分为 $N$ 个设备，一一对应，从而形成 $N$ 个对应设备(如图中虚线框所示为第 $i$ 个对应设备)和 $N+1$ 个对应点。储存点为连接储能过程和释能过程的纽带，其㶲值为储气室空气的㶲值(根据实际情况选取某一时刻储气室内空气的㶲值)。

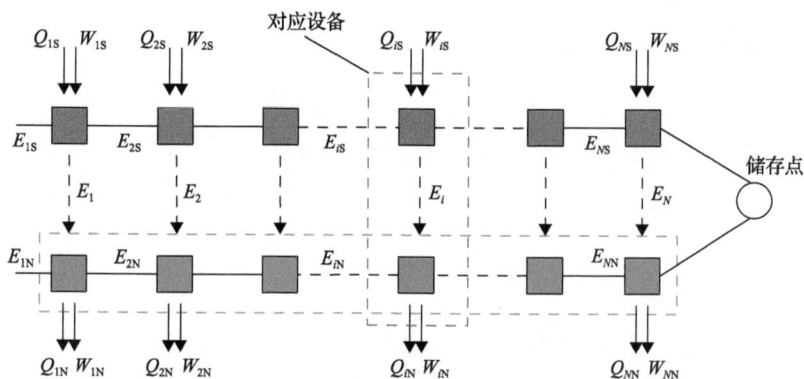

图 3-5 压缩空气储能系统对应点和对应设备的模型图

$E_{iS}$ 和 $E_{iN}$ 分别为第 $i$ 个对应点在储能过程和释能过程的㶲值；$Q_{iS}$ 和 $W_{iS}$ 分别为储能时外界输入第 $i$ 个对应设备的热量和功；$Q_{iN}$ 和 $W_{iN}$ 分别为释能时第 $i$ 个对应设备向外界输出的热量和功；$E_i$ 为第 $i$ 个对应设备在储能时向系统内输入的㶲值

为较好地分析和优化系统，对应点及对应设备的选取应满足以下原则：能够较好地评价系统整体和局部的"恢复"性；对应设备尽量为同种类型设备的组合；能够关注系统局部损失及内部能量传递。

**1. 对应点解析方法**

1)对应点效率

储能过程中，输入第 $i \sim N$ 个对应设备的总㶲为

$$E_{i\text{-}N,\text{input}} = E_{iS} + \sum_{i}^{N}(E_{QiS} + W_{iS}) \tag{3-23}$$

式中，下标 Q 为热量，S 为储能；$E_{iS}$ 为储能过程中第 $i$ 个对应点的㶲值；$E_{QiS}$ 和 $W_{iS}$ 分别为储能过程中环境输入第 $i$ 个对应设备的热量㶲和功量。

释能过程中，第 $i \sim N$ 个对应设备向外输出的总㶲为

$$E_{i\text{-}N,\text{output}} = E_{iN} + \sum_{i}^{N}(E_{QiN} + W_{iN}) \tag{3-24}$$

式中，$E_{iN}$ 为释能过程中第 $i$ 个对应点的㶲值；$E_{QiN}$ 和 $W_{iN}$ 分别为释能过程中第 $i$ 个对应设备向环境输出的热量㶲和功量。

如果将第 $i{\sim}N$ 个对应设备看成一个整体，则可用 $\eta_{i\text{-dot}}$ 描述储能系统第 $i$ 个对应点后设备的性能：

$$\eta_{i\text{-dot}} = \frac{E_{i\text{-}N,\text{output}}}{E_{i\text{-}S,\text{input}}} \tag{3-25}$$

式中，$E_{i\text{-}S,\text{input}}$ 为储能过程中第 $i$ 个对应点的输入㶲值。

定义 $\eta_{i\text{-dot}}$ 为第 $i$ 个对应点的对应点效率，当 $i$ 为 1 时，对应点效率为系统的㶲效率。

2) 恢复系数与设备因子

定义对应设备 $i$ 的恢复系数为

$$\xi_i = \frac{E_{iN} - E_{(i+1)N} + (E_{QiN} + W_{iN})}{E_{iS} - E_{(i+1)S} + (E_{QiS} + W_{iS})} \tag{3-26}$$

因此

$$\eta_{i\text{-dot}} = \frac{\displaystyle\sum_{k=i}^{m} \xi_k L_k + \eta_{(i+1)\text{-dot}}\left(\displaystyle\sum_{k=m+1}^{N} L_k + L_{\text{storage}}\right)}{\displaystyle\sum_{k=i}^{N} L_k + L_{\text{storage}}} \tag{3-27}$$

式中，$L_{\text{storage}}$ 为储存点的㶲值；将 $L_i$ 称为设备因子，其表达式为

$$L_i = E_{iS} - E_{(i+1)S} + (E_{QiS} + W_{iS}) \tag{3-28}$$

$$L_{iN} = L_i\xi_i = E_{iN} - E_{(i+1)N} + (E_{QiN} + W_{iN}) \tag{3-29}$$

当 $m=i$ 时，由式(3-27)可得

$$\eta_{i\text{-dot}} = \frac{\xi_i L_i + \eta_{(i+1)\text{-dot}}\left(\displaystyle\sum_{k=i+1}^{N} L_k + L_{\text{storage}}\right)}{L_i + \left(\displaystyle\sum_{k=i+1}^{N} L_k + L_{\text{storage}}\right)} \tag{3-30}$$

由于储能的目的，一般情况下，有

$$\sum_{k=i+1}^{N} L_k + L_{\text{storage}} > 0 \tag{3-31}$$

由式(3-31)可知，当

$$
\begin{cases}
\xi_i < \eta_{(i+1)\text{-dot}}, & L_i > 0 \\
\xi_i > \eta_{(i+1)\text{-dot}}, & L_i < 0
\end{cases}
\tag{3-32}
$$

时会造成 $\eta_{i\text{-dot}}$ 小于 $\eta_{(i+1)\text{-dot}}$，即对应点效率沿储存点到起始点($i=1$ 处)的方向减小。同时，由式(3-30)可得对应点效率下降值为

$$
\begin{aligned}
\Delta\eta_i &= \eta_{(i+1)\text{-dot}} - \eta_{i\text{-dot}} \\
&= \frac{L_i}{L_i + \left( \displaystyle\sum_{k=i+1}^{N} L_k + L_{\text{storage}} \right)}(\eta_{(i+1)\text{-dot}} - \xi_i) \\
&= \frac{L_i\eta_{(i+1)\text{-dot}} - L_{iN}}{L_i + \left( \displaystyle\sum_{k=i+1}^{N} L_k + L_{\text{storage}} \right)}
\end{aligned}
\tag{3-33}
$$

由式(3-33)可知，对应点效率的减小值与设备因子所占后段(靠近储存点侧)输入㶲的比例、后一点对应点效率和此设备的恢复系数差值有关，设备因子所占后段输入㶲越小，此设备的恢复系数和后一点的对应点效率差值越小，则对应点效率下降得越少，更能使系统效率达到较大值。

由于

$$
\eta_{\text{system}} = \eta_{1\text{-dot}} = 1 - \sum_{i=1}^{N-1} \Delta\eta_i
\tag{3-34}
$$

若采用从后段向前段优化的方式(保持 $i$ 点以后的系统参数为定值)，则根据式(3-34)可通过优化 $L_i$ 和 $L_{iN}$ 得到较小的 $\Delta\eta_i$。$\Delta\eta_i$ 对 $L_i$ 求导(将 $L_i$ 和 $L_{iN}$ 作为独立变量)可得

$$
\frac{\partial\Delta\eta_i}{\partial L_i} = \frac{\eta_{(i+1)\text{-dot}}\left[ L_i + \left( \displaystyle\sum_{k=i+1}^{N} L_k + L_{\text{storage}} \right) \right] - (L_i\eta_{(i+1)\text{-dot}} - L_{iN})}{\left[ L_i + \left( \displaystyle\sum_{k=i+1}^{N} L_k + L_{\text{storage}} \right) \right]^2}
\tag{3-35}
$$

如果

$$
L_i \ll L_i + \left( \sum_{k=i+1}^{N} L_k + L_{\text{storage}} \right)
\tag{3-36}
$$

那么可忽略式(3-35)分子上的第二项，可得

$$
\frac{\partial\Delta\eta_i}{\partial L_i} = \frac{1}{L_i + \left( \displaystyle\sum_{k=i+1}^{N} L_k + L_{\text{storage}} \right)}\eta_{(i+1)\text{-dot}}
\tag{3-37}
$$

实际中,式(3-37)一般是成立的,因此以下分析将基于这个假设。

$\Delta\eta_i$ 对 $L_{iN}$ 求偏导可得

$$\frac{\partial\Delta\eta_i}{\partial L_{iN}} = -\frac{1}{L_i + \left(\sum_{k=i+1}^{N} L_k + L_{\text{storage}}\right)} \tag{3-38}$$

由式(3-37)和式(3-38)可知,$\Delta\eta_i$ 对 $L_{iN}$ 更敏感;越远离储存点,由于 $\eta_{i\text{-dot}}$ 越小,后段输入㶲将越大,$\Delta\eta_i$ 对 $L_i$ 和 $L_{iN}$ 敏感程度差别越大(差别用比值描述);$\Delta\eta_i$ 对 $L_i$ 和 $L_{iN}$ 敏感程度均越小。

当 $i=N$ 时,由式(3-27)可得

$$\eta_{i\text{-dot}} = \frac{\sum_{k=i}^{N}\xi_k L_k + L_{\text{storage}}}{\sum_{k=i}^{N}L_k + L_{\text{storage}}} \tag{3-39}$$

由式(3-39)可知,当 $L_i$ 不变、$\xi_i$ 之间相互影响较小时,对应点效率对设备因子较大的对应设备较敏感,因此为提高系统效率,应特别关注设备因子较大的对应设备。

3)各对应设备的㶲损失与㶲效率

第 $i \sim N$ 个对应设备产生的总㶲损失为

$$\sum_{k=i}^{N} I_{k\text{-loss}} = E_{iS} + \sum_{k=i}^{N}(E_{QkS} + W_{kS}) - \left[E_{iN} + \sum_{k=i}^{N}(E_{QkN} + W_{kN})\right] \tag{3-40}$$

将式(3-39)代入式(3-40)可得

$$\sum_{k=i}^{N} I_{k\text{-loss}} = \left[E_{iS} + \sum_{k=i}^{N}(E_{QkS} + W_{kS})\right](1 - \eta_{i\text{-dot}}) \tag{3-41}$$

第 $i$ 个对应设备产生的㶲损失为

$$I_{i\text{-loss}} = \sum_{k=i}^{N} I_{k\text{-loss}} - \sum_{k=i+1}^{N} I_{k\text{-loss}} \tag{3-42}$$

各对应设备的㶲效率定义如下:

$$\eta_E = \frac{E_{\text{earn}}}{E_{\text{cost}}} \tag{3-43}$$

式中,$E_{\text{earn}}$ 为㶲收益;$E_{\text{cost}}$ 为㶲代价。

根据式(3-43)对㶲效率的定义可知,㶲效率定义的合理性与"㶲收益"和"㶲代价"

的选取有关。不同于对应点效率评价包括储存点的局部流程段的性能，对应设备的㶲损失和㶲效率可用于评价系统中间任一局部流程段的性能，两者在分析系统时可形成互补。

相对于传统的系统能量平衡分析及㶲平衡分析方法，对应点分析方法的研究对象是压缩空气储能系统中的对应点和对应设备，通过计算对应点效率、对应设备㶲效率、设备因子、恢复系数等参数为系统提供优化和改进方向。

2. 对应点图解方法

CAES 系统的对应设备存在功量传递或热量传递的现象，为将这两种能量统一起来，可用㶲值作为 CAES 系统分析时的基本参数，㶲的一般表达式为

$$e(T,p) = (h - h_0) - T_0(s - s_0) \tag{3-44}$$

式中，$T$ 为温度；$p$ 为压力；$h$ 为焓；$s$ 为熵；下标 0 表示参考状态。

经过推导可得

$$e(T,p) = e_{\text{th}} + e_{\text{mech}} \tag{3-45}$$

式中，$e_{\text{th}}$ 和 $e_{\text{mech}}$ 分别为比热㶲和比机械㶲，其表达式为

$$
\begin{aligned}
e_{\text{th}} &= \int_{T_0,p}^{T,p} c_p \left(1 - \frac{T_0}{T}\right) \mathrm{d}T \\
e_{\text{mech}} &= \int_{T_0,p_0}^{T_0,p} v \mathrm{d}p
\end{aligned}
\tag{3-46}
$$

式中，$c_p$ 为比热容；$v$ 为比容。

由式 (3-45) 可知，㶲可分解为在压力 $p$ 下由热不平衡引起的热㶲和环境温度 $T_0$ 下由力不平衡引起的机械㶲。因此，为在平面上表达对应点参数，可将热㶲作为对应点参数虚部，机械㶲作为对应点参数的实部，将对应点表达在复平面内，这种处理不仅可实现对应点在平面上的表达，方便计算相关参数，且对压缩空气储能系统对应设备的能量传递的表达更直观，将该图称为热㶲-机械㶲图（$E_{\text{th}}$-$E_{\text{mech}}$ 图），图 3-6 为一种 TS-CAES 系统（图 1-5）的 $E_{\text{th}}$-$E_{\text{mech}}$ 图，可以清晰地看到各对应过程㶲值的变化及对应点和对应过程的接近程度。不仅如此，通过该图还可看到系统储存㶲量的大小，即可以衡量系统的能量密度。因此，$E_{\text{th}}$-$E_{\text{mech}}$ 图不仅能够关注系统的㶲损失情况，还可关注系统的能量密度。相对于传统的 $T$-$s$ 图，$E_{\text{th}}$-$E_{\text{mech}}$ 图更适合研究压缩空气储能系统的㶲参数与对应性。

为深入研究压缩空气储能系统的对应性，取一个对应过程进行研究，如图 3-7 所示。对于对应点 $(Z_1, Z_1')$（$Z_1$ 为该对应点在储能时的坐标值，$Z_1'$ 为该对应点在释能时的坐标值），定义对应点分离度为

$$\Delta Z_1 = Z_1 - Z_1' \tag{3-47}$$

该参数可以表征对应点的分离程度。

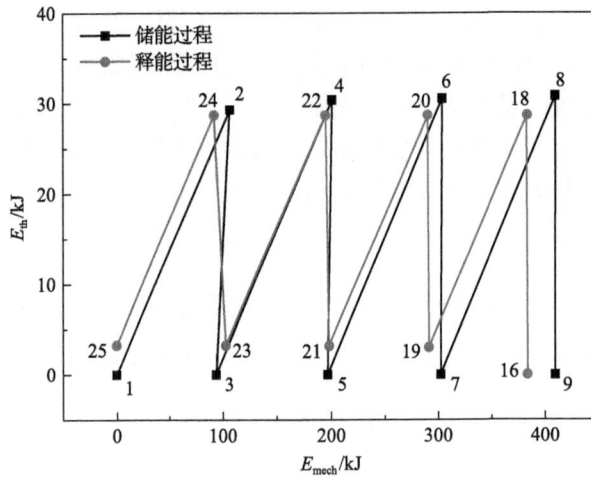

图 3-6　一种 TS-CAES 系统 $E_{th}$-$E_{mech}$ 示意图

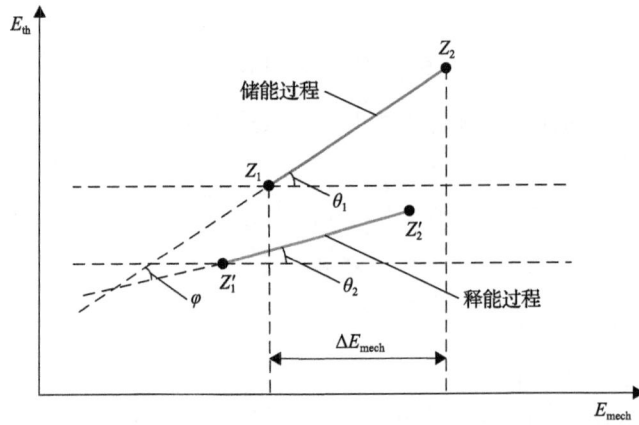

图 3-7　对应点分离度及其他相关参数示意

对于对应的线段 $Z_1Z_2$ 和 $Z_1'Z_2'$（$Z_1Z_2$ 表征该对应过程的储能过程，$Z_1'Z_2'$ 表征该对应过程的释能过程），定义对应线段长度的比值：

$$R_Z = \frac{Z_1' - Z_2'}{Z_1 - Z_2} \tag{3-48}$$

其表征对应过程的接近程度。

为直观地表达 $R_Z$，根据复变函数的几何表示法，$R_Z$ 可表示为

$$R_Z = \frac{\left|Z_1' - Z_2'\right|}{\left|Z_1 - Z_2\right|}(\cos\varphi - \mathrm{i}\sin\varphi) \tag{3-49}$$

$\varphi$ 为 $Z_1'Z_2'$ 和 $Z_1Z_2$ 的夹角，此夹角称为倾斜角，其值可表示为

$$\varphi = \theta_2 - \theta_1 \tag{3-50}$$

式中，$\theta_1$ 和 $\theta_2$ 分别为 $Z_1Z_2$ 和 $Z_1'Z_2'$ 的辐角。

因此 $R_Z$ 可表示为

$$R_Z = \frac{\Delta E_{R,1'-2'}}{\Delta E_{R,1-2}} \frac{\cos\theta_1}{\cos\theta_2}(\cos\varphi - \mathrm{i}\sin\varphi) \tag{3-51}$$

式中，$\Delta E_{R,1-2}$ 和 $\Delta E_{R,1'-2'}$ 分别为 $Z_1Z_2$ 和 $Z_1'Z_2'$ 映射在实轴上的长度（实部的绝对值），将该长度称为对应线段的横向长度，$\Delta E_{R,1'-2'}/\Delta E_{R,1-2}$ 为对应线段横向长度的比值。

同理，$R_Z$ 可表示为 $\theta$ 和对应线段纵向长度的比值形式：

$$R_Z = \frac{\Delta E_{I,1'-2'}}{\Delta E_{I,1-2}} \frac{\sin\theta_1}{\sin\theta_2}(\cos\varphi - \mathrm{i}\sin\varphi) \tag{3-52}$$

式中，$\Delta E_{I,1-2}$ 和 $\Delta E_{I,1'-2'}$ 分别为 $Z_1Z_2$ 和 $Z_1'Z_2'$ 映射在虚轴上的长度（虚部的绝对值），将该长度称为对应线段的纵向长度，$\Delta E_{I,1'-2'}/\Delta E_{I,1-2}$ 为对应线段纵向长度的比值。

根据 $E_{th}$-$E_{mech}$ 图可知，倾斜角表征热㶲和机械㶲的伴随程度，对应线段长度可表征对应线段的㶲变。而对于不同的对应设备，对应线段长度和倾斜角具有不同的意义。

为使系统性能最优，各对应过程应尽可能重合，即对应线段比值应尽可能接近 1，这样用于功量传递的对应设备在储能过程中输入的功量将尽可能多地在释能过程中释放；用于热量传递的对应设备将热㶲尽可能多地从储能过程传递到释能过程。若每个对应设备均可如此，则可使损失最小、效率最高。

因此，最优化的目标函数可表示为

$$M_g = \sum_{i=1}^{N} \left| R_{Z,i} - 1 \right|^2 \tag{3-53}$$

式中，$M_g=0$ 为理想情况，其代表对应过程完全重合，系统效率为 1。

在式（3-53）的右侧求和中，$i=N$ 时的项可进行变换：

$$\left| \frac{Z_N' - Z_{storage}}{Z_N - Z_{storage}} - 1 \right|^2 = \left| \frac{Z_N - Z_N'}{Z_N' - Z_{storage}} \right|^2 \tag{3-54}$$

而在最优点附近，求和的各项均接近 0，由于式（3-54）右侧分母不为 0，$Z_N-Z_N'$ 的模接近 0，再考虑 $N-1$ 项，可得 $Z_{N-1}-Z_{N-1}'$ 的模接近 0。以此类推可知，各对应过程无限重合也可使得各对应点应无限接近。因此，以式（3-53）为 0 作为优化目标符合压缩空气储能设计中对应点应尽可能重合的原则。

为使 $M_g$ 接近 0，各对应线段的比值 $R_Z$ 应接近 1。由式（3-52）可得，当 $\theta_1$ 不为 0 时，$R_Z$ 为 1 与对应线段横向长度比值为 1 且倾斜角为 0 等效。即 $\theta_1$ 在理想情况下不为 0 时，可用对应线段横向长度比值（机械㶲变化接近程度）和倾斜角大小（机械㶲和热㶲的伴随程度）来判断系统局部和理想情况的差距。

当 $\theta_1$ 为 0 时，由式(3-52)可得：$R_Z$ 为 1 与对应线段纵向长度相等且倾斜角为 0 等效。即 $\theta_1$ 在理想情况下为 0 时，可用对应线段纵向长度比值(热㶲变化接近程度)和倾斜角大小(机械㶲和热㶲的伴随程度)来判断系统局部距理想情况的差距。

因此，为直观起见，采用倾斜角、对应线段横向长度比值或纵向长度比值(而非对应线段比值)分析各对应设备的损失情况。

### 3.2.2　典型案例分析

#### 1. 解析方法

以 SC-CAES 系统为例，系统流程如图 3-3 所示，采用对应点分析方法对其进行分析和优化[6]。为简化系统流程，吸收四级压缩机的热水混合储存在一个热罐里，即四级压缩机并非独立蓄热。

系统计算基本参数如表 3-4 所示，液化部分的降压装置采用液体膨胀机，根据对应设备压缩机-膨胀机、间冷器-再热器、蓄冷换热器、液体膨胀机-低温泵的实际情况，各对应设备的㶲效率的定义为：对应设备压缩机-膨胀机的㶲代价为压缩机的耗功，㶲收益为膨胀机的出功和空气未充分释放的㶲之和(也是㶲代价减去㶲损失的那部分㶲)；对应设备间冷器-再热器的㶲代价为间冷器中空气的㶲减小值，㶲收益为再热器空气中㶲的增加值(也是㶲代价减去㶲损失的那部分㶲)；对应设备蓄冷换热器的㶲代价为释能时空气的㶲的减小值，㶲收益为储能时空气㶲的增加值；对应设备液体膨胀机-低温泵的㶲代价为液体膨胀机入口的㶲值，㶲收益为低温泵的出口㶲、总的向外输出的功、液体膨胀机出口㶲与低温泵入口㶲的差值(表征可在其他对应设备损失的㶲值)三者之和(也是㶲代价减去㶲损的那部分㶲)。

表 3-4　系统计算基本参数

| 参数 | 参数值 |
| --- | --- |
| 储能压力/bar | 120 |
| 释能压力/bar | 89 |
| 间冷器温差/压力损失 | 2K/50kPa |
| 再热器温差/压力损失 | 2K/40kPa |
| 蓄冷换热器最小温差/压力损失 | 5K/10kPa |
| 压缩机等熵效率 | 0.84 |
| 膨胀机等熵效率 | 0.88 |
| 液体膨胀机等熵效率 | 0.75 |
| 低温泵等熵效率 | 0.84 |

本案例不考虑低温液态储罐的损失，因此液态空气储罐内空气的状态即为储存点的状态。针对本案例对应设备㶲效率的定义，其对应点分析计算结果如表 3-5 所示，25′指末级膨胀机排气㶲散逸后的状态点。对应设备的编号为从起始点到储存点分别为 1S-1N～

11S-11N。

表 3-5　对应点分析计算结果

| 对应点 | 对应设备 | 对应点效率 | 各设备引起的对应点效率减小值 | 㶲损失系数/% | 㶲效率 | 设备因子 | 恢复系数 |
|---|---|---|---|---|---|---|---|
| 1-25′ | 末级膨胀机排气 | 0.6227 | 0.0050 | 0.50 | — | — | — |
| 1-25 | 1S-1N(压缩机-膨胀机) | 0.6277 | 0.0376 | 4.68 | 0.8147 | 440.955 | −0.7035 |
| 2-24 | 2S-2N(间冷器-再热器) | 0.6653 | 0.0269 | 4.78 | 0.3215 | 1132.389 | 0.3215 |
| 3-23 | 3S-3N(压缩机-膨胀机) | 0.6921 | 0.0438 | 4.68 | 0.8159 | 440.757 | −0.7040 |
| 4-22 | 4S-4N(间冷器-再热器) | 0.7360 | 0.0099 | 2.33 | 0.5966 | 928.546 | 0.5966 |
| 5-21 | 5S-5N(压缩机-膨胀机) | 0.7458 | 0.0504 | 4.67 | 0.8160 | 440.006 | −0.7059 |
| 6-20 | 6S-6N(间冷器-再热器) | 0.7962 | 0.0059 | 1.54 | 0.7162 | 873.428 | 0.7162 |
| 7-19 | 7S-7N(压缩机-膨胀机) | 0.8021 | 0.0585 | 4.68 | 0.8163 | 440.414 | −0.7083 |
| 8-18 | 8S-8N(间冷器-再热器) | 0.8607 | 0.0029 | 0.98 | 0.8277 | 912.665 | 0.8277 |
| 10-(16+17) | 10S-10N(蓄冷换热器) | 0.8635 | 0.1030 | 5.09 | 0.9049 | −7766.965 | 1.1051 |
| 11-(15+14) | 11S-11N(液体膨胀机-低温泵) | 0.9665 | 0.0335 | 3.80 | 0.9670 | 314.217 | −0.9398 |
| 12-(13+14) | 液态空气储罐 | 1 | 0 | 0 | — | — | — |

由表 3-5 可知，从储存点到起始点(1-25′点)，对应点效率逐渐减小，对应点 1-25′的效率为系统㶲效率，为 0.6227；各级压缩机-膨胀机引起的对应点效率减小值分别为 0.0585、0.0504、0.0438、0.0376，减小值逐渐减小，产生这种现象的原因是：虽然各级压缩机-膨胀机㶲损失相当，但 $E_{i\text{-}S,\text{input}}$ 不同，越靠近起始点，$E_{i\text{-}S,\text{input}}$ 越大，对应点效率变化对同样的㶲损失越不敏感。各级间冷器-再热器引起的对应点效率减小值分别为 0.0029、0.0059、0.0099、0.0269，减小值逐渐增大。可见，虽然越靠近输入端，$E_{i\text{-}S,\text{input}}$ 越大，但对应的间冷器-再热器损失增大更快；液体膨胀机-低温泵使对应点效率下降 0.0335，而蓄冷换热器使对应点效率下降了 0.103，因此蓄冷液化段具有较大的㶲损失，应该关注其性能的提高。

各压缩机-膨胀机的㶲损失相当，㶲损失系数均为 4.68%左右，㶲效率相当，均为 0.815 左右；沿着储存点到起始点的方向，各间冷器-再热器的㶲损失系数分别为 0.98%、1.54%、2.33%、4.78%，㶲效率分别为 0.8277、0.7162、0.5966、0.3215，可知㶲损失逐渐增大，㶲效率逐渐降低，且低压级间冷器-再热器的损失过大，因此针对本系统的参数，应更关注于低压级的间冷器-再热器参数改进，减小其损失；蓄冷换热器、液体膨胀机-低温泵的㶲损失系数分别为 5.09%、3.80%，㶲效率分别为 0.9049、0.9670，㶲损失系数较大的原因是冷㶲的珍贵性，在同样的部件㶲效率下，冷㶲的损失更明显。

对比各对应设备的设备因子可知，各间冷器-再热器的设备因子约为压缩机-膨胀机的 2～2.5 倍，由式(3-39)可知，相对于提升压缩机-膨胀机的恢复系数，提升间冷器-再热器的㶲效率(恢复系数)更有效；蓄冷换热器的设备因子较大，且恢复系数大于 1(理想情况下为 1)，由式(3-34)可知，为使对应点效率经过蓄冷换热器后下降值不至于过大，应保持蓄冷换热器低温端的对应点效率较高，使其值与 1 接近，因此液体膨胀机-低温泵的性能对系统效率的影响也较大，如当 SC-CAES 系统采用节流阀降压时，系统效率明显下降。

由式(3-39)可知，恢复系数影响各对应点效率，在该系统中，由于恢复系数的数值关系，对应点效率沿储存点到起始点方向逐渐减小。

SC-CAES 可以看成压缩膨胀段(包括设备压缩机、膨胀机、间冷器、再热器等)和蓄冷液化段(包括设备蓄冷换热器、液体膨胀机/节流阀、低温泵、低温储罐)的集成，因此可将系统研究划分为压缩膨胀段、蓄冷液化段分别研究。根据表 3-5，该蓄冷液化段的㶲效率(对应点效率)约为 0.8635，实际低温泵和液体膨胀机与外界交换的功量较少，因此 16 点㶲值和 10 点㶲值比例可近似为蓄冷液化段的㶲效率。

除以上对计算结果的分析外，根据数学模型式(3-44)和式(3-45)可知：对于压缩机-膨胀机，为提高系统效率，相对于减小压缩机的㶲损失，减小膨胀机的㶲损失更有效。对于间冷器-再热器，为提高系统效率，相对于减小间冷器的㶲损失，减小再热器的㶲损失更有效。

### 2. 图解方法

图解方法的验证通过选取不同方案的 SC-CAES 进行对比。方案一选取节流阀为降压液化设备，且四级压缩机等熵效率相同、四级透平膨胀机等熵效率相同，由于空气的物性变化较小，则为减小热水混合损失，基本参数选取时四级压缩机的压比相同。为使对应性较好，四级膨胀比也采用等膨胀比设置，原因是等膨胀比的结果使四级压缩机-膨胀机不存在能量迁移，如不存在第一级压缩机消耗的压缩功在其他非第四级透平膨胀机中释放的情况(第一级压缩机的对应设备为第四级透平膨胀机)。方案一基本参数如表 3-6 所示。方案二用液体膨胀机代替节流阀；方案三在方案二其他参数不变的基础上，将前两级对应设备间冷器-再热器的压力损失减小为原来的 1/2。

表 3-6 方案一基本参数

| 参数 | 参数值 |
| --- | --- |
| 储能压力/bar | 120 |
| 释能压力/bar | 64.5 |
| 间冷器温差/压力损失 | 2K/50kPa |
| 再热器温差/压力损失 | 2K/40kPa |
| 蓄冷换热器最小温差/压力损失 | 5K/10kPa |
| 压缩机等熵效率 | 0.84 |
| 膨胀机等熵效率 | 0.88 |
| 低温泵等熵效率 | 0.84 |

为方便叙述，图 3-3 中各对应设备从起始点到储存点的编号分别从 0C 到 10C，如对应设备第一级压缩机和第四级透平膨胀机为 0C，对应设备第一级间冷器和第四级再热器为 1C。

根据对应点分析方法得到系统方案一的 $E_{th}$-$E_{mech}$ 图如图 3-8 所示。可以看出，各对应点分离度较大，各倾斜角和对应线段横向比值或纵向比值（对于功量传递的设备，如压缩机-膨胀机、节流阀-低温泵采用横向比值；对于热量传递的设备，如间冷器-再热器、蓄冷换热器采用纵向比值）也距理想情况较远（图 3-9 和图 3-10），系统效率仅为 55.2%。可以看出：对应点 12-(15+14) 是造成各对应点分离度较大的主要因素，即低温泵出口压力远小于液体膨胀机前压力，造成这种压力区别的原因是蓄冷换热器的内部平衡需求。也就是说，由于节流阀产生了大量的气态空气，使低温泵的出口压力小于节流阀前压力，压力降低可使单位质量空气提供更多的冷量（超过临界压力后，压力越低，在蓄冷器的工作温度区间内，可提供越多的冷量）。

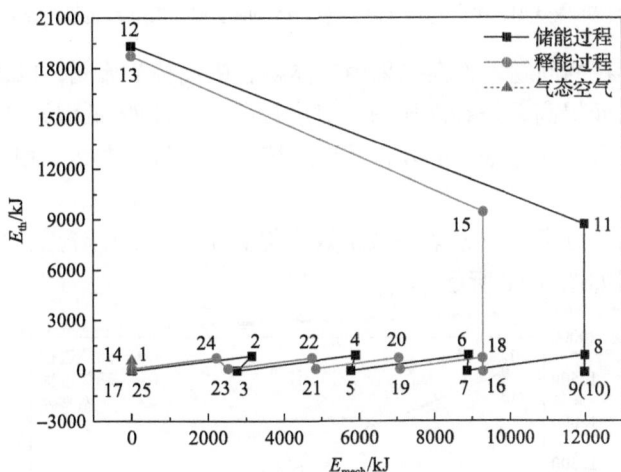

图 3-8　系统方案一的 $E_{th}$-$E_{mech}$ 图

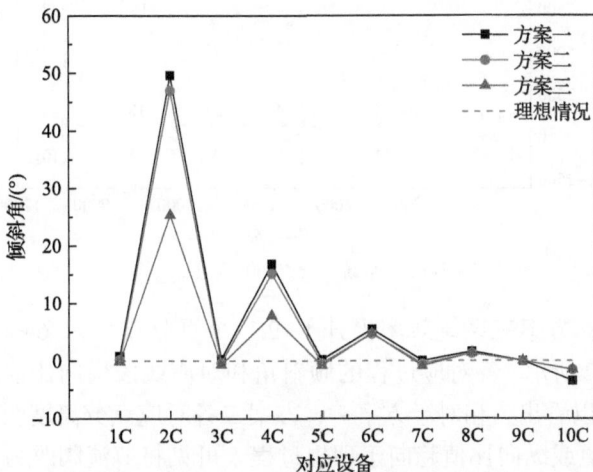

图 3-9　各对应设备的倾斜角

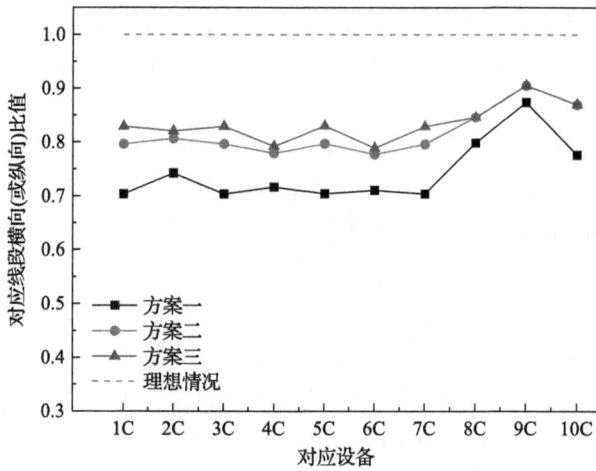

图 3-10　各对应线段的横向比值或纵向比值

当横向较大时，采用 $R_z$ 的横向分量；当纵向较大时，采用 $R_z$ 的纵向分量

　　针对方案一存在的问题，方案二采用液体膨胀机代替节流阀，以避免节流阀产生大量的气态空气，从而提高系统释能压力，对应设备由节流阀-低温泵变为液体膨胀机-低温泵。除系统释能压力变为 89bar 外，其他系统基本参数与方案一相同，液体膨胀机等熵效率为 0.75。

　　计算结果显示，方案二较方案一系统效率提高了 7.1 个百分点，为 62.3%。系统方案二的 $E_{th}$-$E_{mech}$ 图如图 3-11 所示。

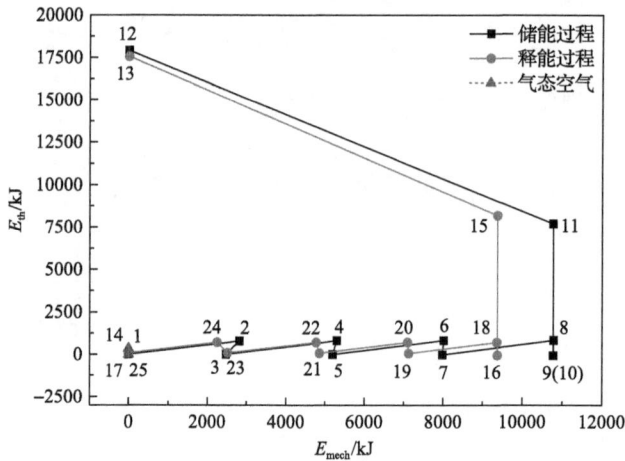

图 3-11　系统方案二的 $E_{th}$-$E_{mech}$ 图

　　相对于方案二，方案三系统效率提升了 2.1 个百分点，为 64.4%。系统方案三的 $E_{th}$-$E_{mech}$ 图如图 3-12 所示。各对应过程的倾斜角和对应线段横向比值/纵向比值如图 3-9 和图 3-10 所示。可以看出，相对于方案一，方案二各对应点分离度明显减小，各倾斜角和对应线段横向比值或纵向比值趋向于理想过程。可见将节流阀改为与低温泵更对应的液体膨胀机可有效提高系统效率。但由图 3-9 可以看出，方案一和方案二在前两级间冷

器-再热器(2C 和 4C)的倾斜角较大，其可引起对应过程的对应线段的比值较大。

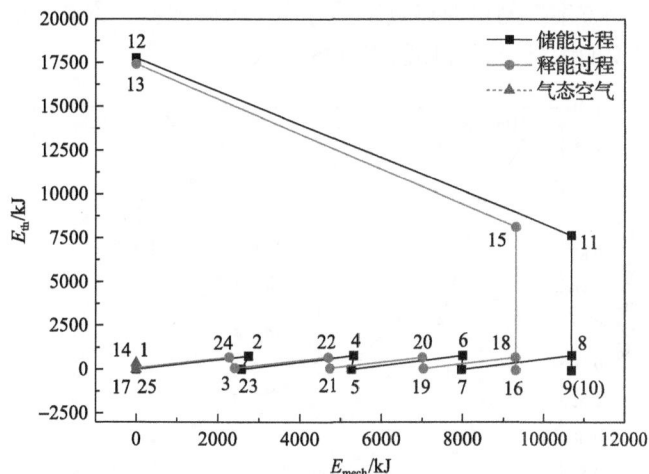

图 3-12　系统方案三的 $E_{th}$-$E_{mech}$ 图

在方案一和方案二中，前两级间冷器-再热器的倾斜角较大，原因是在该对应设备间冷器-再热器中，相对于热㶲改变，机械㶲损失过大。因此，在系统优化时，在工程允许的情况下，可将前两级间冷器-再热器的压力损失减小。方案三在方案二其他基本参数不变的基础上，将前两级对应设备间冷器-再热器的压力损失减小为原来的 1/2。

方案三中，由于前两级间冷器-再热器机械㶲损失减小，其倾斜角明显较小，且其他各对应过程的倾斜角和对应线段横向比值/纵向比值也更趋向于理想情况。

可以看出：对于三种方案，各对应设备的倾斜角和对应线段横向比值或纵向比值与理想情况越接近，系统效率越高；在总体的优化目标上，三种方案的 $M_g$ 值随系统效率的变化如图 3-13 所示，可见 $M_g$ 值的下降与系统效率的提升是一致的。从而验证了对应点分析方法在分析和优化 CAES 局部和整体性能时的直观性和有效性。

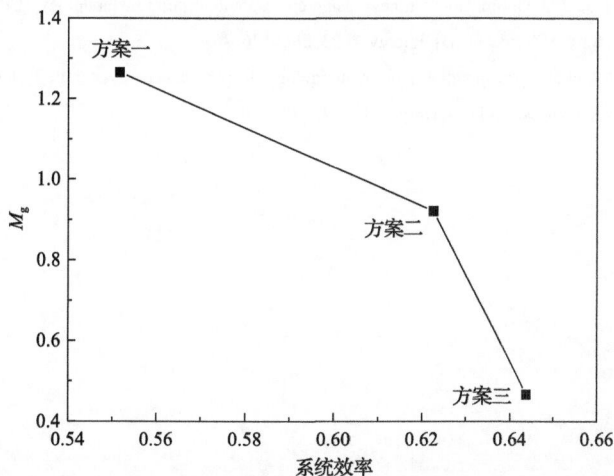

图 3-13　$M_g$ 值随系统效率的变化

　　图 3-14 为三个方案下解析形式的对应点效率随对应点的变化。可以看出，从储存对应点到起始对应点，方案二的对应点效率较方案一下降缓慢，方案三的对应点效率较方案二下降缓慢，可说明解析形式和图解形式的一致性。

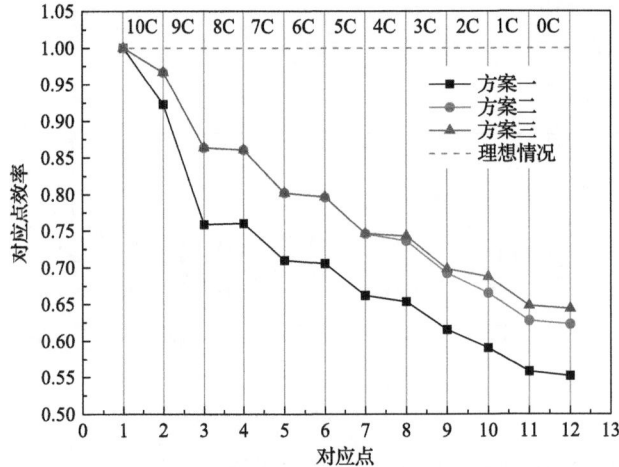

图 3-14　三个方案对应点效率随对应点的变化

各对应点的排序为从储存点到起始点依次增大

# 参 考 文 献

[1] 朱明善. 能量系统的㶲分析[M]. 北京: 清华大学出版社, 1988.

[2] 傅秦生. 能量系统的热力学分析方法[M]. 西安: 西安交通大学出版社, 2005.

[3] Guo H, Xu Y J, Chen H S, et al. Thermodynamic analytical solution and exergy analysis for supercritical compressed air energy storage system[J]. Applied Energy, 2017, 199: 96-106.

[4] Guo H, Xu Y J, Chen H S, et al. Thermodynamic characteristics of a novel supercritical compressed air energy storage system[J]. Energy Conversion and Management, 2016, 115: 167-177.

[5] Guo H, Xu Y J, Huang L J, et al. Optimization strategy using corresponding-point methodology（CPM）concerning finite time and heat conduction rate for CAES systems [J]. Energy, 2023, 266: 126336.

[6] Guo H, Xu Y J, Chen H S, et al. Corresponding-point methodology for physical energy storage system analysis and application to compressed air energy storage system[J]. Energy, 2018, 143: 772-784.

# 第 4 章

# 典型系统全工况特性

本章将针对蓄热式压缩空气储能系统(TS-CAES)进行典型工况特性分析,通过建立系统热力学分析模型,揭示换热器效能、压缩机总压比、压缩机级数及各级压比分配等关键参数对系统热力学特性的影响,采用 MATLAB 软件进行数值模拟,分析不同变量对系统效率的影响。

## 4.1 热力学特性

本节以 TS-CAES 系统为研究对象[1,2],基本参数选取如表 4-1 所示。

**表 4-1  TS-CAES 系统基本参数**

| 参数 | 参数值 |
| --- | --- |
| 环境温度/K | 298 |
| 压缩机总压比 | 70~150 |
| 压缩机级数 | 3~8 |
| 换热器效能 | 0.7/0.8/0.9 |
| 系统功率/MW | 10 |
| 发电时间/h | 6 |

图 4-1 为压缩机各级压比相等,且换热器效能等于 0.7、0.8 和 0.9 时,系统效率随压缩机级数和总压比的变化规律。由图可知,换热器效能不同时,系统效率随压缩机总压比和级数变化的趋势不同。

在换热器效能等于 0.7 的情况下,总压比一定时,系统效率随级数的增加而增加,例如,总压比为 70,级数从 3 级到 8 级时,系统效率从 63.1%增加到 68.8%;当总压比为 150,级数从 3 级到 8 级时,系统效率从 61.0%增加到 68.3%。压缩机级数一定时,总压比越大,系统效率越低。当压缩机级数越大时,总压比对系统效率的影响越小。例如,当压缩机级数等于 3 时,总压比为 70 的系统效率比总压比为 150 的高 2.1 个百分点,而当级数等于 8 级时,前者比后者仅高 0.5 个百分点。其原因如图 4-2 所示,当总压比一定时,系统总散热损失随级数的增加而减小,当压缩机级数一定时,总散热损失随总压比的增大而增大,当压缩机级数增加时,总压比对系统总散热损失的影响变小。

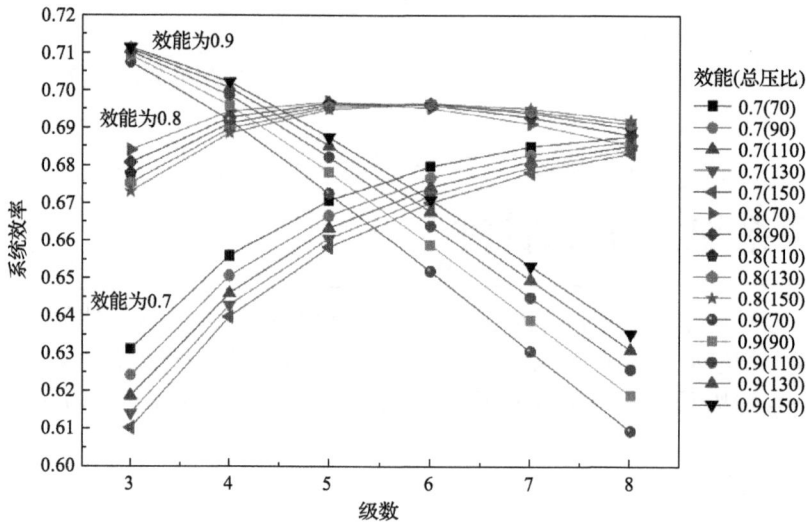

图 4-1 系统效率随效能、总压比和级数的变化

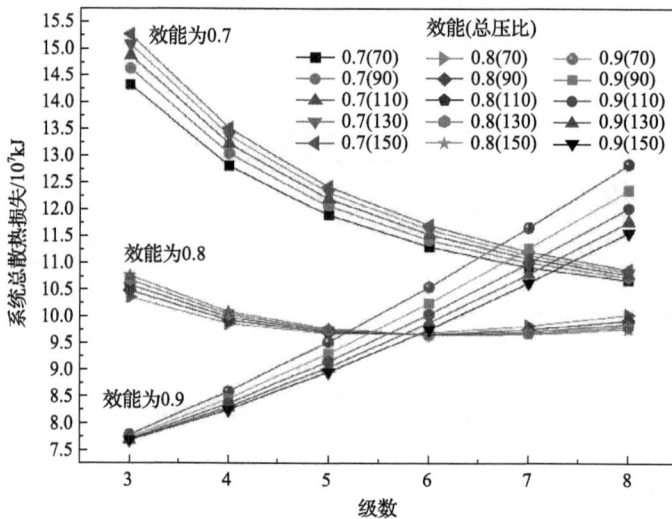

图 4-2 系统总散热损失随效能、总压比和级数的变化

在换热器效能等于 0.8 情况下，总压比一定时，系统效率随级数先增大后减小，系统的最佳效率出现在级数为 5 或 6 时。当总压比为 70 时，级数为 3、5、6、8 的系统效率分别为 68.4%、69.7%、69.5%、68.5%；当总压比为 150 时，级数为 3、5、6、8 的系统效率分别为 67.3%、69.5%、69.6%、69.2%；当级数不大于 5 且为定值时，系统效率随总压比的增大而减小，当级数大于 5 且为定值时，系统效率随总压比增大而增大；当压缩机级数越偏离级数 5 和 6 时，系统效率受总压比的影响越明显：当级数为 5 和 6 时，总压比为 70 和 150 两系统效率分别相差 0.2 和 0.1 个百分点，而在级数为 3 和 8 时，这两个系统效率分别相差 1.1 和 0.7 个百分点。其原因如图 4-2 所示，当总压比一定时，系统总散热损失随级数的增加先减小后增大，极小值也出现在级数为 5 或 6 处，当级数不大于 5 且为定值时，系统总散热损失随总压比的增大而增大，当级数大于 5 且为定值时，

系统总散热损失随总压比增大而减小，当级数越偏离级数 5 和 6 时，系统总散热损失受总压比的影响越明显。

在换热器效能等于 0.9 情况下，总压比一定时，系统效率随级数的增加而减小，如当总压比为 70，级数从 3 级到 8 级时，系统效率从 70.7% 降低到 61.0%，当总压比为 150，级数从 3 级到 8 级时，系统效率从 71.1% 降低到 63.5%；级数一定时，系统效率随总压比的增大而升高；级数较高时，系统效率受总压比的影响较大，如当级数为 3 和 8 时，总压比为 70 和 150 的两系统效率相差 0.4 和 2.5 个百分点。其原因如图 4-2 所示，当总压比一定时，系统总散热损失随级数的增加而增加，当级数一定时，系统总散热损失随总压比的增大而减小，且在级数较高时，系统总散热损失受总压比的影响较大。

比较效能为 0.7、0.8、0.9 时系统效率和总散热损失随总压比、级数的变化可以看出，在效能为 0.7 和 0.9 时，系统效率和总散热损失随级数的变化很大，而效能为 0.8 时，系统效率和总散热损失随级数的变化较小。且在三种效能下，相比于级数对系统效率和总散热损失的影响，总压比对系统效率和总散热损失的影响较小。

系统总散热损失包括蓄热/换热单元中散热器的散热损失和储气室前散热器的散热量。图 4-3 和图 4-4 分别为蓄热/换热单元中散热器的散热损失和储气室前散热器的散热量随效能、总压比、级数的变化。

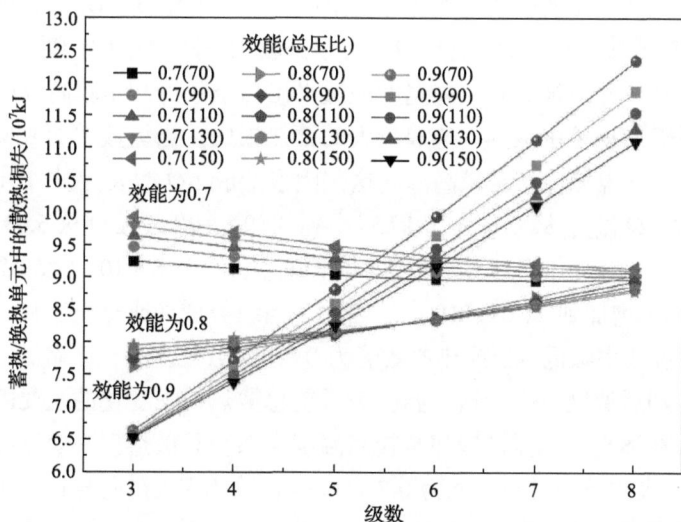

图 4-3　蓄热/换热单元中的散热损失随效能、总压比、级数的变化

根据图 4-3 和图 4-4 分析可知造成三种效能下总散热损失随总压比、级数呈现不同变化趋势原因是：当换热器效能为 0.7 时，由于换热器效能较小，压缩机出口高温空气经压缩机间冷器冷却后温度仍然较高，当系统级数增加或总压比减小时，压缩机出口温度降低，压缩机出口高温空气经压缩机间冷器冷却后温度降低，可有效减小储气室前散热器的散热量（$Q_{aftercool}$），而蓄热/换热单元中换热器的散热损失（$\Delta Q$）变化不明显，如当总压比为 70，级数从 3 到 8 时，$Q_{aftercool}$ 从 $5.08\times10^7$kJ 减小到 $1.71\times10^7$kJ，$\Delta Q$ 从 $9.24\times10^7$kJ 减小到 $8.97\times10^7$kJ。当总压比为 150、级数从 3 到 8 时，$Q_{aftercool}$ 从 $5.34\times10^7$kJ 减

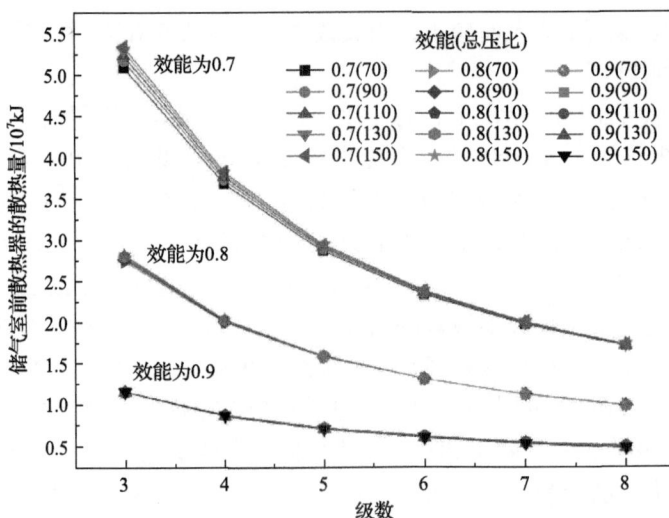

图 4-4　储气室前散热器的散热量随效能、总压比、级数的变化

小到 $1.73 \times 10^7$kJ，$\Delta Q$ 从 $9.92 \times 10^7$kJ 减小到 $9.15 \times 10^7$kJ。因此，当级数增加或总压比减小时，总散热损失减小，系统效率提高。当换热器效能为 0.9 时，由于换热器效能较大，压缩机出口高温空气经压缩机间冷器冷却后温度接近环境温度，$Q_{aftercool}$ 随总压比、级数的变化较小。换热器效能较大时，换热器压力损失较大，对应级压比和膨胀比比值较大，使透平再热器中蓄热介质被具有较高温度的透平出口空气冷却至较高温度，而具有较高温度的蓄热介质需向环境中散热，造成较大的蓄热损失。当级数增加或总压比减小时，蓄热介质在透平再热器被冷却至较高温度这一因素造成 $\Delta Q$ 增大。例如，当总压比为 70，级数从 3 到 8 时，$Q_{aftercool}$ 从 $1.16 \times 10^7$kJ 减小到 $0.50 \times 10^7$kJ，$\Delta Q$ 从 $6.63 \times 10^7$kJ 增加到 $12.35 \times 10^7$kJ；当总压比为 150，级数从 3 到 8 时，$Q_{aftercool}$ 从 $1.16 \times 10^7$kJ 减小到 $0.47 \times 10^7$kJ，$\Delta Q$ 从 $6.53 \times 10^7$kJ 增加到 $11.09 \times 10^7$kJ。因此，当级数增加或总压比减小时，系统总散热损失增大，系统效率降低。当换热器效能为 0.8、级数较少时，压缩机出口高温空气经压缩机间冷器冷却后温度较高，这个温度为系统总散热损失变化的主要因素；当级数较多时，蓄热介质在透平再热器被冷却至较高温度为系统总散热损失变化的主要因素。因此，效能为 0.8、级数较少时与效能为 0.7 时系统总散热损失随总压比、级数的变化趋势一致，在级数较多时与效能为 0.9 时的趋势相同。

当级数、总压比、换热器效能变化时，压缩机/膨胀机多变效率引起的损失、换热器压力损失、总散热损失等系统损失都会变化，系统效率是这三方面损失引起的综合效果；同时，压缩机/膨胀机多变效率和换热器压力损失会影响压缩机出口温度和单级压比/单级膨胀比等参数，而总散热损失与压缩机出口温度、单级压比/单级膨胀比、效能等参数有关，因此总散热损失受压缩机/膨胀机多变效率、换热器压力损失的影响。由图 4-1 和图 4-2 可知，总散热损失对系统效率的影响很大，系统效率与总散热损失具有很强的关联性。

图 4-5 为压缩机各级压比相等时系统效率随换热器效能的变化。由图可知，当压缩

机级数为 3 时，系统效率随换热器效能增加而增大，而当级数为 8 时，系统效率随换热器效能增加先增大后减小。这是因为换热器效能增加时可有效回收压缩热，但同时增加了换热压力损失，对系统效率具有相反的影响。当压缩机级数较小时，随效能增加回收的压缩热对系统效率的提升（前者）大于压力损失对效率的减弱（后者）；当级数大时，随效能增加前者先大于后者，然后又小于后者。

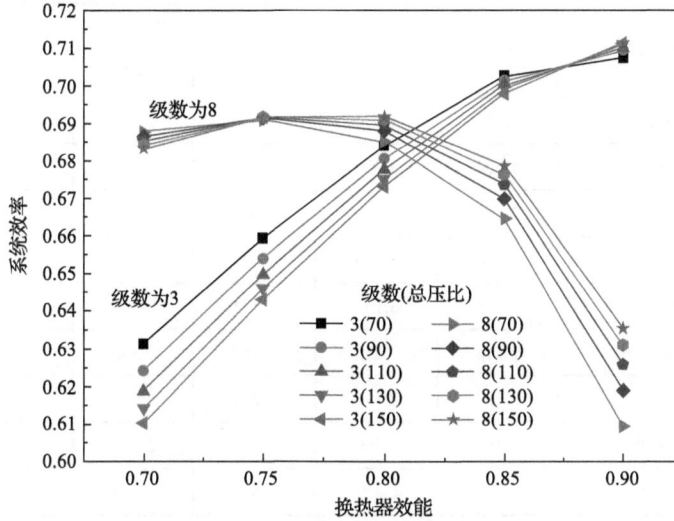

图 4-5　系统效率随换热器效能的变化

图 4-6 为换热器效能、压缩机总压比和级数为常数时，以效率最大为目标，对压比分配进行优化。图中共选取 27 组数据：换热器效能取 0.7、0.8 和 0.9，级数取 4、5 和 6，总压比取 70、110 和 150。与图 4-5 对比可知，压力分配优化后和等压比分配的系统效率随压缩机总压比和级数的变化趋势相同。

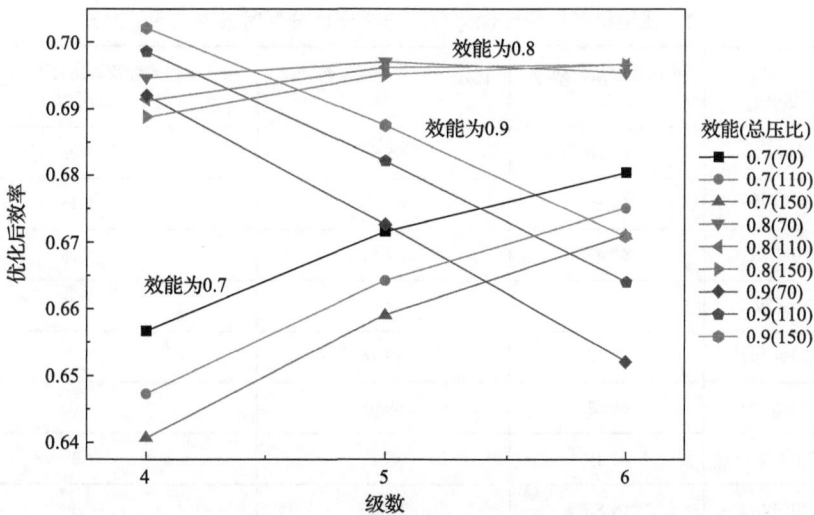

图 4-6　压比分配优化的效率

表4-2为优化后的压比分配情况，当换热器效能为0.7时，首级压比最高，中间几级压比区别不大，末级压比略有提高；当效能为0.8时，首级压比较高，其余压比区别不大；当效能为0.9时，末级压比较低，其余各级压比区别不大。这是因为效能较低和较高两种情况下系统的总热损失趋势不同。

**表4-2　优化后的压比分配情况**

| 效能 | 总压比(级数) | 各级压比 | | | | | |
|---|---|---|---|---|---|---|---|
| | | 第一级 | 第二级 | 第三级 | 第四级 | 第五级 | 第六级 |
| 0.7 | 70(4级) | 3.554 | 2.692 | 2.653 | 2.983 | — | — |
| | 110(4级) | 4.024 | 3.006 | 2.952 | 3.332 | — | — |
| | 110(6级) | 2.700 | 2.129 | 2.086 | 2.086 | 2.112 | 2.341 |
| 0.8 | 70(4级) | 3.318 | 2.859 | 2.840 | 2.974 | — | — |
| | 110(4级) | 3.731 | 3.197 | 3.171 | 3.329 | — | — |
| | 110(6级) | 2.516 | 2.213 | 2.189 | 2.190 | 2.205 | 2.289 |
| 0.9 | 70(4级) | 3.109 | 3.198 | 3.202 | 3.000 | — | — |
| | 110(4级) | 3.490 | 3.560 | 3.564 | 3.389 | — | — |
| | 110(6级) | 2.241 | 2.453 | 2.509 | 2.511 | 2.448 | 2.067 |

表4-3为压缩机各级压比优化分配与等压比分配时系统效率的对比。由表可知，各级压比优化分配后系统效率较等压比分配时的系统效率提高很小，如当效能为0.7时，效率提高0.1个百分点左右；当效能为0.8时，效率提高0.02个百分点；当效能为0.9时，效率基本没有提高。因此在一般情况下，等压比分配时系统效率非常接近最优结果，在工程应用中可采用等压比分配这种设计。

**表4-3　压缩机各级压比优化分配与等压比分配时系统效率的对比**

| 效能 | 总压比(级数) | 等压比时系统效率/% | 优化压比分配后系统效率/% | 优化压比分配较等压比时的效率增加值(百分点) |
|---|---|---|---|---|
| 0.7 | 70(4级) | 65.60 | 65.68 | 0.08 |
| | 110(4级) | 64.60 | 64.73 | 0.13 |
| | 110(6级) | 67.43 | 67.51 | 0.08 |
| 0.8 | 70(4级) | 69.44 | 69.46 | 0.02 |
| | 110(4级) | 69.12 | 69.14 | 0.02 |
| | 110(6级) | 69.63 | 69.65 | 0.02 |
| 0.9 | 70(4级) | 69.19 | 69.19 | 0 |
| | 110(4级) | 69.86 | 69.86 | 0 |
| | 110(6级) | 66.40 | 66.40 | 0 |

## 4.2　变工况特性

### 4.2.1　运行策略比较

　　储能和释能过程中，系统总耗功率和总输出功率均为额定功率，储能和释能过程的运行策略一致，即若储能过程为等功率比运行，释能过程也为等功率比运行，若储能过程以优化方式运行，释能过程也以优化方式运行[3-5]。

　　图 4-7(a)为储能过程中储气室压力随时间的变化规律。可以看出，储气室压力随时间逐渐上升，但优化运行时储气室压力增长得略快，原因是优化后，同样的耗功可产生更高的质量流量比，如图 4-8(a)所示。图 4-7(b)为释能过程中储气室压力随时间的变化规律。可以看出，储气室压力随时间延长逐渐下降，相对于储能过程，释能过程的两种运行方式区别较小，原因是释能过程的优化较储能过程的优化不明显，质量流量比并未引起较大变化，如图 4-8(b)所示。

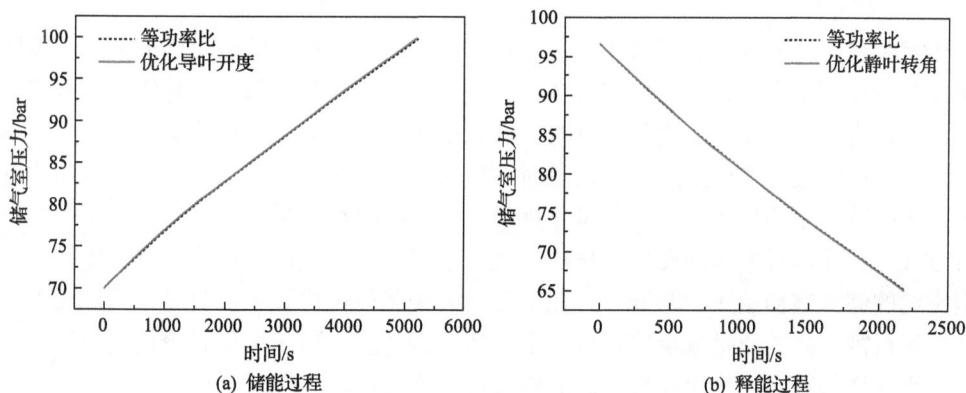

图 4-7　等功率比和优化方式运行时储气室压力随时间的变化规律

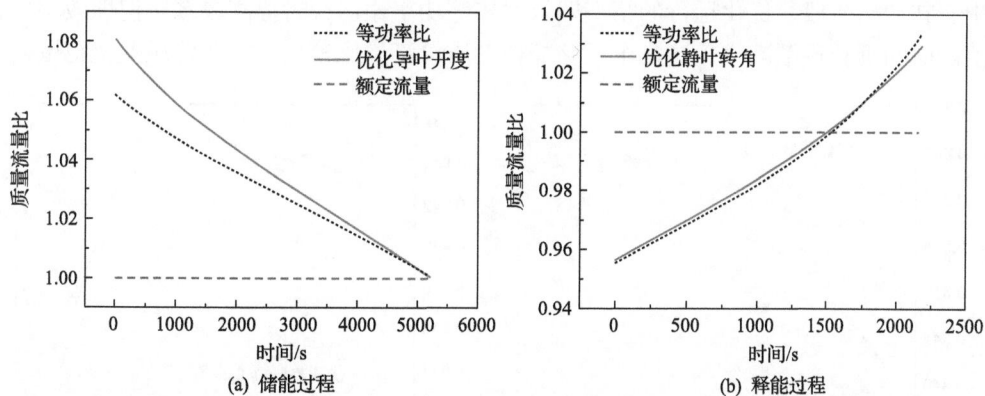

图 4-8　等功率比和优化方式运行时质量流量比随时间的变化规律(储能过程)

　　图 4-9 为储能过程和释能过程中储气室温度随时间的变化规律，与储气室压力在两种运行方式下的区别相同。储能过程中，储气室温度也在优化方式运行时较等功率比运

行时略高，而释能过程中储气室温度在两种运行方式下区别不大。产生以上现象的主要原因仍是两种运行方式下质量流量比存在区别，即储能过程中，优化运行的质量流量比较大，释能过程中，两种运行方式的质量流量比区别不大。

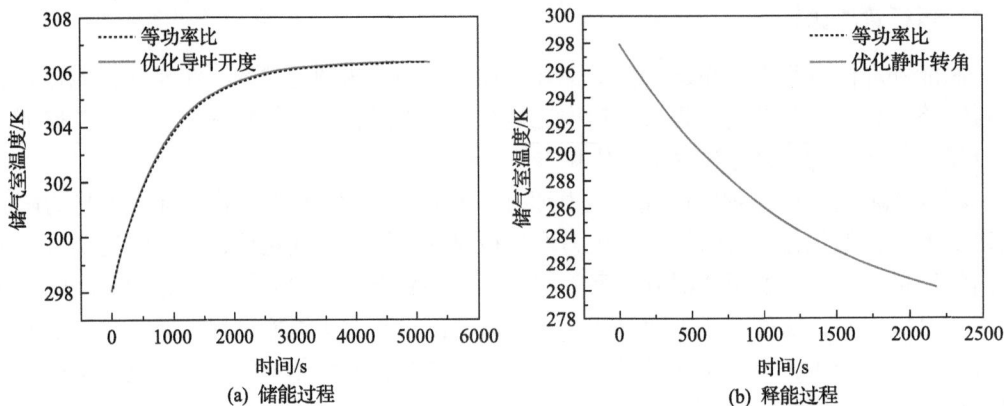

图 4-9  等功率比和优化方式运行时储气室温度随时间的变化规律

如上所述，由图 4-8 可以看出，储能过程中，质量流量比随时间逐渐下降，原因是压缩段背压逐渐上升，为维持一定的功率，质量流量比逐渐下降，同时优化运行方式具有较高质量流量比，原因是优化运行时，㶲效率较高，即消耗同样的功，可产生更多的高压空气。释能过程中，质量流量比随时间延长逐渐上升，原因是膨胀段入口压力逐渐下降，为维持一定的功率，质量流量比逐渐上升。同时在流量较低时，相对于等功率比运行方式，优化运行方式的质量流量比较大，原因是优化运行方式使蓄热温度较低，冷却至常温的储气室初始压力略低，且在低流量时膨胀段优化效果不明显，因此在低流量时优化运行需更高的质量流量比维持一定的功率，在流量较高时，膨胀段优化效果明显，这时产生同样的功率，优化运行所需的质量流量比较低。

图 4-10 为储能过程和释能过程中第一㶲效率随时间的变化规律。可以看出，储能过程中，在初始阶段，优化运行的第一㶲效率较等功率比运行时提高较多，但㶲效率的提高值随时间延长逐渐减小，这是由于储能初期质量流量比较大，在此背压变化范围内，

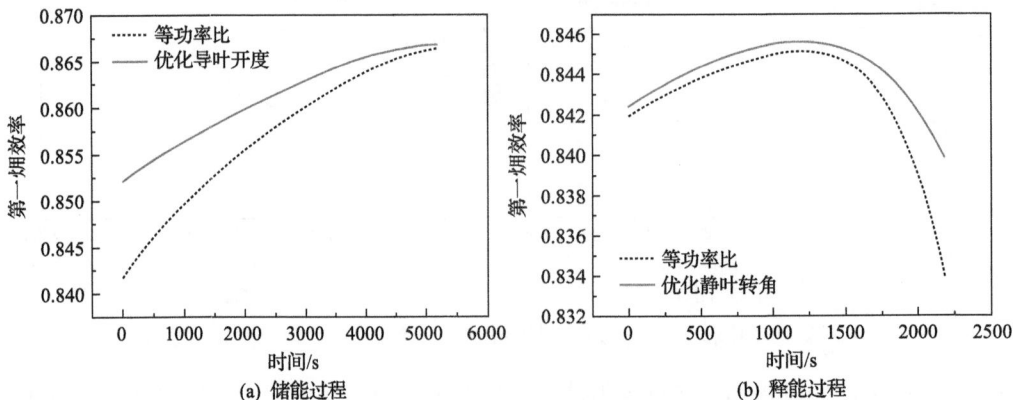

图 4-10  等功率比和优化方式运行时第一㶲效率随时间的变化规律

较大的质量可引起较大的㶲效率提高值；释能过程中，在初始阶段，由于质量流量比较小，膨胀段的优化效果不明显，当质量流量比增大后，优化效果明显。

图 4-11 为储能过程中热水温度随时间的变化规律。由于背压随时间逐渐升高，各级压缩机平均压比增大，即平均排气温度升高，进而引起热水温度升高；同时，优化后，各级压缩机平均效率升高，使其排气温度下降，引起优化运行的热水温度较低（相对于等功率比运行）。

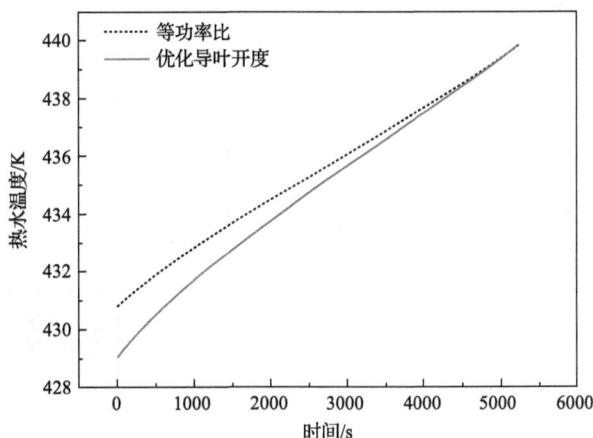

图 4-11　等功率比和优化方式运行时热水温度随时间的变化规律（储能过程）

图 4-12 为释能过程中，排水温度和排气温度随时间的变化规律。可以看出，排水温度随时间逐渐升高，原因是膨胀段入口压力逐渐降低，使各级透平膨胀机的平均膨胀比下降，平均排气温度升高，进而引起排水温度升高；相对于等功率比运行，释能初期，优化运行的排水温度较低，原因是其蓄热温度较低；一定时间后，优化运行的排水温度较高，原因是优化运行时，第四级膨胀比较大，因此前三级的平均膨胀比较小，即平均排气温度较高，从而引起排水温度升高。

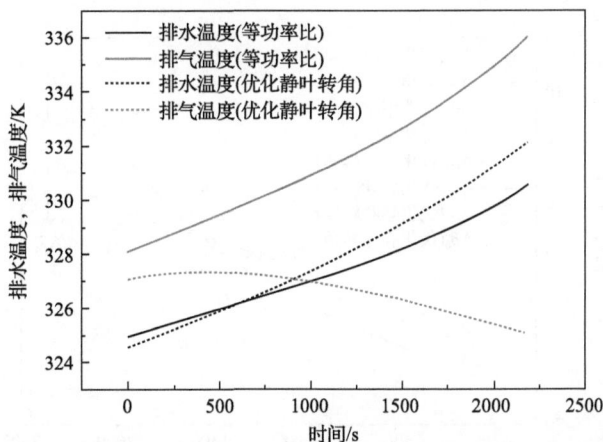

图 4-12　等功率比和优化方式运行时排水温度和排气温度随时间的变化规律（释能过程）

排气温度在等功率比运行时随时间延长逐渐上升，而在优化运行时随时间延长先上升后下降，原因是等功率比运行时末级透平膨胀机膨胀比与膨胀段入口压力的变化趋势一致；而优化运行时不同，如在高流量时，末级透平膨胀机的膨胀比较高，引起排气温度下降。

图 4-13 为储能过程中压缩机各级入口导叶开度随时间的变化规律。可以看出，两种运行方式下，随着时间的延长，压缩机各级导叶开度逐渐接近，原因是随着储能过程的进行，压缩段背压和流量逐渐接近设计点；相对于等功率比运行，优化运行方式的各级压缩机导叶开度区别较大。

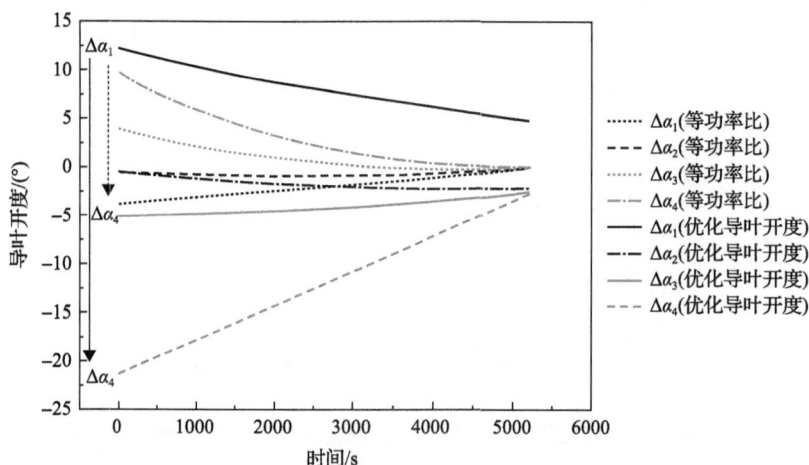

图 4-13　等功率比和优化方式运行时压缩机各级导叶开度随时间的变化规律(储能过程)

图 4-14 为释能过程中各级透平膨胀机静叶转角随时间的变化规律。可以看出，两种运行方式下，各级透平膨胀机静叶转角随时间延长逐渐增大，原因是质量流量比逐渐增大；两种运行方式下，各级透平膨胀机静叶转角随时间延长先逐渐接近，再逐渐分离，原因是随着释能过程的进行，流量和入口压力会逐渐接近设计点，再逐渐远离设计点，当在设计点附近时，各级透平膨胀机静叶转角较为接近。

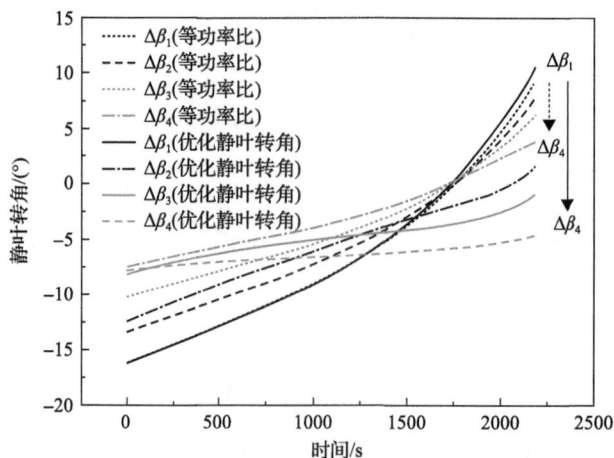

图 4-14　等功率比和优化方式运行时透平膨胀机各级静叶转角随时间的变化规律(释能过程)

### 4.2.2　负荷特性影响

为了研究负荷波动对系统变工况特性的影响，也为了简化研究和有效获取变工况特性随波动负荷的变化规律，本章的波动负荷采用正弦波动的形式，虽然实际情况与正弦波动有一定的差距，但对正弦波动负荷的研究不仅可获取某一时刻（某一状态）下负荷大小对系统特性的影响，且由于正弦负荷的规律性，可用于对比系统不同时刻下同一负荷对系统特性的影响，最后对正弦波动负荷的研究可揭示负荷波动对系统整体性能的影响规律[3]。

本章正弦波动负荷的振幅为 1.1 倍设计功率，由于不同负荷下，储能时间不同，但均在 5000s 附近，为研究波动的周期数($n$)对系统特性的影响，波动的周期数可为在 5000s 内的周期数。不同负荷下，释能时间也不同，但均在 1800s 附近，波动的周期数可为在 1800s 内的周期数。本章分别对 $n$ 取 3 时的情况进行研究。

本章储能和释能过程均为优化运行方式，释能过程为节流运行方式，研究方法为：当研究释能过程中正弦波动次数对系统变工况特性的影响时，储能过程的输入功率恒为额定功率；当研究储能过程中正弦波动次数对系统变工况特性的影响时，释能过程的输出功率恒为额定功率；为研究波动负荷对运行过程的影响，采用正弦波动负荷的储能和释能过程均分别与额定功率运行的储能和释能过程比较。

图 4-15(a) 为储能过程中，质量流量比和总耗功率比随时间的变化规律，由于总耗功率比围绕其平衡位置（额定功率比）近似完成了 3 个周期，质量流量比也围绕其平衡位置（额定负荷对应的质量流量比）近似完成了 3 个周期的波动，质量流量比大于总耗功率比，这是由于压缩段背压一直低于设计背压。

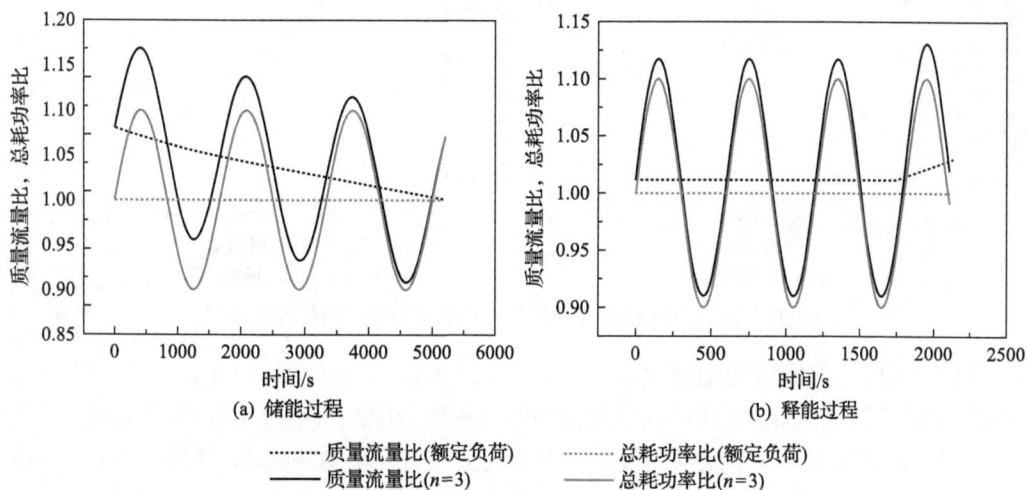

图 4-15　质量流量比和总耗功率比随时间的变化规律

图 4-15(b) 为释能过程质量流量比和总耗功率比随时间的变化规律。可以看出，与周期数为 0.5 的情况类似，在周期数为 3 的波动负荷下，质量流量比围绕其平衡位置（额定负荷下的质量流量比）完成了近似 3 个周期的波动。

图 4-16 为储能和释能过程中储气室温度随时间的变化规律，与周期数为 0.5 时的变

化规律类似，波动负荷的储气室温度围绕其平衡位置(额定负荷下的储气室温度)完成了近似 3 个周期的波动。

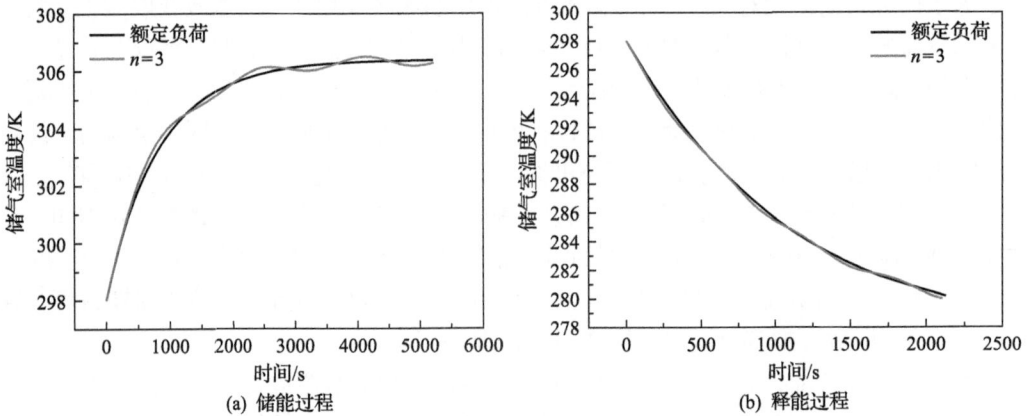

图 4-16　额定负荷和波动负荷下储气室温度随时间的变化规律

图 4-17(a)为储能过程中储气室压力随时间的变化规律。可以看出，与储气室温度的变化规律类似，波动负荷的储气室压力围绕其平衡位置(额定负荷下的储气室压力)近似完成了 3 个周期的波动。

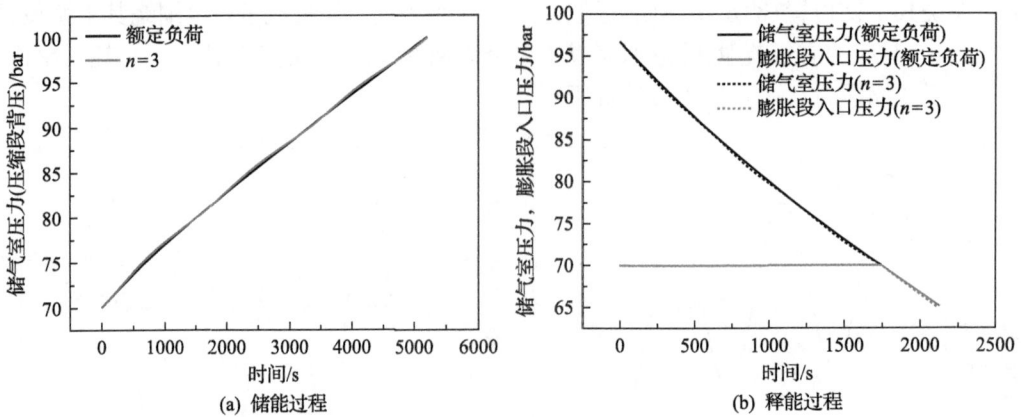

图 4-17　额定负荷和波动负荷下储气室压力随时间的变化规律

图 4-17(b)为释能过程中储气室压力和膨胀段入口压力随时间的变化规律。可以看出，与储气室温度的变化规律类似，波动负荷的储气室压力围绕其平衡位置(额定负荷下的储气室压力)近似完成了 3 个周期的波动；当储气室压力大于 70bar 时，膨胀段入口压力为节流阀后的 70bar，当储气室压力低于 70bar 时，膨胀段入口压力和储气室压力相同。

图 4-18(a)为储能过程中第一㶲效率随时间的变化规律。可以看出，随着储能过程的进行，波动负荷下的第一㶲效率围绕其平衡位置(额定功率下的第一㶲效率)先波动 2.5 个周期；2.5 个周期后，若按照初期的波动轨迹，㶲效率应该先上升后下降，即形成一个波峰，而事实上，在波峰顶端处出现了一个小波谷。造成这种现象的原因是：在前 2.5 周期内，由于背压较低，较小的流量(对应较小的负荷)有利于达到较高的第一㶲效率，

而由于接近设计背压时，降低流量较多(第三个周期负荷的波谷处)时会出现折合流量较小的情况，因此会减小第一㶲效率。

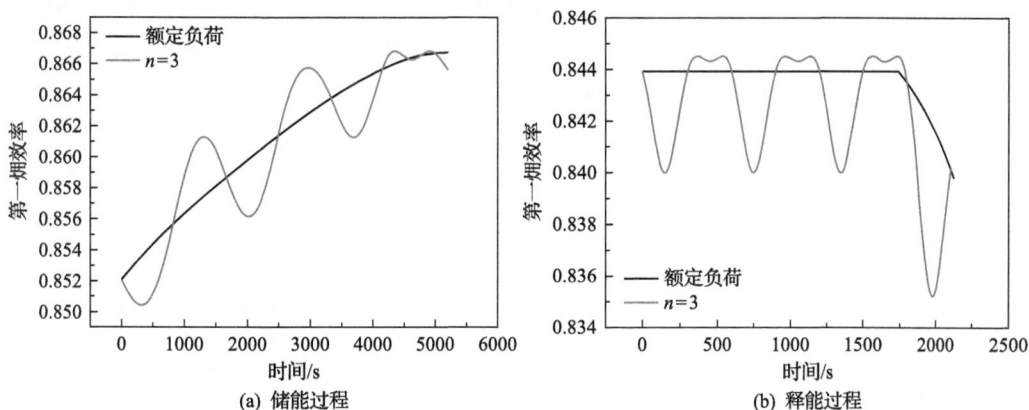

图 4-18 额定负荷和波动负荷下第一㶲效率随时间的变化规律

图 4-18(b)为释能过程中第一㶲效率随时间的变化规律。可以看出，波动负荷下的第一㶲效率围绕其平衡位置(额定负荷下的第一㶲效率)，近似完成了三个周期的波动。在每一个周期下，波动负荷下的第一㶲效率随时间先形成一个波谷，再连续形成两个小波峰，两个小波峰之间为小波谷。产生这种现象的原因是：在入口压力恒为70bar、负荷高于额定负荷时，质量流量比大于 1.01，根据膨胀段变工况特性可知，这时质量流量比越大，㶲效率越低，所以形成了第一个波谷，当负荷小于额定负荷时，质量流量比小于 1.01，根据膨胀段变工况特性，可知这时㶲效率随着质量流量比的减小先增大后减小，所以形成了接下来的两个小波峰及夹在两者之间的小波谷。

图 4-19 为热水温度随时间的变化规律，可以看出：根据压缩段的变工况特性，热水温度与第一㶲效率的波动方向相反，即相对于额定负荷下的热水温度，在前 2.5 个周期，波动负荷增加时，热水温度提高，反之亦然；2.5 个周期后，热水温度连续形成两个小波谷，两个小波谷之间为一个小波峰。

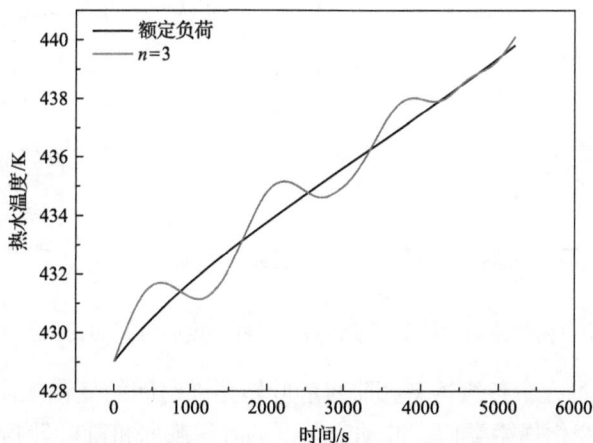

图 4-19 额定负荷和波动负荷下热水温度随时间的变化规律(储能过程)

　　图 4-20 为释能过程中排水温度和排气温度随时间的变化规律。可以看出，相对于额定负荷下的排水温度和排气温度，波动负荷下的排水温度和排气温度的变化方向相反。原因是根据膨胀段的变工况特性，在一定的质量流量比和入口压力范围内，排水温度和排气温度随质量流量比的变化趋势相反；同时，除排水温度局部未出现小波峰的差别外，排水温度与第一㶲效率的变化方向相反。

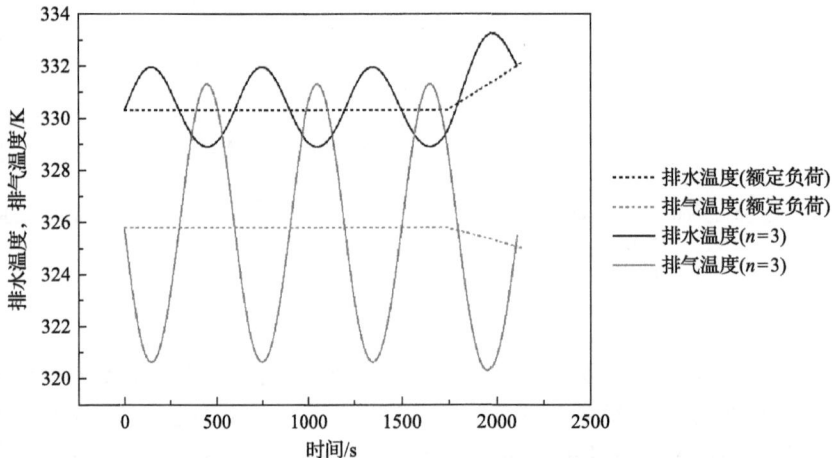

图 4-20　额定负荷和波动负荷下排水温度和排气温度随时间的变化规律（释能过程）

　　图 4-21 为压缩机各级导叶开度随时间的变化规律。可以看出，与正弦周期数为 0.5 时的变化规律类似，周期数为 3 的波动负荷下第四级导叶开度与前三级导叶开度的波动方向相反，级数越靠后，波动幅值越小；波动负荷下，前三级导叶开度的波动幅值随时间变化很小，而第四级导叶开度的波动幅值随时间逐渐增大。

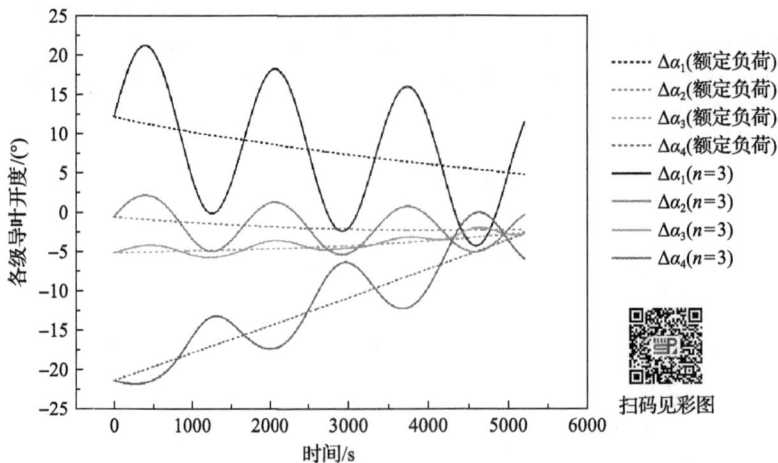

图 4-21　额定负荷和波动负荷下压缩机各级导叶开度随时间的变化规律（储能过程）

　　图 4-22 为释能过程中各级透平膨胀机静叶转角随时间的变化规律。可以看出，与正弦周期数为 0.5 的变化规律类似，波动负荷下的各级膨胀机静叶转角变化方向一致，且级数越靠后，波动幅值越小。

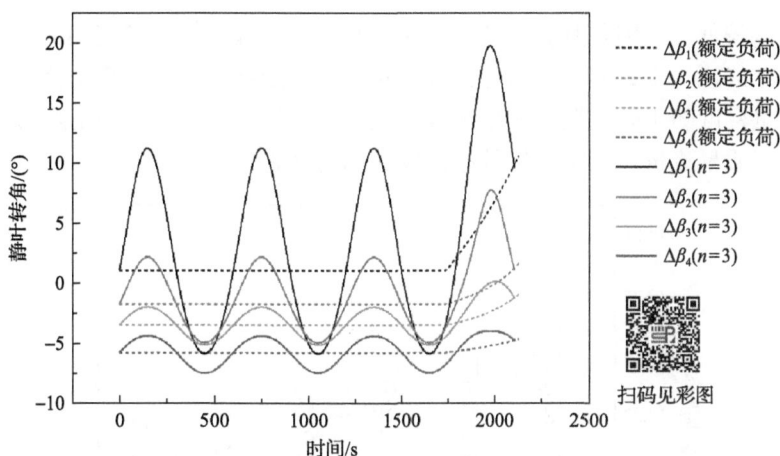

图 4-22　额定负荷和波动负荷下膨胀机各级静叶转角随时间的变化规律(释能过程)

在其他正弦周期下，波动负荷下的各参数随时间的变化规律一致，但值得注意的是，当正弦周期数较多时，局部会出现第一㶲效率的小波峰和波谷的情况，需要进一步分析，以下将对正弦数为 5 和 11 时的㶲效率进行分析。

(1)储能过程正弦周期数对系统性能的影响。

图 4-23 为系统效率随储能负荷正弦周期数的变化规律。可以看出，除正弦周期数为 0.5 时的系统效率较低(其与额定负荷下的系统效率的差值约为 0.2 个百分点)外，其他周期数下的系统效率均略低于额定负荷下的系统效率 0.70，差值在 0.06 个百分点以内。原因是正弦周期数为 0.5 的波动负荷均大于额定负荷，造成其第一㶲效率均值小于额定负荷下的第一㶲效率，所以系统效率下降较明显，而其他正弦周期数下，波动负荷围绕额定负荷波动，总负荷基本与额定负荷下的总负荷相同，第一㶲效率也围绕额定负荷下的第一㶲效率波动，因此系统效率与额定负荷下的系统效率差别较小，且各周期数下的系统效率差别较小。

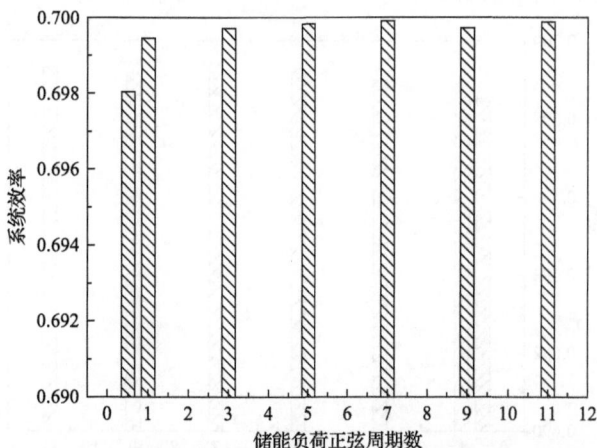

图 4-23　系统效率随储能负荷正弦周期数的变化规律

图 4-24 为能量密度随储能负荷正弦周期数的变化规律。可以看出，正弦周期数为 0.5

时的能量密度较低，原因是其充气质量流量比较大，而储气罐换热能力有限，因此其终温较高，由于终压一定，其压缩过程的充气量较少，造成其能量密度下降。其他正弦周期数下的能量密度随正弦周期数的增加逐渐减小，且减小速度随正弦周期数的增加变缓，这是储能过程质量流量比和第一㶲效率共同作用的结果。

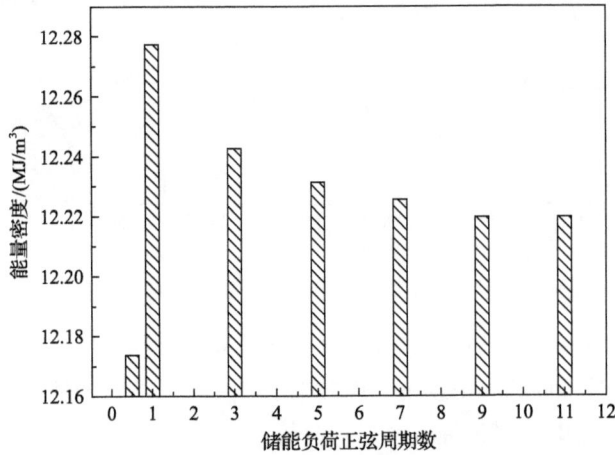

图 4-24 能量密度随储能负荷正弦周期数的变化规律

(2) 释能过程正弦周期数对系统性能的影响。

图 4-25 为系统效率随释能负荷正弦周期数的变化规律。可以看出，相对于其他正弦周期数下的系统效率，正弦周期数为 0.5 时的系统效率较低。原因是释能时其负荷一直在额定负荷之上，使其第一㶲效率较低。其他正弦周期数下的系统效率差别较小，差值在 0.05 个百分点之内，与额定功率下的系统效率差值也较小，在 0.1 个百分点左右。原因是波动负荷围绕额定负荷波动，总负荷基本与额定负荷下的总负荷相同，第一㶲效率也围绕额定负荷下的第一㶲效率波动，因此系统效率与额定负荷下的系统效率差别较小，且各周期数下的系统效率差别较小。

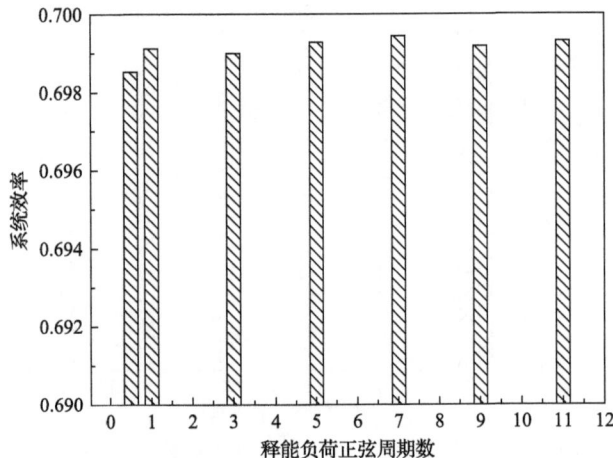

图 4-25 系统效率随释能负荷正弦周期数的变化规律

图 4-26 为能量密度随释能负荷正弦周期数的变化规律。不同释能过程均在同一储能过程下进行，即总耗功相同，而总输出功不同，且储罐体积不变，因此能量密度随释能负荷正弦周期数的变化规律与系统效率随正弦周期数的变化规律相同。

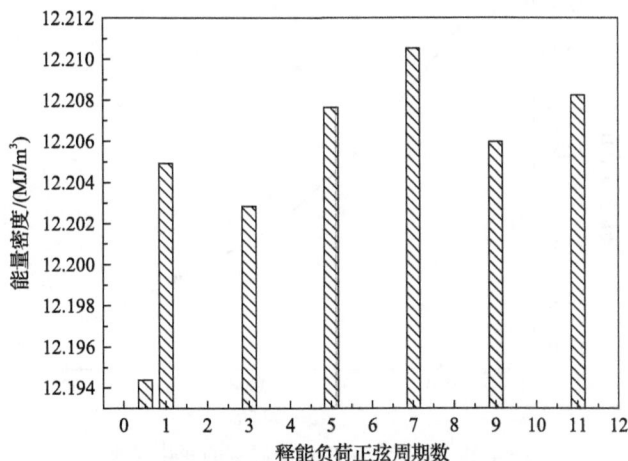

图 4-26　能量密度随释能负荷正弦周期数的变化规律

### 4.2.3　环境温度影响

本节储能和释能过程均为额定功率、优化运行。

图 4-27 为系统效率随环境温度的变化规律。可以看出，随着环境温度的升高，系统效率逐渐下降，原因是较低的环境温度有利于减少压缩机的耗功和排水/排气温度；但系统效率随环境温度的变化较小，如当环境温度由 278K 升高到 318K 时，系统效率仅下降 0.4 个百分点。

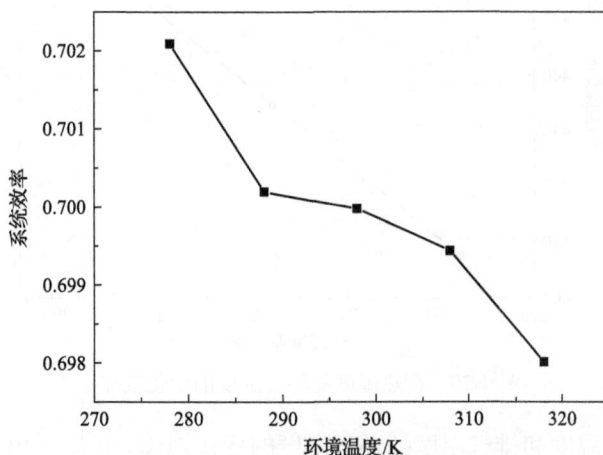

图 4-27　系统效率随环境温度的变化规律

图 4-28 为能量密度随环境温度的变化规律。可以看出，能量密度随环境温度的升高

逐渐减小。原因是环境温度较低时，进入储气室的空气温度较低，且储气室散热加强，有利于储存更多的空气，因此能量密度较大。

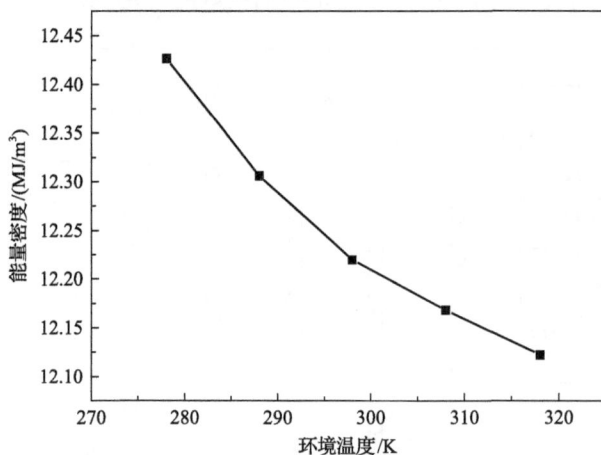

图 4-28 能量密度随环境温度的变化规律

图 4-29 为蓄热温度随环境温度的变化规律。可以看出，蓄热温度随环境温度的升高线性升高。原因是根据压缩段变工况特性，热水温度随环境温度的升高线性升高，使得蓄热温度随环境温度的升高线性升高，如压缩段变工况特性分析所述，由于蓄热温度的升高，为避免热水汽化，循环水需保持一定压力，因此在设计压缩空气储能时，需考虑环境温度对循环水最低压力的影响。

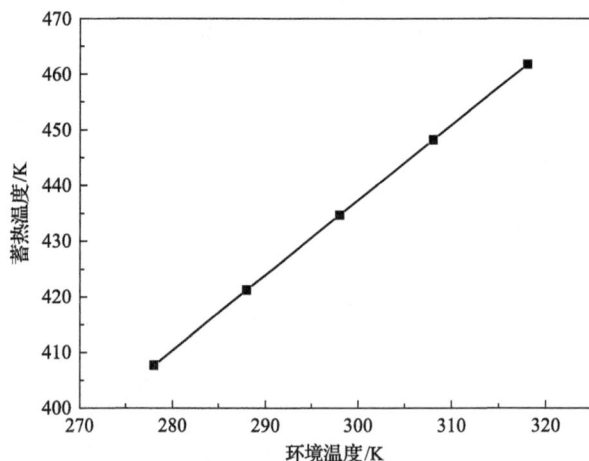

图 4-29 蓄热温度随环境温度的变化规律

图 4-30 为排水温度和排气温度随环境温度的变化规律。可以看出，由于蓄热温度随环境温度的升高线性升高，排气温度和排水温度也随环境温度的升高而线性升高，且升高较明显，因此这部分排水㶲和排气㶲的再利用将有利于提高系统效率。

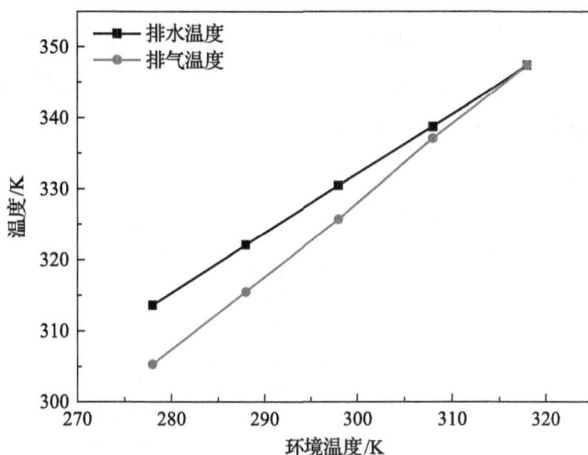

图 4-30 排水温度和排气温度随环境温度的变化规律

## 4.3 动 态 特 性

表 4-4 为所研究系统的基本参数[6,7]。压缩机级数多于膨胀机级数是为了保持压缩机各部件之间相对较低的压比，以达到较高效率。蓄热温度接近常压水的饱和温度，以避免热水加压和换热损失大。

表 4-4 系统基本参数

| 参数 | 值 | 参数 | 值 |
|---|---|---|---|
| 储能压力/MPa | 10 | 压缩机级数 | 8 |
| 释能压力/MPa | 7 | 膨胀机级数 | 4 |
| 释能功率/MW | 110.46 | 环境压力/MPa | 0.1 |
| 储热温度/K | 363.98 | 环境温度/K | 298 |
| 储气室体积/m³ | 5860 | | |

### 4.3.1 储能过程

在储能过程中，调节压缩机第一级的入口导叶开度，使压缩机达到目标功率。图 4-31 对比了稳态模型和非稳态模型下储能过程中参数的变化规律。可以看出，两种模型下参数的变化趋势基本相同。随着储能过程的进行，在入口导叶调节下功率略有增加（图 4-31（a）），并且随着背压（储气室压力）的不断增加，根据压气机特性，质量流量逐渐减小（图 4-31（b））。随着时间的推进，压缩机各级压比逐渐增大，蓄热温度提高（图 4-31（c））。同时，㶲效率先升高后降低；升高的原因是，运行工况逐渐接近设计点；而下降的原因是，不可逆损失随压比和蓄热温度的升高而增加，但㶲效率的总体变化很小，因为压缩机效率在较大范围内变化很小。同时可以看出,一开始,㶲效率稍有下降是因为容积效应延迟了储气室压力的增加,与稳定模型下的储气室中的空气㶲值相比,储气室中的空气㶲值降低,这使得㶲效率在一开始时降低。

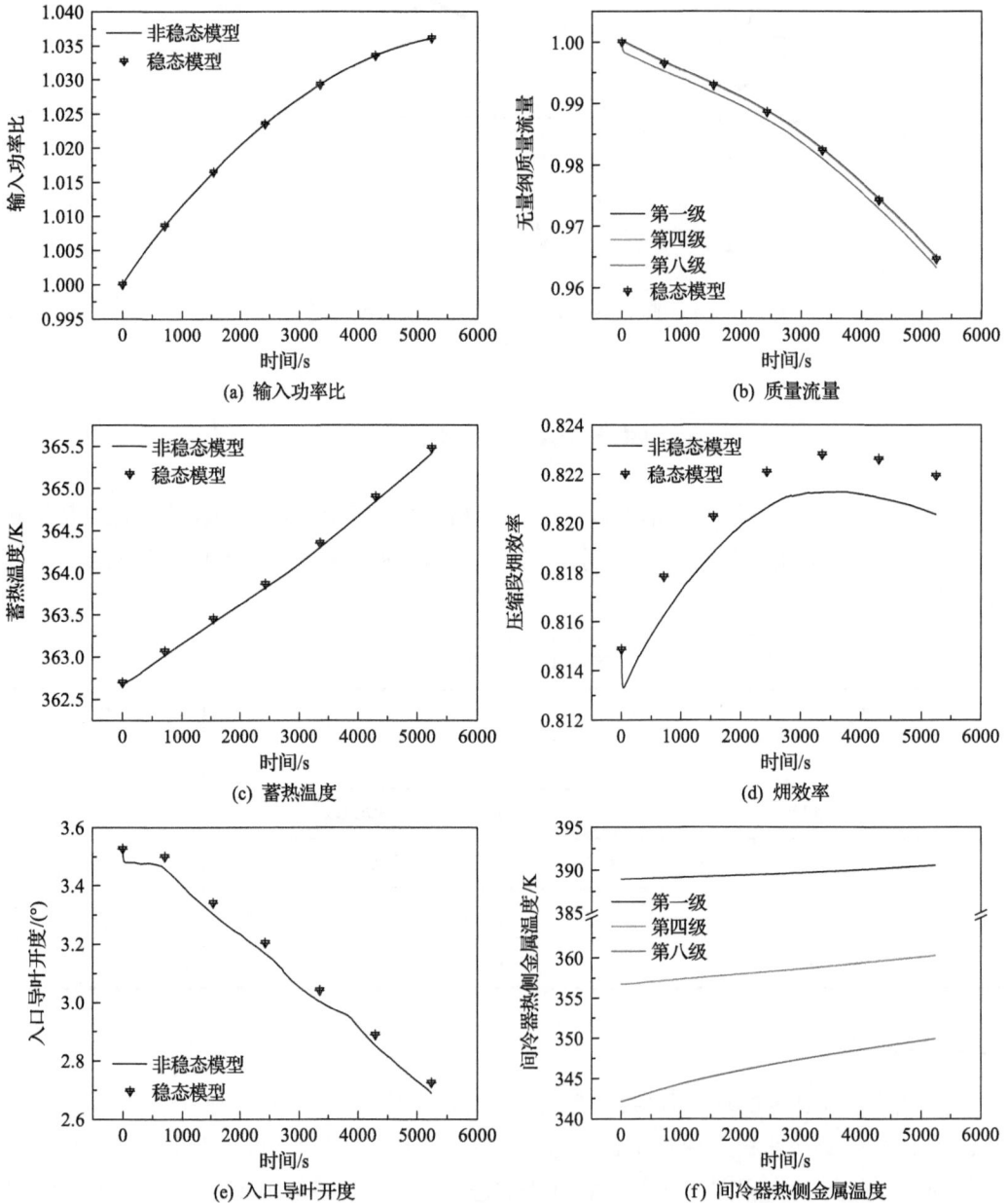

(a) 输入功率比

(b) 质量流量

(c) 蓄热温度

(d) 㶲效率

(e) 入口导叶开度

(f) 间冷器热侧金属温度

图 4-31　储能过程非稳态模型与稳态模型参数的变化规律

在整个储能过程中,间冷器热侧金属的温度逐渐升高(图 4-31(f)),部件间管道空气压力逐渐增加,两者都消耗能量并减少存储的能量,因此非稳态下的㶲效率通常低于稳态。从图 4-31(b)中可以看出,非稳态运行时各级压缩机之间的质量流量是不同的,并且在非稳态条件下的高压压缩机级的质量流量小于稳态条件下的质量流量。原因如下：在非稳态条件下，增加的压力逐渐从储气室传递到第一级压缩机。在压力变化传递过程中，高压压缩机级的压比缓慢增大，导致低压驱动下的质量流量较小。同时，由于非稳态条件运行时㶲效率低，为了消耗相同的功率，压缩机质量流量较小，因此非稳态条件下的入口导叶开度低于稳态条件下的开度。由压缩机的特性曲线可知，质量流量越小，压缩机各级的压比越大，压缩机整体出口温度越高，使得蓄热温度略高于稳定运行时的蓄热温度。在入口导叶调节下，储能过程中消耗的功率与稳态运行时消耗的功率相差很小。需要注意的是，虽然两种运行方式下的功率相同，但稳态运行时系统中储存的空气较多，这与系统在稳态运行时获得较高的㶲效率是一致的。

图 4-32 显示了容积效应和热惯性对储能过程非稳态特性的影响。对于压缩机高压级，如第八级，容积效应越大（VR 越大），质量流量越偏离稳态值（图 4-32（a））。对于低压级，容积效应对质量流量偏差的影响较小。同时，热惯性对所有压缩机级的质量流量偏差几乎没有影响（图 4-32（b））。从图 4-32（c）和（d）可以看出，容积效应的强度对蓄热温度的非稳态值没有影响，而热惯性越大，非稳态的蓄热温度与稳态值之间的偏差越大。但是，蓄热温度的总体变化很小，因此偏差也很小。容积效应由于受质量流量

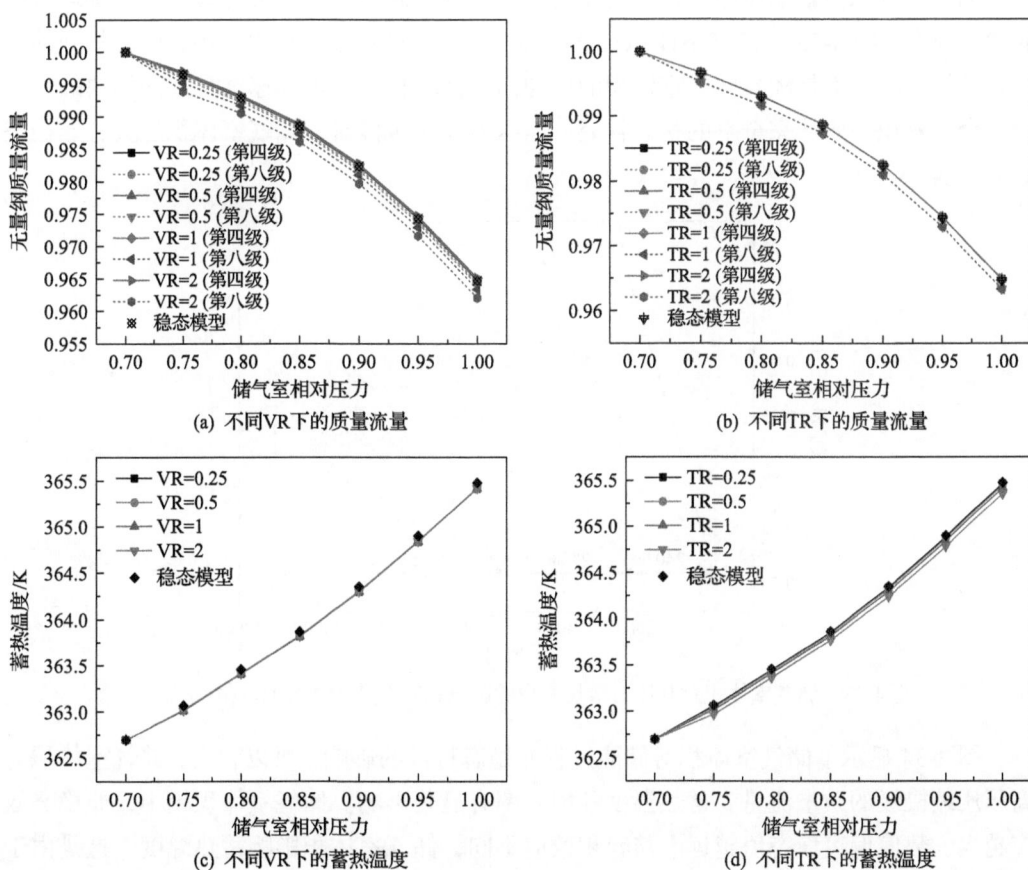

(a) 不同VR下的质量流量

(b) 不同TR下的质量流量

(c) 不同VR下的蓄热温度

(d) 不同TR下的蓄热温度

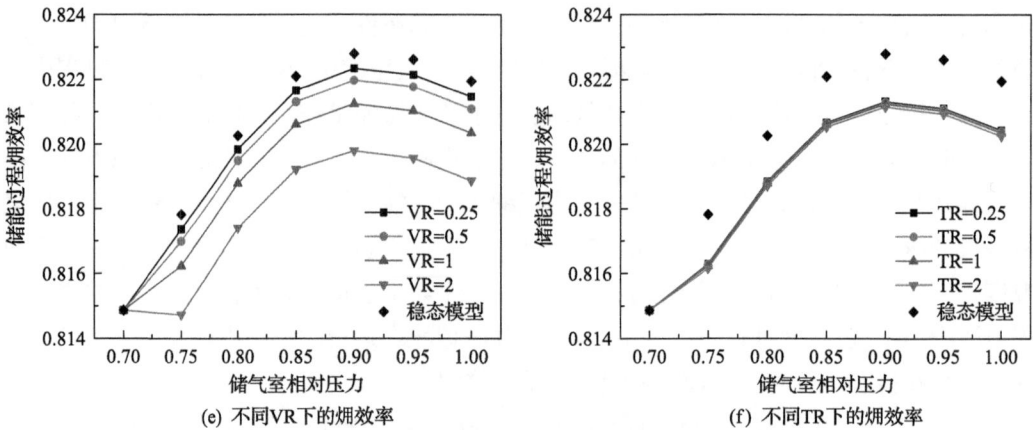

图 4-32　容积效应和热惯性对储能过程非稳态特性的影响

VR 为容积体积和标准体积的比值，表征容积效应强度；TR 为换热器金属质量和标准情况下质量的比值，表征热惯性强度

的影响，对㶲效率也有明显的影响。容积效应越大，非稳态㶲效率越低（图 4-32（e））。而热惯性对蓄热温度影响不大，蓄热温度对㶲效率影响不大，因此热惯性对㶲效率影响不大（图 4-32（f））。

　　储气室体积会影响压缩机背压的变化速度，因此储气室体积可能会影响系统运行的非稳定强度。图 4-33 为储气室体积对其压力增长曲线的影响。可以看出，储存相同的空气，储能时间并不是随着储气室体积的增加而线性增长，其增长速度是逐渐加快的，因为多余的容积需要从完全空的状态补充。当压力变化缓慢时，储气室体积越大，非稳态效应越弱。

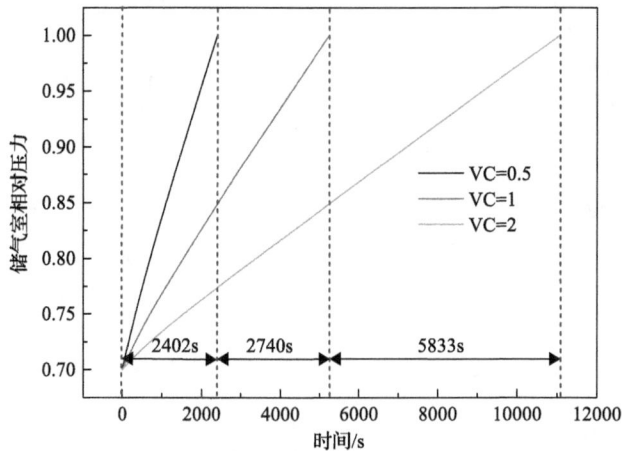

图 4-33　储气室体积对其压力增长曲线的影响（VC 代表储气室体积相对大小）

　　图 4-34 显示了储气室体积对储能过程非稳态特性的影响。可以看出，储气室体积对高压压缩机级的质量流量、蓄热温度和㶲效率有显著影响。储气室体积越小，非稳态效应越大，数值偏离稳态值越远。与容积效应不同，储气室体积影响蓄热温度。这是由于储气室体积影响质量流量变化的速度，而容积效应的体积对此没有影响。

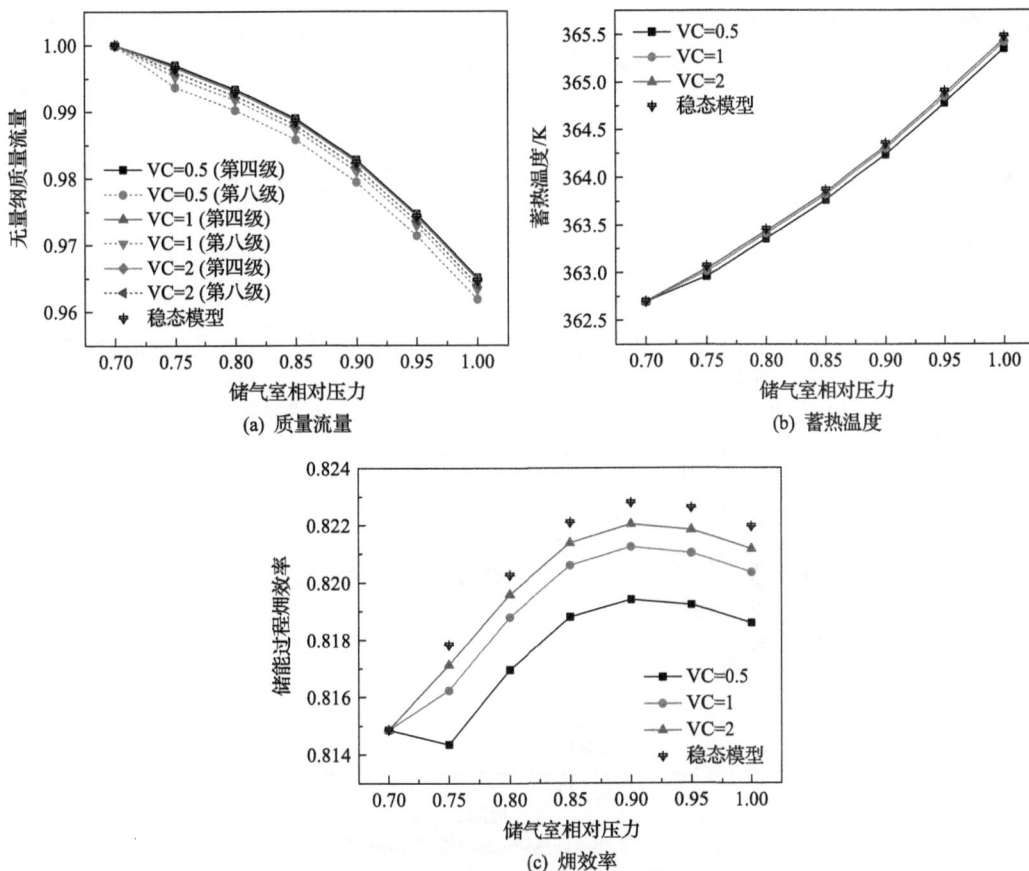

(a) 质量流量

(b) 蓄热温度

(c) 㶲效率

图 4-34 储气室体积对储能过程非稳态特性的影响

## 4.3.2 释能过程

在释能过程中，储气室中的压力不断降低，从而导致膨胀机进口压力、输出功率和质量流量下降。图 4-35 显示了释能过程非稳态和稳态特性的比较。可以看出，在非稳态和稳态的模型下，各个参数的变化趋势是一致的。排水温度逐渐降低的原因如下：当总

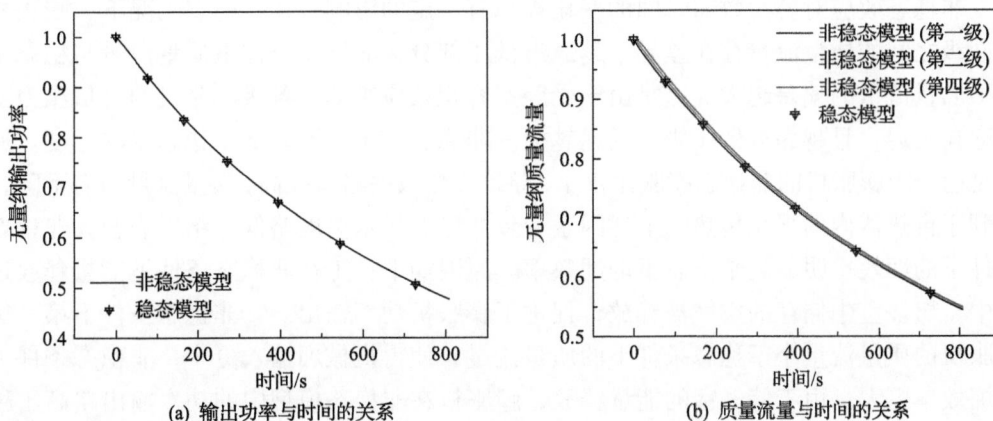

(a) 输出功率与时间的关系

(b) 质量流量与时间的关系

(c) 排水温度与时间的关系

(d) 㶲效率与时间的关系

(e) 再热器热侧金属温度与时间的关系

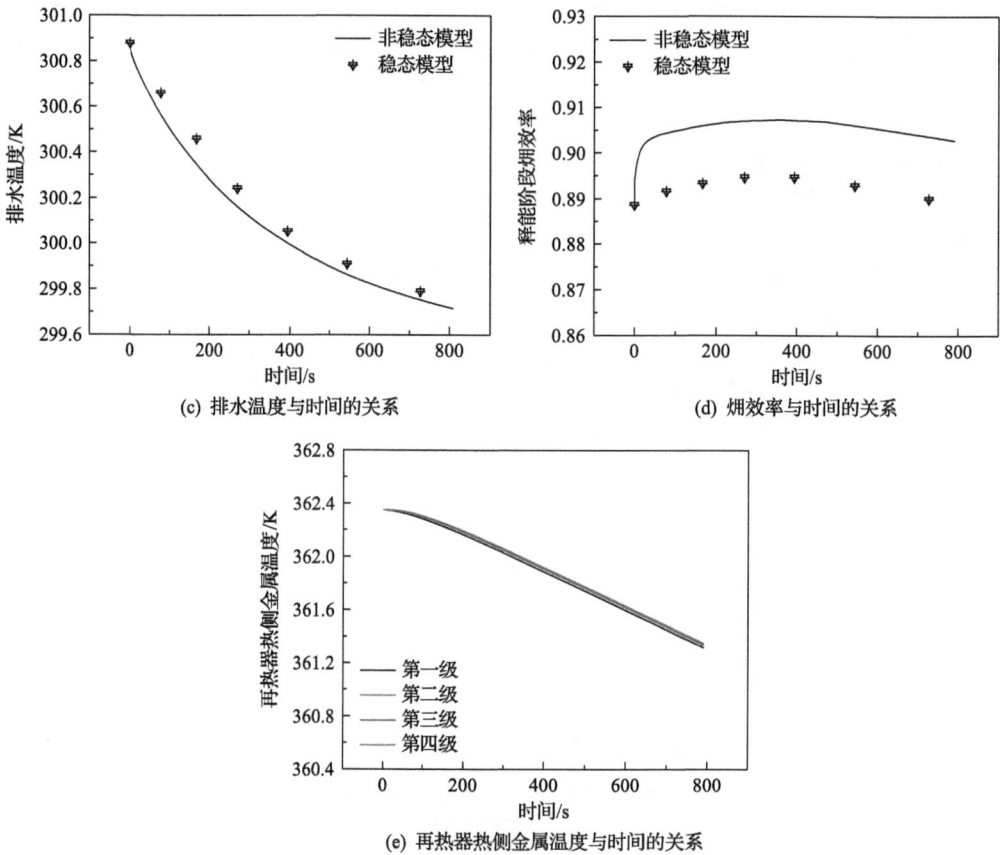

图 4-35　释能过程非稳态模型与稳态模型特性比较

膨胀比变化时，前三级膨胀机膨胀比的变化很小，末级膨胀机主要实现膨胀比的变化。因此，前三级膨胀机的排气温度变化非常小，而排水温度仅与前三级膨胀机的排气温度和储气室的温度有关。随着储气室的温度略有下降，排水温度略有下降。㶲效率呈现出先上升后下降的趋势(图 4-35(d))。上升的原因是，膨胀比的降低有助于减少膨胀机的内部损失；而下降的原因是，由于与设计点的偏差过多，膨胀机的效率降低。

非稳态效应对各参数随时间的变化规律有一定的影响：在非稳态工况下，膨胀机不同级之间的质量流量存在差异。越靠近低压部分，非稳态条件下质量流量与稳态条件下质量流量的偏差越大。这是由于受腔室容积效应影响，各级膨胀机的进口压力变化存在延迟，且越靠近低压级，延迟越大。非稳态排水温度略低于稳态排水温度。原因是前三级膨胀机的非稳态膨胀比较小，导致多变效率略有提高，质量流量略有下降，有利于再热器内的强化传热。上述因素导致非稳态排水温度略低。结果表明，非稳态条件下的㶲效率明显高于稳态下的㶲效率。原因如下：①在非稳态条件下能量释放过程中，燃烧室中储存的空气被释放，促进了膨胀机功率输出。②非稳态条件下第一级膨胀机的质量流量小于稳态条件下的质量流量，使得机械㶲输入更小，非稳态条件下的㶲效率更大；由于储气室的能量释放，膨胀机在非稳态模型中的功率输出略高于稳态模型，但不如效率变化明显。随着空气流量的降低，循环热水的质量流量相应降低，从而导致热交换器中热侧金属输入热量减少，因此在再热器所有部分的热侧金属温度逐渐降低（图 4-35（e））。

图 4-36 显示了容积效应和热惯性对释能过程非稳态特性的影响。可以看出，与热惯

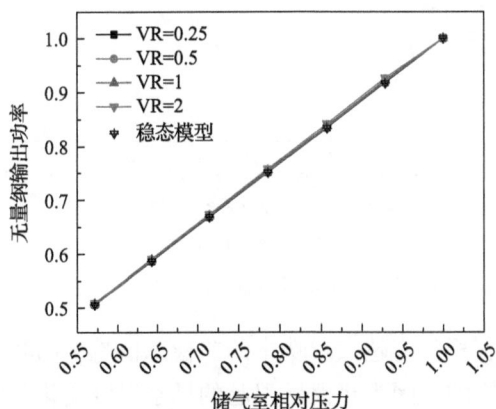

(a) 不同VR下的输出功率

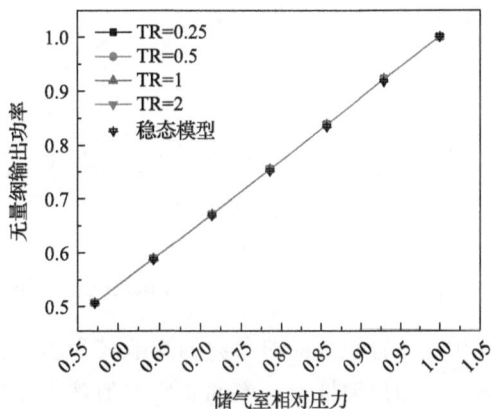

(b) 不同TR下的输出功率

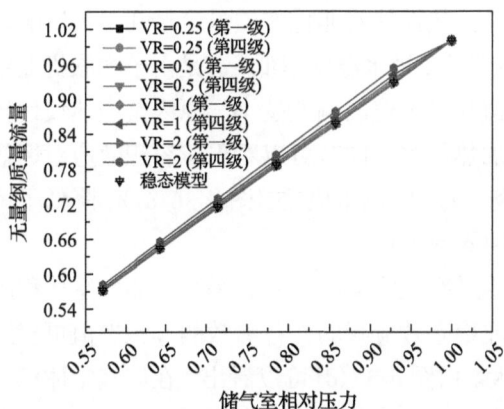

(c) 不同VR下的质量流量

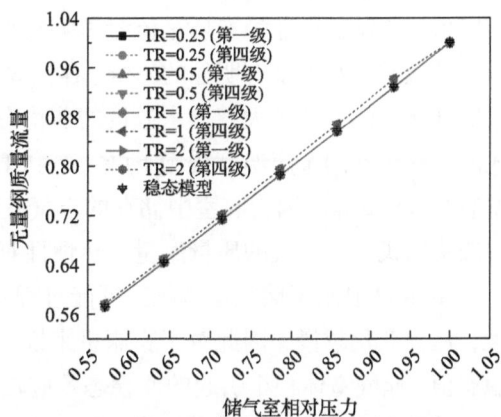

(d) 不同TR下的质量流量

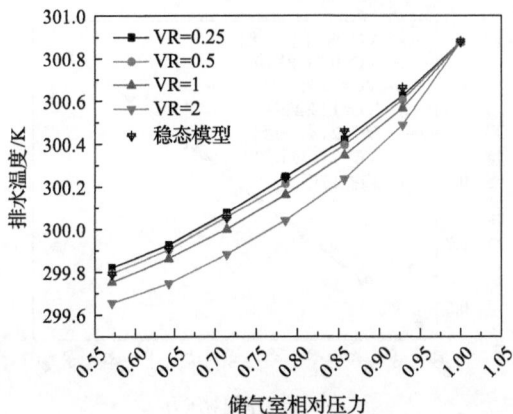

(e) 不同VR下的排水温度

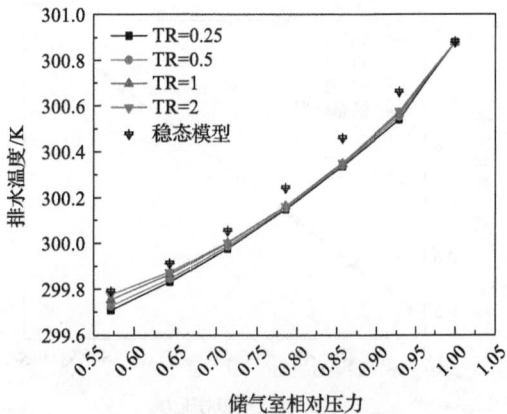

(f) 不同TR下的排水温度

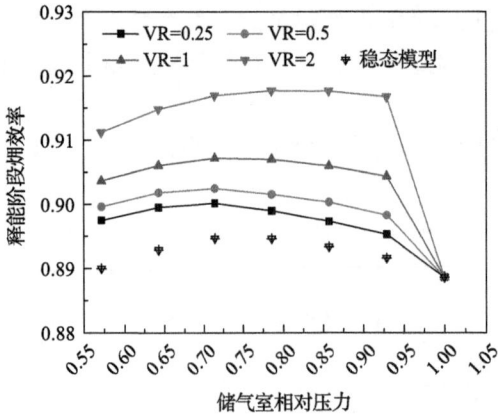

(g) 不同VR下的㶲效率

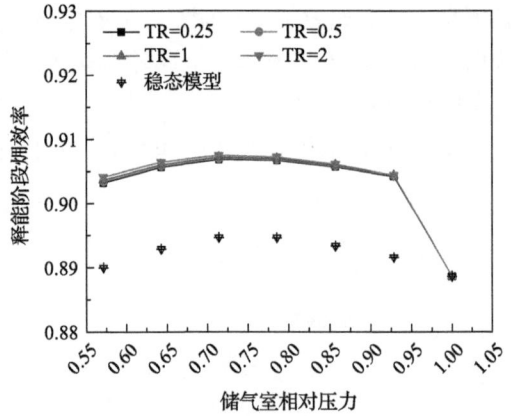

(h) 不同TR下的㶲效率

图 4-36 容积效应和热惯性对释能过程非稳态特性的影响

性相比，容积效应对参数的影响较为明显，容积效应越大，功率的非稳态值越偏离其稳态值，而热惯性对功率的非稳态值基本没有影响。因为热惯性引起的排水温度变化和质量流量变化非常小（图 4-36(d) 和 (f)）。容积效应对高压膨胀机的非稳态质量流量有影响，而对低压膨胀机的非稳态质量流量影响较小，而热惯性对非稳态质量流量几乎无影响。容积效应对排水温度有明显的影响。容积效应越大，排水温度越低，这是由于膨胀机㶲效率的变化。热惯性越大，排水温度的非稳态值与稳态值的偏差越小。原因是当热惯性较大时，换热器的金属温度缓慢下降，有利于加热热水。同时可以看出，容积效应对㶲效率有很大的影响，因为腔室中储存的空气有利于输出功率的增加（图 4-36(a)），降低了第一级膨胀机入口空气的质量流量。热惯性对㶲效率影响不大。

图 4-37 显示了储气室体积对释能过程非稳态特性的影响。可以看出，储气室体积越大，压力变化越慢，因此对于膨胀机来说，非稳态效应减弱，各参数的非稳态值更接近稳态值。储气室体积小引起的非稳态效应较大。由图 4-37(d) 可以看出，在储气室体积较小的情况下，非稳态㶲效率与稳态值相差较大。

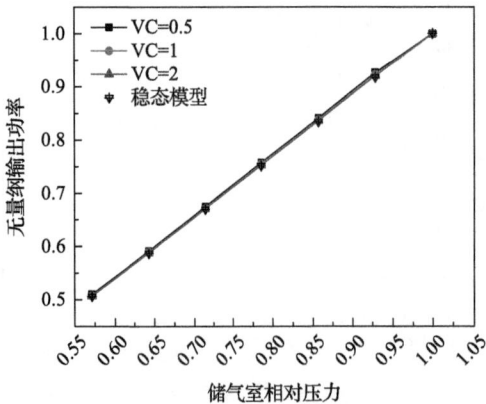

(a) 输出功率与储气室相对压力的关系

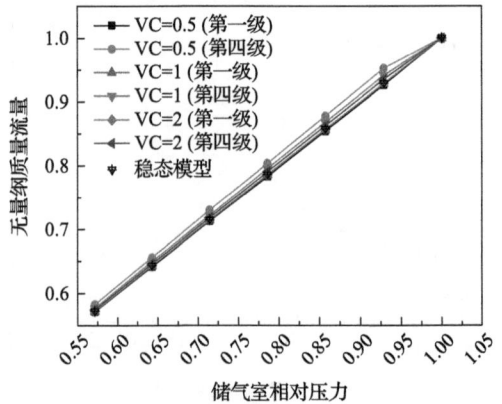

(b) 质量流量与储气室相对压力的关系

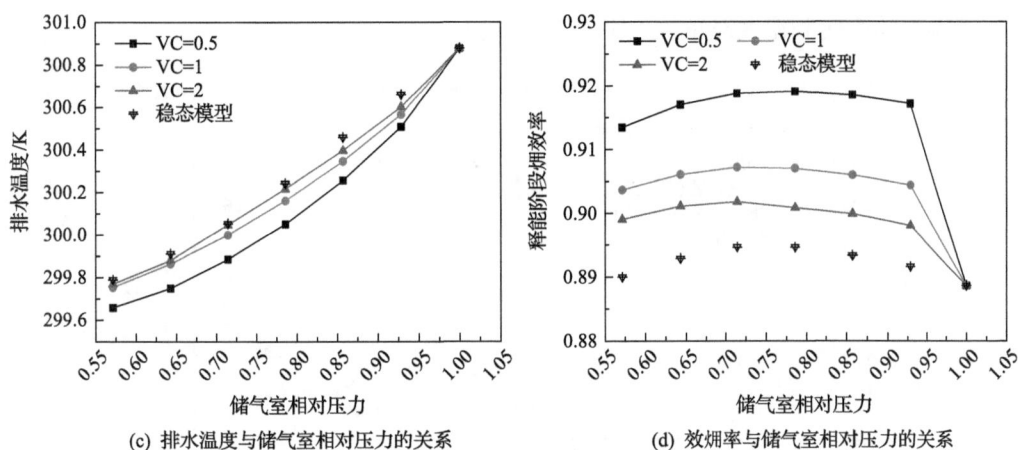

(c) 排水温度与储气室相对压力的关系    (d) 效㶲率与储气室相对压力的关系

图 4-37 储气室体积对释能过程非稳态特性的影响

### 4.3.3 整体系统

本节对非稳态条件下运行的整体系统进行研究。储能过程中，储气室压力，即压缩机背压不断上升，在释能过程中，储气室的初始空气温度为环境温度，这是由于在储能和释能期间，储气室处于持续数小时的静置状态。在释能过程中，当储气室压力大于膨胀机入口设计压力与阀门内最小压力损失之和时，通过调节阀将多级膨胀机的入口压力调整为设计压力，使膨胀机稳定运行。当储气室压力低于膨胀机进口设计压力与阀内最小压力损失之和时，不再调整调节阀(已开到最大)，膨胀机进口压力将随储气室压力变化而变化。

图 4-38 显示了释能过程中关键参数的变化。当储气室压力大于膨胀机入口设计压力与阀内最小压力损失之和时，通过调节阀保持多级膨胀机入口压力不变，而储气室压力不断减小(图 4-38(b))，使输出功率和质量流量保持恒定。在此过程中，由于调节阀的百分比调节特性，调节阀的开度逐渐增大，开度增长率也随之增加。同时可以发现，㶲效率随时间逐渐增加，这是因为节流损失随着阀压差的减小而减小。当储气室压力小于或等于膨胀机进口设计压力与阀内最小压力损失之和时，膨胀机入口压力随储气室压力逐渐降低，由于调节阀的阻力造成两者存在压力差。随着质量流量和输出功率逐渐减小，由于腔室容积效应，第四级膨胀机质量流量的减小被延迟。从图中还可以看出，㶲效率在压力拐点处增长迅速，之后增长速度逐渐放缓。原因为在压力拐点处，由于膨胀机入口压力开始下降，突然出现非稳态效应，腔室中储存的空气使㶲效率在短时间内提高，随后非稳态效应持续，㶲效率增长放缓。

图 4-39 显示了容积效应和热惯性对系统效率和能量密度的影响。可以看出，随着腔室容积效应的增大，系统效率和能量密度近似线性下降，腔室体积从基本值增加到其 2 倍值(VR=2)时，系统效率下降约 0.25 个百分点。这是由于非稳态运行造成的空气压力的浪费和部件不可逆损失的增加。同时可以看出，热惯性对系统效率和能量密度影响不大，热惯性增大时系统效率略有下降。原因是热惯性造成了不可逆的换热损失，热惯性

对蓄热温度的影响和温度对系统效率的影响都很小。

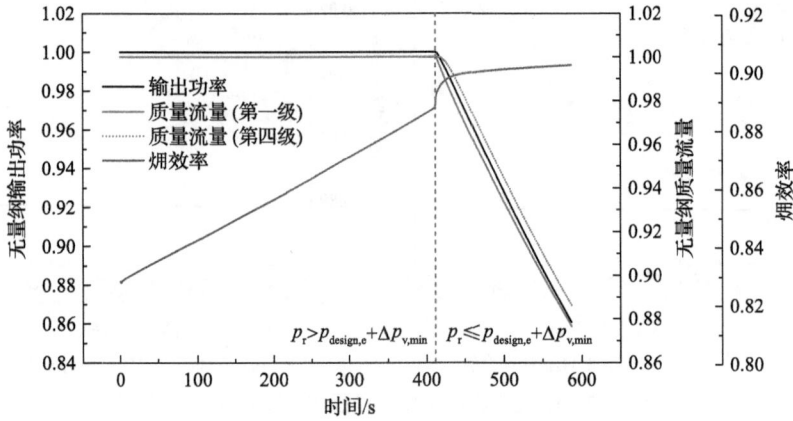

(a) 输出功率、质量流量和㶲效率的关系

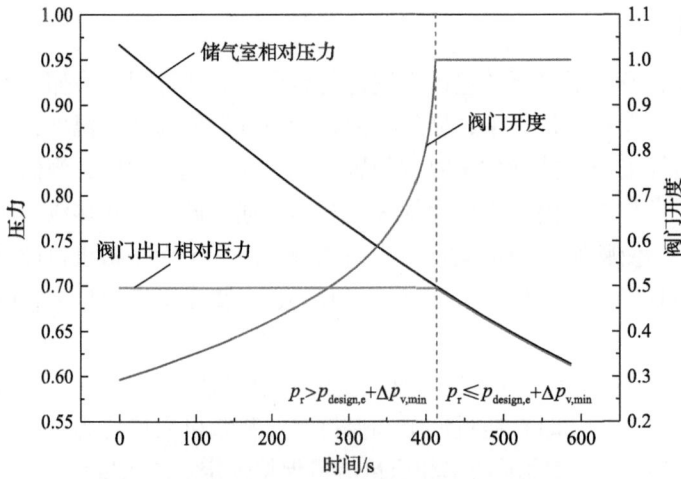

(b) 储气室内空气压力、阀门出口压力与阀门开度的关系

图 4-38　释能过程中关键参数的变化

参考压力为储气室内的最大压力；$p_r$ 为储气室压力；$p_{design,e}$ 为膨胀段设计入口压力；$\Delta p_{v,min}$ 为阀门全开时阀门内的压降

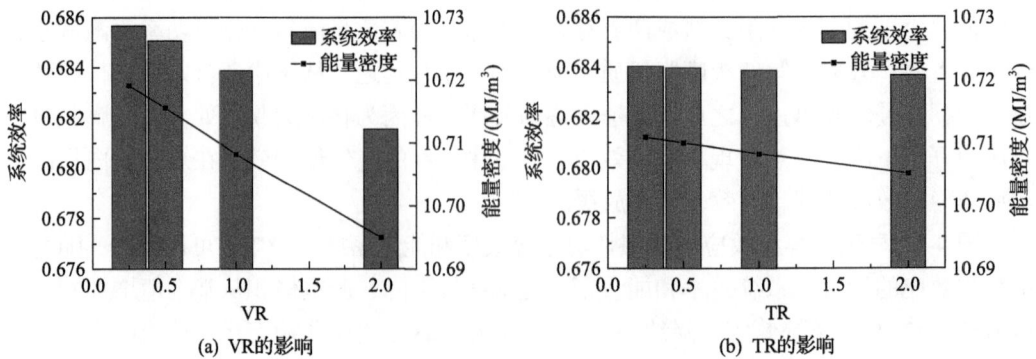

(a) VR的影响

(b) TR的影响

图 4-39　容积效应和热惯性对系统效率和能量密度的影响

图 4-40 显示了储气室体积对系统效率和能量密度的影响。可以看出，系统效率随着储气室体积的增大而增加。当储气室体积比(实际体积与设计值的比值)VC 从 0.5 增加到 3 时，系统效率提高 0.72 个百分点。其原因是非稳态因素引起的不可逆损失减小，部件腔内充/放气引起的相对能量损失减小。可以看出，较大的储气室有助于减弱容腔容积效应对系统效率的影响。

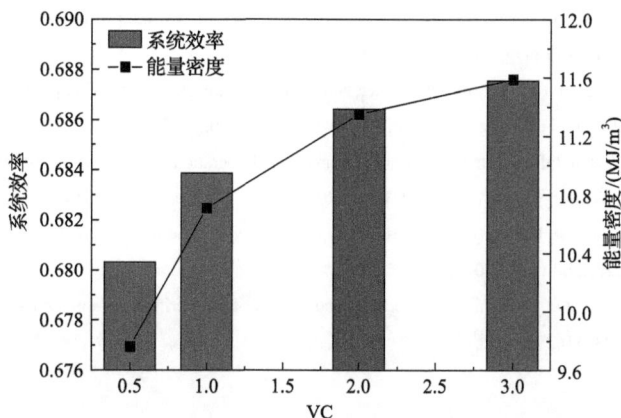

图 4-40　储气室体积对系统效率和能量密度的影响

在实际系统变工况动态运行中，储能最大压力经常发生变化，这会影响非稳态效应对系统性能的影响。图 4-41 为动态运行下储能过程终止相对压力对系统效率和能量密度的影响，其中初始储气室体积相对压力为 0.7。随着储能过程终止相对压力的增加，系统效率近似线性下降。储能过程终止相对压力每增加 0.1，系统效率平均下降 0.95 个百分点。终止压力的增加，导致压缩机的背压变化范围增加，增大了储能时的非稳态效应。同时可以看出，随着储能压力的增加，能量密度近似线性增加，这是因为储能越多，释能时间越长。需要注意的是，当最大压力接近储气室的初始压力时，系统接近恒压运行。具体来说，系统在恒压运行时的效率接近 71.1%。

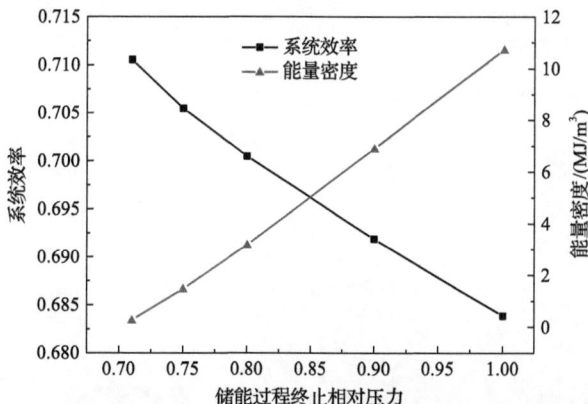

图 4-41　储能过程终止相对压力对系统效率和能量密度的影响

# 参 考 文 献

[1] Guo H, Xu Y J, Chen H S, et al. Thermodynamic analytical solution and exergy analysis for supercritical compressed air energy storage system[J]. Applied Energy, 2017, 199: 96-106.

[2] Guo H, Xu Y J, Zhang X J, et al. Transmission characteristics of exergy for novel compressed air energy storage systems-from compression and expansion sections to the whole system[J]. Energy, 2020, 193: 116798.

[3] Guo H, Xu Y J, Guo C, et al. Off-design performance of CAES systems with low-temperature thermal storage under optimized operation strategy[J]. Journal of Energy Storage, 2019, 24: 100787.

[4] Guo H, Xu Y J, Zhang Y, et al. Off-design performance and operation strategy of expansion process in compressed air energy systems[J]. International Journal of Energy Research, 2019, 43（1）: 475-490.

[5] Guo H, Xu Y J, Zhang Y, et al. Off-design performance and an optimal operation strategy for the multistage compression process in adiabatic compressed air energy storage systems[J]. Applied Thermal Engineering, 2019, 149: 262-274.

[6] Guo H, Xu Y J, Zhu Y L, et al. Unsteady characteristics of compressed air energy storage systems with thermal storage from thermodynamic perspective[J]. Energy, 2022, 244: 122969.

[7] Guo H, Xu Y J, Zhang X H, et al. Dynamic characteristics and control of supercritical compressed air energy storage systems[J]. Applied Energy, 2021, 283: 116294.

# 第 5 章

# 系统与关键部件优化设计

本章针对压缩空气储能系统及其关键部件开展优化设计，并以 100MW 压缩空气储能系统给出系统及其关键部件设计实例。主要包括压缩空气储能系统方案设计、压缩机设计、膨胀机设计、蓄热/换热器设计和储气装置设计。

## 5.1 系统方案设计

系统方案设计是指在系统分析的基础上，设计出能满足预定系统性能指标的过程。压缩空气储能系统设计内容包括：确定系统设计方针和方法，将压缩空气储能系统分解为若干子系统，确定各子系统的目标、功能及其相互关系，对各子系统进行设计、评价并对全系统进行设计、评价。

压缩空气储能系统方案总体参数优化设计流程如图 5-1 所示。压缩空气储能系统方

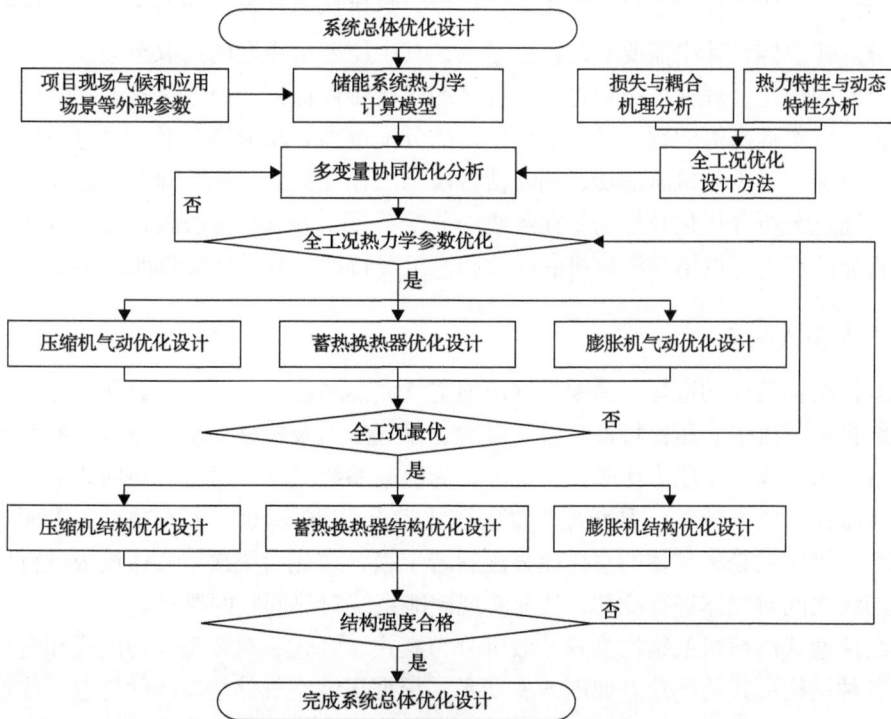

图 5-1　总体参数优化设计流程

案的总体设计首先需要根据储能系统的目标要求及项目地点当地的气候条件确定压缩机、膨胀机的设计点参数,然后通过热力计算确定压缩机、膨胀机的级数及压比/膨胀比分配,进一步根据压缩机、膨胀机的热力参数开展蓄热换热器初步设计计算。通过联合压缩机、膨胀机、换热器设计计算系统整体性能,并反复迭代更新设计参数,直到整个系统性能达到优化状态,确定各段设计参数,最后完成总体参数设计。

# 5.2  压缩机设计

压缩机是压缩空气储能系统核心部件,其性能对整个系统的性能具有决定性影响。压缩机为耗功部件,可分为活塞式、离心式和轴流式。尽管压缩空气储能循环与燃气轮机类似,但是燃气轮机的压缩机压比一般小于 20,而压缩空气储能系统的压缩机运行压比需达到 40~100,甚至更高。因此,大型压缩空气储能电站的压缩机一般采用轴流与离心式压缩机组成多级压缩、级间和级后冷却的结构型式。例如,Huntorf 电站采用的就是这种结构型式的压缩机。小型压缩空气储能系统由于要求空间灵活性较高,为减少储气装置的体积,一般空气的存储压力更高,同时由于系统的流量较小,采用活塞式压缩机比较合适。

## 5.2.1  总体设计

压缩机的总体设计主要包括结构型式确定、整机热力计算、性能评价和整体参数优化四部分。在总体设计中需要确定各级参数,其中压缩机级数的选取至关重要,直接影响各级分配的压比合理性。级数过少,各级的压比难以保证;级数过多,则会引起整机效率降低、成本提高等问题。各段最佳压比的分配遵循省功原则,通过对每一段的压比进行合理分配,减少整机压缩功,同时使各段都工作在高效率区,即满足总加功量最小的条件。通过分析并优化总加功量在各级的分配关系,并选择各级最合理的转速,来保证各级性能的匹配,以增强压缩机的高效和宽工况特性,其设计流程如图 5-2 所示。

1. 结构型式确定

压缩机结构型式的选择,需要根据压缩空气储能系统变工况、宽负荷特性,并综合考虑压缩机排气流量、压比特性、排气温度、排气压力及机械振动问题。压缩空气储能系统一般要求气体工作压力比较高,此外,为提高系统效率,通常有热回收的需求。单级压缩机压比一般小于 10,压缩空气储能压比需求为 40~100,甚至更高,因而难以满足需求。多级压缩是将气体的总压比分配到若干级,按先后级次把气体逐级进行压缩,并在级与级之间对气体进行冷却,从而实现储能系统对热回收的要求。

多级活塞式压缩机的结构型式一般可分为立式、卧式、对置型、角度式和对称平衡型等,各种结构型式的优缺点如图 5-3 所示。根据压缩空气储能系统的特点,往往选用较大流量的压缩机来减少储能时间,基于对称平衡型结构型式的特点(惯性力完全平衡、可采用较多列数以及活塞力相互抵消等），在大型活塞式压缩机设计中普遍采用对称平衡型结构。这种结构型式的压缩机整体为卧式，气缸做水平布置，分布在曲轴两侧，相对两列的曲柄错角为 180°。中国科学院工程热物理研究所研发的 1.5MW 超临界压缩空气储能系统压缩机型式为 M 型对称平衡型双作用型。

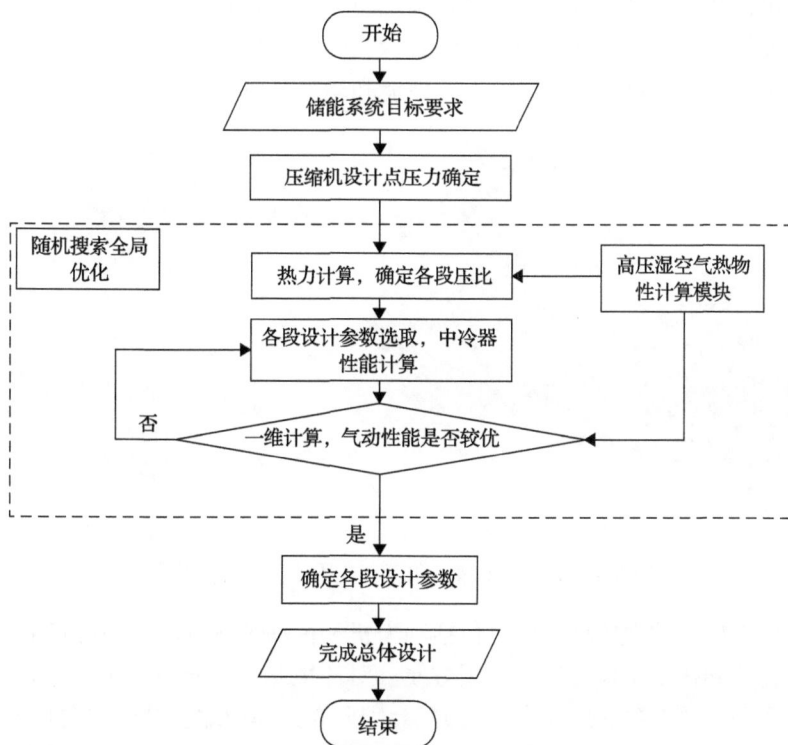

图 5-2　压缩机总体设计流程

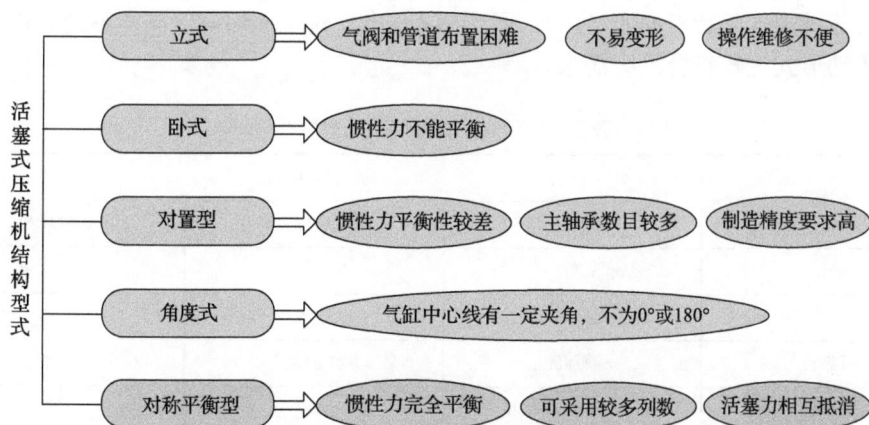

图 5-3　活塞式压缩机各种结构型式对比

多级轴流式压缩机（图 5-4(a)）中通流部分由动叶与静叶依次排列串联而成的工作级组成，气体连续流经压缩机的各级，逐级压缩升压。按照静叶是否可调，分为静叶不可调和全静叶可调两种。其中，全静叶可调轴流式压缩机具有效率高、适于大中流量和工况调节范围宽等特点，更适合应用于压缩空气储能系统。

按照轴系结构不同，多级离心式压缩机可分为单轴和多轴（整体齿轮式，图5-4(b)）两种。其中，多轴离心式压缩机具有以下特点：①可以根据高效三元叶轮的流量系数进行转速的优化；②每一级均可以选用结构强度较好的半开式叶轮，提高单级压比；③各级均为轴向进气，损失小、气流均匀；④各级蜗壳相对独立，能够安装可调进口导叶和可调叶片扩压器，可有效提高机组变工况性能和运行效率。

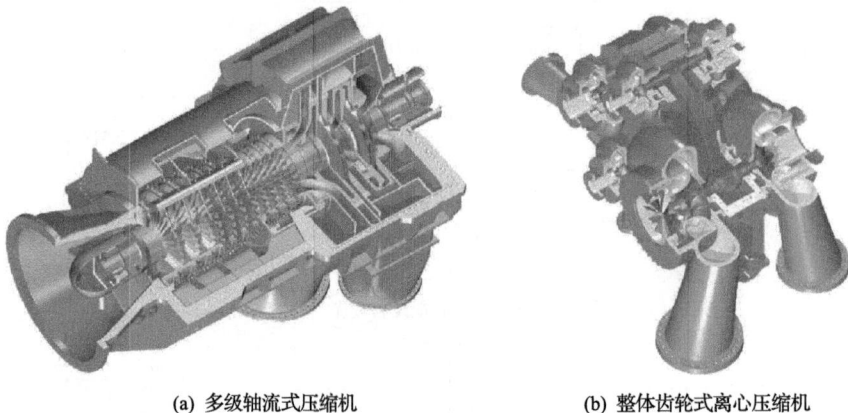

(a) 多级轴流式压缩机　　　　(b) 整体齿轮式离心压缩机

图 5-4　轴流式压缩机和离心式压缩机结构模型图

此外，压缩机的动力传动系统，包括动力机和传动装置，需要满足安全、经济、可靠、灵活、转速和扭矩操控优良、使用方便、对环境友好等准则。动力传动形式与压缩机的结构方案和主要参数的选择有密切关系，因此在选择压缩机结构方案和主要参数时，应该同时考虑动力传动方式的选择。按照动力来源和变速方式的不同，压缩机动力传动形式主要分为电机增速箱动力传动、电机变速行星齿轮动力传动和燃气轮机动力传动。三种动力传动形式的特点如表 5-1 所示。可以看出，对于压缩空气储能系统，电机增速箱动力传动形式比较符合系统需求。

表 5-1　压缩机动力传动形式特性

| 特性 | 动力传动形式 | | |
| --- | --- | --- | --- |
| | 电机增速箱 | 电机变速行星齿轮 | 燃气轮机 |
| 费用 | 高 | 一般 | 很高 |
| 尺寸 | 中等 | 中等 | 中等 |
| 可靠性 | 较高 | 十分高 | 一般 |
| 安全性 | 高 | 高 | 低 |
| 适用范围 | 中等流量 | 小流量 | 大流量 |
| 环境友好性 | 好 | 好 | 差 |
| 灵活性 | 较好 | 好 | 差 |

2. 整机热力计算

压缩机的结构型式确定后，需要通过热力计算获得各级的设计参数，主要包括压比分配、设计参数选取和换热器耦合分析等。

1）压比分配

由于压缩空气储能系统压缩机采用多级压缩，需要对每一级压缩机的压比进行合理分配，使排气温度在使用条件许可的范围内，并综合考虑结构和造价，尽可能减少整机压缩功。而各级最佳压比的分配遵循省功原则，即满足压缩机对气体总加功量 $W$ 最小的条件。多级压缩机对每千克气体总加功量 $W$ 可表示为

$$
\begin{aligned}
W &= \sum_{i=1}^{N} W_i = W_1 + W_2 + \cdots + W_N \\
&= \frac{\kappa}{\kappa-1} R \left[ \frac{T_{in,1}}{\eta_{s,1}} \left( \varepsilon_1^{\frac{\kappa-1}{\kappa}} - 1 \right) + \frac{T_{in,2}}{\eta_{s,2}} \left( \varepsilon_2^{\frac{\kappa-1}{\kappa}} - 1 \right) + \cdots + \frac{T_{in,N}}{\eta_{s,N}} \left( \varepsilon_N^{\frac{\kappa-1}{\kappa}} - 1 \right) \right] \\
&= \frac{\kappa}{\kappa-1} R \left[ \frac{\eta_1}{\eta_{s,1}} \frac{T_{in,1}}{\eta_1} \left( \varepsilon_1^{\frac{\kappa-1}{\kappa}} - 1 \right) + \frac{\eta_2}{\eta_{s,2}} \frac{T_{in,2}}{\eta_2} \left( \varepsilon_2^{\frac{\kappa-1}{\kappa}} - 1 \right) + \cdots + \frac{\eta_N}{\eta_{s,N}} \frac{T_{in,N}}{\eta_N} \left( \varepsilon_N^{\frac{\kappa-1}{\kappa}} - 1 \right) \right]
\end{aligned}
\tag{5-1}
$$

式中，$\kappa$ 为绝热指数；$R$ 为气体常数，J/(kg·K)；$T$ 为温度；$\eta$ 为效率；下标 1 表示第 1 级，下标 2 表示第 2 级，以此类推；下标 in 表示进口，下标 s 表示等熵。

假定各级的效率比 $K_\eta$ 相同：

$$
K_\eta = \frac{\eta_1}{\eta_{s,1}} = \frac{\eta_2}{\eta_{s,2}} = \cdots = \frac{\eta_N}{\eta_{s,N}}
\tag{5-2}
$$

$$
W = \frac{\kappa}{\kappa-1} R K_\eta \left[ \frac{T_{in,1}}{\eta_1} \left( \varepsilon_1^{\frac{\kappa-1}{\kappa}} - 1 \right) + \frac{T_{in,2}}{\eta_2} \left( \varepsilon_2^{\frac{\kappa-1}{\kappa}} - 1 \right) + \cdots + \frac{T_{in,N}}{\eta_N} \left( \varepsilon_N^{\frac{\kappa-1}{\kappa}} - 1 \right) \right]
\tag{5-3}
$$

令系数

$$
Y_i = \frac{T_{in,(i+1)} \eta_1}{T_{in,1} \eta_{(i+1)}}
\tag{5-4}
$$

$$
W = \frac{\kappa}{\kappa-1} R K_\eta \frac{T_{in,1}}{\eta_1} \left[ \left( \varepsilon_1^{\frac{\kappa-1}{\kappa}} - 1 \right) + Y_1 \left( \varepsilon_2^{\frac{\kappa-1}{\kappa}} - 1 \right) + \cdots + Y_{N-1} \left( \varepsilon_N^{\frac{\kappa-1}{\kappa}} - 1 \right) \right]
\tag{5-5}
$$

多级压缩机整机压比 $\varepsilon = \varepsilon_1 \varepsilon_1 \cdots \varepsilon_N \lambda_1 \cdots \lambda_{N-1}$，则各级对气体的加功量 $W$ 可表示为 $\varepsilon_1 \lambda_1, \varepsilon_2 \lambda_2, \cdots, \varepsilon_{N-1} \lambda_{N-1}$ 的函数。由 $\frac{\partial W}{\partial \pi_1} = 0$（$\pi$ 为单级压比，下标 1 为第 1 级），可求得 $W$

为最小值的第一级计算压比 $\pi_1\lambda_1$ 的关系式；采用类似的方法，可求得各级最佳压比为

$$\varepsilon_1 = \sqrt[n]{\frac{\varepsilon}{\lambda_1\lambda_2\cdots\lambda_{N-1}}(Y_1Y_2\cdots Y_{N-1})^{\frac{\kappa}{\kappa-1}}}$$

$$\varepsilon_2 = \frac{\varepsilon_1}{Y_1^{\frac{\kappa}{\kappa-1}}}$$

$$\cdots$$

$$\varepsilon_N = \frac{\varepsilon_1}{Y_{N-1}^{\frac{\kappa}{\kappa-1}}}$$

(5-6)

式中，$\lambda_1,\lambda_2,\cdots,\lambda_{N-1}$ 为各级冷却器压力损失比，其值为

$$\lambda_1 = \frac{p_{\text{in},1}}{p_{\text{out},1}}, \quad \lambda_2 = \frac{p_{\text{in},3}}{p_{\text{out},2}}, \quad \cdots, \quad \lambda_{N-1} = \frac{p_{\text{in},N}}{p_{\text{out},N-1}}$$

(5-7)

为了简化计算，在压比分配的过程中取空气的物性参数为恒值，即绝热指数 $\kappa=1.4$，气体常数 $R=287\text{J}/(\text{kg·K})$。此外，为了保证各级在设计和结构上的合理性，需要对各级的计算压比进行调整，主要遵循以下原则。

(1)随着压比升高，空气体积流量逐渐减小，若工作转速相同，则需依次减小后面级的压比。

(2)各级压比与最佳压比之间的差异不超过±15%,则压缩机的总耗功增大不超过1%。

(3)若同轴则需考虑轴功的分配，即轴两侧压缩机耗功相差不大。

2)设计参数选取

对于活塞式压缩机，通过热力计算主要确定各级转速和行程以及进、排气系数(容积系数、压力系数、温度系数和泄漏系数等)。其中，容积系数表示由于气缸存在余隙容积，气缸工作容积的部分容积被膨胀气体占据，而对气缸容积利用率产生的影响；压力系数表示由于进气阻力和阀腔中的压力脉动，吸气终了时气缸内的压力低于名义进气压力，从而产生的对气缸利用率的影响；温度系数的大小取决于进气过程中加给气体的热量，其值与气体冷却及该级的压力比有关；泄漏系数表示气阀、活塞环、填料以及管道、附属设备等因密封不严而产生的气体泄漏对气缸容积利用率的影响。转速($n$)和行程($S$)的选取对机器的尺寸、重量、制造难易和成本有重大影响，还直接影响机器的效率、寿命和动力性能，转速($n$)，行程($S$)和活塞平均速度($C_{\text{m}}$)的关系式如下：

$$C_{\text{m}} = \frac{nS}{30}$$

(5-8)

对于离心式压缩机，通过热力计算主要确定各级的比转速($N_{\text{s}}$)和流量系数($\varphi$)等，其中比转速和压缩机叶轮流道的子午面形状、出口形状有直接关系，且随着比转速的增加，叶轮出口直径将减小，叶轮进口马赫数增大，损失增加，进口叶顶气流更易超过声速；

流量系数与叶轮型式、内部损失等有关，流量系数的增加有助于提高叶轮流道中的平均速度，对防止出口分离、提高叶轮效率有益，虽然多轴离心式压缩机所用模型级的流量系数相对集中于高效的中等流量系数区间，但由于结构、材料等方面的因素，依然会呈现各级流量系数随压力升高而下降的趋势。

对于轴流式压缩机，通过热力计算主要确定各级的流量系数($\varphi$)、反动度($\Omega$)、转速($n$)等。其中，流量系数与压缩机级的通流面积和外径有关，一般平均半径处基元级的流量系数取 0.5～0.75，叶顶处取 0.3～0.5（大者可达 0.7）；反动度代表的是动叶栅中增加的理论静压能量头与动叶栅传给气体的能量头之比，高压比轴流式压缩机级中反动度多为0.5，动叶栅进口和出口速度呈三角形对称，级压升在动叶、静叶中平均分配，损失较小，效率较高；转速大小与压缩机外径尺寸、轮毂比和叶高有关，需要考虑几何参数的限制范围；此外，还需与临界转速错开，以免引起共振。

3）换热器耦合分析

理想的压缩机级间冷却器，应该可以将气体温度降至合理的水平，并具有尽可能小的压力损失。而实际应用中，由于水量不稳、污垢导致热阻增加等因素，换热器性能会发生改变。设计中在换热器成本和体积可控的情况下，应尽量增加气路的通流面积，降低流速，以减小压力损失，同时排气温度也应通过冷水流量的调节保证时刻稳定在设计值附近。值得一提的是，过低的排气温度也可能会对离心式压缩机和轴流式压缩机造成不利影响，低温导致进入下一级的工作介质体积流量降低，则该级会偏离设计点，工作在小流量工况，严重的情况下，体积流量过低甚至会引起压缩机喘振，发生事故停车。为此，应严格控制间冷器排气温度。

3. 性能评价

输入压缩机的机械功一部分转变为工作介质的能量，另一部分则往往以热量等形式耗散。一般工程上常使用能量的转化率，即压缩效率，作为压缩机性能优劣的评判标准。针对某一确定的压缩机运行工况，可通过流量、压比和轴功率数据计算得到压缩效率。而对于压缩空气储能系统所用的压缩机，其运行工况在连续不断地变化，常规的压缩机性能评价方法并不适用。

因此，针对压缩空气储能系统压缩机组，可以选用储气装置一次完整的升压过程中压缩机组总耗电量作为性能评价标准。该方法需要给定压缩机排气压力与流量、功率的变化关系（变工况调节曲线等），通过设定末级冷却器、管道、阀门、电机等损失参数，并给定储气装置的关键参数，建立相应的多级压缩机性能计算数学模型，从而定量模拟压缩机组和储气装置的联合运行，获得整个运行过程的耗电量、运行时间、储气量、单位储气量耗功等相关数据。该方法操作起来比较方便，但电机效率、管网阻力等因素也会影响最终的耗电量，需要尽可能考虑各种附加因素的影响。

4. 整体参数优化

在多级压缩机总体方案设计中，进气条件按实际工况给定，流量根据下游管网需求设计，而各级压比和转速是人为给定的，设置的参数不同，最终得到的压缩机功耗也不尽相同。如何能够在众多参数中选出最佳的参数组合，对设计者的工程经验提出了较高的要求。此外，若想寻得压缩机功耗的最小值，需要反复修改众多参数进行试算，必然会耗费大量的时间和精力。因此，根据建立的多级压缩机性能计算数学模型，可以通过优化算法找到最佳压比和转速组合，从而获得压缩机总体设计的最优方案。

研究表明，可以采用随机搜索全局优化算法进行最佳压比分配求解。该算法根据多级压缩机的具体需求，以各级压比为优化变量，约束条件为各级压比小于平均压比的平方，在优化过程中以各级气动功之和最小为优化目标，通过在各优化变量的取值空间内随机采样，筛选出符合约束条件的参数组合，之后计算压缩机总功耗，并选出功耗较小的多个备选参数组合，在各组合参数附近小范围内再次随机采样，并计算压缩机功耗，最后选出压缩机功耗最小的参数组合，完成随机搜索过程，而局部极值点的获得可以通过传统的梯度寻优算法实现。

### 5.2.2 气动设计

#### 1. 活塞式压缩机

活塞式压缩机气动设计，即动力计算，目的在于计算压缩机中的作用力，从而确定压缩机所需要的飞轮矩及惯性力、惯性力矩的平衡情况，并根据平衡情况判断设计计算结果的合理性。

##### 1) 作用力

正常运行时，压缩机产生的作用力主要有三类，分别为气体力、惯性力和摩擦力，该三力合成即为通常所说的综合活塞力。

气体力指由气体压力所引起的作用力；气缸内的气体压力随活塞运动，即随曲轴转角变化，变化规律可由压力指示图或过程方程得到。

$$F_g = p_{in} A_p \tag{5-9}$$

式中，$p_{in}$ 为气缸内气体压力，Pa；$A_p$ 为活塞承压面积，$m^2$。

惯性力由活塞及曲柄连杆系统在运行过程中产生。惯性力等于质量与加速度的乘积，且惯性力的方向恒与加速度方向相反，往复惯性力为

$$I = m_s r \omega^2 (\cos \alpha + \lambda \cos 2\alpha) \tag{5-10}$$

式中，$r$ 为曲柄半径，mm，其值为 $S/2$（$S$ 为行程）；$\omega$ 为曲柄角速度，其值为 $\pi n/30$；$\lambda$ 为曲柄半径与连杆长度之比；$\alpha$ 为曲柄转角，(°)。

摩擦力由接触表面的相对运动产生。与惯性力、气体力等相比，摩擦力较小且计算较为复杂，在动力学计算中一般不计入。

##### 2) 飞轮矩

压缩机总切向力在平均切向力周围上下浮动，表征曲柄在旋转一周过程中驱动力矩

和阻力矩之间变化的相对关系。当总切向力曲线在平均切向力之上时，代表驱动力矩较阻力矩小，也就是驱动力的能量不足，此时曲柄的旋转速度将降低。当总切向力曲线在平均切向力之下时，驱动能量较大，表现为曲柄旋转速度的增加。采用飞轮来储存过程中的多余能量并补充能量的不足，能使曲柄的旋转速度趋于均匀。

工程上飞轮矩常采用式 (5-11) 确定：

$$MD^2 = 3600\frac{m_l m_t \Delta f_{max}}{\pi^2 n^2 \delta} \qquad (5\text{-}11)$$

式中，$f_{max}$ 为幅度面积，$mm^2$；$m_t$ 为力比例尺，$kN/mm$；$m_l$ 为长度比例尺，$m_l = \pi S/l$，$mm/mm$；$\delta$ 为旋转不均匀度，必须控制在某一范围内以保证电动机的安全运行。

2. 离心式压缩机和轴流式压缩机

离心式压缩机和轴流式压缩机设计及制造技术在 20 世纪发展迅速，产生了许多划时代的理论和方法，逐步积累了丰富的设计经验，由早期的几何设计、二维气动设计逐渐发展到现在的准三维以及全三维气动设计。压缩机气动设计方法如图 5-5 所示，主要包括一维设计和三维叶片优化设计两部分。

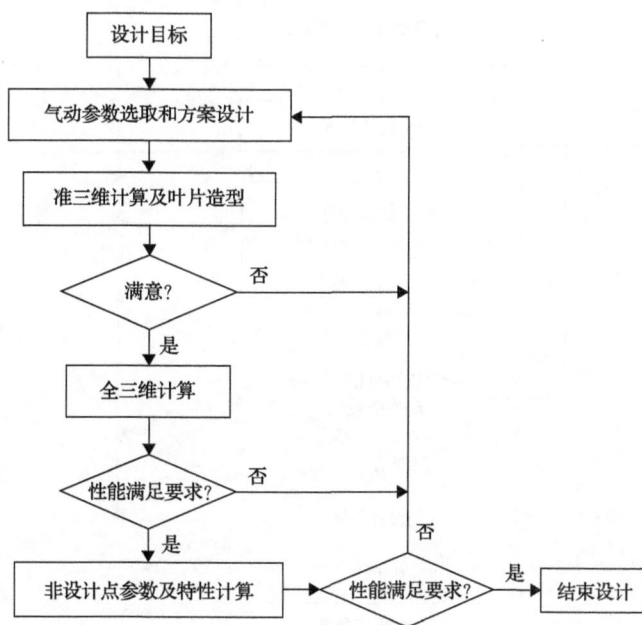

图 5-5  压缩机气动设计方法

1）一维设计

一维设计是以大量的经验数据及经验公式为基础，借助一维性能计算程序，在给定的限制条件下以效率最大化为目标对压缩机各个截面的主要几何参数进行筛选，确定初步几何参数。一维设计是压缩机气动设计中的基础，其作为压缩机气动设计中的第一步，重要性是不言而喻的。

在一维设计阶段，一维性能计算程序可以初步获取压缩机在设计工况和非设计工况下的性能，得知性能参数是否满足设计指标的要求，从而进行参数优化，准确的性能计算方法可以减少几何参数选取次数、降低设计成本、缩短设计周期、提高设计效率。目前，压缩机性能计算方法仍然处于半理论、半经验的阶段，依赖于各种损失模型，由于内部流场是复杂的三维黏性流动，性能计算结果在准确性方面还存在一定差距。如何提高性能计算结果的准确度，是一个值得思考的问题。

2）三维叶片优化设计

压缩机三维气动设计是一个高维、非线性、多峰值的多目标优化问题，主要包括初始叶型构造和数值优化设计两部分。压缩机运行过程中，其性能很大程度上受叶轮内部流场分布影响。叶轮通道内的流场除主要受叶片空间三维形状影响外，还与流道子午面轮廓型线有关，因此初始叶型构造主要分为子午面设计和叶型设计。为获得性能优良的压缩机组，在完成总体设计后，根据多级压缩机总体设计参数，提出结合协同分析、神经网络、遗传优化的各级部件气动优化设计方法，其相应气动设计流程如图 5-6 所示。

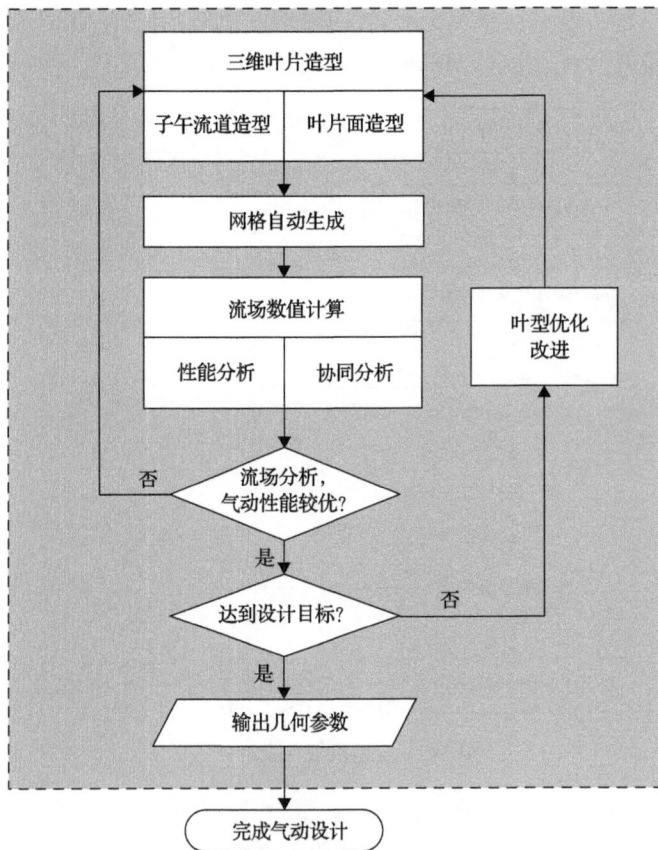

图 5-6 气动优化设计流程

叶轮的造型通常由离散点的形式给出，在优化设计过程中，若直接对离散点进行优化，则需要对 $n$ 点上的参数进行控制，优化变量数将变为 $n^3$ 个，当离散点较多时会导致寻优问题空间变得异常大，寻优所需资源量与时间也急剧增加和延长。因此，通常的可行做法是引入相应数据模型对结构先进行参数化处理。参数化造型是将复杂的叶片叶型通过几条函数曲线表达，仅需要控制曲线上的特定参数就可以得到对应的叶型。所选用的多为 Bezier 曲线、B 样条和非均匀有理 B 样条曲线(non-uniform rational B-spline, NURBS)等对任意阶光滑的曲线，对叶轮进行参数化处理，需要拟合的参数主要包括叶片进口边与出口边气流角、叶片安装角、叶型中弧线、叶片厚度、子午面轮廓等。

为合理控制优化过程中需要给定的参数数量并确保计算过程中的稳定性，叶轮子午面轮廓单纯采用 Bezier 曲线生成。Bezier 曲线数学理论基础比较成熟，操作简单，具有几何不变性与仿射不变性、对称性、保凸性等特点，且可通过较小控制点实现复杂空间曲线描述，适合引入叶轮空间形状参数化中。Bezier 曲线通过定义一组多边形的顶点来修改空间曲线的形状。将多边形中第一点和最后一点作为曲线上起点和终点，其他各点则用于控制曲线的形状及阶次。Bezier 曲线方程如下：

$$\begin{cases} x(t) = \sum\limits_{k=0}^{n} x_k f_{k,n}(t) \\ y(t) = \sum\limits_{k=0}^{n} y_k f_{k,n}(t) \\ z(t) = \sum\limits_{k=0}^{n} z_k f_{k,n}(t) \end{cases} \tag{5-12}$$

式中，$f_{k,n}(t) = \dfrac{n!}{k!(n-k)!} t^k (1-t)^{n-k}$，$t \in [0,1]$。

以提高等熵效率、保持流量和总压比不小于某个给定值为优化目标函数，将与叶型有关的几何参数作为设计变量进行叶轮多目标气动优化设计。在三维叶型优化设计过程中，分别针对叶型及叶片周向弯曲规律进行优化。

为保证离心叶轮在较宽工况范围内性能较优，优化过程中考虑小流量 $Q_1$、设计流量 $Q_2$ 与大流量 $Q_3$ 工况下的性能，优化设计目标函数给定为

$$\max F(\boldsymbol{X}) = \max \begin{cases} f_1(\boldsymbol{X}) = G(\boldsymbol{X}, Q_1) \\ f_2(\boldsymbol{X}) = G(\boldsymbol{X}, Q_2) \\ f_3(\boldsymbol{X}) = G(\boldsymbol{X}, Q_3) \end{cases} \tag{5-13}$$

$$G(\boldsymbol{X}, Q) = \begin{cases} \eta(\boldsymbol{X}, Q) \\ \exp\left( -\left[ \dfrac{\pi_0(Q) - \pi(\boldsymbol{X}, Q)}{\pi_0(Q)} \right]^2 \right) \\ \dfrac{A_-(\boldsymbol{X}, Q)}{A_+(\boldsymbol{X}, Q) + A_-(\boldsymbol{X}, Q)} \end{cases} \tag{5-14}$$

式中，$\eta$ 为叶轮效率；$\pi_0$ 为设计压比；$A$ 为协同面积；$G(\boldsymbol{X}, Q)$ 为给定流量与设计变量

下对应的叶轮效率、压比偏差以及正协同面积比值函数。

为简单优化模型以便于计算，在多目标优化过程中引入加权法，将所需优化目标函数转化为单一目标函数：

$$\max F(\boldsymbol{X}) = \max \sum \omega_i \cdot f_i(\boldsymbol{X})$$

$$= \max \sum \omega_i \cdot \left\{ \omega_1' \cdot \exp\left(-\left[\frac{\pi_0(Q_i) - \pi(\boldsymbol{X}, Q_i)}{\pi_0(Q_i)}\right]^2\right) + \omega_2' \cdot \eta(\boldsymbol{X}, Q_i) \right.$$

$$\left. + \omega_3' \cdot \frac{A_-(\boldsymbol{X}, Q_i)}{A_+(\boldsymbol{X}, Q_i) + A_-(\boldsymbol{X}, Q_i)} \right\} \tag{5-15}$$

式中，$\omega_i$ 与 $\omega_j'$ ($j$=1, 2, 3) 分别为流量工况优化权系数与 $G(\boldsymbol{X}, Q)$ 函数优化权系数；$A_+$、$A_-$ 分别为正协同、负协同面积。

### 5.2.3　结构与强度设计

#### 1. 活塞式压缩机

活塞式压缩机的主机包括传递动力并将电动机的回转运动转化为活塞的往复直线运动的曲柄-连杆机构以及实现压缩工作循环的气缸、活塞和密封等组件，结构设计可分为活塞组件、气缸、曲轴和连杆设计。

1) 活塞组件设计

活塞组件包括活塞环、刮油环、活塞和活塞销，它们在气缸中做往复运动，与气缸一起构成了行程容积。活塞组件必须具有良好的密封性，此外还有以下方面的要求。

(1) 有足够的强度和刚度。

(2) 活塞与活塞杆(或活塞销)的连接和定位要可靠。

(3) 质量轻，两列以上的压缩机应根据惯性力平衡的要求配置各列活塞的重量。

(4) 制造工艺性好。

2) 气缸设计

气缸是活塞式压缩机中组成压缩容积的主要部分。设计气缸的要点包括以下方面。

(1) 应具有足够的强度和刚度，工作表面具有良好的耐磨性。

(2) 要有良好的冷却；在有油润滑的气缸中，工作表面应有良好的润滑状态。

(3) 尽可能减小气缸内的余隙容积和气体阻力。

(4) 结合部分的连接和密封要可靠。

(5) 要有良好的制造工艺性且装拆方便。

(6) 气缸直径和阀座安装孔等尺寸应符合"标准化、系列化、通用化"要求。

为了保证工作的可靠性，压缩机列中的所有气缸都要有较高的同心性。为此，气缸上一般都设有定位凸肩。定位凸肩导向面应与气缸工作表面同心，而且结合平面要与中心线垂直。

因为活塞和活塞环在气缸工作表面上滑行，使气缸工作表面受到磨损，而且当活塞在止点位置时，速度等于零，靠压缩容积一侧的第一道活塞环的比压很大，有可能咬在工作面上，所以此处的磨损最大。因此，应恰当地选择活塞环和气缸工作面之间的硬度和配合。

气缸因工作压力不同而选用不同强度的材料，工作压力低于 6MPa 的气缸用铸铁制造。工作压力低于 20MPa 的气缸用铸铁或稀土球墨铸铁制造。工作压力更高的气缸则用碳钢或合金钢制造。此外，还需要考虑气缸与气缸盖之间、气阀与气缸之间的密封形式，包括软垫片、金属垫片、研磨等。

3）曲轴设计

曲轴是压缩机中传递动力的重要零件。因为曲轴承受很大的交变载荷和磨损，所以对其疲劳强度和耐磨性要求较高。压缩机中的曲轴有两种：曲拐轴和曲柄轴。曲轴主要包括主轴颈、曲柄和曲拐销等部分。

曲拐轴的典型特点是曲拐销的两端均有曲柄。为使曲轴不产生过大的挠度，两相邻轴颈之间只设一个曲拐。对称平衡型压缩机的曲轴，因两曲拐很近，则可设一对曲拐。

曲柄轴的结构特点是仅在曲拐销的一端有曲柄，曲拐销的另一端为开式，连杆的大头可从此端套入。因此，曲柄轴采用悬臂式支撑。由于曲柄轴的曲柄销是外伸梁，连杆结构简单，安装方便。

曲轴一般用 40 或 45 优质碳素钢锻造或用稀土球墨铸铁铸造而成。采用球墨铸铁铸造可以直接铸出所需的结构形状，经济性好，且对应力集中敏感性小，耐磨，加工要求也比碳钢低。

4）连杆设计

连杆是将作用在活塞上的推力传递给曲轴，又将曲轴的旋转运动转换为活塞往复运动的机件。连杆包括杆体、大头、小头三部分。杆体截面有圆形、环形、矩形、工字形等。圆形截面的杆体，机械加工最方便，但在同样强度时，具有最大的运动质量，适用于低速、大型以及小批生产的压缩机。工字形截面的杆体在同样强度时，具有最小的运动质量，但其毛坯必须用模锻或铸造，适用于高速及大批量生产的压缩机。

连杆材料一般采用 35、40、45 优质碳素钢或球墨铸铁，高转速压缩机可采用 40Cr、30CrMo 等优质合金钢。

2. 离心式压缩机和轴流式压缩机

离心式压缩机和轴流式压缩机属于叶片旋转式设备，其结构设计主要包括轴端密封设计、轴承设计和转子动力学分析三部分，结构设计的动力可靠性对于确保压缩机转子系统能够安全可靠、长周期地稳定运转具有十分重要的理论和实际意义。

1）轴端密封设计

为了避免压缩机机体内的工艺介质在高压下沿旋转轴轴向泄漏至大气中，在伸出压缩机外的轴端部位设有密封，称为轴端密封，简称轴封。非接触式动密封装置的总体性能不仅影响压缩机的气动效率，对保证机组稳定和安全运行也有影响，主要包括迷宫密封、浮环密封、机械密封和干气密封四部分。

(1)迷宫密封。迷宫密封(图 5-7)主要是利用节流与动能耗散从而实现密封的目的,包括刷式密封与蜂窝密封两种类型,主要用于低压介质密封,具有结构简单、安装便捷、操作可靠与辅助设备小等优点。由于空气具有低廉的价格与较高的安全性,迷宫密封能够利用节流有效控制泄漏,但对压缩机的效率有所影响。因此,对迷宫密封的研究重点为减小气体泄漏量,控制压缩机的效率,从而降低能源的消耗。迷宫密封虽然有显著的优势,但在实际的运行过程中需要高额的维护费用,同时对环境的污染也较为严重。

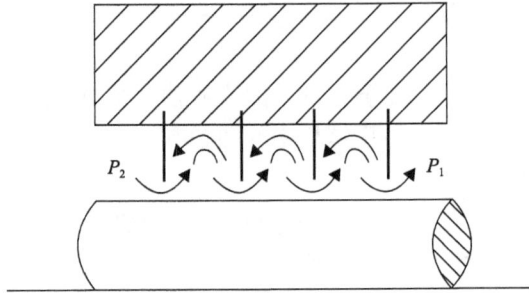

图 5-7 迷宫密封示意图

(2)浮环密封。浮环密封属于液体密封,浮环位于转轴之上,在浮环密封腔内,浮环通常有两个,并且与转轴保持一定的间隙,在浮环密封腔被注入封油之际,在旋转轴的影响下,浮环间隙将形成油膜,此时油膜的作用是减少浮环和旋转轴的摩擦,使两者的磨损降到最低,同时避免气体的外漏,进而实现密封。浮环密封属于传统密封方式,为接触式密封,在高转速与不同的压力等级中均可以应用。但浮环密封存在较大的内泄漏,并对控制系统有较高的要求,会增加设备的复杂度。

(3)机械密封。机械密封在泄漏率方面有明显的改进,可以实现密封油消耗与污染的控制,同时在润滑与控制系统方面具有简单与便捷的操作,并且其技术性与安全性较高,但与上述两种密封技术相比,该技术的成本偏高。在压缩机中运用机械密封,主要是由于该密封技术拥有诸多优点,同时解决了浮环密封存在的不足,使其内泄漏与系统问题均得到了改进;同时,机械密封在先进技术的支持下,其可靠性、安全性与寿命等均有所提升,维修与运用费用有所减少。

(4)干气密封。干气密封技术(图 5-8)是一种新型的技术,在实际应用过程中,该技术

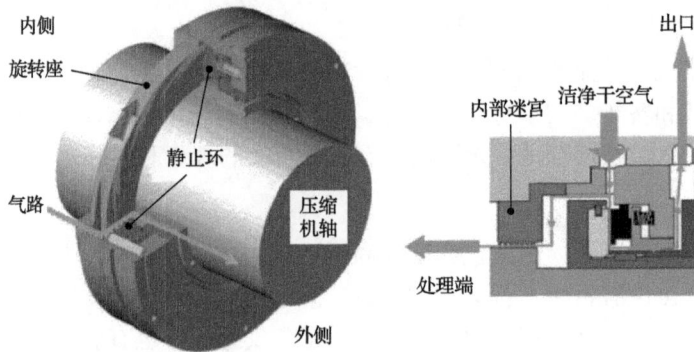

图 5-8 干气密封示意图

具有一系列的优势，干气密封的公用面结构有四种型式，其构成分别为动部分组件与静部分组件，其工作原理主要是利用了流体静力与流体动力。干气密封作为先进的非接触式密封技术，其优点主要表现在具有较小的功率消耗和较小的泄漏量；同时，其辅助系统的操作简单、便捷，可靠性与安全性较高，在实际运用过程中，干气密封不用进行维护，因此实现了成本的控制。

2) 轴承设计

压缩机上常用的轴承有径向轴承和止推轴承两种。径向轴承的作用是承受转子重量和其他附加径向力，保持转子转动中心与压缩机缸体中心一致，并在一定的转速下正常运行。止推轴承的作用是承受转子的轴向力，限制转子的轴向窜动，保持转子在压缩机缸体中的轴向位置一定。

离心式压缩机和轴流式压缩机的转速都很高，它们的径向轴承线速度一般在 50m/s 以上，止推轴承的线速度一般在 80m/s 以上，均属于高速滑动轴承。为了保证运行的高度可靠，采用流体润滑的动压轴承。动压轴承是指依靠本身轴颈(或止推盘)的回转，把润滑油带入轴(或止推盘)与轴承之间，建立起油压而把轴支撑起来(或承受转子的轴向推力)的轴承。

(1) 径向轴承。压缩机上常用的径向轴承有圆瓦轴承、椭圆瓦轴承、多油楔固定轴承和可倾瓦轴承。圆瓦轴承的优点是结构简单，但高速稳定性差，现在已经很少使用；椭圆瓦轴承稳定性和散热性较好，但承载能力低，功率消耗较大；多油楔固定轴承各方向抗振性均较好、轴承温升低、不易发生油膜振荡，在旧式的压缩机中经常使用；可倾瓦轴承(图 5-9)的各个瓦块可以绕其支点产生相应的摆角，更有利于形成流体动压润滑的楔形条件，因而具有更加良好的承载性能和稳定性，故应用更为广泛，主要由轴承体、两侧油封和瓦块构成，瓦块与轴颈有正常的轴承间隙量，一般取间隙量为直径的 1.5‰~2‰。

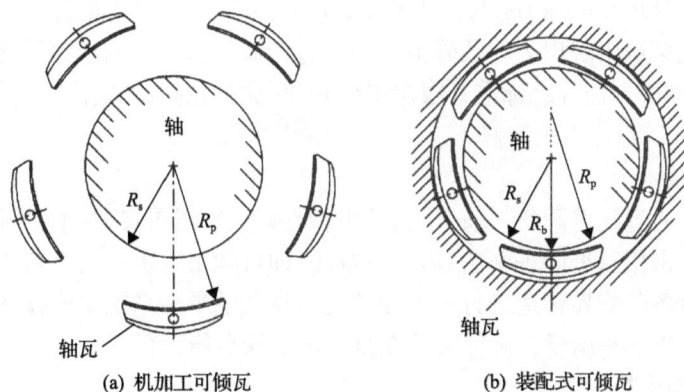

(a) 机加工可倾瓦                    (b) 装配式可倾瓦

图 5-9    可倾瓦轴承示意图

(2) 止推轴承。压缩机常采用的止推轴承有固定瓦止推轴承和可倾瓦止推轴承。两者的共同点为基于流体动压润滑理论，通过推力盘与轴瓦间的油膜产生承载力，用于承受轴向载荷，防止轴系轴向位移，包含推力盘、轴瓦组件及润滑系统。固定瓦止推轴承的优点是结构简单，静态承载能力高，维护便捷，缺点是对动态载荷敏感，轴瓦倾角固定，无法优化油膜分布。可倾瓦止推轴承的优点是具有自调位能力，能适应转速/载荷变化，抗热变形能力强，油膜稳定性高，摩擦损失小，缺点是结构复杂，维护难度大。

3) 转子动力学分析

转子动力学作为固体力学的重要分支，主要研究转子-支承系统在旋转工况下的动力学特性，包括振动、平衡、稳定性及临界行为，其核心研究内容可归纳为以下五个方面。

(1) 临界转速分析。

临界转速是转子系统发生横向共振时的特征转速，其本质是旋转频率与系统固有频率耦合引发的共振现象。由于制造公差、材料各向异性等因素，转子质心与几何轴线存在偏心距，旋转时产生的离心力激励横向振动。当转速接近系统第 $n$ 阶固有频率时（$n=1$，$2$，$\cdots$），转子进入第 $n$ 阶临界转速区。对于离散质量-弹性系统，临界转速阶数等于自由度数量；连续分布系统则存在无限多阶临界转速。工程中需通过模态分析（如 Campbell 图）确定各阶临界转速，并确保工作转速与临界转速之间有足够的隔离裕度。临界转速受轴系刚度、支承约束、质量分布及陀螺效应等因素影响，需结合有限元法或传递矩阵法进行精确计算。

(2) 瞬态过临界响应。

转子在启停过程中需穿越临界转速区，此时系统处于非稳态工况，动力学行为显著区别于稳态共振。瞬态过临界时，振幅峰值低于稳态共振值，且峰值对应的转速因加速度效应发生频移（滞后或超前）。此类响应需采用非定常动力学模型（如龙格-库塔法）求解，需计入惯性项、阻尼时变特性及非线性支承力影响。工程中通过优化加速度或引入辅助阻尼抑制瞬态振动，避免结构损伤。

(3) 不平衡响应分析。

转子因质量分布不均（如材质分配不均、装配误差）产生不平衡量，其动力学行为可表征为不平衡质量矩 $U = me$（$m$ 为偏心质量，$e$ 为偏心距）激励下的强迫振动。响应幅值随转速变化，在频域中表现为特征峰值，可通过谐波分析或频响函数量化。工程中需结合 ISO 1940-1:2003 平衡等级标准，限定工作转速范围内的振动幅值，并利用 Bode 图分析相位-幅值特性，指导不平衡修正。

(4) 动平衡技术。

动平衡旨在通过配重调整，使转子惯性主轴与旋转轴线重合，从而消除不平衡力偶。对于刚性转子，采用双平面平衡法（影响系数法）即可满足要求；挠性转子则需基于模态平衡理论，针对各阶临界转速进行多平面校正。现代动平衡系统集成在线监测与自适应算法，可实时修正不平衡量，确保转子在全工况下的平稳运行。

(5) 稳定性与失稳机理。

转子稳定性指系统受扰动后恢复稳态运动的能力，失稳主要表现为亚异步涡动（如油膜涡动、密封气流激振）或参数共振。稳定性判据可通过特征值分析（复频域实部符号）或能量法（扰动耗散率）确定。典型失稳机理包括以下几种。

① 油膜失稳：滑动轴承中润滑油膜产生交叉刚度，引发半频涡动。

②内摩擦失稳：材料迟滞阻尼或接触面干摩擦导致负阻尼效应。

③气动激振：叶顶间隙流场非对称性诱发气弹耦合振动。

抑制措施包括优化支承刚度、引入挤压油膜阻尼器或主动控制技术。

综上所述，转子动力学研究涵盖轴系、支承、密封等组件的耦合作用，其核心目标是通过临界转速规避、不平衡响应抑制、动平衡优化及稳定性控制，确保旋转机械在全寿命周期内的高效可靠运行。研究方法需融合理论建模、数值仿真与实验验证，并遵循 API、ISO 等国际标准规范。

### 5.2.4　变工况设计

#### 1. 运行特性

储能压缩机之所以要实现连续变工况，源于下游管网特性决定了压缩机的排气压力。压缩机通过气路管道和其他设备联系在一起，构成了一个完整的系统。通常把为实现气体输送而与压缩机相连的管道、阀门、容器等全套设备称为管网。压缩机运行于何种工况，不仅取决于压缩机自身的性能，还取决于管网系统的特性。

压缩机和管网间的关系可以看作气体的供求关系。工业用压缩机产生的高压气体主要是供下游管网设备在某些工艺流程中使用，并且气体在不断地消耗。当压缩机供应的气体流量与下游消耗的流量相同时，压缩机和管网构成的系统就可以稳定运行，压缩机也是在一个特定的工况点下运转的。而储能系统的管网则完全不同，其功能是储存压缩机产出的高压空气。由于压缩空气储能系统的储能子系统和释能子系统是分时工作的，在储气装置完好无漏气的情况下，压缩机的排气无处消耗，只能不断地输入储气装置。一般来说，储气装置的容积是固定不变的，在其内部气体总质量增加的情况下，内部压力也会按一定规律升高，这就导致压缩机的排气压力必须随之升高，才能持续不断地向储气装置输送气体。当储气装置内的压力达到压缩机最高排气压力后，压缩机无法提供压力更高的气流，只好停机结束储气子系统的运行，即储气装置的终压为一固定值。在整个压缩过程中，压缩机和下游管网构成的系统处于一种动态的平衡状态，压缩机无法在某一固定排气压力下长时间运行，只能随储气装置内压力的升高不停地提高排压，即处于连续变工况状态。

#### 2. 变工况方法

活塞式压缩机的特点是适合变工况运行，其排气压力随背压自动变化，无须外界人为控制，同时可以保证流量无显著变化，因此变工况方法主要针对离心和轴流式压缩机。

离心式压缩机和轴流式压缩机在实际运行中，由于储气装置对气体流量、压力的需求在时刻发生改变，需要改变压缩机的运行特性，移动工作点，以适应储气装置对流量、压力的要求。因此，在实际运行中，需要对压缩机进行变工况调节。根据调节的需求和目的，可以将变工况需求分为三类：①等流量调节，即流量保持恒定，但压缩机排气或吸气压力改变；②定压调节，改变压缩机流量而维持排气或吸气压力不变；③压力和流量按一定规律变化。压缩空气储能系统压缩机的变工况需求就属于第三类变工况，也是最为复杂的一种控制要求。

压缩机的自身特性使得它可以在没有外界附加控制手段的情况下，实现最基本的变工况运行，即压缩机排气压力和流量满足唯一的函数关系，压缩机的压力、流量性能曲线是一条确定的曲线。在喘振和阻塞流量之间，若给定压缩机流量要求，则其排气压力就随之固定下来。但单独依靠压缩机自身的变工况调节能力，显然不能满足第三类变工况需求，因此需要通过其他方式来实现高效变工况调节，使压缩机性能曲线由单一曲线拓展为二维曲面。

目前，压缩机常用的调节方法一般可以分为四类：节流调节、旁路调节、变转速调节、变压缩机静止叶片角度调节。其中，节流调节和旁路调节是通过改变管网系统特性实现的，变转速和变压缩机元件则改变了压缩机自身的特性，使得性能曲线发生变化[1]。

节流调节通过在压缩机进气或排气端安装节流阀实现[2]。排气节流时改变阀的开度，就改变了管网的阻力特性，从而改变了压缩机和管网联合运行的工况。这种方法操作简单，但带来了额外的节流损失，经济性差，一般只在小型鼓风机和通风机上使用，高性能压缩机很少采用这种方法。进气节流调节则是将节流阀安装在压缩机进气管道上，调节阀门的同时，改变了压缩机进气的压力参数。进气压力的降低会使压缩机的实际特性线向小流量区移动，使得压缩机可以在更小的流量下工作。进口气体密度下降，相同体积流量下压缩机功率降低，因此进口节流比出口节流更为省功、经济性好，且结构简单、可靠性较高。

旁路调节是一种比较特殊的方式，适用于等压调节模式。这种调节方式通过将压缩机出口的气流引出一部分，放空或者节流降压后再送入压缩机进口端，实现了压缩机输入流量的大幅调控，可以做到最小零流量输出。但由于旁路调节需要对一部分气体循环做功，因此仅在特殊场合有所应用。值得一提的是，压缩机的防喘振系统一般都是通过旁路调节方式实现压缩机的安全保护。变转速调节适用于由汽轮机、燃气轮机驱动的压缩机，近年来许多电机拖动的压缩机也通过配备变频器来实现转速调节。这种调节方式的好处是无附加的能量损失，最为节能，所以它是大型压缩机经常采用的调节方法。

在实际应用中，压缩机除转子叶片外，还经常采用进口导叶来引导气流调整速度方向，静止的叶片只适用于气流角度与叶片安装角度匹配的工况。如果安装调节机构，实现静止叶片角度按需求变化，就可以满足压缩机的变工况需求，且由于气流与叶片间的冲角始终能够保持在一个合理范围内，流动损失也相对较小。进口导叶一般安装在压缩机转子上游轴向或径向管道中，通过改变进口气流的角度，实现做功能力的调节。但变静止叶片角度调节方式需要复杂的机械控制机构，占用空间大，适应性相对较差。

综上所述，对于追求高效变工况特性的压缩空气储能系统压缩机，从性能角度分析，变转速调节是最理想的方式，其次是变进口导叶调节，进口节流由于损失大，仅可作为应急的调节手段。但在工程实践中，还必须结合实际情况，考虑机组结构、空间、可靠性等诸多方面的因素，选用最适合的变工况调节方式。

### 3. 最优调节规律

储能系统压缩机虽然具有在二维性能曲面上变工况点运行的能力，但当它与储气装置组成一个系统后，其实际运行工况仍然需要沿着某一特定的压力-流量关系曲线变化。

此时，可以对某些变量进行调节，使得压缩机的运行总体效果达到最优。

忽略管道、阀门的阻力损失，则压缩机排气端和储气装置间是通过压力来建立联系的，设压缩机排气压力为 $p_c$，储气装置内压力为 $p_s$，则只有 $p_c \geqslant p_s$ 才能实现压缩机对储气装置的充气运行。

对于带级间冷却的多级离心压缩机整机，性能一般用等温效率来评价。假设压缩机变工况运行时，流量（$Q$）、轴功率（$W$）和等温效率（$\eta_T$）满足以下关系式：

$$
\begin{cases}
Q(p_c) = Q(p_c(\tau)) \\
W(p_c) = W(p_c(\tau)) \\
\eta_T(p_c) = \eta_T(p_c(\tau))
\end{cases}
\tag{5-16}
$$

式中，$\tau$ 为机组运行的时间参数，初始时刻 $\tau = 0$，压缩机停机时 $\tau = \tau_{End}$。

对于储气装置，实际工程中散热条件比较复杂，因此在理论研究中，按最理想的等温压缩进程进行处理，即储气装置内的热量可以立即散发到环境中，装置内的压力仅与其内部气体质量有关。设压缩机运行后，储气装置内气体质量的增加量为 $\Delta m$，故储气装置的压力是 $m$ 的函数：

$$
p_s(\Delta m) = p_s\left(\int_0^\tau Q(\tau) \mathrm{d}\tau\right)
\tag{5-17}
$$

式中，$m$ 为压缩机排气流量对时间 $\tau$ 的积分。将式（5-17）对时间求微分可得

$$
\mathrm{d}p_s(\Delta m) = p_s'(\Delta m) Q(\tau) \mathrm{d}\tau
\tag{5-18}
$$

即

$$
\mathrm{d}\tau = \frac{\mathrm{d}p_s}{p_s'(\Delta m) Q(\tau)}
\tag{5-19}
$$

压缩机整个工作过程中消耗的电能可用轴功率对时间的积分来表示：

$$
E = \int_0^{\tau_{End}} W(p_c(\tau)) \mathrm{d}\tau
\tag{5-20}
$$

由于 $p_c = p_s$，将式（5-19）代入式（5-20）可得

$$
E = \int_{p_0}^{p_{End}} \frac{W(p_s)}{p_s'(\Delta m) Q(p_s)} \mathrm{d}p_s
\tag{5-21}
$$

压缩机等温效率与功率和流量间的关系为

$$
\eta_T = \frac{h_T}{W/Q}
\tag{5-22}
$$

式中，$h_T$ 为等温能量头，式(5-22)代入式(5-21)可得

$$E = \int_{p_0}^{p_{End}} \frac{h_T(p_s)}{p_s'(\Delta m)} \frac{1}{\eta_T(p_s)} \mathrm{d}p_s \tag{5-23}$$

由式(5-23)可以看出，若要使储能过程压缩机消耗的电能最小，则在每一个压缩机变工况升压的微元过程中，均应使压缩机的效率取最大值，即

$$E_{min} = \int_{p_0}^{p_{End}} \frac{h_T(p_s)}{p_s'(\Delta m)} \frac{1}{\eta_{T,max}(p_s)} \mathrm{d}p_s \tag{5-24}$$

通过上述分析可以得出，储能系统压缩机的最佳变工况运行方式可以通过特定背压下压缩机效率最大化求得，然后将各个压力下的最大值点连接为一条曲线，即可得到能够使总耗功最小的压缩机最佳变工况运行曲线。

## 5.3 膨胀机设计

压缩空气储能系统膨胀机的膨胀比远高于常规燃气轮机透平，因而一般采用多级膨胀加中间再热的结构型式。例如，Huntorf 电站的膨胀机由两级构成，第一级从 46bar 膨胀至 11bar，然后通过第二级完全膨胀。由于压力太高，第一级透平不能直接采用普通燃气轮机透平，Huntorf 电站采用改造过的蒸气透平作为第一级透平使用。小型的压缩空气储能系统可以采用微型燃气轮机透平部件、往复式膨胀机或者螺杆式空气发动机。

膨胀机的主要功能是将储气室内气体的势能以及蓄热介质中的热能转换为机械能，进而拖动发电机产生电能并传输给电网，直接关系到储能系统的发电功率，具有如下特点。

(1)高效率：压缩空气储能系统的能量转换效率直接决定了其市场竞争力，必须在不明显增加设备成本的基础上，尽量提高各个部件的气动效率，减小各种摩擦及泄漏损失，尽量减小管路各个部件以及末级排气的阻力。

(2)多次再热：根据系统热力学设计方案的不同，膨胀机组可分为 2～5 个膨胀段，每个膨胀段的进气都需要通过蓄热介质加热，将会使流路中除膨胀机壳体内部以外部分的气体容积增大，该部分气体将会在膨胀机甩负荷试验过程中继续冲转膨胀机，导致其更容易发生超速危险，因此需要对膨胀机组的管路、阀门配置进行优化设计，以减小流路的压力损失，并保证甩负荷试验时轴系的最大飞升转速能满足电网以及膨胀机安全性的要求。

(3)变工况：根据电网的相关要求，压缩空气储能系统的膨胀机要能在任意工况停留，由于在低负荷工况下，低压段处于鼓风运行状态，叶片通道内的气流比较紊乱，将会对叶片及转子产生不利的气流激振力。此外，鼓风产生的热量不容易被较小的通流量带走，因此在膨胀机的结构设计过程中要充分考虑低负荷工况的气动性能变化、振动抑制、叶

片及转子支撑部位零部件的温度变化特点。

(4)频繁启停和快速响应：压缩空气储能系统的工作特点即各个分系统每天至少启停一次，对膨胀机来说还要满足更为苛刻的从静态升速 5min 内达到额定转速并网、10min 达到设计满负荷的要求，升速率和升负荷率都高于传统火力发电、燃气轮机发电设备，对于机组的结构设计、材料选取、控制方案设计提出了新的挑战。

基于上述特点，膨胀机组设计流程如图 5-10 所示，首先通过系统热力学参数计算初步给出膨胀段数及各段的流量、进排气压力、温度等参数，在此基础上开展各段透平的一维、准三维、全三维气动方案设计，进一步确定各段采用向心式、混流式、单级或多级轴流式的具体型式。其中，在气动一维和准三维设计过程中，要结合初步的结构设计确定方案是否合理，考察叶轮的反力度和流场相对马赫数水平、强度、模态、转子动力学特性、轴向推力、整机结构布置等重要内容，最终方案的确定还涉及密封、材料、工艺、装配、测试、成本、可靠性等多个因素。因此，全三维气动方案设计与详细的结构设计是同步进行、多次迭代优化、同时定型的，这样才能设计出安全可靠、技术经济合理的机组。

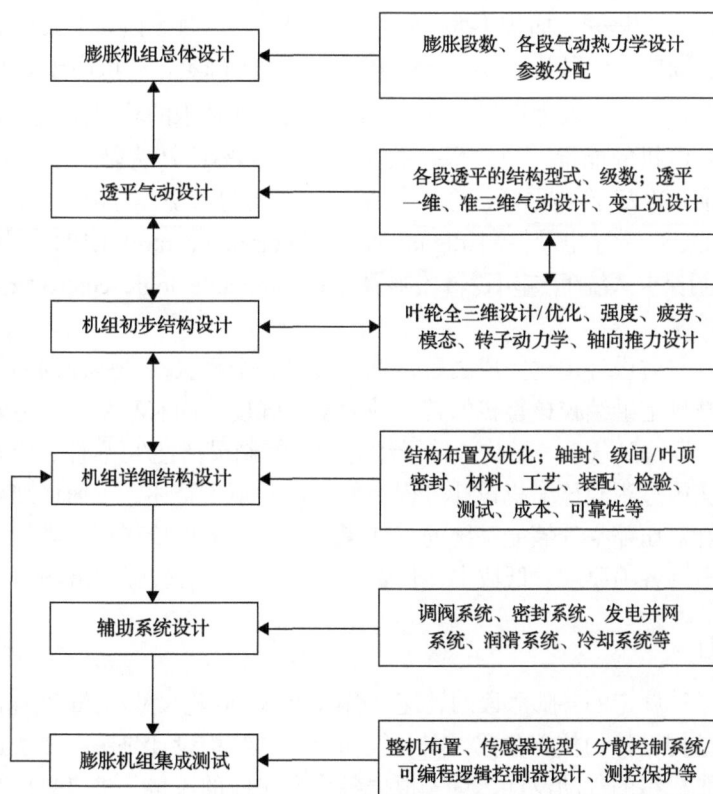

图 5-10 膨胀机组设计流程

膨胀机组的辅机/附件设计、机组集成对主机方案影响较小，可以顺序进行。膨胀机组一般包括主机、变速箱、换热器、进气调节阀组、润滑油站、密封系统、发电/并网系统、测控系统等。

### 5.3.1 总体设计

根据储能系统的热力学参数设计结果可知，释能过程接近等温膨胀所得的系统输出功率和效率是最高的，但综合考虑膨胀机组的结构复杂度和成本时，单个膨胀段的膨胀比一般设计为 2.5～4.0。在初步确定的输出功率、换热量、管路压力损失、各级效率等设计值基础上，逐步优化、确定最终的膨胀段数及各段的进排气压力、温度、流量等参数。

膨胀机组的发电功率由式(5-25)确定：

$$P = \left( \sum P_{\mathrm{T}} - \sum P_{\mathrm{b}} - P_{\mathrm{g}} \right) \times (1 - \delta) \times (1 - \varepsilon) \times \eta_{\mathrm{c}} \times \eta_{\mathrm{g}} - P_{\mathrm{a}} \tag{5-25}$$

式中，$P_{\mathrm{T}}$ 为各个膨胀段透平的气动输出功率之和；$\sum P_{\mathrm{b}}$ 为所有轴承的机械损耗，包含支承轴承、止推轴承；$P_{\mathrm{g}}$ 为齿轮箱的机械损耗，包含齿轮副啮合损失、齿轮鼓风损失、斜推盘摩擦损失等，齿轮箱的轴承损失可以计入 $\sum P_{\mathrm{b}}$ 中；$\delta$ 为漏气损失，分为内漏(膨胀段间、叶轮级间)和外漏(泄漏至大气环境)，漏气损失要结合具体结构以及气动设计是否已经计入该值来确定，一般为 2%左右；$\varepsilon$ 为机壳、管路的散热损失，根据机组的实际结构布置确定，气缸/蜗壳表面积不大、管路也做保温时，散热损失不大；$\eta_{\mathrm{c}}$ 为联轴器机械损失，根据联轴器结构以及运行时的对中良好程度来确定，一般高于 0.99；$\eta_{\mathrm{g}}$ 为发电机的效率，其能量损失一般为铁损、铜损、冷却风扇和轴承的功率损耗，根据发电功率等级的不同，发电机的能量转换效率一般为 96%～99%；$P_{\mathrm{a}}$ 为辅机消耗功率，主要包含润滑油站油泵、冷却/换热水泵、冷却/排烟风扇、密封系统、分散控制系统(distributed control system, DCS)/数字电液控制(digital electro-hydraulic control, DEH)系统/透平安全监视系统/透平跳闸保护系统/可编辑逻辑控制器(programmable logic controller, PLC)控制柜电耗、线路损耗等。

膨胀机组的总体设计优化完成之后，就需要对各个膨胀段开展详细的气动设计、结构设计，在此基础上继续校核整机的转子动力学、强度、固有频率、疲劳寿命等特性，反复迭代修改，以达到气动、结构、转子动力学、控制灵活性/可靠性、成本等方面的最优方案，具体实施过程与压缩机设计过程类似，在此不再赘述，下面详细介绍各个环节的一般方法及针对压缩空气储能系统的特殊考虑。最终的评价指标是高效率、全工况稳定运行、满足电网各项要求、低成本、长寿命等，才会具有较强的市场竞争力。

### 5.3.2 气动设计

机组气动设计确定的各膨胀段的转速、输出功率、叶轮尺寸/重量/线速度、轴向推力等参数是机组结构设计的核心参数，因此气动设计与结构设计是一个多次迭代、逐步优化的过程。膨胀机组的气动设计，首先根据各个膨胀段的流量、进口总压、总温、膨胀比(单级膨胀比 1.5～4.0)确定透平的结构型式(向心式、混流式、轴流式、组合式)、级数(单级或者多级，主要针对轴流式叶轮结构)、转速等参数，初步结构设计通过后，再开展详细的全三维叶片及流场设计。

向心式透平多应用于空分制冷、小型燃机、汽车涡轮增压器等领域，轴流式透平主要应用于蒸气轮机、中大型燃机、航空发动机等，一般根据比转速来确定选用哪种结构型式，比转速 $N_s$ 的定义如下所示：

$$N_s = \frac{2\pi N \sqrt{Q_6}}{60(\Delta h_{0s})^{3/4}} \tag{5-26}$$

式中，$N$ 为叶轮物理转速（r/min）；$Q_6$ 为动叶出口的体积流量（m³/s）；$\Delta h_{0s}$ 为动叶轮的等熵总-静焓降（J/kg）。

如图 5-11 所示，向心式透平适用于比转速较小（0.3～0.8）的情况。叶轮比转速较小时，向心式透平内流道一般呈细长型，进、出口叶高较小，而轴流式透平的轮毂比较大，叶高很小，附面层占叶高的比例较大，效率比向心式透平低。比转速较大时，向心式透平进出口叶高较大，内部二次流相对明显，随着比转速的增大，轴流式叶轮的轮毂比变小、叶高增加，逐渐趋近高效设计方案，叶轮的气动效率、结构尺寸都比向心式叶轮更具优势。

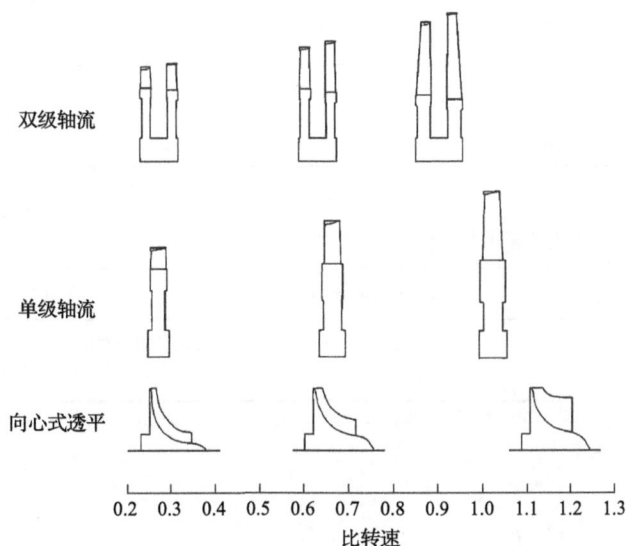

图 5-11 叶轮结构与比转速对应示意图

向心式透平的优势是叶轮出口流速低、余速损失小、平均流速低使得流动损失小、动叶对叶型不敏感、加工精度要求低、叶片数少、结构简单、成本低、小流量时效率比轴流高，叶片表面的粗糙度较差或结垢时，气动效率也不会受到太大的影响，因此在制造叶轮时，可采用比较简单、高效率的工艺。轴流式透平的优势是大比转速时气动效率高，同时轴向长度短、轴向推力小，多级设计结构紧凑，因此需要综合考虑机组的气动、结构、成本等因素选取合适的叶轮型式。重点介绍向心式透平和轴流式透平的相关设计内容，而混流式的特点介于两者之间。

表 5-2 为向心式透平主要设计参数的推荐值，图 5-12 为对应的向心式透平结构示意

图，图 5-13 为向心式透平流量系数、负荷系数与叶轮总-静效率的关系。为了保证储能系统具有较高的能量转换效率，向心式透平相关参数的推荐值范围较窄、流量系数较大时，尽量采用轴流式透平结构。透平的前几个膨胀段具有压力高、体积流量小的特点，适合采用闭式叶轮，并在出口处设置轮盖密封，用以减小叶顶间隙的泄漏损失以及叶轮所受的轴向推力，但闭式叶轮比开式、半开式叶轮的加工成本高。

表 5-2　高效向心式透平主要设计参数推荐值

| 设计参数 | 表达式 | 推荐值 | 备注 |
|---|---|---|---|
| 流量系数 $\phi$ | $\phi = c_{m4} / U_3$ | 0.2～0.3 | |
| 负荷系数 $\varphi$ | $\varphi = h_0 / U_3^2$ | 0.8～1.0 | |
| 速比 $v$ | $v = U_4 / \sqrt{2h_{0s}}$ | 0.63～0.75 | 与负荷系数关联，0.62～0.75 范围内，效率随速比增大而升高 |
| 叶轮出口落后角 | $\delta_4$ | 约 5° | |
| 动叶出口轮毂半径/动叶进口半径 | $R_{4h}/R_3$ | 约 0.3 | |
| 喷嘴半径比 | $R_1/R_2$ | 1.05～1.25 | |
| 扩压器面积比 | $A_5/A_4$ | 约 1.5 | |
| 扩压器单边扩张角 | | ≤10° | |
| 叶片相对厚度 | 与叶轮半径比值 | 约 2% | |
| 叶轮长径比 | | 0.25～0.4 | |
| 叶轮进气攻角 | | −30°～−10° | 负攻角的绝对值较大时，科里奥利(Coriolis)力可以抑制叶片表面的附面层发展 |

注：向心叶轮参数：$h_{0s}$ 为动叶轮的等熵总-静焓降；$h_0$ 为实际焓降；$U_3$ 为向心式叶轮入口线速度；$U_4$ 为动叶出口线速度；$c_{m4}$ 为动叶出口子午流速。

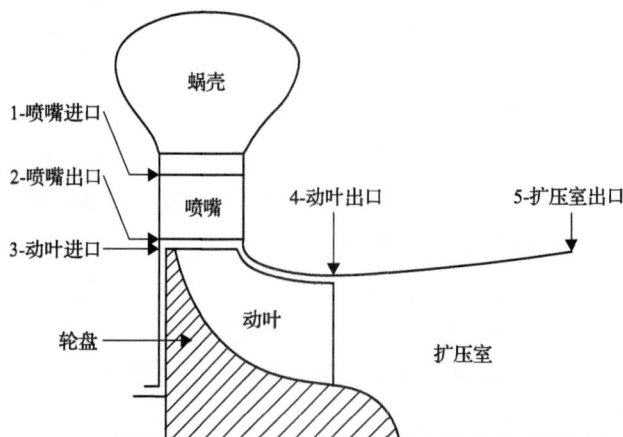

图 5-12　向心式透平结构示意图

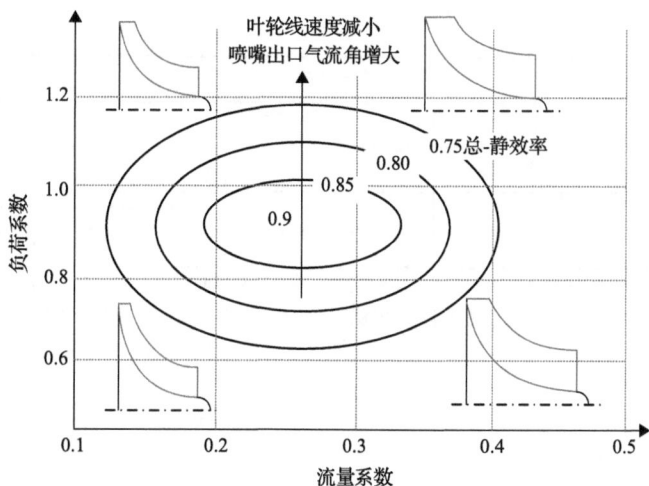

图 5-13　向心式透平流量系数、负荷系数与总-静效率的关系图

　　表 5-3 为高效轴流式透平主要设计参数推荐值,其参数选取范围相比向心式透平要大得多,轴流叶片的几何建模参数相对较多,因此确定较优设计方案的耗时也更长。根据比转速选取叶轮的初步结构后,参考流量系数、负荷系数与叶轮总-静效率的关系(图 5-14)进行叶轮的一维设计和准三维设计,该过程的计算、迭代速度较快,可得到较为准确的叶轮转速、尺寸、等熵效率、输出功率、轴向推力等参数,再通过全三维气动方案设计来协调并确定多个膨胀段的转速、反力度、轮毂比、气动效率、功率分配、轴向推力等重要设计值。轴流式叶轮的平均半径、转速、叶高、轴向长度选取很关键,直接决定了效率水平、结构合理性、机械损失、泄漏量等,比叶型设计更重要。

表 5-3　储能高效轴流式透平主要设计参数推荐值

| 设计参数 | 表达式 | 推荐值 | 备注 |
|---|---|---|---|
| 流量系数 | $V_3/U_m$ | 0.4~0.9 | 流量系数越大时,出口速度越大,出口环面积越小 |
| 负荷系数 | $H/U_m^2$ | 0.5~2.0 | 体积流量较小时,增大负荷因子,可以减小平均半径获得合适的叶片高度 |
| 反力度 | $(P_2-P_3)/(P_{01}-P_3)$ | 平均 0.35~0.45;叶根部大于 0.05 | 根部反力度较低时,会因逆压梯度而导致吸力面附近的分离;顶部反力度较高时,会导致明显的叶顶泄漏流动 |
| 动静叶的轴向速比 | $V_{rz}/V_{sz}$ | 0.75~0.85 | |
| 轮毂比 | $R_{hub}/R_{tip}$ | 0.5~0.9 | 轮毂比较小或者叶高较大时,叶根与叶顶的速度三角形差别大,径向流动明显 |
| 叶片稠度 | 弦长/节距 | 0.9~1.6 | 稠度大时变工况性能好,但摩擦损失大;动叶稠度比静叶大 |
| 展弦比 | 叶高/轴向弦长 | 1.0~5.0 | 展弦比越小,二次流占通流区域的比例越大 |
| 进气攻角 | | −6°~−2° | 少量负攻角改善变工况特性 |
| 喷嘴出口气流角 | | 60°~75° | 较高时叶片中后部较平直 |

续表

| 设计参数 | 表达式 | 推荐值 | 备注 |
|---|---|---|---|
| 叶片折转角 | | ≤120° | |
| 出口绝对马赫数 | | ≤0.3 | 减小余速损失 |
| 叶片尾缘厚度 | | 0.4mm～3%弦长 | 保证叶片强度、加工成本的前提下减小尾缘厚度，尽量减小尾迹损失 |

注：单级轴流式叶轮参数：下角 1 表示进口，2 表示喷嘴与动叶的交界面，3 表示出口，m 表示平均半径；$U_m$ 为平均半径处的线速度；$V_3$ 为绝对流速；$H$ 为总-静焓降；$P$ 为静压；$P_0$ 为总压；$V_{rz}$ 为动叶轴向流速；$V_{sz}$ 为静叶轴向流速；$R_{hub}$ 为轮毂半径；$R_{tip}$ 为叶顶部半径。

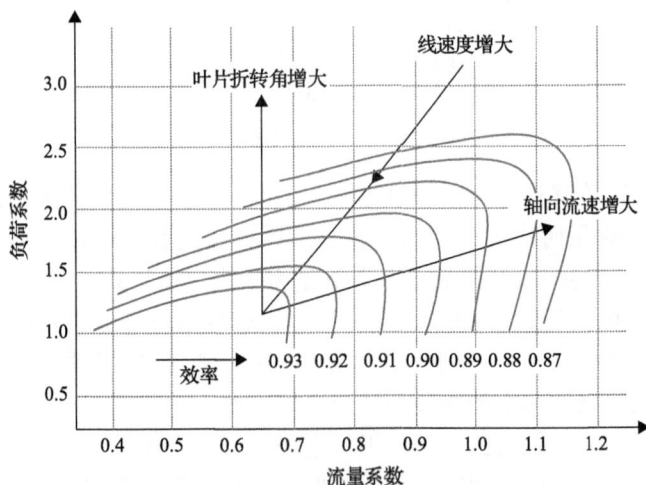

图 5-14 轴流式透平流量系数、负荷系数与等熵效率的关系

　　轴流式透平的流量系数、负荷系数与等熵效率的关系如图 5-14 所示，随着负荷系数的增大，喷嘴及叶片的折转角都会增大，随着流量系数的增大，透平的轴向流速和排气速度增大，叶轮线速度的选取一般受材料强度制约。膨胀比较大时，单级轴流叶片设计容易出现超声速、效率低、转速高、轴向流速大的情况，这些都无法满足高性能的设计方案要求，应当采用多级膨胀。协调转速、负荷系数、流量系数时，喷嘴高度应不小于 30mm，否则实测等熵效率一般会小于 0.9。

　　储能系统运行追求尽可能高的能量转换效率，那么膨胀机组的气动方案设计应遵循以下原则。

　　(1)单级膨胀比：储能透平的进气温度一般较低，与中高温透平相比，达到同样的设计膨胀比时，喷嘴出口更容易达到声速，而超声速流动产生的激波是气动损失的一大来源，因此透平的单级膨胀比不宜设计过高，单级焓降比汽轮机和燃气轮机小，应尽量保证喷嘴根部、动叶顶部出口的相对马赫数不大于 1.2，同时可以减小后排叶片气流的激振。可以通过增加级数来降低每一级的膨胀比，从而提高效率。由于工质温度不高，一般也不需要采用加调节级的设计方案。

　　(2)轴向流速：为保证较高的等熵效率，一般选取较低的流量系数(低通流速度)和负荷系数，同样的体积流量下，降低轴向流速可以增大通流面积，以减小附面层占整个流道的比例，提高气动效率，但这并不意味着为低负荷设计，由于轴向流速很低，从流量系数的定义和图 5-15 中的速度三角形来看，叶轮线速度也较低，因此叶片折转角也可能较大，流道内的二次流动明显，流量系数变化时，基元通流能力和叶片形状会有相应的变化，线速度一定时，增大轴向流速可以减小叶片高度和叶片折转角；流

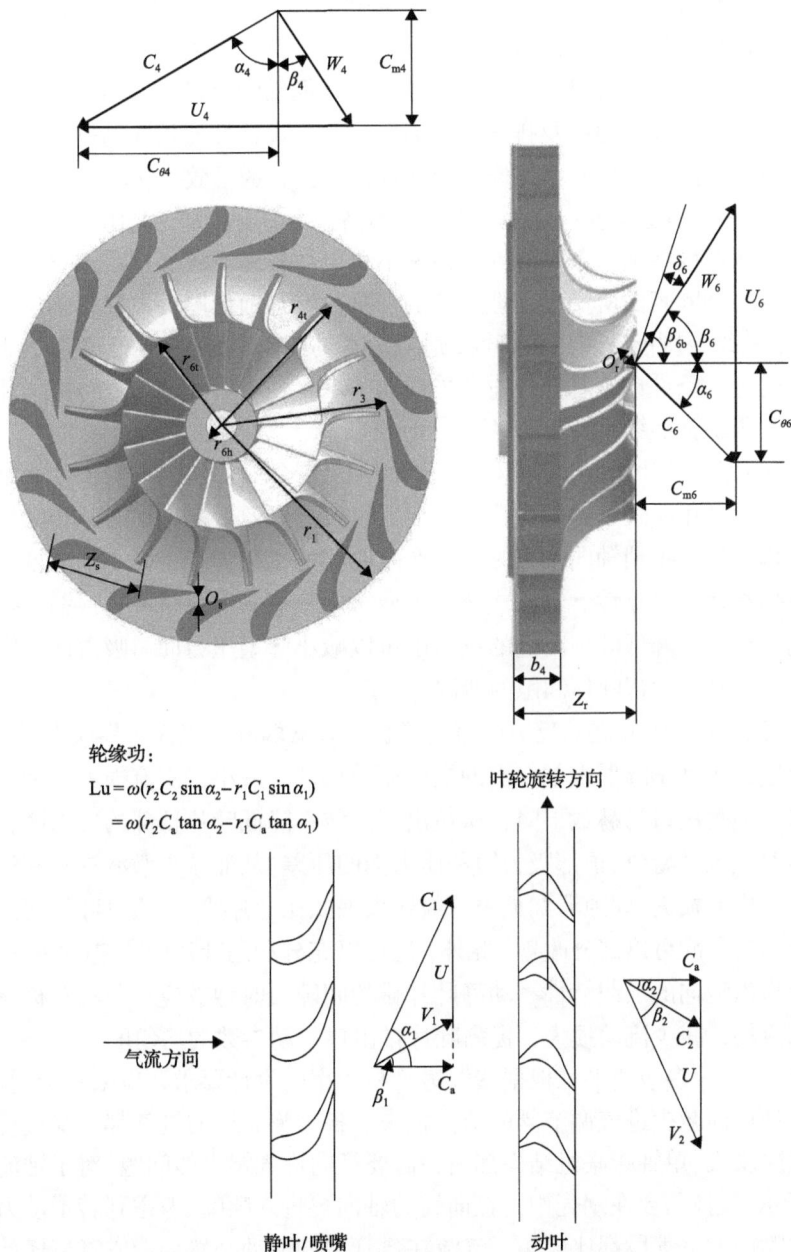

轮缘功：

$$Lu = \omega(r_2 C_2 \sin\alpha_2 - r_1 C_1 \sin\alpha_1)$$
$$= \omega(r_2 C_a \tan\alpha_2 - r_1 C_a \tan\alpha_1)$$

图 5-15　向心式透平和轴流式透平的速度三角形示意图

$U$ 为旋转速度；$C$ 为绝对速度；$\omega$ 为相对速度；$\alpha$ 为绝对气流角；$\beta$ 为相对气流角

量系数较小时，叶片较高，可以减少二次流损失和余速损失。较低的转速和叶轮线速度使得机组的强度、疲劳应力、机械损耗水平较低，转子动力学特性较好，保证了机组的可靠性。但轴向流速较低时，叶片的轮毂比一般的小，榫头/榫槽结构应力较大，需要选取较好的叶盘材料和复杂的榫头/榫槽结构，权衡机组能量转换效率与结构成本的关系。

(3)余速损失：最后一个膨胀段的工质直接排入大气或缓冲罐(闭式循环)，要考虑余速损失，降低出口流速，如果出口流速不加以利用，就会以动能的形式损耗掉，且膨胀比越大，这一损失占透平总焓降的比例也越大。降低动叶出口流速即对应着较低的流量系数和线速度。透平前压力以及排气口压力不变时，设计性能较好的排气扩压器可以降低透平动叶出口处静压，从而增加透平的膨胀比，提高透平效率和输出功率。

(4)叶片尾缘、前缘厚度：喷嘴工作温度不高，不需要冷却，高压气体工质的洁净度比较高时，尾缘厚度在加工条件允许的情况下可以尽量薄，减小尾迹影响区域、提高效率的同时，减小动叶表面所受周期性尾迹的干扰。叶片前缘厚度主要影响透平的变工况性能，较大的前缘厚度能改善攻角特性，适应较宽的变工况范围，对于多级透平的设计，一般第一级的进气条件比较恶劣，适合采用大前缘半径，后面的叶片排进气相对均匀，攻角变化范围稍小，前缘半径可适度减小。

(5)叶顶间隙：动叶顶部 1%相对叶高的间隙会导致 2%~3%的等熵效率下降，因此向心式叶轮尽量采用闭式结构配合轮盖密封，以提高等效效率，同时减小叶轮所受的轴向推力，结构设计中抵消轴向推力时也会产生明显的机械损耗，减小轴向推力可以减小机械损耗、提高运行可靠性。轴流式透平也应采用带冠结构，减小叶顶漏气损失，在进行详细气动设计时，降低叶顶附近的反力度可以减小叶型压力面与吸力面之间、动叶排前后的压差，以减小通过叶顶间隙的泄漏量。

(6)可控涡设计：沿叶展的反力度缓慢增长可以减弱叶片表面边界层内潜移现象，提高根部反力度，有利于降低根部壁面的横向压力梯度，减小二次流损失，削弱附面层的增厚和分离，喷嘴出口马赫数下降，避免出现激波；降低叶片顶部的反力度，可以减小动叶出口相对气流马赫数、顶部吸力面和压力面的压差，从而减少激波损失和泄漏损失。小展弦比的二次流损失、间隙泄漏损失一般比大展弦比叶片要大，通过叶片弯曲和调整，反力度沿径向的分配可以部分改善。此外，还可以充分利用叶片的弯/掠/倾斜三维造型方法、基元叶型沿流向的加载特性、动静叶片排的间隙、时钟效应、非轴对称端壁等措施来改善内部流场，减少流动损失，提高叶片排出口气动参数的均匀度。

(7)进气条件、多级透平：根据储能透平高效率的设计要求，应采用全周进气方案，并从系统设计层面减少进气调节阀的节流损失。各个膨胀段的进气都需要进行再热，因此整体齿式膨胀机、单轴膨胀机结构都面临需要径向进气蜗壳的问题。对于轴流式透平，如图 5-16 所示，气体需要在蜗壳中由径向转为轴向再进入喷嘴，考虑到转子动力学设计，其第一级喷嘴前的进气段都比较短，气流在弯管中的流动必然会造成管道横截面上速度场和压力场的不均匀性，造成能量损失，那么喷嘴进气截面的流动一般呈现周向非均匀、非轴对称、非定常的特点，不同周向和径向位置流场的进气角、总压、总温可能偏离设计点较远，应当尽量采用多级轴流式透平，并且分配给每个膨胀段第一级相对较小的膨胀比（或称焓降），可以明显减弱蜗壳出口/喷嘴进口截面气动参数分布不均对后续叶片排的负面影响。此外，蜗壳中心的导流盆类似圆柱绕流模型中的圆柱，气体绕过导流盆后会产生流动参数的波动，波动频率与导流盆的平均直径、流速、流动雷诺数 $Re$、施特鲁哈尔数 $St$ 有关，当 $Re<2\times10^5$（对应 $St\approx0.2$，临界雷诺数）或者 $Re>3\times10^6$（对应 $St\approx0.27$，超临界雷诺数）时，可能出现周期性涡街，蜗壳产生的流场波动与动静叶干涉的波动叠加，将产生更多频率的波动，影响流场的均匀度、叶片所受的激振力、转子的气动交叉刚度等。综上所述，蜗壳应当设计为均压腔室，不要在折转时加减速，且尽量低流速折转，以减小蜗壳进口至第一级喷嘴入口的总压力损失，提高喷嘴入口气流的周向均匀度。双级轴流设计方案可以尽量抵消进气不均匀度的影响，具有重热效应，也可以得到较低的排气速度。

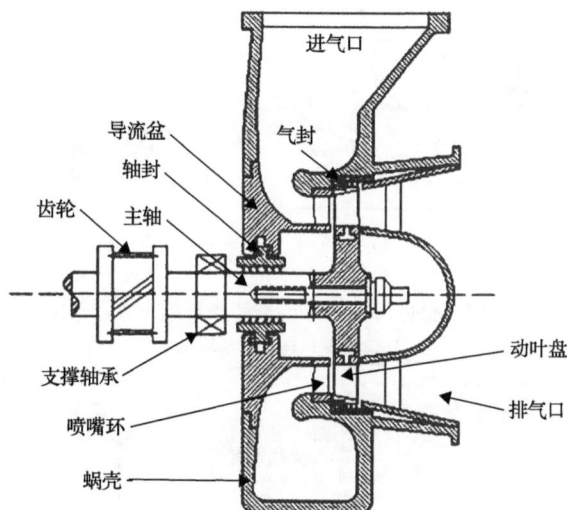

图 5-16　蜗壳进气结构示意图

### 5.3.3　结构与强度设计

在膨胀机组的设计流程中，各个膨胀段叶轮的一维、准三维气动设计与机组的初步结构设计同时进行，全三维设计与机组的详细结构设计同步进行。根据比转速、流量系数、负荷系数确定了大致的叶轮设计参数后，就需要确定机组的结构布置型式。一般小功率机组的体积流量小，合理的叶轮设计转速较高，而发电机的额定转速多为 1500r/min 或 3000r/min，因此需要一台减速齿轮箱将多个高速叶轮产生的机械功汇总，减速输出给发电机。根据功率等级的不同，储能膨胀机组一般有如下三种结构：①各个膨胀段的叶轮与减速齿轮箱的轴连接，组成整体齿轮箱式透平膨胀机组（integrally geared turbines, IGT），结构示意图如图 5-17 所示，各个膨胀段的叶轮与减速齿轮箱的齿轮轴连接，齿轮输出轴与发电机主轴连接，结构紧凑，各级叶轮的气动设计的转速和尺寸都可以有较大的取值范围，容易接近最优设计方案，后文将详细介绍其设计特点；②各个膨胀段的转速与发电机转速相同，膨胀主机与发电机通过联轴器直连，如图 5-18 所示，压缩机和膨胀机可以使用同一台电动/发电机，通过液力耦合器或其他型式的离合器进行工况切换，降低了单位功率成本，也避免了减速齿轮箱的机械损耗；③各个膨胀段转速相同，但比发电机转速高，仍需要一台单独的减速齿轮箱用于连接膨胀主机和发电机，结构与②类似。②、③结构与常规的汽轮机、燃气轮机的透平段相似。

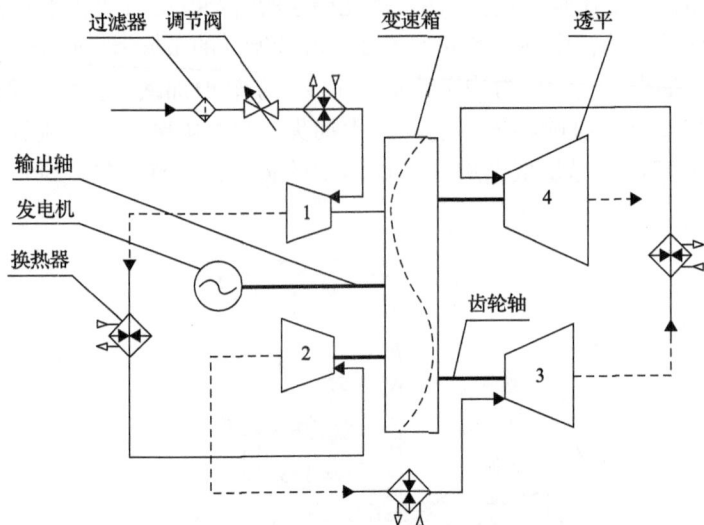

图 5-17 整体齿轮箱式透平膨胀机组布置示意图

1、2.压缩机；3、4.膨胀机

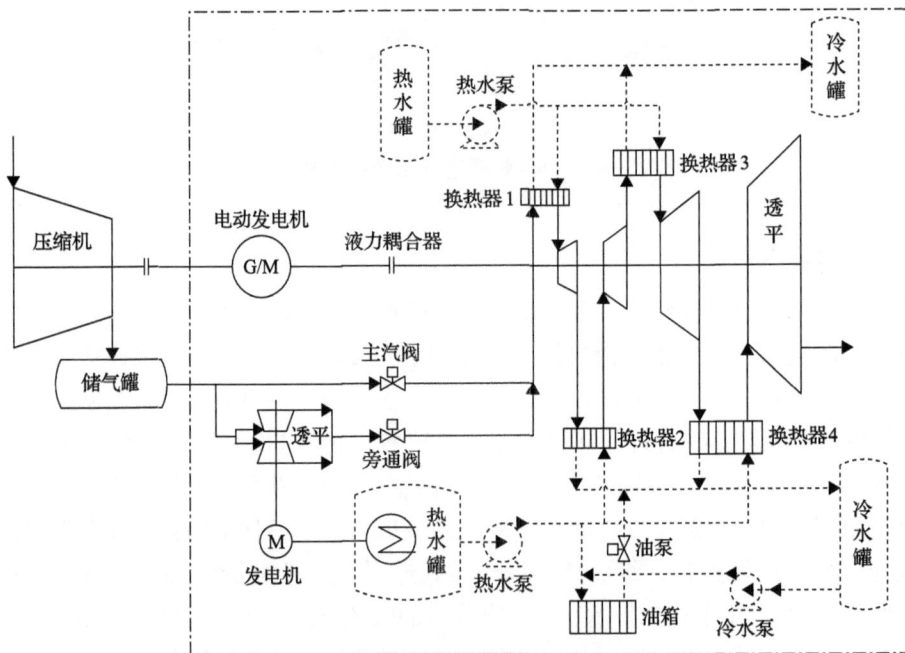

图 5-18 单轴整体膨胀机组构成示意图

IGT 结构如图 5-19 和图 5-20 所示，主要由齿轮箱体、齿轮轴、轴承、叶轮、喷嘴、密封、进排气蜗壳等零部件组成，叶轮与齿轮轴连接，主轴密封用于隔开工质气体与润滑油，整机结构紧凑，多个齿轮轴转速可以更好地适应各个叶轮的气动优化设计。两个膨胀段共用一根齿轮轴，相比于 2 个膨胀段各自采用单轴设计，可以减少 2 个支承轴承、1 根齿轮轴、1 个啮合副，轴向推力也可以相互抵消，减小啮合、齿轮风阻损失、支承/推力轴承机械损耗的同时，也降低了成本，而气动设计转速匹配合理时，可以保持气动性能没有明显降低。

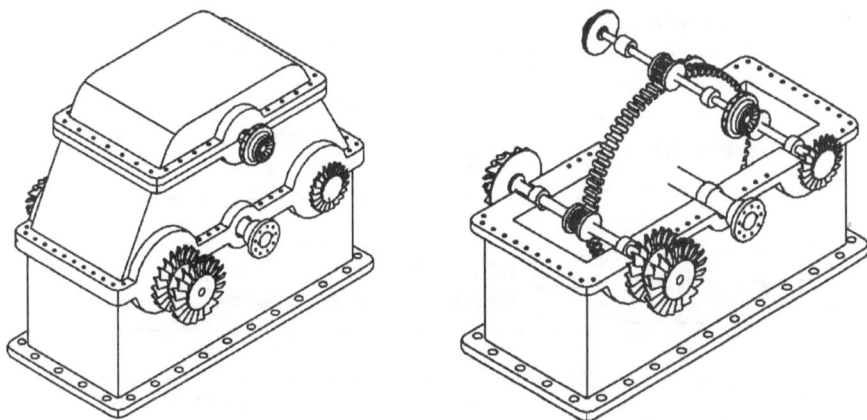

图 5-19　IGT 的结构示意图

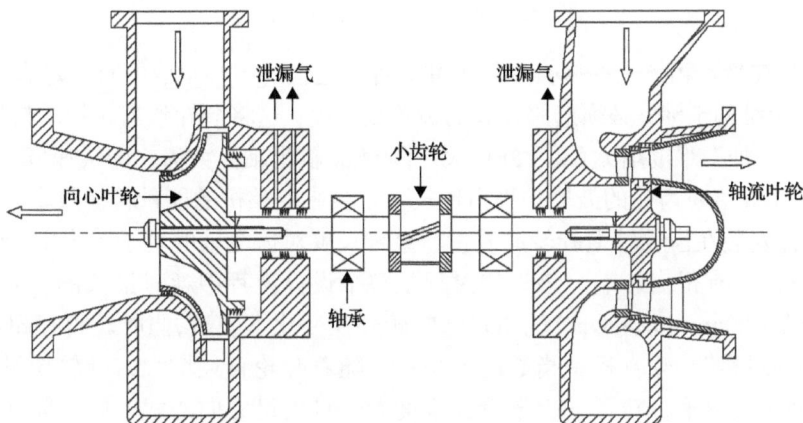

图 5-20　两个膨胀段共用一根齿轮轴的 IGT 结构示意图

膨胀机组的结构设计流程如图 5-21 所示，整机定型需要多次迭代、优化确定，机组结构和叶轮气动设计紧密结合，其相互影响主要如下。

(1)膨胀机组的单级输出功率比压缩机大很多，各个膨胀段的输出功率不能超过齿轮和轴承所能承受的最大载荷；叶轮线速度、材料、结构要满足所受离心力、气动载荷、热应力的要求，齿轮轴的两端可以悬挂向心式、混流式、单级/多级轴流式叶轮，常用的加工方式有数控机床整体铣制、叶轮/轮盖焊接、精密铸造、粉末冶金、3D 打印等；要选取合理的叶轮与齿轮轴的连接方式，使得传扭能力强、可靠性好、易于检修维护，常用的有过盈配合、键槽、端面齿、异型轴、花键等型式。

```
┌─────────────────┐
│  确定齿轮转子个数  │
└────────┬────────┘
         │
         ▼
┌─────────────────┐      ┌──────────────────────────────┐
│   初步结构设计     │─────▶│ 叶轮、齿轮轴、喷嘴、蜗壳布置、油封、气封等;│
└────────┬────────┘      │ 一维气动要和膨胀段的共轴转速匹配;准三维气 │
         │               │ 动与初步结构、轴向推力匹配           │
         ▼               └──────────────────────────────┘
┌─────────────────┐      ┌──────────────────────────────┐
│   结构参数核算     │─────▶│ 轮盘、叶片、榫头/榫槽、键槽、主轴扭转应力、 │
└────────┬────────┘      │ 联轴器、支座、壳体强度/刚度、固有频率等;齿 │
         │               │ 轮线速度、强度、啮合损失、风阻损失        │
         ▼               └──────────────────────────────┘
┌─────────────────┐      ┌──────────────────────────────┐
│   轴承设计校核     │─────▶│ 线速度、平均比压、最大比压、瓦温、最小油膜厚 │
└────────┬────────┘      │ 度、刚度、阻尼、摩擦损失等             │
         │               └──────────────────────────────┘
         ▼
┌─────────────────┐      ┌──────────────────────────────┐
│   转子动力学校核    │─────▶│ 临界转速及隔离裕度、振型、转子静挠度不平衡量 │
└────────┬────────┘      │ 响应及稳定性、气动耦合交叉刚度等         │
         │               └──────────────────────────────┘
         ▼
┌─────────────────┐      ┌──────────────────────────────┐
│   详细结构设计     │─────▶│ 盘轴连接、密封结构、推力盘、平衡活塞、热膨胀、│
└─────────────────┘      │ 油封、油路、支撑/调节结构等            │
                         └──────────────────────────────┘
```

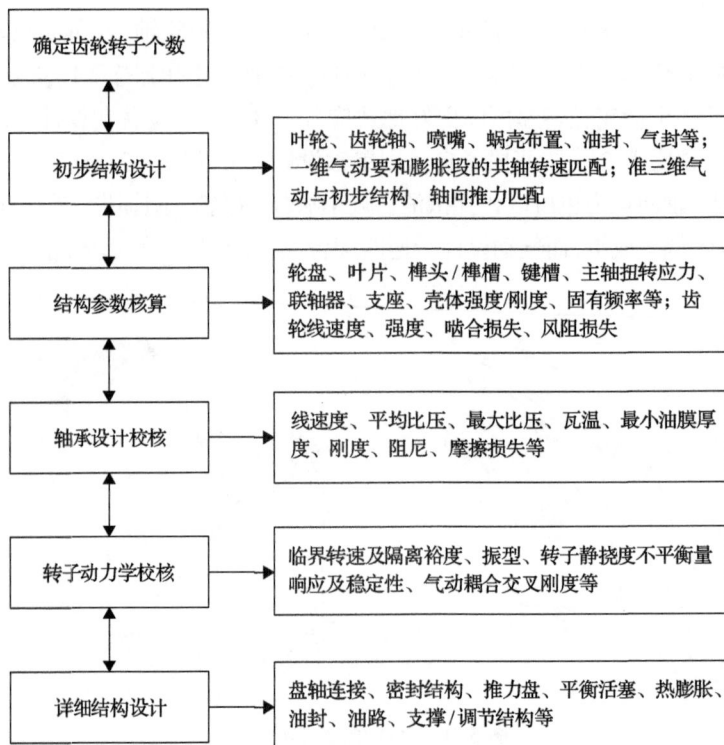

图 5-21　膨胀机组的结构设计流程

(2)安装在齿轮箱体上的蜗壳外径尺寸对各齿轮轴的中心距取值有一定影响,蜗壳较大时,为避免结构干涉,必须选用较高的齿轮线速度,这将会导致齿轮箱的机械损耗(风阻损失)增大、加工难度增大(尺寸外径大)等问题。输出轴上大齿轮的线速度一般不超过150m/s,大于此值时齿轮的鼓风损失占比较大,会影响整机的能量转换效率。

(3)悬挂安装在齿轮轴上叶轮的质量、悬臂长度对齿轮轴的转子动力学特性、气封/油封密封段设计有很大影响,该迭代过程是整个设计流程中耗时最长的。对于向心式透平,直径在300mm以内时,叶轮质量随叶轮外径变化不明显,当叶轮直径超过300mm以后,叶轮质量随叶轮直径呈指数增大关系。随着叶轮直径增大,叶轮质量和转动惯量将超过轴流式透平,转子动力学设计难度大,且大尺寸向心式叶轮、闭式向心式叶轮的造价明显增加。叶轮材质可以选择锻造铝合金、不锈钢、钛合金、镍基高温合金等来满足不同强度、比强度和工作温度的方案设计及优化。具体选用单级向心式叶轮、单级轴流式叶轮还是双级轴流式叶轮,需要综合考虑气动效率、转子动力学特性、加工成本、装配和检修难度等因素。此外,气流激振对转子振动的影响即气动耦合交叉刚度也要仔细核算,合理设计叶顶气封、级间气封,选择合适的密封结构,避免出现由气体流动激发的转子振动。

(4)储能膨胀机组具有频繁启停的特点,每天至少启停一次。因此,在叶轮和主轴的疲劳寿命(交变载荷次数多、变化范围大)、转子支撑结构、轴承、密封设计上有其特殊性。轴承尽量采用滑动油轴承,理论工作寿命远大于滚动轴承,为了避免滑动轴承反复启停造成的瓦面巴氏合金接触面磨损，较重的转子应当设计高压顶轴油路，使之启动和停机过程始终保证油膜能够将转子轴径与瓦面隔开，增大轴承的寿命。设置盘车，定期盘转，避免长时间放置导致的膨胀机和发电机转子热弯曲、永久弯曲、不平衡量增大，影响振动特性和密封间隙等。

(5)密封分为主轴密封、叶顶密封、油封，影响机组能量转换效率、轴向推力、气动交叉刚度、转子稳定性等，应尽量减少工质通过非做功通道泄漏到低压区域，尽可能多做功。储能膨胀机工质为空气，工作温度不高，因此密封结构可选范围大，可以采用篦齿、蜂窝、碳环、刷式密封、干气密封等。篦齿密封需要膨胀腔室多、密封段轴向长度长、动静间隙小(一般大于 0.15mm)；碳环密封的间隙一般为 0.01~0.04mm，轴套表面需要硬化处理，密封压力一般小于 75bar，碳环泄漏远小于梳齿；干气密封具有压力高但密封体尺寸小的特点，其控制复杂程度和造价高，适用于压力高、要求零泄漏的场合。结构设计时需要根据密封压力、转子转速、泄漏量要求、密封体的长度、动静间隙、转子动力学特性(挠度、振型、临界转速等)、成本等条件来选取合适的密封型式。

下面简要分析叶轮结构对比的过程，如图 5-22 所示。对于小比转速膨胀段(1)，若

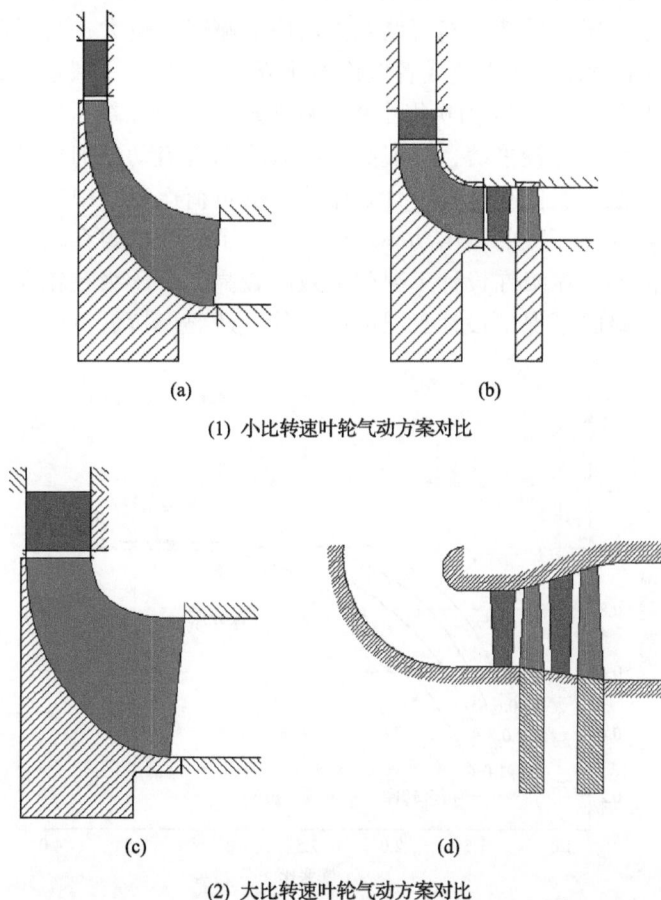

(a)　　　　　　　　(b)

(1) 小比转速叶轮气动方案对比

(c)　　　　　　　　(d)

(2) 大比转速叶轮气动方案对比

图 5-22　向心、轴流方案对比图

采用单级或双级轴流式叶轮，则会由于喷嘴叶高太小而导致气动效率低，因此适合采用单个向心式叶轮(a)或向心/轴流组合式叶轮(b)，方案(a)的叶轮线速度高、闭式结构加工难度大，方案(b)结构相对复杂、零件数多、向心式叶轮轮背密封气压大，向心式叶轮之后不加过渡段时(转子动力学特性中悬臂长度限制)，不能给轴流式叶轮保留足够的线速度，适合采用方案(a)。对于大比转速膨胀段(2)，方案(c)悬挂叶轮的质量比方案(d)大，叶轮气动效率比双级轴流方案低，大尺寸锻件及叶片加工成本也高，适合采用方案(d)。为了提高机组气动效率，叶片/叶轮尽量设计为带冠、闭式结构；轴流式叶轮需要一个进气折转段(图 5-22)，增加了悬臂长度，但悬臂质量一般比同样设计参数下的向心式叶轮小；向心式透平的径向尺寸一般更大(喷嘴沿径向安装)，因此所需蜗壳比轴流式大，占据齿轮箱各轴的中心距，影响齿轮设计，增大了机械损耗和鼓风损失等。

### 5.3.4　变工况设计

储能系统膨胀机组除应具有较高的能量转换效率和可靠性外，还应有良好的变工况特性，使得膨胀机组在较大的膨胀比变化范围内能保持高效运行，滑压运行效果良好。单个透平的变工况性能曲线如图 5-23 所示，在每一个折合转速下，随着膨胀比的增大，透平都会出现堵塞工况，转速越高，堵塞点对应的膨胀比越大；为了避免出现明显的激波损失，储能透平设计为亚声速或者低跨声速流动，设计点一般选取为接近堵塞点，输出功率的裕度不多。图 5-24 为机组中多个膨胀段的性能曲线示意图，透平效率随膨胀比在较大范围内变化比较平缓，一般高压膨胀段随着启动或加载过程迅速达到设计膨胀比，中压级、低压级依次达到设计膨胀比，低负荷运行时中压级、高压级可能处于鼓风工况，会消耗高压级的输出功率。因此，为了保证机组在较大工况范围内都保持高效运行，就需要高压级在设计工况附近效率较高，中压级在较大膨胀比变化范围内效率较高，低压级除了保证设计工况的高效外，还要保持低负荷工况下较低的鼓风损失。

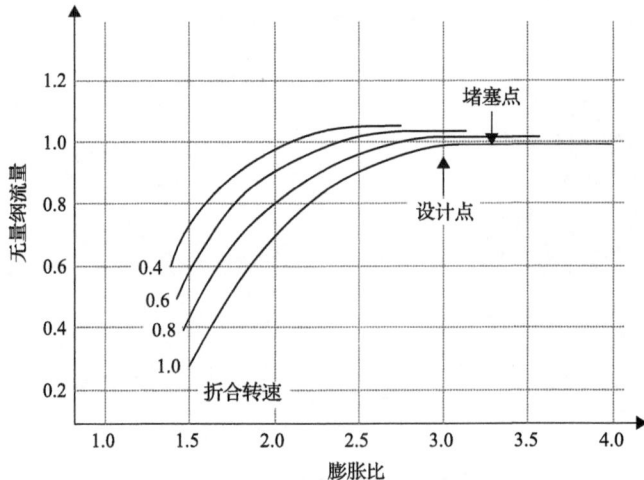

图 5-23　单个透平的变工况性能曲线

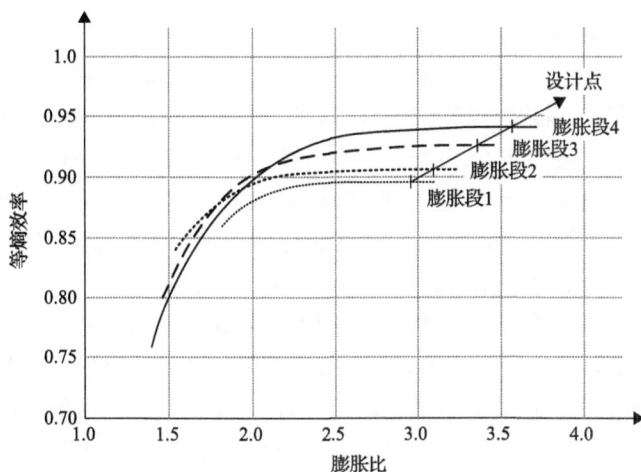

图 5-24 膨胀机组多个膨胀段的性能曲线

与燃气或者蒸气透平不同的是，为了追求高效释能，载荷分配要保证各级气动效率都较高。随着负荷的降低，进气攻角逐渐变为正攻角，设计时选取少量的叶片负攻角对变工况更有利。各个膨胀段设计点的选取要求马赫数尽量低，高效区尽量宽广，具体为高压级低马赫数，低压级分配较大的膨胀比，设计点接近最高效率点。考虑到再热器有一定的压力损失，且对低压段的影响相对较大，因此膨胀段数及其膨胀比分配要合理，低压段的膨胀比应比前面级大。

# 5.4 蓄热换热器设计

在压缩空气储能系统中，根据结构不同，蓄热单元可以分为固定式和流动式；根据蓄热原理的不同，蓄热单元可以分为显热蓄热、相变蓄热和热化学蓄热；根据储能材料的形态，蓄热单元可以分为固态(如岩石、陶瓷、金属等)、液态(如各种油、盐溶液、水等)、气态以及固液混合、气液混合等。蓄热材料应该具有较大的比热容、宽广的温度范围和对环境友好等特点。

## 5.4.1 蓄热器设计

### 1. 总体设计

压缩空气储能系统包括热能存储和冷能存储，蓄热(冷)器对于压缩空气储能系统的整体性能具有决定性的影响。

#### 1) 蓄冷器

冷能的高效存储与再利用是超临界空气储能和液态空气储能技术的关键环节之一，根据储能系统的要求，蓄冷器的温度区间范围需要涵盖从液态空气(1atm 下)的温度(低至 81K(−192.15℃))至室温附近，具有蓄冷温度低、范围宽等特征，与通常在冷库空调等领域的普冷蓄冷条件有显著区别。

目前显热蓄冷已获广泛应用,而基于潜热和化学热的蓄冷技术大多还在研发和示范阶段。空气储能中的蓄冷器运行工况具有较强的特殊性,并且要求具有较高的蓄冷效率。根据目前国内外的研发进展来看,比较适合的蓄冷技术主要有两种显热蓄冷技术。其一是通过岩石颗粒堆积的填充床蓄冷技术,在蓄冷过程中,低温液态空气自下而上经过填充床与岩石颗粒发生换热,将冷能存储于岩石颗粒中;释冷过程中室温空气向下流经填充床后,存储在岩石颗粒中的冷能释放出来,吸收低温冷能转变为液态空气。填充床内传热流体和蓄冷介质直接接触,具有很高的换热面积,因而具有较高的蓄冷效率。其二是双罐式液体蓄冷技术,该技术主要通过液体显热来存储低温冷能,在储冷过程中,蓄热罐中的流体泵到换热器吸收冷能后存储在蓄冷罐中,并在释冷过程中回流释放冷能。由于没有一种液体能完全覆盖空气储能蓄冷器的工作温度区域,一般需要丙烷和甲醇两套双罐式蓄冷系统组合使用。这两种蓄冷技术各有一定优缺点:填充床蓄冷技术具有结构简单、成本低、换热面积大、安全性高等优点,缺点在于长时间运行后温度稳定性稍差;液体双罐式蓄冷技术的优势是可以以接近稳态的工况运行,但是存在系统复杂度高,以及安全风险较大等问题。

填充床也叫固定床,是指通常呈颗粒状的固体蓄冷介质在容器内堆积成一定高度(或厚度)的床层,流体通过床层流动,如图 5-25 所示。填充床在化工行业是一种技术成熟、结构简单的反应器,同时也常作为蓄热装置使用,其主要优点在于:①蓄冷材料易得且成本低廉;②适用温域很宽,高低温均可使用;③直接与工作流体相接触,传热面积大;④没有性能退化或不稳定性;⑤可靠性高,无化学腐蚀性。流体经过填充床的传热过程中,填充床内部可分为低温区、斜温层区和高(常)温区。其中,低(高)温区的温度与低(高)温流体进入填充床的温度非常接近,主要的温度梯度存在于斜温层区。利用填充床内斜温层区的往复推移来蓄冷(蓄热),可以得到更高的㶲效率。

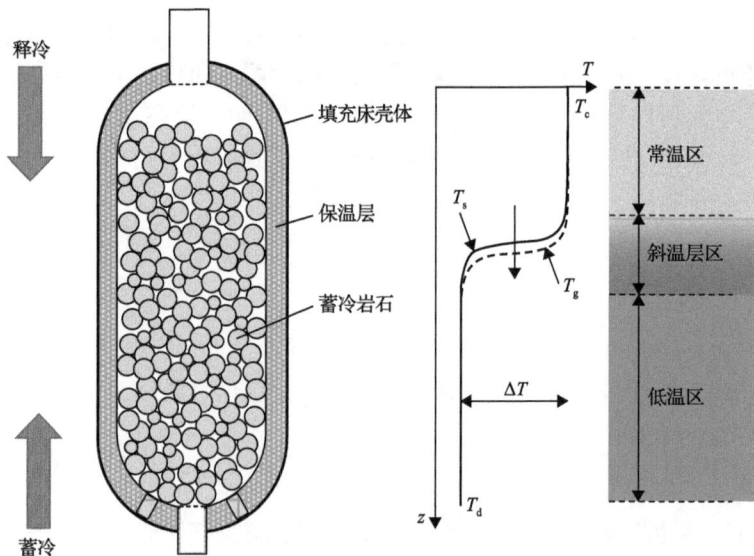

图 5-25  填充床蓄冷器基本结构和温度分布

　　综合考虑超临界空气储能系统的工作压力、温度、储能容量及成本等方面，岩石填充床蓄冷技术在技术和经济上更具优势。

　　为了使填充床蓄冷器内部较好地保持斜温层以保证蓄冷效率，通常采取高温区在顶部、低温区在底部的设计方案。填充床蓄冷器通常为竖直放置的圆柱体填充床，主要由填充床壳体、保温层和内部蓄冷岩石颗粒等组成。填充床壳体通常为钢制压力容器，由圆柱形筒体、上下封头组成，其中上下封头设置空气进、出管口和蓄冷材料的进、排料口。蓄冷装置的保温层可以采用在填充床壳体外部、内部或者内外兼有的保温方案，蓄冷器壳体内外侧都设置保温层会取得更好的保温效果。蓄冷岩石颗粒优选成本低、比热容高、强度大、不易破裂等性能优良的岩石，如花岗岩、玄武岩等火成岩，岩石的平均颗粒直径选择 5~20mm 区间，颗粒过大会引起换热面积过小、换热不充分，颗粒过小会引起流动阻力太大等问题。

　　在蓄冷和释冷过程中，利用斜温层区在填充床内部推移的斜温层效应可以获得稳定的排出温度，因而可以获得 90%以上的蓄冷效率。图 5-26 显示了填充床蓄冷器蓄冷结束和释冷结束时轴线上的温度分布，在蓄冷结束时斜温层区被推移至顶部，蓄冷器底部蓄满低温冷能；在释冷结束时斜温层区被推移至底部，蓄冷器底部低温冷能释放出来，顶部充满常温空气。填充床整体由温度基本不变(近等温)的区域和斜温层区组成，其质量平衡式为

$$m_{填充床} = m_{近等温} + m_{斜温层} \tag{5-27}$$

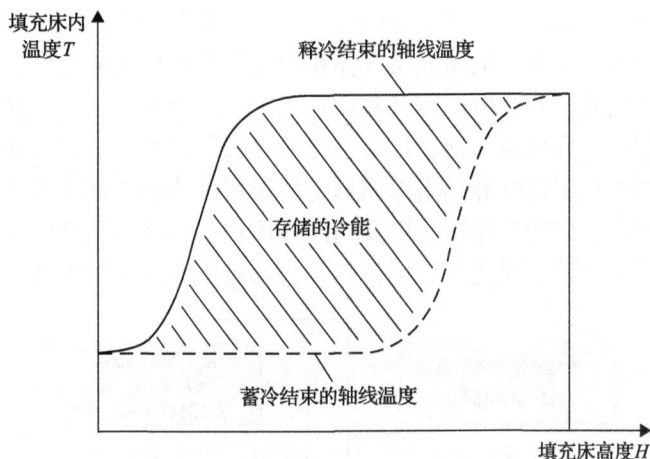

图 5-26　填充床蓄冷器温度分布和冷能存储示意图

从图 5-26 中的阴影面积可见，填充床蓄冷器存储的冷能 $Q$ 可按式(5-28)计算：

$$Q = m_{近等温} \overline{c_{p\_s}} (T_{in} - T_{out}) \tag{5-28}$$

$$\overline{c_{p\_s}} = \frac{\int_{T_{in}}^{T_{out}} c_{p\_s} dT}{T_{out} - T_{in}} \tag{5-29}$$

式中，$m_{近等温}$ 为近等温区填充岩石质量，kg；$\overline{c_{p\_s}}$ 为在该温度区间内岩石的平均比热容，J/(g·℃)；$T_{in}$ 和 $T_{out}$ 分别为蓄冷器进出口温度，℃。

从图 5-27 中可以看出，花岗岩石子比热容随温度升高而且变化幅度很大，对于岩石使用之前，采用低温型的微量热仪进行比热容的精确测量，才能保证填充床蓄冷器的正确设计。

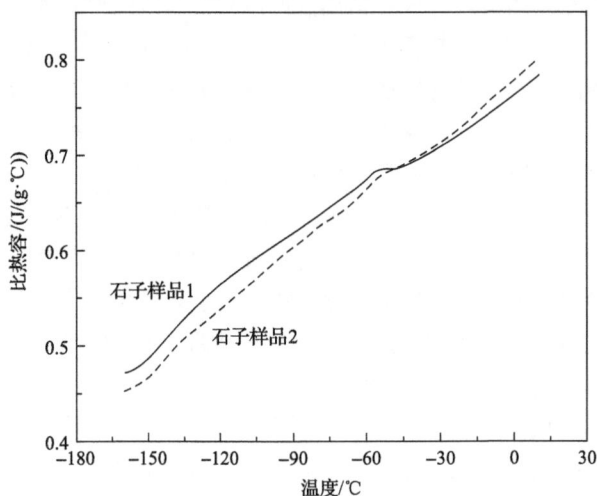

图 5-27 花岗岩石子比热容随温度的变化曲线(-160~+10℃)

如图 5-28 所示，填充床蓄冷器的设计流程如下：①根据压缩空气储能系统的工况参数计算近等温区的质量和体积，其中体积计算中需要考虑 36%~40% 的空隙率。②通过获得的近等温区的体积和预估的斜温层区体积的总和作为填充床蓄冷器的总体积，进而暂定填充床蓄冷器的直径和高度。③针对设计工况，以及暂定的蓄冷器尺寸参数进行一维传热和流动过程的计算模拟，通过计算结果考核换热效率、出口温度稳定性和阻力特性是否满足设计要求；根据计算结果返回修正斜温层区体积、蓄冷器尺寸比例。④初步确定填充床保温材料、结构和厚度，以及耐压壳体材料、结构和厚度等参数。⑤考虑保温层和耐压壳体针对设计工况进行三维传热和流动过程的计算机模拟，使流场和温度场

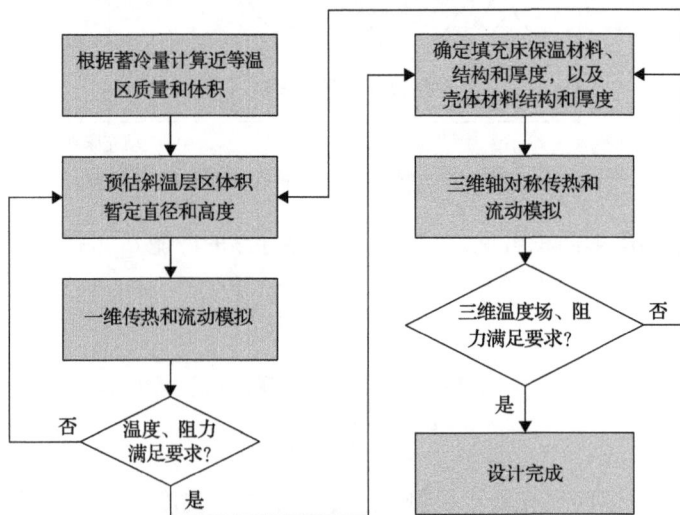

图 5-28 填充床蓄冷器设计优化流程

满足设计要求，进而优化②和④过程的各项参数。⑥若获得的换热效率、出口温度稳定性和阻力特性等满足设计要求，则完成设计过程。

2) 蓄热器

压缩空气储能系统中一般采用双罐式蓄热结构，即将蓄热后的高温水和释热后的常温水分别储存在热水罐和冷水罐中。高温水温度高于 100℃，需要在加压条件下运行，因此热水罐为压力容器。由于工作过程中热水罐和冷水罐连通，冷水罐与热水罐工作压力理论上一致，所以冷水罐和热水罐在容量和结构型式上是一致的。

水罐基本设计工作包括以下几个方面。

(1) 确定水罐的设计条件：包括基本形式和参数，满足水的容量、工作压力、工作温度等要求。

(2) 结构和强度设计：对水罐进行强度设计，使水罐满足强度要求。

(3) 防腐设计：采取有效措施，避免水罐腐蚀。

(4) 保温设计：根据保温效率，对水罐进行保温设计。

(5) 测量设计：安装相关仪器仪表，监控水罐的运行状态。

设计条件包括以下内容。

(1) 操作参数，包括工作压力、工作温度范围、水罐容量等，工作温度一般为储能过程中蓄热水流出换热器的温度，应在 150℃左右；工作压力需要大于蓄热水温度对应的饱和压力；水罐容量根据蓄热水流量及储能过程工作时间确定，储水量为蓄热水流量对工作时间的积分；确定水罐容量需考虑水罐的有效容积系数；当蓄水量很大时，可以考虑使用多个水罐。

(2) 水罐使用地的自然环境条件，包括环境温度、抗震设防烈度、风雪载荷等。

(3) 介质组分与特性，压缩空气储能系统中一般使用水作为蓄热介质，无毒性，但是必须考虑对水罐的腐蚀作用。

(4) 预期使用年限，设备一般使用年限为 30 年。

(5) 几何参数和管口方位，一般在水罐上方布置有进水管口、压力表管口、安全阀管口、压力平衡连通管口、温度传感器管口，水罐下方有出水管口、排污管口，水罐侧壁设有液位计管口。

当蓄热水流量已知时，水罐容积按式 (5-30) 计算：

$$V = \frac{\int_0^T \dot{q}_m \mathrm{d}t}{\rho} \tag{5-30}$$

式中，$V$ 为水罐容积，$\mathrm{m}^3$；$\dot{q}_m$ 为蓄热水质量流量，$\mathrm{kg/s}$；$T$ 为蓄热时间，$\mathrm{h}$；$t$ 为时间，$\mathrm{h}$；$\rho$ 为蓄热水的密度，$\mathrm{kg/m}^3$。

当蓄热量已知时，水罐容积按式 (5-31) 计算：

$$V = \frac{Q}{\rho c_p (T_h - T_{env})} \tag{5-31}$$

式中，$Q$ 为蓄热量，kJ；$c_p$ 为水的比热容，kJ/(kg·K)；$T_h$ 为蓄热水温度，K；$T_{env}$ 为环境温度，K。

### 2. 流动与传热设计

#### 1)蓄冷器的流动和传热设计

根据实际应用的需要，从 20 世纪 30 年代开始，各国学者针对填充床内部的传热与流动规律开展了大量理论与实验研究。

Schumann 最早对流体在填充床内流动的换热进行研究，通过数学推导得到理想填充床内流体及固体温度与时间和距离的函数关系。对填充床进行一系列假设，并分别建立流动方向上固体与流体的一维、非稳态和常物性能量微分方程，Schumann 的模型假设包括以下方面。

(1)忽略固体颗粒内部的温度梯度。

(2)相比于流体与颗粒之间的换热，固体及流体的轴向导热忽略不计。

(3)流体与颗粒之间的换热速率与温差成正比。

(4)忽略流体与固体因为温度变化而导致的体积变化。

(5)热物性参数不随温度变化。

$$\varepsilon\rho_f c_f \frac{\partial T_f}{\partial t} = -m_f c_f \frac{\partial T_f}{\partial x} + ha(T_s - T_f) \tag{5-32}$$

$$(1-\varepsilon)\rho_s c_s \frac{\partial T_s}{\partial t} = ha(T_f - T_s) \tag{5-33}$$

式中，$T_s$ 和 $T_f$ 分别为固体和流体温度；$x$ 为沿流体流动方向距离；$t$ 为时间；$c_s$ 和 $c_f$ 分别为固体和流体比热容；$\varepsilon$ 为孔隙率；$m_f$ 为单位截面流体质量流量；$a$ 为单位体积填充床内的固体颗粒总面积；$h$ 为平均温度下的传热系数。代入边界条件并经过数学处理，Schumann 最终得到如下基于贝塞尔函数的温度分布解析解。

$$\frac{T_s}{T_0} = e^{-y-z}\sum_{n=1}^{\infty} z^n M_n(yz), \quad \frac{T_f}{T_0} = e^{-y-z}\sum_{n=0}^{\infty} z^n M_n(yz) \tag{5-34}$$

$$y = \frac{kx}{vc_f\varepsilon}, \quad z = \frac{k}{c_s(1-\varepsilon)}\left(t - \frac{x}{v}\right) \tag{5-35}$$

$$M_n(yz) = J_n\left(2i\sqrt{yz}\right) = 1 + yz + \frac{(yz)^2}{(2!)^2} + \frac{(yz)^3}{(3!)^2} + \cdots \tag{5-36}$$

式中，$T_0$ 为流体进口温度；$v$ 为填充床内流体间隙速度；$J_n\left(2i\sqrt{yz}\right)$ 为第一类的 $n$ 阶贝塞尔函数。Schumann 的填充床两相模型经实验验证具有较高的正确性，而后学者不断发展出精度更高的连续固相模型(continuous solid-phase model, C-S 模型)和分散同心模型(dispersed concentric model, D-C 模型)。常用填充床传热数学模型如表 5-4 所示。

表 5-4　填充床传热数学模型汇总

| 模型名称 | 假设条件 | 表达式 |
|---|---|---|
| Schumann 模型 | 塞状流；颗粒内部温度均匀 | $\dfrac{\partial T_f}{\partial t} = -U\dfrac{\partial T_f}{\partial x} + \dfrac{ha}{\varepsilon \rho_f c_f}(T_s - T_f)$ <br> $(1-\varepsilon)\dfrac{\partial T_s}{\partial t} = \dfrac{ha}{\rho_s c_s}(T_f - T_s)$ |
| C-S 模型 | 扩散塞状流；考虑固相轴向导热 | $\dfrac{\partial T_f}{\partial t} = \dfrac{k_f}{\varepsilon c_f \rho_f}\dfrac{\partial^2 T_f}{\partial^2 x} - U\dfrac{\partial T_f}{\partial x} + \dfrac{ha}{\varepsilon \rho_f c_f}(T_s - T_f)$ <br> $(1-\varepsilon)\dfrac{\partial T_s}{\partial t} = \dfrac{k_s}{\rho_s c_s}\dfrac{\partial^2 T}{\partial x^2} + \dfrac{ha}{\rho_s c_s}(T_f - T_s)$ |
| D-C 模型 | 扩散塞状流；颗粒内部温度呈中心对称分布 | $\dfrac{\partial T_f}{\partial t} = \alpha_{ax}\dfrac{\partial^2 T_f}{\partial^2 x} - U\dfrac{\partial T_f}{\partial x} - \dfrac{ha}{\varepsilon \rho_f c_f}\left| T_f - (T_s)_R \right|$ <br> $\dfrac{\partial T_s}{\partial t} = K_s \dfrac{1}{r^2}\dfrac{\partial}{\partial r}\left( r^2 \dfrac{\partial T_s}{\partial r}\right)$ <br> $k_s\left(\dfrac{\partial T_s}{\partial r}\right) = h(T_f - T_s), \quad r = R$ |

注：$U$ 为流体平均线速度；$k_f$ 为流体相热导率；$k_s$ 为固相热导率；$R$ 为球的半径，此处为固体颗粒表面半径；$K_s$ 为固体的热扩散系数。

填充床内流体与固体颗粒之间的传热系数是描述图 5-28 中两相换热最重要的参数之一，也是该领域学者研究的重要课题。Wakao 考虑低雷诺数下流体的轴向扩散而对文献中已公布的实验数据进行校正，并根据校正后的实验数据给出流体与固体颗粒之间传热系数的拟合关系式：

$$Nu = 2 + 1.1 Pr^{1/3} Re^{0.6}, \quad Pr = 0.7, 15 < Re < 8500 \tag{5-37}$$

式中，$Nu$ 为努塞尔数；$Pr$ 为普朗特数；$Re$ 为雷诺数。

上述 Wakao 模型广泛应用于填充床两相换热中，而后 Galloway 和 Sage、Achenbach、Nakayama 等针对不同工况发展了多个传热系数模型，如表 5-5 所示。

表 5-5　流体与颗粒传热系数关系式

| 作者 | 流体与颗粒传热系数 | 适用条件 |
|---|---|---|
| Handley | $Nu = \dfrac{0.255}{\varepsilon} Pr^{1/3} Re^{2/3}$ | $Re > 100$ ， $D/d_p > 8$ |
| Wakao | $Nu = 2 + 1.1 Pr^{1/3} Re^{0.6}$ | $Pr = 0.7$ ， $15 < Re < 8500$ |
| Galloway 和 Sage | $Nu = 2.0 + C_1 Re^{1/2} Pr^{1/3} + C_2 Re Pr^{1/2}$ | $Re < 5000$ |
| Achenbach | $Nu = \left\{ \left(1.18 Re^{0.58}\right)^4 + \left[ 0.23\left(\dfrac{Re}{1-\varepsilon}\right)^{0.75}\right]^4 \right\}^{1/4}$ | $Pr = 0.71$ ， $Re/\varepsilon < 7.7 \times 10^5$ |
| Nakayama | $Nu = 2.33 Re^{1/2} Pr^{1/3}$ | 松散多孔介质，$\varepsilon = 0.4$ |
|  | $Nu_v = 0.07\left(\dfrac{\varepsilon}{1-\varepsilon}\right)^{2/3} Re Pr$ | 整体多孔介质，$0.7 < \varepsilon < 0.95$ ，$3 < Re < 1000$ |

注：$D$ 为填充床内径；$d_p$ 为蓄冷材料内径。

填充床内的换热受到各种因素的影响，包括雷诺数、普朗特数、孔隙率、填充床直径与填充颗粒直径之比、流体当地流动状况、热辐射、接触导热、自然对流和填充颗粒表面粗糙度等。填充床内存在多种传热现象且相互耦合影响，无法分开进行单独研究。研究者将这些传热过程进行综合后等效为导热，并开展大量填充床内等效导热系数的理论与实验研究，获得的等效导热系数关系式见表 5-6。

表 5-6　等效导热系数关系式

| 作者 | 等效导热系数 | | 适用条件 |
| --- | --- | --- | --- |
| | 轴向 | 径向 | |
| Kunii 和 Smith | | $\dfrac{k_e}{k_e^\delta} = \dfrac{1}{2}\left\{1+\left[1+\dfrac{2}{3\times(1-\varepsilon)}\times\dfrac{Pr^2\times Re^2}{(k_e^\delta/k_g)\times Nu}\right]^{1/2}\right\}$ | 空气介质 |
| Yagi | $\dfrac{k_{e,a}}{k_g} = \dfrac{k_{e,a}^0}{k_g}+\delta PrRe$ | $\dfrac{k_{e,r}}{k_g} = \dfrac{k_{e,r}^0}{k_g}+(\alpha\beta)PrRe$ | $0.1<\alpha\beta<0.3$ $0.7<\delta<0.8$ |
| Wakao 和 Kato | | $\dfrac{k_{e,r}}{k_g} = \dfrac{k_{e,r}^0}{k_g}+0.707Nu^{0.96}\left(\dfrac{k_s}{k_g}\right)^{1.11}$ | |
| Wasch | | $k_e = k_e^0+\dfrac{0.0025}{1+46\left(d_p/d_t\right)^2}Re$ | |
| Wen | $\dfrac{k_{e,a}}{k_g} = \dfrac{k_{e,a}^0}{k_g}+0.5RePr$ | | |

注：$k_{e,a}$ 为轴向有效导热系数；$k_{e,a}^0$ 为轴向停滞有效导热系数；$k_g$ 为流体导热系数；$\delta$ 为固相接触面积/截面总面积；$k_{e,r}$ 为径向有效导热系数；$k_{e,r}^0$ 为径向停滞有效导热系数；$k_e$ 为有效导热系数；$k_e^0$ 为停滞有效导热系数；$\alpha$ 为沿传质方向流体质量流速/沿流动方向流体质量流速；$\beta$ 为中心有效长度/填料平均直径；$d_t$ 为管子直径。

填充床的流动压力损失对于系统工艺参数和性能具有重要影响，针对填充床内的流动损失，学者很早就开始了理论与实验研究，并提出各种假设模型及拟合公式。Ergun 总结前人相关成果，通过理论分析与推导并基于已有的实验结果，得到以下填充床内压力损失计算公式：

$$\frac{\Delta P}{L}g = 150\frac{(1-\varepsilon)^2}{\varepsilon^3}\frac{\mu U}{D_p^2}+1.75\frac{1-\varepsilon}{\varepsilon^3}\frac{GU}{D_p} \tag{5-38}$$

$$D_p = \frac{6AL(1-\varepsilon)}{S_t} \tag{5-39}$$

式中，$\Delta P$ 为压力损失；$g$ 为重力加速度；$\varepsilon$ 为孔隙率；$\mu$ 为流体黏度；$U$ 为平均压力下的流体流速；$D_p$ 为固体颗粒等效粒径；$A$ 与 $L$ 分别为填充床截面积与长度；$S_t$ 为填充床内总的石子表面积；$G$ 为流体质量流量。Ergun 认为填充床内的压力损失主要来自黏性损失与动量损失。式(5-38)第一项为单位长度的黏性损失，而动量损失通过第二项来表示。根据式(5-38)，Ergun 同时还推导出填充床内分别基于黏性损失项和动力损失项的摩擦系数 $f_v$ 与 $f_k$ 的表达式：

$$f_v = 150 + 1.75 \frac{Re}{1-\varepsilon} \tag{5-40}$$

$$f_k = 1.75 + 150 \frac{1-\varepsilon}{Re} \tag{5-41}$$

与大量已有实验数据的对比表明，该填充床内压力损失计算公式具有普适性，在填充床理论及应用研究中广泛采用。

2) 蓄冷器的流动和传热设计

(1) 保温材料选择原则。

选择保温材料时，应考虑以下因素。

① 使用温度，保温材料不能超出其使用范围。

② 热导率，热导率是保温材料最重要的性能指标，选材时尽量选择热导率小的保温材料。

③ 强度，保温材料应有一定的机械强度，并耐振动，以满足使用、施工、运输和保管等方面的要求。

④ 价格，保温材料的价格是决定保温工作费用的重要因素，应该尽可能选择价格低的保温材料。

⑤ 绝燃性，保温材料应该尽量选用绝燃性材料。

⑥ 容量密度，在满足强度要求的基础上，应该尽量选择容量密度小的保温材料。

此外，还应考虑保温材料的吸水率、寿命、材料来源、施工方便、腐蚀等问题。

(2) 常用保温材料。

常用保温材料包括硅酸铝纤维制品、超细玻璃棉制品、硅酸钙制品、岩棉及矿渣棉制品、泡沫塑料类制品和泡沫玻璃等。每种保温材料的适用温度范围和保温特性各不相同，需要根据具体的应用条件进行选择。

(3) 保温层厚度的计算方法。

保温层厚度应该按照经济厚度的方法进行计算。

① 平壁容器的保温经济厚度计算。

用 $f_1(x)$ 表示 $m$ 年内保温工程总费用，则

$$f_1(x) = xFa(1+n)^m \tag{5-42}$$

式中，$x$ 为保温层厚度，m；$F$ 为保温层面积，$m^2$；$a$ 为保温材料及施工价格，元/$m^3$；$m$ 为保温材料使用寿命，年；$n$ 为年利率，%。

用 $f_2(x)$ 表示 $m$ 年内保温工程热损总费用，则

$$\begin{aligned} f_2(x) &= qhb \left[ 1 + (1+n) + (1+n)^2 + \cdots + (1+n)^{m-1} \right] \\ &= qhb \frac{(1+n)^m - 1}{n} \end{aligned} \tag{5-43}$$

式中，$q$ 为热流量，W；$h$ 为每年使用时间，s；$b$ 为热能价格，元/J。

热流量由式(5-44)计算:

$$q = \frac{T_0 - T_a}{\dfrac{x}{\lambda F} + \dfrac{1}{\alpha F}} \tag{5-44}$$

式中,$T_0$ 为容器内温度,℃;$T_a$ 为保温层外环境温度,℃;$\lambda$ 为保温材料热导率,W/(m²·℃);$\alpha$ 为保温层外表面散热系数,W/(m²·℃)。

用 $f(x)$ 表示 $m$ 年内保温工程总费用和保温工程热损总费用之和

$$
\begin{aligned}
f(x) &= f_1(x) + f_2(x) \\
&= xFa(1+n)m + \frac{T_0 - T_a}{\dfrac{x}{\lambda} + \dfrac{1}{\alpha}} Fhb \frac{(1+n)^m - 1}{n}
\end{aligned} \tag{5-45}
$$

令 $f'(x)=0$,可得

$$\left(x + \frac{\lambda}{\alpha}\right)^2 = \frac{\lambda F(T_0 - T_a) hb \dfrac{(1+n)^m - 1}{n}}{F\alpha(1+n)^m} \tag{5-46}$$

式(5-46)的计算结果即为经济厚度($x$)。

②圆形容器的保温经济厚度。

用 $f_1(d_1)$ 表示 $m$ 年内保温工程总费用,则

$$f_1(d_1) = \frac{\pi}{4}\left(d_1^2 - d_0^2\right) L\alpha(1+n)^m \tag{5-47}$$

用 $f_2(d_1)$ 表示 $m$ 年内保温工程热损总费用,则

$$
\begin{aligned}
f_2(d_1) &= qhb\left[1 + (1+n) + (1+n)^2 + \cdots + (1+n)^{m-1}\right] \\
&= qhb \frac{(1+n)^m - 1}{n}
\end{aligned} \tag{5-48}
$$

热流量 $q$ 由式(5-49)计算:

$$q = \frac{(T_0 - T_a)\pi L}{\dfrac{1}{2\lambda}\ln\left(\dfrac{d_1}{d_0} + \dfrac{1}{\alpha d_1}\right)} \tag{5-49}$$

式中,$T_0$ 为保温层内壁温度,℃;$T_a$ 为保温层外壁温度,℃;$d_0$ 为保温层内壁直径,m;$d_1$ 为保温层外壁直径,m;$L$ 为圆筒长度,m。

用 $f(x)$ 表示 $m$ 年内保温工程总费用和保温工程热损总费用之和:

$$
\begin{aligned}
f(d_1) &= f_1(d_1) + f_2(d_1) \\
&= \frac{\pi}{4}\left(d_1^2 - d_0^2\right) L\alpha(1+n)^m + \frac{(T_0 - T_a)\pi L}{\dfrac{1}{2\lambda}\ln\left(\dfrac{d_1}{d_0} + \dfrac{1}{\alpha d_1}\right)} hb \frac{(1+n)^m - 1}{n}
\end{aligned} \tag{5-50}
$$

令 $f'(d_1)=0$，得

$$\left[\frac{d_1}{2}\ln\left(\frac{d_1}{d_0}+\frac{\lambda}{\alpha}\right)\right]^2=\frac{b}{\alpha}\frac{(1+n)^m-1}{n(1+n)^m}h\lambda(T_0-T_a)\frac{\alpha d_1-2\lambda}{\alpha d_1} \tag{5-51}$$

由式(5-51)计算出 $d_1$，$(d_1-d_0)/2$ 即为经济厚度。

保温层表面散热系数 $\alpha$ 按式(5-52)确定：

$$\alpha=1.163\times\left(10+6\sqrt{w}\right) \tag{5-52}$$

式中，$w$ 为年平均风速，当无风速值时，$\alpha=11.63\text{W}/(\text{m}^2\cdot\text{℃})$。

保温结构分为四大部分：紧固装置、保温层、防潮层及保护层。

紧固装置用来支撑保温材料并把它紧固到容器壁面。通常由保温钉、支撑环和捆扎构件组成。保温钉固定保温材料，支撑环支撑保温材料，捆扎结构包在保温材料外部用于紧固。

防潮层也称阻汽层，位于保温层外部，用于防止保温材料受潮，降低绝热效果。常用的防潮层材料有玻璃涂塑窗纱、防水冷胶料卷等。

保护层位于保温结构的最外层，对保温层材料和防潮层起到保护作用，免受风雨直接侵蚀和碰伤，并使设备外部整齐美观。保护层材料分为金属保护层和非金属保护层两类。一般情况下，多使用金属保护层。

### 3. 结构和强度设计

#### 1)蓄冷器的结构与强度设计

根据应用的空气储能系统的具体压力工况，填充床蓄冷器的设计和工作压力一般处于低压、中压或高压压力条件。因此，填充床蓄冷器的设计必须符合中华人民共和国国家标准《压力容器》GB/T 150 各部分的相关要求。由于填充床蓄冷器的使用温度最低达 –192℃，所用钢材需要选择 S304 或 S316 等高合金钢。

填充床蓄冷器通常采用竖直安装的圆柱状容器，其筒体和椭圆封头等承压部件的设计如下所述。

（1）筒体。

填充床蓄冷器筒体为受内压筒体，当 $p_c\le 0.4[\sigma]^t\phi$ 时，设计温度下圆筒的计算厚度按下式计算：

$$\delta=\frac{p_c D_i}{2[\sigma]^t\phi-p_c} \tag{5-53}$$

$$\delta=\frac{p_c D_o}{2[\sigma]^t\phi+p_c} \tag{5-54}$$

$$p_c=p_g+\left(\varepsilon\rho_g+\rho_s-\varepsilon\rho_s\right)gH \tag{5-55}$$

式中，$\delta$ 为圆筒的计算厚度，mm；$p_c$ 为考虑填充床内固液介质重力压强的计算压力，

MPa；$D_i$ 为圆筒的内直径，mm；$D_o$ 为圆筒的外直径，mm；$[\sigma]^t$ 为设计温度下圆筒材料的许用应力，MPa；$\phi$ 为焊接接头系数；$p_g$ 为气体的设计工作压力；$\rho_g$ 为液态空气密度，kg/m³；$\rho_s$ 为岩石密度，kg/m³；$\varepsilon$ 为填充床孔隙率；$H$ 为填充床高度，m。

（2）封头。

填充床蓄冷的封头一般采用凸形封头，主要包括椭圆形封头和碟形封头。

①椭圆形封头。椭圆形封头一般采用长短轴比值为 2 的标准型。封头计算厚度按下式计算：

$$\delta_h = \frac{Kp_c D_i}{2[\sigma]^t \phi - 0.5p_c} \tag{5-56}$$

$$\delta_h = \frac{Kp_c D_o}{2[\sigma]^t \phi + (2K - 0.5)p_c} \tag{5-57}$$

$$p_c = \begin{cases} p_g, & \text{上封头} \\ p_g + \left(\varepsilon\rho_g + \rho_s - \varepsilon\rho_s\right)gH, & \text{下封头} \end{cases} \tag{5-58}$$

式中，$\delta_h$ 为凸形封头计算厚度，mm；$p_c$ 为考虑填充床内固液介质重力压强的计算压力，MPa；$D_i$ 为封头内径或其连接的圆筒内直径，mm；$D_o$ 为封头外径或其连接的圆筒外直径，mm；$p_g$ 为气体的设计工作压力；$K$ 为椭圆形封头形状系数，$K = \frac{1}{6}\left[2 + \left(\frac{D_i}{2h_i}\right)^2\right]$，$h_i$ 为凸形封头内曲面深度，mm。

②碟形封头。碟形封头球面部分的内半径应不大于封头的内直径，通常取 90% 的封头内直径。封头转角内半径应不小于封头内直径的 10%，且不得小于 3 倍的名义厚度 $\delta_{nh}$。对于受内压碟形封头，封头计算厚度按下式计算：

$$\delta_h = \frac{Mp_c R_i}{2[\sigma]^t \phi - 0.5p_c} \tag{5-59}$$

$$\delta_h = \frac{Mp_c R_o}{2[\sigma]^t \phi + (M - 0.5)p_c} \tag{5-60}$$

$$p_c = \begin{cases} p_g, & \text{上封头} \\ p_g + \left(\varepsilon\rho_g + \rho_s - \varepsilon\rho_s\right)gH, & \text{下封头} \end{cases} \tag{5-61}$$

式中，$R_i$ 为碟形封头球面部分内半径，mm；$R_o$ 为碟形封头球面部分外半径，$R_o = R_i + \delta_{nh}$，mm；$M$ 为碟形封头形状系数，$M = \frac{1}{4}\left(3 + \sqrt{\frac{R_i}{r}}\right)$，$r$ 为碟形封头过渡段转角内半径，mm。

填充床蓄冷器的其他结构，如支座、人孔等需要按照中华人民共和国国家标准《压力容器》GB/T 150 各部分的规定。限于篇幅，此处不再详细介绍。

2) 蓄热器的结构与强度设计

水罐一般采用碳钢材料，如 Q345R。一般采用立式或者卧式圆柱形水罐。由于水罐承压运行，需要按照压力容器对水罐进行设计。水罐包括筒体、封头、支座等主要部件。下面对主要部件的设计方法进行介绍。

(1) 筒体。

水罐筒体为内压筒体，当 $p_c \leqslant 0.4[\sigma]^t\phi$ 时，设计温度下圆筒的计算厚度按式(5-53)和式(5-54)计算。

为了防止介质对容器的腐蚀，水罐壁厚需要在计算壁厚的基础上增加腐蚀裕量。腐蚀裕量根据预期的压力容器使用年限和介质对材料的腐蚀速率确定。

圆筒的计算应力按下式计算：

$$\sigma^t = \frac{p_c(D_i + \delta_e)}{2\delta_e} \tag{5-62}$$

$$\sigma^t = \frac{p_c(D_o - \delta_e)}{2\delta_e} \tag{5-63}$$

式中，$\sigma^t$ 为设计温度下圆筒的计算应力，MPa，$\sigma^t$ 值应小于或等于 $[\sigma]^t\phi$，$[\sigma]^t$ 为设计温度下圆筒材料的许用应力，MPa，$\phi$ 为焊接接头系数；$p_c$ 为考虑水罐内工作介质重力压强的计算压力，MPa；$\delta_e$ 为圆筒的有效厚度，mm。

计算压力 $p_c$ 为热水罐内部的最大压力，为工作压力和蓄热水自重产生的压力之和，按照下式确定：

$$p_c = p_{op} + \rho gh \tag{5-64}$$

式中，$p_{op}$ 为工作压力，Pa；$\rho$ 为蓄热水密度，kg/m³；$g$ 为重力加速度，$g=9.8$m/s²；$h$ 为水罐最大储水高度，m。

(2) 封头。

热水罐的封头一般采用凸形封头，主要包括椭圆形封头和碟形封头(图 5-29)。

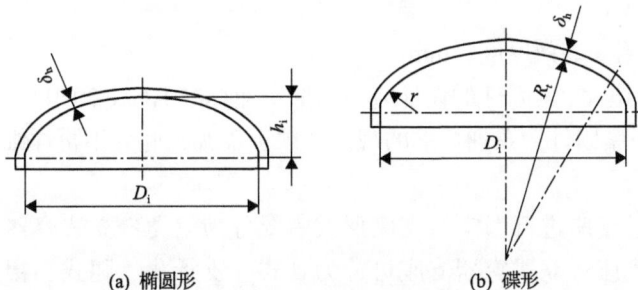

(a) 椭圆形          (b) 碟形

图 5-29　热水罐封头型式

①椭圆形封头。椭圆形封头一般采用长短轴比值为 2 的标准型。封头计算厚度按下式计算：

$$\delta_h = \frac{Kp_c D_i}{2[\sigma]^t \phi - 0.5 p_c} \tag{5-65}$$

$$\delta_h = \frac{Kp_c D_o}{2[\sigma]^t \phi + (2K - 0.5) p_c} \tag{5-66}$$

式中，$\delta_h$ 为凸形封头计算厚度，mm；$K$ 为椭圆形封头形状系数，$K = \frac{1}{6}\left[2 + \left(\frac{D_i}{2h_i}\right)^2\right]$，$h_i$ 为凸形封头内曲面深度，mm。

$D_i/(2h_i) \leqslant 2$ 的椭圆形封头的有效厚度不应小于封头内直径的 0.15%，$D_i/(2h_i) \geqslant 2$ 的椭圆形封头的有效厚度不应小于封头内直径的 0.30%。但当确定封头厚度时已考虑了内压下的弹性失稳问题，可不受此限制。

椭圆形封头的最大允许工作压力按式 (5-67) 计算：

$$[p_w] = \frac{2[\sigma]^t \phi \delta_{eh}}{KD_i + 0.5\delta_{eh}} \tag{5-67}$$

式中，$\delta_{eh}$ 为凸形封头有效厚度，mm。

②碟形封头。碟形封头球面部分的内半径应不大于封头的内直径，通常取 90% 的封头内直径。封头转角内半径应不小于封头内直径的 10%，且不得小于 3 倍的名义厚度 $\delta_{nh}$。

受内压碟形封头，封头计算厚度计算同式 (5-59) 和式 (5-60)。

对于 $R_i/r \leqslant 5.5$ 的碟形封头，其有效厚度应不小于封头内直径的 0.15%，其他碟形封头的有效厚度应不小于封头内直径的 0.30%。但当确定封头厚度时已考虑了内压下的弹性失稳问题，可不受此限制。

碟形封头的最大允许工作压力按式 (5-68) 计算。

$$[p_w] = \frac{2[\sigma]^t \phi \delta_{eh}}{KR_i + 0.5\delta_{eh}} \tag{5-68}$$

式中，$\delta_{eh}$ 为凸形封头有效厚度，mm。

水罐管法兰、垫片、紧固件的设计应当参照行业标准 HG/T 20592～20635—2009《钢制管法兰、垫片、紧固件》系列标准的规定。限于篇幅，此处不再详细介绍。

(3) 支座。

水罐需要通过支座进行固定。支座形式主要分为三类：立式容器支座、卧式容器支座和球形容器支座。立式容器支座可分为耳式、支承式、腿式和裙式。卧式容器支座一般可分为鞍座式、圈座式和支腿式。球型容器支座有柱式、裙式、半埋式和高架式等四种。支座形式是根据设备的质量、结构、承受的载荷以及操作和维修等要求来选定的。耳式支座是立式容器中常用的支座形式，本节以耳式支座为例介绍支座的设计方法。

耳式支座通常由底板及肋板组成。底板用于与基础或支承件接触并连接，肋板用于增加支座的刚性，使作用在容器上的外力通过底板传递到支撑件上。每台设备的支座一般为 2~4 个，每个支座的肋板数量一般为两个。

设计支座时，首先计算出每个支座需要承担的载荷，然后对照标准按照允许载荷等于或者大于计算载荷的原则选出合适的支座。

受力分析如下所述。

单个支座最大总压缩载荷为

$$Q = \frac{m_0 g + G_e}{kn} + \frac{4(Ph + G_e S_e)}{nD} \tag{5-69}$$

单个支座最大拉伸载荷为

$$Q' = -\frac{m' g + G_e}{k_1 n} + \frac{4(Ph + G_e S_e)}{nD} \tag{5-70}$$

式中，$D$ 为支座直径，mm；$g$ 为重力加速度，取 $g$=9.8m/s²；$G_e$ 为偏心载荷；$h$ 为水平力作用点至底板高度，mm；$k_1$ 为不均匀系数，安装 3 个支座时取 $k$=1，安装 3 个以上支座时取 $k$=0.83；$m_0$ 为设备总质量，kg；$m'$ 为设备空重，kg；$n$ 为支座数量；$S_e$ 为偏心距，mm；$P$ 为水平力，取 $P_w$ 和 $P_e$+0.25$P_w$ 的大值，N。

肋板厚度的计算公式为

$$\delta = \frac{Q}{mb \sin^2 \alpha k_2 [\sigma]_c} \tag{5-71}$$

式中，$\delta$ 为肋板计算厚度，mm；$m$ 为每个支座的肋板数；$[\sigma]_c$ 为肋板材料的许用压应力，MPa；$b$ 为支座底板宽度，mm；$k_2$ 为考虑肋板稳定性的许用应力降低系数。

底板厚度计算公式为

$$\delta_1 = \sqrt{\frac{3Qb_2}{b_1 [\sigma]}} \tag{5-72}$$

式中，$b_2$ 为底板伸出长度，mm；$b_1$ 为底板宽度，mm。

基座面的承压能力校核公式为

$$\frac{Q}{F} \leqslant [\sigma]_f \tag{5-73}$$

式中，$F$ 为每个耳座底板面积，$mm^2$；$[\sigma]_f$ 为基座材料抗压强度设计值，MPa。

用于紧固支座的螺栓根径按式(5-74)计算

$$d_0 = \sqrt{\frac{4F'}{\pi n_1 [\sigma]_b}} \tag{5-74}$$

式中，$F'$ 为一个支座承受的轴向拉力，N；$n_1$ 为一个支座上螺栓的数量；$[\sigma]_b$ 为螺栓材料的许用拉应力，MPa。

求出的 $d_0$ 值，加上腐蚀裕度，然后圆整到螺栓规格。

(4)安全附件。

安全阀、爆破片的排放能力，应当大于或者等于压力容器的安全泄放量。排放能力和安全泄放量按照 GB/T 150 各部分的有关规定进行计算。安全阀的整定压力不大于压力容器的设计压力。爆破片的设计爆破压力不得大于该容器的设计压力，并且爆破片的最小设计爆破压力不得小于该容器的工作压力。

安全阀应当铅直安装在压力容器以上的气相空间部分，或者装设在与压力容器气相空间相连的管道上。压力容器与安全阀之间的连接管和管件的通孔，其截面面积不得小于安全阀的进口截面面积，其接管应当尽量短而直。安全阀与压力容器之间一般不宜安装截止阀门。新安全阀应当校验合格后才能安装使用。

### 5.4.2　换热器设计

换热器用于实现蓄热介质与做功工质压缩空气之间的高效热量传递。压缩空气储能系统中换热器根据用途的不同分为压缩机级间冷却换热器和膨胀机级间再热换热器。在储能过程中，空气压缩热通过压缩机级间冷却换热器将热量传递给蓄热介质储存，冷却后的空气进入下一级压缩升压；在释能过程中，蓄热介质储存的热量通过膨胀机级间再热换热器传递给做功工质压缩空气，加热后的压缩空气进入各级膨胀机内膨胀做功。

为提高压缩空气储能系统整体效率，压缩机级间冷却和膨胀机级间再热的换热器需要满足如下特点：工作压力不低于 7.0MPa，适用于高压压缩空气流动换热；工作温度不小于 150℃；水-空气换热的平均换热温差不高于 5℃，减小换热㶲损失；单位体积换热面积大，结构紧凑，占地面积小，换热器质量小。

铝制板翅式换热器是一种高效紧凑式换热器，非常适用于压缩空气储能系统级间冷却和级间再热，其单位体积换热面积可达 $2500 \sim 4370 m^2/m^3$，远高于壳管式换热器(约 $160 m^2/m^3$)和板式换热器(小于 $1000 m^2/m^3$)，同时换热系数可高达壳管式换热器的 3 倍以上，水-气换热最小平均换热温差可以小于 1℃，同等换热条件下体积是壳管式换热器的 1/10 甚至更小。目前，国内可加工铝制板翅式换热器最高设计压力可达到 12.0MPa，使用温度范围为–269～200℃。

板翅式换热器由板束体、封头、接管及支承等附件组成。流体的每一层通道由翅片(导流翅片和传热翅片)、隔板、封条组成，将这样的通道根据流体的流道特征依据不同方式复叠起来，钎焊成一个整体便组成板束体。板束体是板翅式换热器的核心。每层通道在特定方位上都设有流体的进出口，并用进出口封头分别包容各流体的每层进出口，焊上各自的接管，配以必要的支承就组成了板翅式换热器，图 5-30 为板翅式换热器结构示意图。

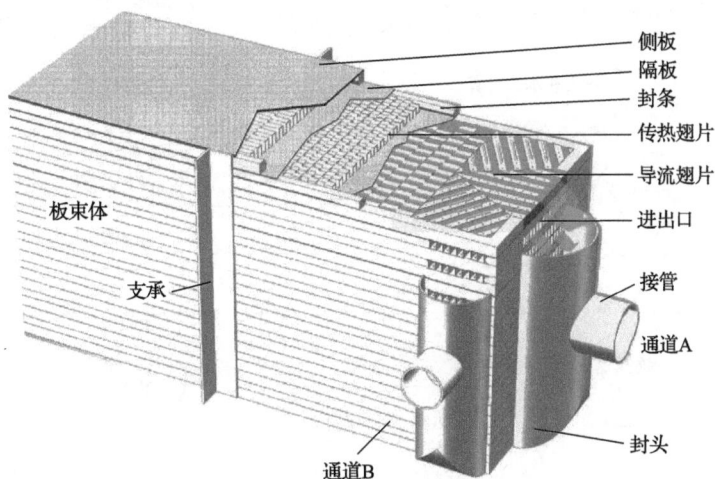

图 5-30　板翅式换热器结构示意图

1. 总体设计

1) 换热器设计方法

压缩空气储能系统级间换热器的设计流程如图 5-31 所示。在设计的初期，必须对压缩空气储能系统进行总体优化设计，确立压缩机级间换热器和膨胀机级间换热器的设计运行参数、变工况特性和结构布置，运行参数如换热流体材料、流体流量、进口压力、进出口温度和最大允许压降，变工况特性主要为不同季节的环境变化对换热器设计运行参数的影响规律，结构布置包括接口朝向、接口尺寸大小、满足装配需求的尺寸范围、立式/卧式、串并联方式等。

在厘清换热器要求的基础上，获取准确的流体和材料热物性，选取合适的翅片结构及其表面流动传热性能特征，开展对换热器的热力和水力计算分析，在满足换热性能、允许流动阻力压降以及结构尺寸限制的条件下，基于不同翅片结构特征以结构最紧凑和成本最优为目标开展优化设计[3]。额定工况的设计结果必须进一步开展变工况设计校核，校核在环境变化和运行波动情况下换热器的适应性。如果校核结果不理想，需要对总体设计或额定工况下的设计结果进行调整。最后，对确定的换热器设计方案开展结构和强度设计及强度校核，完成换热器芯体、封头接管、导流装置和支撑/固定装置的强度设计校核，并基于运行和维护方便需求设计各部件的位置结构，最终形成换热器优化设计方案。

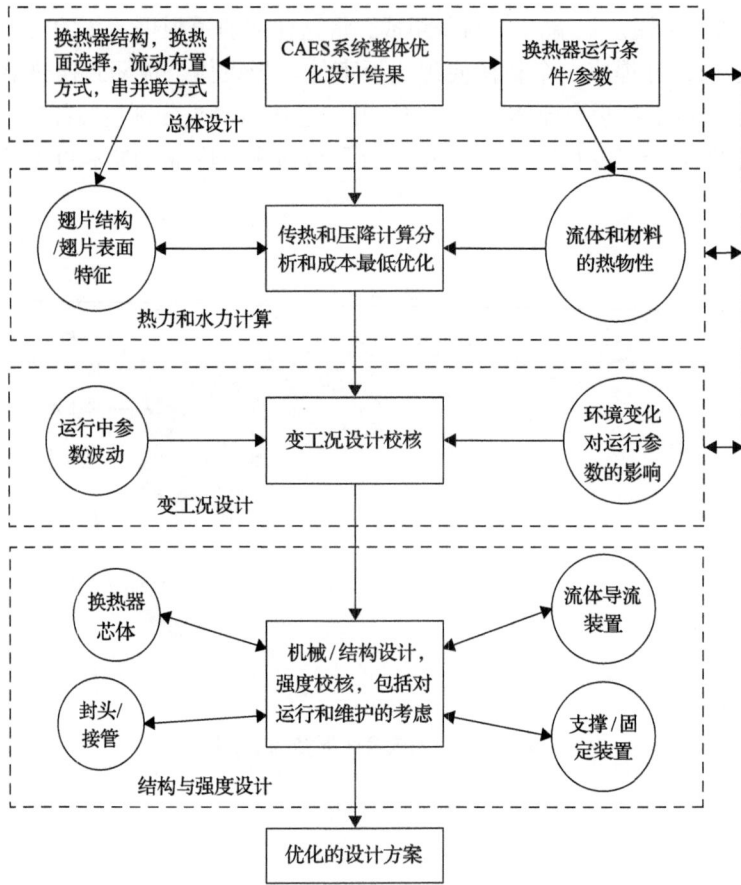

图 5-31　压缩空气储能系统级间换热器设计流程

2) 翅片选择

翅片是板翅式换热器的基本元件，板翅式换热器中的传热过程包括翅片的导热以及翅片与流体之间的对流换热。翅片的作用是：①增大单位体积对流换热面积，提高换热器的紧凑性；②提高传热效率，翅片的特殊结构对流道内流体的强烈扰动，使流动边界层和换热边界层周期破裂和再生，从而有效地降低了热阻，提高了传热效率；③由于翅片起加强肋的作用，可提高换热器的强度和承压能力。根据不同工质与换热工况，可以采用不同结构型式的翅片，常用的四种翅片结构型式见图 5-32。

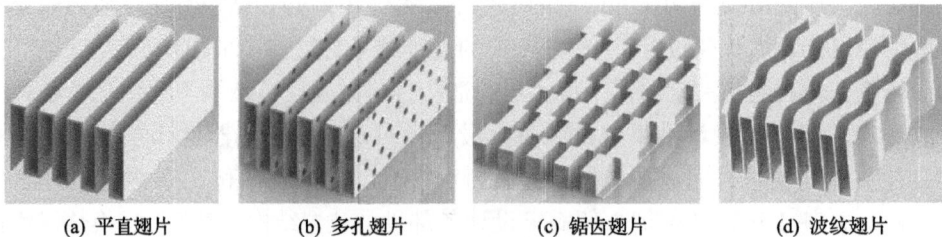

(a) 平直翅片　　(b) 多孔翅片　　(c) 锯齿翅片　　(d) 波纹翅片

图 5-32　常用的四种翅片型式

　　平直翅片具有长光滑壁面，流动和传热特性与方管相似，流动阻力和换热系数均较小，适用于对阻力要求非常严格的场合。波纹翅片在平直翅片上压成一定波形形成弯曲流道，通过不断改变流体流向促进湍动、分离和破坏边界层强化换热，波纹越密、波幅越大，传热性能越好，传热效果介于平直翅片和锯齿翅片之间。锯齿翅片和多孔翅片是常用的两种翅片，锯齿翅片可以看作平直翅片切成许多短小片段并互相错开一定间隔而形成的间断式翅片，对促进流体扰动和破坏边界层十分高效，但流体通过翅片时其流动阻力也相应增大，普遍用在需要强化传热(尤其是气侧)的场合，是目前应用最广泛的高性能翅片，其换热与流动特性随切开长度而变化，切开长度越短，传热性能越好，但流动阻力也相应增大。多孔翅片上密布的小孔使流动边界层不断破裂、再生，从而提高了传热性能，也有利于流体均布，但在冲孔的同时也使翅片传热面积减小，翅片强度降低，多孔翅片主要用于导流片及流体中夹杂颗粒或相变换热的场合。

3)流道布置

　　板翅式换热器可通过流道的不同组合，布置成逆流、错流、多股流、多程流，其中，逆流是最普遍也是最基本的流道布置型式，平均温差小，热利用率高；错流一般用在有效温差并不明显低于逆流，或一侧有相变的场合；多股流用于多种流体同时进行换热的场合，能够合理分配各种流体传热面积，提高紧凑性并减小冷量损失。对于压缩空气级间换热器，换热流体为压缩空气与蓄热流体两种流体，两种流体平均换热温差要求非常小，为实现热量的高效传递，两种流体流道应布置为逆流型式。

　　在压缩机级间换热器设计过程中，由于含湿压缩空气在冷却过程中水蒸气冷凝释放较大量的潜热，造成在换热器热力计算中出现温度夹点，如图 5-33(a)所示，无法满足冷热端同时低温差高效换热。为此，在湿空气冷凝问题严重的板翅式换热器低温段增加一路冷却水来带走多余的冷凝热，换热器流道布置采用多股流布置，如图 5-33(b)所示，保证在蓄热流体高回收温度的同时有较低的下一级压缩机进口温度，提高多级压缩系统效率并确保设备强度。

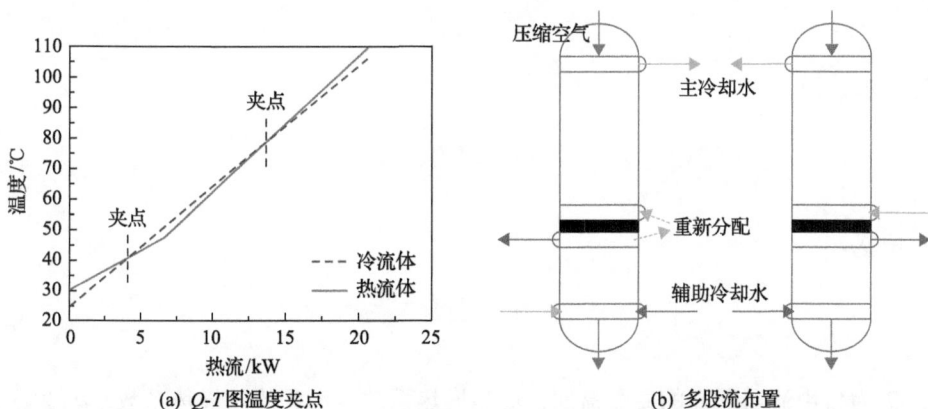

图 5-33　高效低温差换热器内温度夹点问题及多股流布置

### 4) 通道排列

通道的排列方式可以分为单叠排列、复叠排列和混叠排列，如图 5-34 所示。单叠排列时每一热通道都与一冷通道相邻排列，复叠排列的每一个热通道都与两个冷通道相间，或每一个冷通道和两个热通道相间，混叠排列在同一板束中除有热通道和冷通道相邻排列外，同时存在一个热通道和两个冷通道相间或同时存在一个冷通道和两个热通道相间。

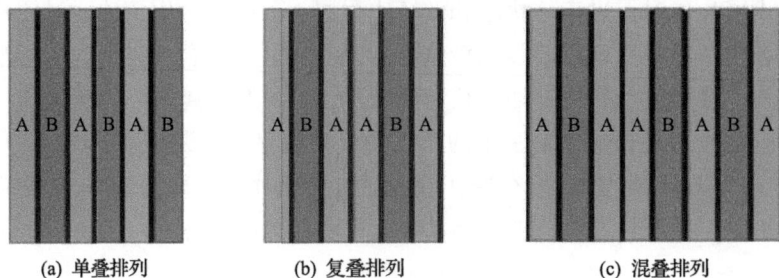

(a) 单叠排列　　　　(b) 复叠排列　　　　(c) 混叠排列

图 5-34　通道排列示意图

A. 冷通道；B. 热通道

对于两股流体换热的压缩空气级间换热器，采用单叠排列或复叠排列，特别是当蓄热流体为液体时，由于蓄热流体侧对流换热系数远高于压缩空气侧，为增大空气侧换热面积并降低流动阻力，通道优选复叠排列型式，每个蓄热流体通道与两个压缩空气通道相间。多股流换热级间换热器，则根据多股流体流量和换热负荷比例，采用复叠排列或者相应通道比例的混叠排列型式。

### 2. 传热设计

#### 1) 翅片表面特性

翅片的流动换热特性，通常用传热因子 $j$ 与雷诺数 $Re$ 的关系式来表示，$j$ 的定义为努塞尔数 $Nu$、雷诺数 $Re$、普朗特数 $Pr$ 的表达式：

$$j = \frac{Nu}{RePr^{1/3}} \tag{5-75}$$

努塞尔数为

$$Nu = \frac{h_t d_e}{\lambda} \tag{5-76}$$

雷诺数为

$$Re = \frac{G d_e}{\mu} \tag{5-77}$$

式中，$G$ 为自由流通截面的质量流速；$h_t$ 为换热系数；$\lambda$ 为流体导热系数；$d_e$ 为水力直径；$\mu$ 为动力黏度。

翅片的流动阻力特性，通常用摩擦传热因子 $f$ 与雷诺数 $Re$ 的关系式来表示。

翅片表面流动阻力压降为

$$\Delta p = 4f \cdot \frac{G^2}{2\rho_\mathrm{m}} \cdot \frac{L}{d_\mathrm{e}} \tag{5-78}$$

式中，$L$ 为翅片长度；$G$ 为自由流通截面的质量流速；$\rho_\mathrm{m}$ 为工质密度。

国内各专业厂、设计院多沿用日本神钢的 ALEX 性能曲线数据（图 5-35），该曲线只区分了翅片型式，但不区分每种翅型的结构尺寸，精确性较差但其裕量可满足一般设计制造要求。使用结果表明，在常用 $Re$ 范围内该曲线约有 15%裕量。

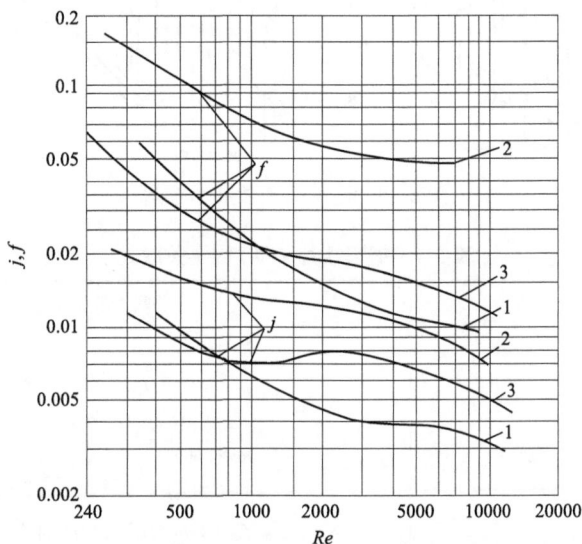

图 5-35　日本神钢 ALEX 性能曲线
1. 平直翅片；2. 锯齿翅片；3. 多孔翅片

Kuppan[3]将 ALEX 曲线拟合得到的关联式如下。

平直翅片（$Re = 400 \sim 10000$）：

$$\ln j = 0.103109(\ln Re)^2 - 1.91091\ln Re + 3.211$$
$$\ln f = 0.106566(\ln Re)^2 - 2.12158\ln Re + 5.82505 \tag{5-79}$$

多孔翅片（$Re = 400 \sim 10000$）：

$$\ln j = -9.544151 \times 10^{-2}(\ln Re)^3 + 2.137607(\ln Re)^2 - 15.92678\ln Re + 34.57583$$
$$\ln f = -6.736098 \times 10^{-2}(\ln Re)^3 + 1.565191(\ln Re)^2 - 12.31399\ln Re + 28.79806 \tag{5-80}$$

锯齿翅片（$Re = 300 \sim 7500$）：

$$\ln j = -2.64136 \times 10^{-2}(\ln Re)^3 + 0.555843(\ln Re)^2 - 4.0924\ln Re + 6.21681$$
$$\ln f = 0.132856(\ln Re)^2 - 2.28042\ln Re + 6.79634 \tag{5-81}$$
$$D_\mathrm{n} = 2sh/(s+h)$$

式中，$j$ 为传热因子；$f$ 为摩擦因子；$D_n$ 为水力当量直径；$h$ 为翅片内高；$s$ 为翅片内宽。

锯齿形翅片是最常用的高效翅片，其主要结构参数如图 5-36 所示。许多学者对其表面传热特性进行了更为深入的研究，提出了多种不同的关联式，表 5-7 中列出了几种典型的关联式，这些关联式都是基于空气介质实验的拟合，其适用条件和精度各有不同，综合比较推荐使用 Manglik 和 Berles 给出的 $j$ 和 $f$ 因子关联式。

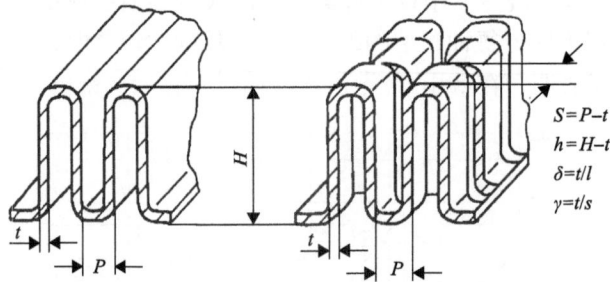

图 5-36　翅片结构参数示意图

$$S = P - t$$
$$h = H - t$$
$$\delta = t/l$$
$$\gamma = t/s$$

**表 5-7　锯齿翅片 $j$ 和 $f$ 因子关联式**

| 序号 | 作者 | 关联式和水力直径 |
|---|---|---|
| 1 | Wieting | $Re \leqslant 1000$：<br>$j = 0.483(l/D_n)^{-0.162}\alpha^{-0.184}Re^{-0.536}$<br>$f = 7.661(l/D_n)^{-0.384}\alpha^{-0.092}Re^{-0.712}$<br>$Re \geqslant 2000$：<br>$j = 0.242(l/D_n)^{-0.322}(t/d_e)^{-0.089}Re^{-0.368}$<br>$f = 1.136(l/D_n)^{-0.781}(t/d_e)^{0.534}Re^{-0.198}$<br>$D_n = 2sh/(s+h)$ |
| 2 | Mochizuki 和 Yagi | $Re \leqslant 2000$：<br>$j = 1.37(l/D_n)^{-0.25}\alpha^{-0.184}Re^{-0.67}$<br>$f = 5.55(l/D_n)^{-0.32}\alpha^{-0.092}Re^{-0.67}$<br>$Re \geqslant 2000$：<br>$j = 1.17(l/D_n + 3.75)^{-1}(t/D_n)^{-0.089}Re^{-0.36}$<br>$f = 0.83(l/D_n + 0.33)^{-0.5}(t/D_n)^{0.534}Re^{-0.20}$<br>$D_n = 2sh/(s+h)$ |
| 3 | Manglik 和 Bergles | $j = 0.6522Re^{-0.5403}\left(\dfrac{s}{h}\right)^{-0.1541}\left(\dfrac{\delta}{l}\right)^{0.1499}\left(\dfrac{\delta}{s}\right)^{-0.0678}$<br>$\times\left[1 + 5.269\times10^{-5}Re^{1.340}\left(\dfrac{s}{h}\right)^{0.504}\left(\dfrac{\delta}{l}\right)^{0.456}\left(\dfrac{\delta}{s}\right)^{-1.055}\right]^{0.1}$<br>$f = 9.6243Re^{-0.7422}\left(\dfrac{s}{h}\right)^{-0.1856}\left(\dfrac{\delta}{l}\right)^{0.3053}\left(\dfrac{\delta}{s}\right)^{-0.2659}$<br>$\times\left[1 + 7.669\times10^{-8}Re^{4.429}\left(\dfrac{s}{h}\right)^{0.920}\left(\dfrac{\delta}{l}\right)^{3.767}\left(\dfrac{\delta}{s}\right)^{0.236}\right]^{0.1}$<br>$D_n = \dfrac{4shl}{2(sl + hl + h\delta) + s\delta}$ |

2)传热计算

根据几何尺寸的关系，图 5-36 所示翅片的结构参数计算公式如下。

当量直径：

$$D_n = \frac{4A}{U} = \frac{2sh}{s+h} \qquad (5\text{-}82)$$

每层通道自由流通面积：

$$A_i = \frac{shW}{P} \qquad (5\text{-}83)$$

式中，$W$ 为板束有效宽度；$P$ 为翅片节距。

每层通道传热表面积：

$$F_t = \frac{2(s+h)WL}{P} \qquad (5\text{-}84)$$

式中，$L$ 为流体通道长度。

板束 $n$ 层通道自由流通面积：

$$A_i = \frac{shWn}{P} \qquad (5\text{-}85)$$

板束 $n$ 层通道传热表面积：

$$F_i = \frac{2(s+h)WLn}{P} \qquad (5\text{-}86)$$

一次表面面积：

$$F_b = \frac{s}{s+h}F_t \qquad (5\text{-}87)$$

二次表面面积：

$$F_f = \frac{h}{s+h}F_t \qquad (5\text{-}88)$$

板翅式换热器的热传递由一次表面换热量以及二次表面换热量组成：

$$Q = Q_b + Q_f = h_t \cdot (F_b + F_f \eta_f)\theta_0 \qquad (5\text{-}89)$$

式中，$\theta_0$ 为一次表面与平均流体温度的温差；翅片效率 $\eta_f = \dfrac{\tanh(ml)}{ml}$（实际散热量与假

设整个翅片表面处于基表面相同温度下的散热量的比值），其中，$m = \left(\dfrac{2h_t}{\lambda \delta_f}\right)^{\frac{1}{2}}$，$l$ 为传导

距离，是指由翅片根部截面至翅片表面温度梯度为零界面的距离。根据换热流体的布置方式可分为下列两种情况，翅片温度分布曲线如图 5-37 所示：单叠布置，此时热通道 $l_1=h_1/2$，冷通道 $l_2=h_2/2$；复叠布置，此时热流体通道 $l_1=h_1/2$，冷流体通道 $l_2=h_2$。

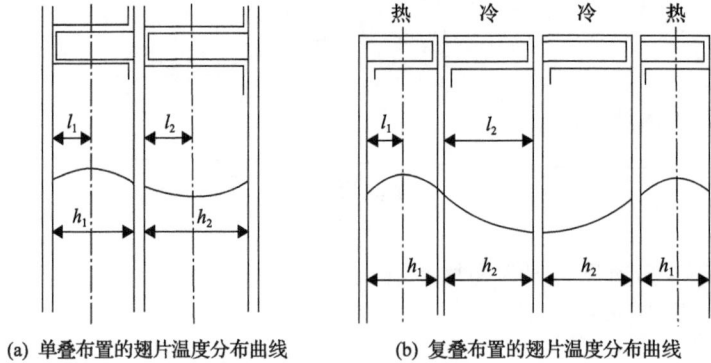

(a) 单叠布置的翅片温度分布曲线　　　　(b) 复叠布置的翅片温度分布曲线

图 5-37　单叠和复叠布置下翅片温度分布曲线

3）流动压降计算

流体在流经通道时主要的阻力损失有很多，如流体从入口管道进入封头的阻力、从封头到入口导流片的阻力、从导流片经过转弯和缩小流入板束体的阻力、从出口导流片进入封头的阻力、从封头到出口管道的阻力等。为了简化问题，把换热器分为三部分，即入口段、出口段和换热器的板束芯体中心部分。

换热器芯体入口的阻力是由试验段入口界面到翅片入口的流通截面变化而造成的：

$$\Delta p_1 = \frac{G_f^2}{2\rho_i}\left(\zeta_i + 1 - \sigma^2\right) \tag{5-90}$$

换热器芯体出口的阻力是由翅片出口到试验段出口的流通截面变化而造成的：

$$\Delta p_2 = \frac{G_f^2}{2\rho_o}\left(\zeta_o + 1 - \sigma^2\right) \tag{5-91}$$

换热器板束体中的阻力主要由传热面形状改变而产生的阻力和摩擦阻力组成：

$$\Delta p_3 = \frac{G_f^2}{2\rho_i}\left[2\left(\frac{\rho_i}{\rho_o} - 1\right) + \left(\frac{4fL}{d_e}\right)\frac{\rho_i}{\rho_m}\right] \tag{5-92}$$

板翅式换热器的流动总压降为三部分之和：

$$\begin{aligned}
\Delta p_0 &= \Delta p_1 + \Delta p_2 + \Delta p_3 \\
&= \frac{G_f^2}{2\rho_i}\left[\left(\zeta_i + 1 - \sigma^2\right) + 2\left(\frac{\rho_i}{\rho_o} - 1\right) + \left(\frac{4fL}{d_e}\right)\frac{\rho_i}{\rho_m} + \frac{\rho_i}{\rho_o}\left(\zeta_o + 1 - \sigma^2\right)\right]
\end{aligned} \tag{5-93}$$

式中，$L$ 为换热翅片长度；$G_f$ 为流体的质量流量；$\rho_i$ 为入口处流体密度；$\rho_o$ 为出口处流体密度；$\sigma$ 为板束中该流体通道截面积与流体迎面面积之比；$\zeta_i$ 为收缩阻力系数；$\zeta_o$ 为扩大阻力系数；$\zeta_i$ 和 $\zeta_o$ 可通过查询得到。

### 3. 结构与强度设计

板翅式换热器因其结构的特殊性，其芯体的承压能力除了与使用的零部件尺寸有关之外，很难用精确的计算方法来确定其实际的许用应力，因此一般只能按照规范的要求进行实验，即用实验来确定某种规格翅片的许用应力，经多次验证并达到成熟以后可以得到一个经验公式，用其可以粗略计算某种翅片的许用压力。除芯体外，其余零部件，如封头、接管、集气管、支架(座)以及吊耳等均可以按照常规压力容器或强度构件进行强度计算。

#### 1) 翅片

翅片包含传热翅片和导流翅片，翅片高度 $h=2.5\sim20.0$ mm；翅片材料厚度 $t=0.1\sim0.6$ mm；翅片节距 $P=0.8\sim4.2$ mm。翅片的承压能力与节距 $P$ 及材料厚度 $t$ 有关，$t$ 和 $P$ 应在生产厂商现有型号规格下选取并应满足

$$\frac{t}{P} = \frac{p_D}{(\sigma_b/\kappa)\varphi_f} \tag{5-94}$$

式中，$p_D$ 为设计压力，MPa；$\sigma_b$ 为翅片材料的最低抗拉强度，MPa；$\kappa$ 为安全系数，在 $4\sim6$ 取值，目前通常取 5，并有从 5 改为 4 的倾向；系数 $\varphi_f$ 是各种因素的综合值，包括翅片材料的真公差、冲翅时材料的拉伸变薄及翅片不垂直引起拉力变大等因素的综合值。对平直形及锯齿形翅片，建议取 $\varphi_f=0.85\sim0.90$。对于多孔翅片，考虑到减小了翅片的断面积并造成应力集中等因素，故需多考虑一个开孔系数 $\theta$，因而 $\varphi_f$ 值建议取 $\varphi_f=0.85\theta$，$\theta$ 为孔的面积与总面积的比值。

理论分析和实验数据均表明，在一定范围内(翅片高度范围 $2\sim12$ mm)，翅片高度与翅片的承压能力无关。

常用铝合金材料的最低抗拉强度和许用应力见表 5-8，中间温度的许用应力可用内插法求取，其中翅片材料主要选用 3003 和 3004，其余材料则用于封头和接管等。

**表 5-8　常用铝合金材料力学性能**

| 材料牌号 | $\sigma_b$/MPa | 在下列温度下的许用应力 $[\sigma]$/MPa | | | | | |
|---|---|---|---|---|---|---|---|
| | | $-269\sim20$℃ | 65℃ | 100℃ | 125℃ | 150℃ | 200℃ |
| 3003 | 95 | 23 | 23 | 23 | 20 | 16 | 10 |
| 3004 | 150 | 37 | 37 | 37 | 37 | 34 | 18 |
| 5052 | 170 | 42 | 42 | 42 | 42 | 38 | 19 |
| 5454 | 215 | 54 | 54 | 54 | 50 | 37 | 22 |
| 5083 | 275 | 67 | 67 | — | — | — | — |
| 6061 | 260 | 65 | 65 | 64 | 62 | 54 | 33 |

2) 隔板与侧板

隔板是两层翅片之间的金属复合平板,用于分隔流道,美国 S-W 公司介绍了一种隔板厚度 $t$(mm)的计算公式:

$$t = \frac{p_a \times 0.5h_a + p_b \times 0.5h_b}{[\sigma]} \tag{5-95}$$

式中,$p_a$ 和 $p_b$ 为隔板两侧流体的设计压力,MPa;$h_a$ 和 $h_b$ 为隔板两侧流体所用翅片的高度,mm;$[\sigma]$ 为隔板材料的许用应力,MPa。

实际工业生产中,隔板厚度不仅取决于强度计算,还取决于钎焊工艺的要求。若设计压力提高,则要求翅片材料增厚及角焊缝高度增加,进而要求有足够的钎焊金属才能填补满足角焊缝的需要。而钎焊金属来自隔板包覆层,因此又要求包覆层的厚度有适当增加,包覆层厚度一般为隔板总厚度的 7.5%~10%。隔板的厚度按使用压力不同而选取,国内常用厚度有 0.8mm、1.0mm、1.2mm、1.6mm、2.0mm、3.0mm 等几种。

侧板是板翅式换热器最外侧的两块厚板,除承受压力外还起保护作用,侧板应与所选用的封头厚度相适应,厚度一般取 5~6mm。若封头的厚度超过侧板最大厚度,则可以在侧板外面再加一块贴板进行封头的焊接。

3) 封条

封条宽度一般不是根据强度计算而是由结构设计确定的。封头厚度由强度计算确定后,从结构上要求封条宽度一定要大于封头厚度才是合理的。若封头很薄或者没有封头,封条的最小宽度 $W$(mm)由式(5-96)确定:

$$W = 10h(3p_D/4[\sigma])^{0.5} \tag{5-96}$$

式中,$h$ 为封条的高度,即翅片高度,mm;$p_D$ 为设计压力,MPa。用该公式计算的结果偏于保守,实际使用中封条宽度一般在 15mm、25mm 和 35mm 三个值之间取值。

4) 封头和接管

板翅式换热器的封头/接管起到分布和集聚介质、连接板束与工艺管道的作用,封头/接管的典型配置形式见图 5-38,根据配管需求合理选取封头/接管形式可以使整个系统更为紧凑,降低管道复杂度和流动阻力损失。

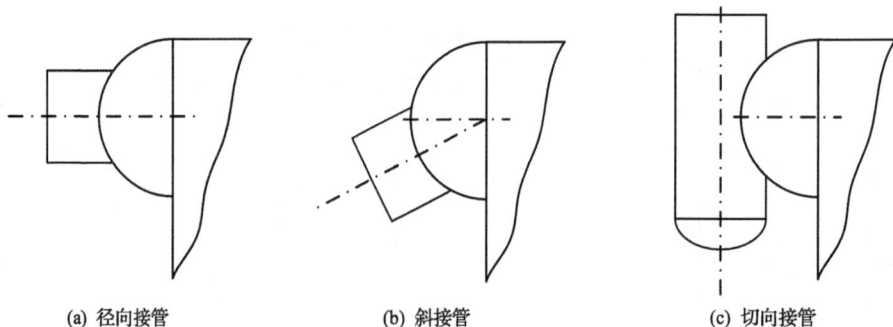

(a) 径向接管      (b) 斜接管      (c) 切向接管

图 5-38 典型的封头/接管形式

封头是主要受压元件之一，其强度计算必须符合压力容器规范的有关规定，由于封头形状的特殊性和多样性，计算时无法按整体形状受压元件来进行考虑，目前国内外通常的做法是按零部件受力情况来进行强度计算。

封头主体是内径为 $D_i$、壁厚为 $b$ 的半圆形柱体，当 $b<0.5D_i$ 且 $p_D<0.385[\sigma]\varphi$ 时，有

$$b = p_D R_i/([\sigma]\varphi - 0.6p_D) + C \tag{5-97}$$

式中，$\varphi$ 为焊缝系数，一般仅取 0.6 左右；$C$ 为材料附加值，mm。

接管内径 $d_i$ 由前述阻力计算确定后，应在该值的附近选取标准接管尺寸并作为接管的初定尺寸。当 $t<0.5d_i$ 且 $p_D<0.385[\sigma]\varphi$ 时，接管壁厚 $t$ 可按式 (5-98) 计算：

$$t = p_D d_i/(2[\sigma]\varphi - 1.2p_D) + C \tag{5-98}$$

接管为无缝标准管时，焊缝系数 $\varphi=1$，为有缝焊接管时，其 $\varphi$ 值要按加工及检验方法来确定。大致范围可参考表 5-9。

表 5-9　焊缝系数 $\varphi$ 值

| 射线检查覆盖范围 | 单面焊 | 双面焊 |
| --- | --- | --- |
| 100% | 0.9 | 1.00 |
| 25% | 0.8 | 0.85 |
| 不检验 | 0.6 | 0.70 |

受位置和外形尺寸的限制，接管直径 $d_i$ 与板翅式换热器封头内径 $D_i$ 之比值 $d_i/D_i$，往往都超出了压力容器规范有关规定范围的值，属于大开孔的情况很多，因此必须对封头和接管开孔后的补强进行计算。

5）导流片型式

导流片位于流道两端，其作用是为了引导进出口管经封头流入板束的流体，使之均匀地分布于流道中，或是汇集从流道流出的流体使之经过封头由出口管排出。导流片结构设计原则为：①保证流道中流体的均匀分布，流体在进出口管道通道之间顺利过渡；②在导流片中流动阻力应保持在最小的恒定值；③导流片的耐压强度应与整个板束体的承压能力匹配；④便于制造。根据板束的宽度以及导流片在板束内的开口位置和开口方向，导流片一般有以下几种型式，如图 5-39 所示。

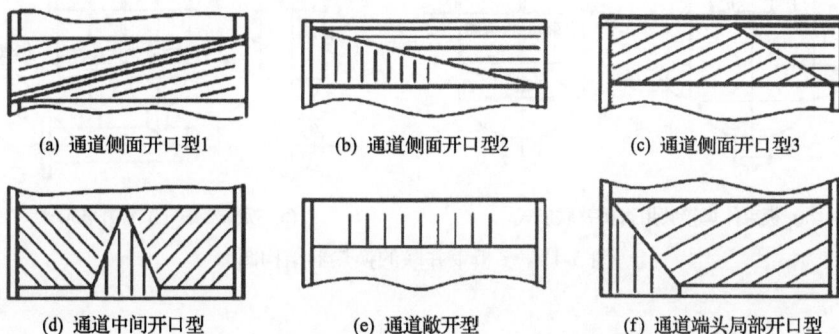

(a) 通道侧面开口型1　　(b) 通道侧面开口型2　　(c) 通道侧面开口型3

(d) 通道中间开口型　　(e) 通道敞开型　　(f) 通道端头局部开口型

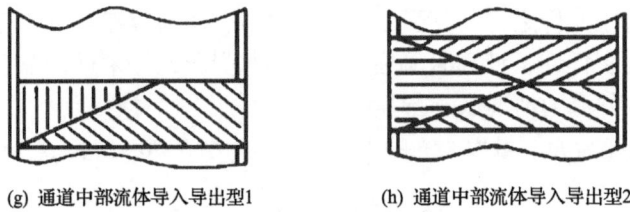

(g) 通道中部流体导入导出型1　　　(h) 通道中部流体导入导出型2

图 5-39　导流片型式示意图

6) 多板束体并联

板翅式换热器由于工艺条件的限制，单元尺寸不能做得太大，大型板翅式换热器需要通过许多单元板束的串联、并联、串并联进行组合，在单元组合时，很重要的一个问题就是如何使流体在这些单元板束中均匀分配。单元板束体组合基本上为图 5-40 所示的三种方式。从流体均匀分配的角度应尽量采用对称型，避免并流型，由于各单元流体阻力可能不等，组合时应注意匹配得当，工艺管道的布置也要注意这一点。

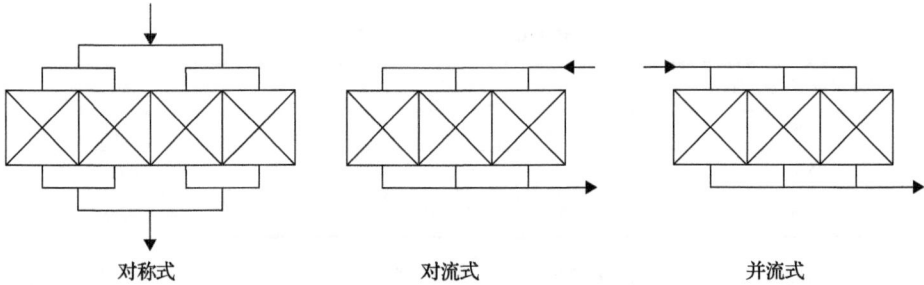

对称式　　　　　　　对流式　　　　　　　并流式

图 5-40　单元板束体并联组合

多板束体组成的换热器的并联结果如图 5-41 所示，在较低的设计压力下可以将多板束体焊接，共用封头和接管，降低局部阻力损失，提高流体分布均匀性。在较高压力或者封头加工受限的条件下，通常采用集气汇管并联的形式，将多个换热器的进出口接管分别汇集到集气汇管后与其他设备连接。

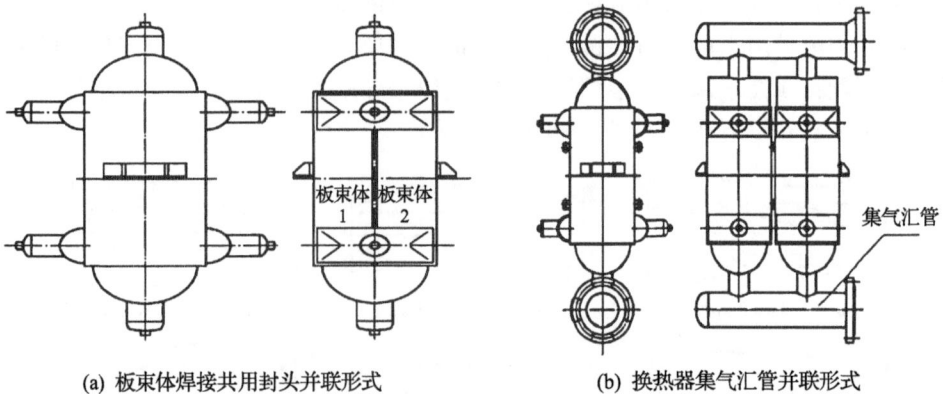

(a) 板束体焊接共用封头并联形式　　　(b) 换热器集气汇管并联形式

图 5-41　多板束并联的换热器结构图

4. 变工况设计

实际换热器在运行过程中，其运行工况并不能恒定维持在设计工况，即存在变工况运行状态，在换热器的设计过程中，必须从流动传热计算和结构设计上对换热器偏离设计较大的工况进行校核，确保压缩空气储能系统的稳定高效运行。

换热器工况变化主要有以下几个方面。

(1)流体参数在任一时刻总是在一定范围内上下波动，这是一种不可人为避免的特性，该参数波动对换热器以及系统的工作性能影响有限，一般通过自动控制系统控制波动幅度即可。

(2)由于压缩空气储能系统工作的特性，压缩机级间换热器和膨胀机级间换热器存在周期性启停，自系统启动至稳定工作，换热器处于非稳态运行阶段，流体参数特别是流量和进出口温度持续变化。在该阶段中，由于流体流量和进口温度以及换热器换热负荷均低于设计的稳定工况，一般不需要特别考虑。

(3)换热器常常要进行大的工况迁移，如换热器在一年四季工作中就经常会受到环境影响而导致运行工况变动。图 5-42 为某案例地区的环境季节变化特征，随着季节的变化，环境温度和湿度会有很大的变化，各级压缩机进出口温度、蓄热水温度、蓄热水流量、换热器热负荷、换热器内流动压降也会相应地有较大的变化，特别是各级压缩机换热器(干燥前)的进口含湿量变化使得压缩机级间换热器具有非常明显的季节性特征，在换热器设计中必须重点校核。

(4)不同工艺要求换热量或者负荷在不同时期具有不同的分配方案，这些情况都会导致换热器的变工况运行，即换热器并不是总运行于一个工况点，而是要适应多个完全不同的工况点。

换热器的变工况运行与系统的变工况运行特性有强烈的耦合作用，换热器的变工况运行参数需要根据系统变工况运行计算结果确定，因此在换热器设计过程中需要与总体设计充分配合，获取在不同典型工况下换热器的进出口温度、流量和湿度等参数，对典型工况进行计算校核，确保换热器在全工况下高效稳定运行。

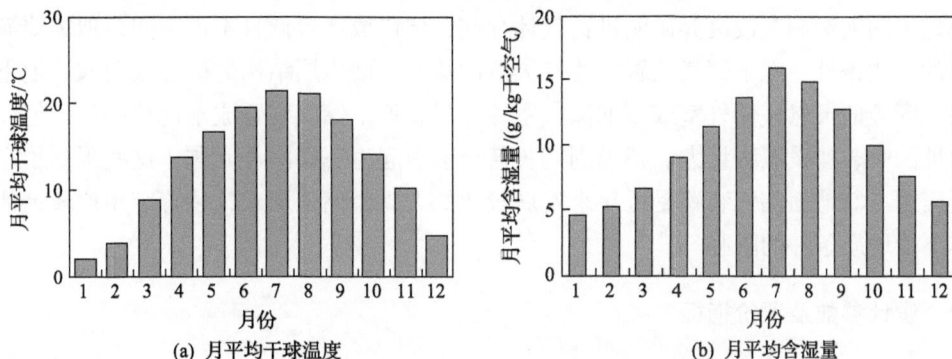

(a) 月平均干球温度

(b) 月平均含湿量

图 5-42 某案例地区季节环境温度和含湿量变化情况

## 5.5　储气装置设计

储气装置作为压缩空气储能技术中的关键储能部件，在整个储能系统中发挥着重要作用。储气装置负责在储能阶段收集并储存压缩机出口的高压气体，释能阶段将高压气体释放给膨胀机。储气装置在整个过程中起到收集、储存与释放气体的作用，然而在不同的储能技术中其结构型式不尽相同。本节主要针对压缩空气储能系统中的储气装置进行介绍，包括不同类型储气装置的结构型式、设计方法及测量技术等。

### 5.5.1　储气装置分类

压缩空气储能系统的储气装置根据储气装置设计压力、固定方式、储气压力变化规律、存放的位置可以分成不同类别[4]。

(1)根据储气装置的设计压力($p$)等级可分为以下四种级别。①低压储气装置：$0.1\text{MPa} \leqslant p < 1.6\text{MPa}$；②中压储气装置：$1.6\text{MPa} \leqslant p < 10\text{MPa}$；③高压储气装置：$10\text{MPa} \leqslant p < 100\text{MPa}$；④超高压储气装置：$p \geqslant 100\text{MPa}$。大规模压缩空气储能系统中比较常见的选择是中压储气装置与高压储气装置，而低压和超高压储气装置的应用较少。

(2)根据储气装置是否可移动，可以分为固定式储气装置和可移动式储气装置。固定式储气装置的容量和重量一般比较大，建设时需要特别考虑地基性能，充分兼顾地质条件和气候条件来保证系统的安全性。可移动式储气装置主要应用于车载或瓶装结构，不适合大规模储气装置的场合。

(3)根据储气装置内压力变化形式，可分为变压储气装置与恒压储气装置。①储气装置的水容积一般固定不变，在没有外界因素的条件下，储气装置内的气体压力会随着储气系统释能过程而不断下降，是一个持续变压的过程，通常在膨胀机进口前安装恒压阀门或稳压阀门来控制其进口压力，但恒压阀门会产生额外的压能损失。②恒压储气装置则是利用外界因素对储气装置内的压力进行主动控制而保持压力稳定不变的装置。研究表明，相同条件下恒压储气装置的热效率与㶲效率均高于变压储气装置，且储能密度相差较大。

(4)根据存放位置不同，可分为地下储气装置与地面储气装置。①地下储气装置通常选择地下的天然洞穴或废弃矿洞进行气体存储，建设成本较低且不占空间，但需要满足特定的地质条件。地下储气装置主要有天然的盐穴、硬岩层结构的矿井或洞穴、地下含水层、废弃的天然气储气室或石油储气室等。尽管地下储气装置成本优势明显，但面临着选址困难、建设工程量大、建设周期长甚至会引起生态移民等问题，这些限制了它的广泛应用。②地面储气装置是近年来发展较快的大规模储气形式，装置应用比较灵活，基本不受地质条件的限制。

### 5.5.2　设计参数及评价指标

1. 基本设计参数

压缩空气储能系统中，储气装置的基本设计参数主要包括储气压力 $p$、储气温度 $T$、

储气规模 $V_c$。储气压力和储气温度对储气装置性能指标都具有较大影响，相比之下，储气压力影响更大。在进行储气装置设计选型时，需要综合考虑储气压力、储气温度对储能特性的影响以及储气压力与膨胀机进气压力的压差对系统效率的影响。提高储气压力并降低储气温度，能够显著减小储气装置的容积和增大储能密度，从而可以解决储气装置占地面积大、单位存储能量低的问题。然而，储气压力的选择并不是越高越好。由于膨胀机进气压力受到透平设备的设计、加工等因素影响较大，通常不会很高。储气压力与膨胀机进气压力的压差越大，释能过程中损失的压力能越多，系统的热效率和㶲效率越低。提高储气压力，可以提升储气装置性能，但储气压力与膨胀机进气压力的压差过大，会显著降低压缩空气储能系统性能。因此，合理选择储气压力非常重要。

压力容器的设计有很多繁杂、需要注意和处理的细节，其中压力容器的设计参数、制造材料以及设计工艺是其设计的重点。设计参数是进行压力容器强度计算和结构设计的主要依据。只有准确确定设计参数，才能根据计算结果准确设计出符合标准的压力容器。设计参数是由生产的工艺要求确定的，影响压力容器设计的主要工艺参数有压力、温度和直径等。

(1) 压力。压力容器的压力是指介质的压力，是压力容器工作时所承受的主要外力。经常使用的是最高工作压力、设计压力与公称压力等概念。①最高工作压力：在正常工作情况下，容器顶部可能达到的最高工作压力，是容器设计的基础数据。②设计压力：设定的容器顶部的最高压力，与设计温度一起作为设计载荷条件，其值不低于工作压力。③计算压力：在相应设计温度下，用以确定元件厚度的压力。

(2) 温度。和内部介质可能达到的温度不同，压力容器的设计温度是指容器在正常工作情况下设定的元件的金属温度。设计温度是设计中材料选择和许用应力确定时不可或缺的基本参数。要明确区分设计温度与金属温度。设计温度用以确定金属元件的许用应力，而金属温度则用以计算元件的热膨胀数值。

(3) 直径。一般容器直径指其内径。出于标准化的需要，把容器的直径按照从小到大排列成系列，该系列中的各尺寸称为公称直径。经标准化后在确定容器直径时应选取与之相近的公称直径，以有利于封头、法兰等零部件的标准化。

然而，除了合理地确定工艺参数，压力容器的设计中还应考虑其他工艺要求，如腐蚀裕量、焊接结构、膨胀结构等。

腐蚀裕量设计与压力容器的安全性有直接的关系，需要根据压力容器计划使用年限及储存介质的腐蚀力选择压力容器的材质并确定壁厚。设计人员必须严格按照国家及企业所制定的工作规范，尽量准确地计算出容器的腐蚀裕量。

焊接技术对压力容器的设计十分重要。焊前应按照国家的相关标准和行业规范，根据设计要求和容器用途，从强度、韧性等方面考虑容器材料的选取。焊后必须要对焊缝进行认真检查，尤其是筒节与封头以及夹套与夹套封头的焊接。检查时要观察其是否焊接完整而无缝隙，确定焊接质量达到相关的标准。

压力容器中设置膨胀结构可缩小圆筒结构中的热膨胀量，从而使容器在轴向进行自由的伸缩。对大规模压缩空气储能系统而言，是否考虑膨胀量的设计，必须采用合理有效的计算方法，根据实际储气装置的结构型式及设计要求来决定。判定方式为通过对圆筒轴向应力进行计算，并与相应的技术规范对照，若超出规定范围，就需要进行膨胀量的调节设置。

### 2. 常规评价指标

衡量压缩空气储气装置储能特性的指标为储气装置容积、储气量和储能密度。在压缩空气储能释能程中，储气装置内部压力从初始时刻的储气压力逐渐降低至终了时刻的膨胀机进口额定压力，当储气压力低于膨胀机进口额定压力时，储气装置停止输出气体，此时释能过程结束。因此，实际参与膨胀机做功的压缩空气只是释能阶段初始时刻与终了时刻储气装置内的压缩空气总量的差值。

#### 1) 储气装置容积 $V_c$

根据理想气体状态方程，释能阶段储气装置初始时刻和终了时刻的状态参数关系为

$$p_{s0}V_c = m_{s0}R_gT_{s0} \tag{5-99}$$

$$p_{s1}V_c = m_{s1}R_gT_{s1} \tag{5-100}$$

式中，$V_c$ 为储气装置容积；$R_g$ 为气体常数；$p$、$T$、$m$ 分别为压力、温度和质量；下标 s0、s1 分别代表释能初始时刻与终了时刻，将释能过程视为等温膨胀过程，则 $T_{s0}=T_{s1}$。

将上述不同时刻的方程相减可得如下形式：

$$V_c(p_{s0} - p_{s1}) = \Delta m R_g T_{s0} \tag{5-101}$$

$$\Delta m = m_a t \tag{5-102}$$

式中，$\Delta m$ 为参与膨胀机做功的压缩空气质量；$m_a$ 为压缩空气质量流量；$t$ 为膨胀机工作时间。因此，储气装置容积可表示为

$$V_c = \frac{m_a t R_g T_{s0}}{p_{s0} - p_{s1}} \tag{5-103}$$

#### 2) 储气量 $V_0$

储气量指储气装置在标准状况下的实际储气体积，单位为 $N \cdot m^3$。根据质量守恒定律，可以将储气装置中的压缩空气总量折算成标准状况下的储气量。

$$V_0 = \frac{V_c \rho_{s0}}{\rho_0} \tag{5-104}$$

式中，$\rho_{s0}$ 为储能初始时刻密度；$\rho_0$ 为标准状态下密度。

3) 储能密度 $\gamma$

储能密度是衡量储气装置储能能力的重要指标, 按照如下公式计算。

$$\gamma = \frac{E}{V_c} \tag{5-105}$$

$$E = m_a t R_g T_{s0} \ln \frac{p_{s0}}{p_{s1}} \tag{5-106}$$

式中, $\gamma$ 为储能密度; $E$ 为储气装置中压缩空气可用能。

### 5.5.3　地面储气装置设计

目前, 压力容器已经广泛应用在我国石油、化工、能源及军工等领域和行业。将压力容器应用于压缩空气储能领域, 使其摆脱对天然岩洞、盐穴等的依赖, 应用更加灵活。压力容器适用于无法建设地下储气装置或者规模较小的压缩空气储能系统。在对压力容器进行设计时, 除了要严格遵循行业规范和国家的法律法规外, 还应当注重从技术方面改进设计水平, 具体包括压力容器的设计参数以及容器的塑料失效性设计、疲劳设计、抗腐抗压设计及概率性设计。正确选择压力容器的设计参数及结构型式, 将有利于压力容器的材料节省、加工过程的精简, 甚至还可以提高压力容器的运行安全性。

#### 1. 结构型式

根据压力容器不同的结构型式, 地面储气装置可以分为储气罐、钢瓶组和储气管道三种类型。

(1) 储气罐是应用最广泛的地面储气装置, 常用结构型式有圆筒形和球形, 如图 5-43 和图 5-44 所示。圆筒形储气罐可以实现高压储气和长时间储气, 通常单台储气罐的设计

图 5-43　圆筒形储气罐

图 5-44　球形储气罐

直径小于 3m，设计长度小于 20m。相比于圆筒形储气罐，球形储气罐具有单个罐体存储容量大和单位投资成本低的优点，缺点是承压较低。由于单个罐体容积较大，球形储气罐通常在用户现场进行组装。

(2)钢瓶组由数量较多的单个钢瓶以串联或并联的方式组成(图 5-45)。钢瓶也称气瓶，有焊接、无缝两种结构，常规钢瓶的公称工作压力为 8～30MPa，公称容积为 0.4～80L，在压缩天然气(compressed natural gas, CNG)运输和储气领域应用较多。市场上常用的钢瓶组分为立式和卧式两种，通过专用钢瓶支架固定。钢瓶组的主要优点是使用灵活，可以根据用户需要进行布置；缺点是进行大容量存储时的数量较多，带来操作复杂和可靠性降低的问题。

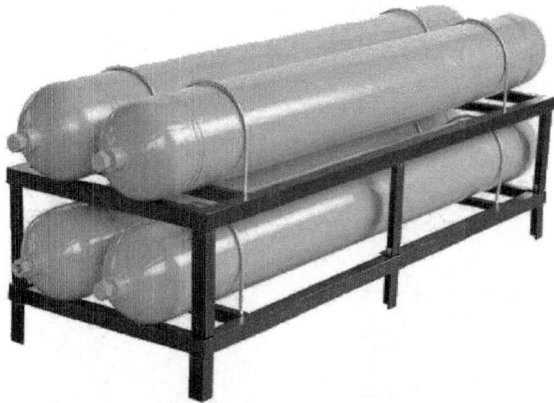

图 5-45　钢瓶组储气装置

(3)管道储气是使用若干根大口径、高强度的结构钢管按照一定间距布置来储存气体(图 5-46)。这种储气方式的优点是能够高压、大容量储存，布置灵活、施工方便，采用通用规格的钢管则经济性更好，若进行埋地放置，则可以节省大量的地上空间。缺点是目前在储能领域的应用较少。管道储气方式的应用较早，20 世纪 60 年代，美国建设了一条长度约 5.28km 的储气管道，储气压力 6.26MPa，管道材料为 X60 系列钒钢管。目前，随着大口径管线钢技术的快速发展，钢管材料的屈服强度得到较大提升，管材壁厚和单位用钢量减少，工程建设成本不断降低，这种类型的材料引起了广泛关注。

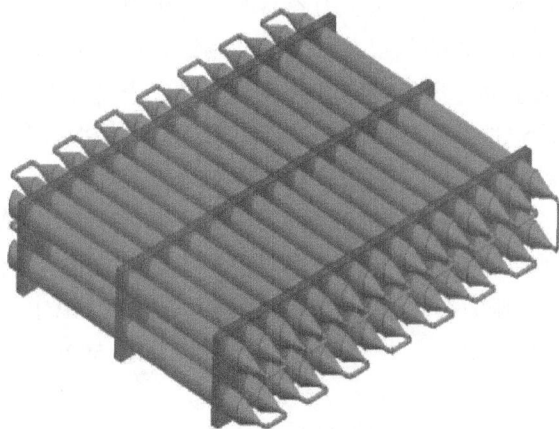

图 5-46 管道储气装置

2. 设计方法

压力容器设计方法是根据工程力学的基本原理，用解析法、数值法、实测法及对比经验法建立起来比较系统而完整的设计方法。压力容器所采用的设计方法有两大类：一类是按规则进行设计，也称为常规设计；另一类是分析设计方法。

(1)常规设计法：指将载荷作用在压力容器总体结构及主要元件和部位产生的最大应力限制在结构材料屈服强度(弹性失效设计准则)以内的基本设计方法。它的基本思想是结合简单力学理论和经验公式对压力容器部件的设计做一些规定。我国压力容器的国家标准 GB/T 150《压力容器》系列标准、美国的 ASME 锅炉与压力容器规范第Ⅷ卷第一册和日本标准 JISB 8270 等都采用它进行一般压力容器的设计。常规设计主要依据材料力学中的公式进行设计，计算容器简单部件的基本壁厚，然后对计算结果取以一定的安全系数作为最终的设计结果，经长期工程检验确定的经验系数虽然足以保证设计容器的安全性，但设计结果往往较为保守。该设计方法的最大优点是简单方便，主要不足是没有考虑容器在交变载荷作用下的疲劳问题；对容器局部不连续处的应力集中不能进行详细的应力分析，做出准确的定量计算；对压力容器在运行中可能出现的裂纹无法进行评定等。

(2)分析设计法：分析设计方法主要包括应力分类法和直接法。分析设计是以极限载荷、安定性原则和疲劳寿命评定为基准，直接法采用极限分析、塑性分析和安定性分析的方法直接对载荷加以限制。分析设计主要目的是防止结构塑性垮塌、防止局部失效、防止壳体失稳或褶皱引起的垮塌和防止循环载荷作用产生的失效。防止塑性垮塌的分析方法中有弹性应力分析法、极限载荷分析法和弹塑性应力分析法；而防止循环载荷失效的方法中又分为疲劳评定和棘轮失效评定两个办法。尽管分析设计直接法在压力容器设计领域得到了广泛的关注和应用，但基于弹性力学的应力分类法仍然是当今压力容器分析设计的主流方法，工程设计人员也非常熟悉弹性应力分析方法。目前，在工程上采用直接法设计的实例很少，设计人员仍然偏向使用应力分类法进行设计。

压力容器设计工作的重点是指对压力容器的设计压力、介质特性、运行温度等相关参数的计算，并根据设计参数的确定选择合适的制造材料，继而进行准确的受力分析，并通过详细的计算，初步确定压力容器的直径和壁厚。当设计参数确定以后，通过准确的分析和计算，初步确定选用的制造材料；同时，还需要把握好各项设计标准，确保不出现设计参数不达标的情况。对于压力容器的受力分析和计算都需要精准地进行，才能够确保压力容器能够安全地运行；与此同时，还需要注意压力容器罐体各部分的受力情况，确保罐体各部分的受力均匀性。压力容器设计中应遵循的主要标准及规范有如下几项：TSG R1001—2012《压力容器压力管道设计许可规则》；GB/T 20801.1—2020～GB/T 20801.6—2020《压力管道规范 工业管道》系列标准；GB 50251—2015《输气管道工程设计规范》。

对内压压力容器而言，其薄壁圆筒及封头的强度设计，主要是建立在壳体无力矩理论的基础上，推导过程大致为：①根据薄膜理论进行应力分析，确定薄膜应力状态下的主应力；②根据弹性失效设计准则，应用强度理论确定应力强度判据；③对于封头，考虑薄膜应力的变化和边缘应力的影响，按壳体中的应力状态引入应力增强系数；④根据应力强度判据，考虑制造、腐蚀等具体因素导出具体计算公式。

(1)圆筒压力容器厚度计算，其计算公式为

$$\delta = \frac{pD_i}{2[\sigma]^t \phi - p} \tag{5-107}$$

式中，$p$ 为设计压力；$D_i$ 为圆筒形壳体内径；$t$ 为设计温度；$[\sigma]$ 为设计温度下的许用应力；$\phi$ 为焊接接头系数。若压力容器中还存在其他应力载荷，如温度应力等，则应对由这些载荷引起的应力进行强度和稳定性校核计算。

(2)球形压力容器厚度计算，其计算公式为

$$\delta = \frac{pD_i}{4[\sigma]^t \phi - p} \tag{5-108}$$

球形压力容器是最理想的承压壳体，在压力及半径相同的情况下，同样压力作用下球形壳体所承受的应力只是圆筒形壳体的一半，因此在两者容积相同的情况下球壳的表面积最小。对于大型储气装置多采用球形容器。

(3)管道储气装置厚度计算和强度计算是参考 GB 50251—2015《输气管道工程设计规范》或 TSG R1001—2012《压力容器压力管道设计许可规则》来进行的，其厚度计算公式为

$$\delta = \frac{pD_i}{2\sigma_s F \phi t_0} + C \tag{5-109}$$

式中，$\sigma_s$ 为材料最低屈服强度；$F$ 为设计系数（一级一类地区取 0.8）；$t_0$ 为温度折减系数；$C$ 为管道腐蚀裕量。

$$\delta = \frac{pD_i}{2\left([\sigma]^t\phi + pY\right)} \qquad (5\text{-}110)$$

式中，$Y$ 为计算系数，可查表获得。

压力容器失效是在指定的使用寿命内结构型式和尺寸发生变化，材料性能改变，从而容器失去使用功能或出现突然事件的破坏形式。常见的压力容器失效形式大致可以分为强度失效、刚度失效、失稳失效和泄漏失效四大类。在压缩空气储能系统中，压力容器型储气装置会周期性地充气、放气，因此压力容器面临的失效形式以强度失效为主，相应的设计准则也是基于这些失效准则建立的。

压力容器在压力等荷载的作用下，由材料屈服或断裂引起的失效形式称为强度失效。通常包括以下几种。

（1）韧性断裂。在压力等荷载作用下，产生的应力值达到或接近器壁材料的强度极限而发生的断裂。压力容器一般韧性断裂的主要原因是壁厚过薄、内压过高或选材不当等。

（2）脆性断裂。容器没有明显的塑性变形且器壁中的应力值远远小于材料的强度极限甚至低于材料的屈服极限而发生的断裂。脆性断裂的主要原因在于材料的脆化、材料选择不当、材料加工工艺不当、应变时效、运行环境恶劣和材料本身的缺陷。

（3）疲劳断裂。压力容器受到交变荷载的长期作用，材料本身含有裂纹或经一定循环次数后产生裂纹，裂纹扩展使容器没有经过明显的塑性变形而突然发生的断裂。

（4）腐蚀断裂。压力容器材料在腐蚀介质作用下，均匀腐蚀导致壁厚减薄及材料组织结构改变或局部腐蚀造成凹坑，使材料力学性能降低，容器承载能力不足而发生的断裂。

压力容器各种设计准则是对应其失效方式建立的，在一定程度上是压力容器和元件对外加载荷作用的反映程度。根据材料的失效机制、失效形式和失效现象建立起来的表征材料对载荷作用抵抗能力的各种设计准则就是材料强度能够保证结构不会失效而安全工作。

（1）弹性失效设计准则。将压力容器总体结构最大设计应力限定在结构材料弹性极限或屈服极限以下，保证整体结构处于弹性安定状态的强度失效设计准则。

（2）塑性失效设计准则。控制压力容器壳体在组合载荷作用下产生的应力使壳体整个壁厚完全屈服或壳体局部区域在复杂载荷作用下产生的应力使该区域完全处于屈服状态的设计方法，此载荷为极限载荷或全屈服载荷。结构极限载荷是通过极限载荷试验方法或塑性力学方法计算得到的。

（3）弹塑性失效设计准则。将压力容器局部部位在组合载荷作用下产生的名义应力变化范围限制在结构安定性条件的容许极限应力以内的强度设计准则。这种设计方式适用于载荷作用非比例递增、载荷大小变化不定的场合。

（4）疲劳设计准则。将压力容器不连续处局部应力集中区域最大交变应力幅值限制在由规范或标准规定的或经过试验认定的低周疲劳设计曲线给定的该种材料许用应力幅值以内的强度设计准则。

(5)断裂失效设计准则。防止压力容器结构或承压元件中的缺陷或裂纹在载荷作用下产生低应力脆断的设计准则或对裂纹行为的评估方法。断裂失效有两方面的内容：新制造的压力容器或承压元件因制造或试验过程各种原因产生的可以检测到的固有缺陷和裂纹；在役压力容器使用过程中产生的并在检测时发现的后生裂纹安全性评定问题。断裂失效设计准则是用断裂力学方法限定裂纹尺寸或用材料性能指标予以控制，以防止产生低应力脆断破坏。

(6)刚度失稳设计准则。通过结构力学方法对压力容器及结构进行变形分析和计算，将需要考虑的危险部位的特定点的线性位移及角度变化值限定在稳定性标准容许的范围内，以保证足够的刚度。

### 5.5.4 地下储气库设计

1. 结构型式

地下储气库是指利用天然形成的盐穴、废井或人工方式制造洞穴而形成的密闭空间用以储存高压气体的技术。一般地下储气洞穴具有经济性好、储气容量大、寿命长等优点，适合大规模压缩空气储能技术中的储气装置。根据地质条件或地层条件，储气洞穴大致可分为两类。

(1)空隙型储气库：指利用天然形成的空隙结构来储气，主要有含水层储气库、枯竭气井、枯竭油田等。

(2)洞穴型储气库：指利用人工挖掘或天然形成的储气库，主要有盐穴储气库、岩洞储气库、废弃矿井等，如图5-47所示。

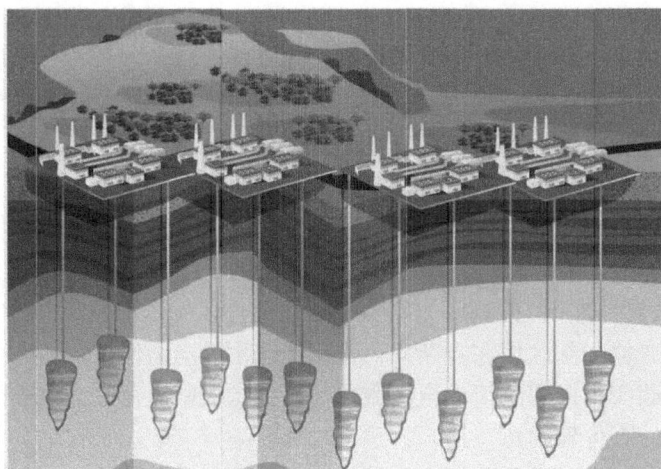

图 5-47　盐穴储气库

盐穴具有可靠性高、造价低且弹塑性好等优点，因此密封性较好[4]。盐穴储气系统方式被认为是比较经济的储气方式，如德国的 Huntorf 电站使用地下 600m 深处的容量为 $3.1 \times 10^5 m^3$ 的盐穴作为空气储存装置，美国的 McIntosh 电站使用地下 450m 深处的容量

为 $5.6 \times 10^5 m^3$ 的盐穴作为储气装置。硬岩层结构的矿井或洞穴抗压强度较高，耐压能力强和安全性高是它突出的优点。缺点是岩石坚硬导致施工难度大和施工费用高。美国俄亥俄州的 Norton 在建压缩空气储能项目使用位于地下 670m 深处的废弃石灰岩矿井储存压缩空气，洞穴容量为 $9.6 \times 10^6 m^3$。地下含水层是除盐穴外另一种比较经济的储气方式，甚至地质结构特性好的地区预期建设成本会接近或者低于盐岩洞方式。它的主要缺点是选址困难和垫气层耗气较大。如意大利 Sesta 的 25MW 多孔岩层压缩空气储能系统、美国艾奥瓦州的 IMAU (Iowa Multi-Aquifer Underground Storage) 项目。其中，IMAU 在建项目使用位于地下 279m 深的多孔砂岩结构的斜背层储存压缩空气，建成后将为风电资源丰富的达拉斯地区风力发电厂服务。废弃的天然气储气室或者石油储气室是对现有的储气室进行改造，改造费用需要预先评估，通常投资成本不高，但是存在一定的安全隐患，因为原有储气室的保护层气体或者残余的气体可能会引起燃烧甚至爆炸。

### 2. 设计方法

实际工况下储气洞穴需要承受地热和地层压力的双重作用，且在压缩空气储能系统运行过程中需要面对上下游用气不均衡带来的压力变化产生的冲击。因此，为了保持储气洞穴的稳定运行，合理地选择岩层结构、腔体形态、尺寸及运行压力方能保证储气洞穴的正常工作。

在储气洞穴的设计与布置中，选址的总原则是经济性原则，需要综合考虑的因素有合理的地理位置、储层深度、密封性完好、储气量和工作压力等。例如，盐穴储气库应具有如下特征：①储气洞穴体积大且具有一定厚度，拥有较好的力学特性；②盐层品位高，所含夹层少，便于水溶造腔；③埋深大且顶底板强度大，密封性能好，可保证储气能力；④附近有丰富的淡水资源和盐卤处理设施，便于造腔和排卤处理。

储气洞穴的设计是一项复杂的系统工程，包括储气量的确定、地质构造的优选及配套的检测设施等。储气洞穴的基本参数包括储气量及规模。储气量决定了储气洞穴的规模，是储气洞穴设计的主要依据。由岩石力学的知识可知，储气洞穴的形态以圆球形、鸭梨形、圆柱形稳定性较好。

储气洞穴的设计需要遵循以下原则：①储气洞穴注气后不能破坏现有的密封条件，因此储气洞穴的地层压力原则上不能超过原始地层压力。对于气顶储气库，在储气过程中必须保持油气区域的压力平衡和油气界面的相对稳定。②储气洞穴的利用率应达到30%以上，并逐步提高。储气洞穴的利用率是指有效工作气量与整个储气洞穴容量之比，库容利用率高才能保证较好的经济性。③储气洞穴需保持一定的垫气量。拥有一定的垫气量可使储气洞穴在释能结束时具有一定的压力，有利于减缓底部油水的入侵。④利用较少的投资获得较高的经济回报。

## 参 考 文 献

[1] Guo W B, Zuo Z T, Sun J T, et al. Experimental investigation on off-design performance and adjustment strategies of the centrifugal compressor in compressed air energy storage system[J]. Journal of Energy Storage, 2021, 38: 102515.

[2] Zhang X J, Li Y, Gao Z Y, et al. Overview of dynamic operation strategies for advanced compressed air energy storage[J]. Journal of Energy Storage, 2023, 66: 107408.

[3] Kuppan T. 换热器设计手册[M]. 钱颂文, 译. 北京: 中国石化出版社, 2004.

[4] Liu W, Li Q H, Yang C H, et al. The role of underground salt caverns for large-scale energy storage: A review and prospects[J]. Energy Storage Materials, 2023, 63: 103045.

# 第二篇 蓄　热

第 6 章

# 蓄 热 概 述

蓄热技术是研究最早、应用最广泛、最成熟的技术，具有原理简单、成本低廉等特点，得到了国家政策的大力支持。本章概述蓄热技术应用需求，介绍蓄热技术的分类和原理，总结显热、潜热、热化学蓄热技术的研发与应用现状。

## 6.1 市场应用需求

蓄热技术是利用蓄热材料将冷能或热能储存，并在需要时再释放，试图解决热能供给与需求之间在时间、空间或强度上不匹配所带来的问题，最大限度地提高系统能源利用率。

蓄热循环主要包括蓄热、保温、释热三个过程，如图 6-1 所示。蓄热过程中，热能储存在蓄热装置的蓄热材料中，之后进行热能的保存(保温过程)，在用户需要时，进行释热过程，储存的热能释放供给负荷用户。

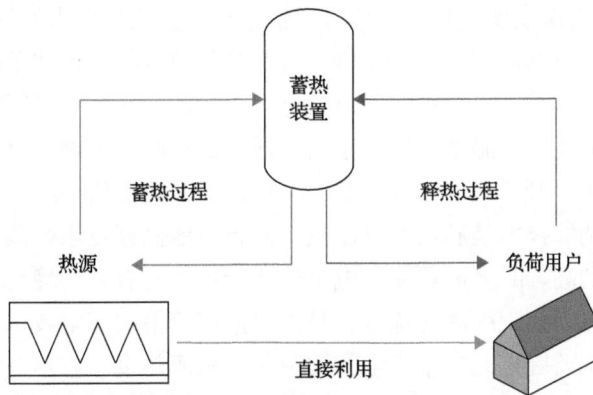

图 6-1 蓄热技术示意图

蓄热技术得到了国家政策的大力支持，《能源技术革命创新行动计划(2016—2030年)》明确提出研发太阳能光热高效利用的高温蓄热技术、分布式能源系统大容量蓄热(冷)技术，并开展高温蓄热技术和蓄热(冷)装置的模块化设计技术的创新行动。《能源生产和消费革命战略(2016—2030)》强调推进高参数高温蓄热、相变储能、新型压缩空气等物理储能技术的研发应用。《"十四五"能源领域科技创新规划》提出开发蓄热蓄冷、储氢、机械储能等储能技术。《"十四五"现代能源体系规划》也提出电化学储能、梯级电站储能、飞轮储能、压缩空气储能和蓄热蓄冷等技术攻关及规模化示范应用。

蓄热技术应用主要以温度控制和能量储存为目的，广泛应用于建筑控温、太阳能热利用、余热利用、电力调峰等领域[1]。2023 年，全球蓄热技术运行项目总装机规模达到 5.22GW/35.74GW·h。其中，显热蓄热技术总装机规模占比达 97%，为 5.06GW/34.77GW·h。预计到 2050 年，全球蓄热技术运行项目总装机规模将达到 100GW。

建筑控温是蓄热技术应用最早的领域，如黄土高原的窑洞、故宫的冰窖等。目前，对于建筑控温蓄热技术应用主要有两种途径：第一种是将蓄热材料与建筑围护结构复合，利用蓄热材料的高蓄热能力，提高围护结构的蓄热性能和热惰性能，进而减小室内空气温度的波动幅度，减小建筑的热负荷需求，提高室内环境的热舒适性能。例如，相变材料复合于墙体、屋顶、地板等围护结构，研制被动式蓄热围护结构、特朗勃墙体等主-被动式蓄热围护结构，均能取得明显的控温效果。第二种是利用额外的蓄热装置，在时间上调节热能和冷能，进而达到建筑控温的目的。例如，我国北方地区的火炕和火墙通过建筑材料蓄积烟气余热，达到缓慢释热、控温的目的。

太阳能热利用是蓄热技术应用的主要领域，利用方式可分为蓄热直接利用与蓄热发电利用。太阳能蓄热直接利用是将太阳能转化为热量并储存，在需要时直接供热，如农村地区应用广泛的太阳能热水器、发展迅速的太阳能水蓄热供暖等。太阳能蓄热发电是利用槽式或塔式太阳能集热器进行太阳能高温蓄热，之后利用发电系统进行热电转化，产生热量。目前，太阳能蓄热发电利用得到了快速发展，也受到国家的重视。截至 2023 年，全国太阳能蓄热发电利用装机容量达到 2460MW，《2030 年前碳达峰行动方案》提出建设熔盐蓄热光热发电与光伏发电、风电互补调节的风光热综合可再生能源发电基地，《"十四五"可再生能源发展规划》强调有序推进长时蓄热型太阳能热发电发展。

电力调峰是蓄热技术应用的重要领域，可包含蓄冷调峰技术和蓄热调峰技术。蓄冷调峰技术是利用冰、水等蓄热材料在谷电时进行冷量的蓄积，在房间需要时释放，达到减少高峰用电量、平衡室内温度及增加室内舒适度的目的。美国、日本和欧洲许多国家在 20 世纪 80 年代中期开始大规模推广蓄冷空调技术，我国从 20 世纪 90 年代中期开始利用该技术。蓄热调峰技术是利用谷电制热，并将热能储存在水、蒸气、油及固体材料等蓄热材料中，待到高峰时释放热能。电蓄热调峰技术具有对环境无污染、长期运行费用低、削峰填谷、自动化程度高等优点，是极具推广价值的节电技术。《"十四五"现代能源体系规划》强调要因地制宜推广空气源热泵、水源热泵、蓄热电锅炉等新型电采暖设备。

蓄热技术也可应用于其他领域。例如，在航天行业，利用相变蓄热实现航天器内部温度恒定在 30℃左右，保证航天空间站、人造卫星等航天器的仪器仪表在特定环境下安全工作；在工业领域，利用蒸气、耐火砖、相变材料等蓄热材料进行冶金、玻璃、水泥、陶瓷等高能耗行业的工业余热回收利用；在军事领域，蓄热技术用于制造蓄热式保暖房间或蓄热式服装；在家用电器领域，蓄热技术用于制造带蓄热的电饭锅等节能电器。

## 6.2　分类与原理

### 6.2.1　蓄热技术分类

蓄热材料按照化学组成分类主要有无机、有机和复合蓄热材料。无机蓄热材料主要有水、岩石、耐火砖、无机盐、无机盐水合物和液态金属等，具有成本低、体积蓄热密度大、工作温度范围比较大等优点。有机蓄热材料主要有高级脂肪烃、醇、羧酸、导热油和离子液体等。复合材料是指无机材料和有机材料组成的混合蓄热材料，例如，以石蜡、硬脂肪酸、无机盐、水和盐等为芯材和以膨胀石墨、陶瓷、膨胀土、微胶囊等为支撑材料制备的复合蓄热材料，其可增强导热性能，提高蓄热密度。

蓄热材料按照工作温度范围分类主要有低温蓄热材料、中温蓄热材料和高温蓄热材料。低温蓄热材料是指工作温度在 100℃以下的材料，广泛应用于余热回收、太阳能低温热利用、供暖空调等领域。中温蓄热材料是指工作温度为 100～250℃的材料，广泛应用于中温工业余热利用、电力调峰等领域。高温蓄热材料是指工作温度在 250℃以上的材料，常用于高温工业余热利用、太阳能热发电、制氢、热化学反应储能等领域。

蓄热材料按照作用机理，主要分为物理蓄热材料和化学蓄热材料[2]。其中，物理蓄热材料可以分为显热蓄热和相变蓄热材料，化学蓄热材料主要为热化学蓄热材料，详见图 6-2。根据材料的相态，显热蓄热材料可以有液态显热和固态显热蓄热材料，相变蓄热材料可以分为固-液相变、液-气相变、固-固相变、固-气相变蓄热材料，热化学蓄热材料可以分为吸附、吸收、化学反应蓄热材料。

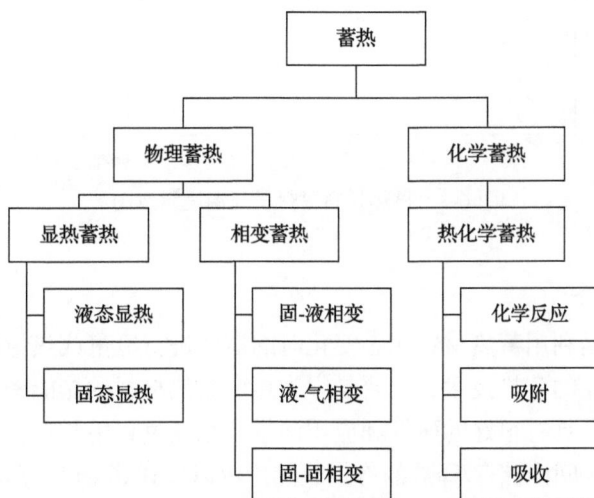

图 6-2　蓄热材料按照作用机理分类

### 6.2.2 蓄热技术原理

#### 1. 显热蓄热技术

显热蓄热技术是目前最常用、最成熟的蓄热技术。显热蓄热技术是在不改变材料相态的基础上利用材料比热容及温度的降低和升高实现冷量或热量的储存,如图 6-3 所示。温度降低时材料处于蓄冷或释热过程,温度升高时材料处于释冷或蓄热过程。显热蓄热量与材料的比热容、密度和温度差有直接关系,可按式(6-1)计算。由式(6-1)可知,蓄热材料质量越大、比热容越大、降低或升高的温差越大,显热蓄热技术储存的冷量或热量就越大,反之亦然。

$$Q = \int_{T_1}^{T_h} mc_p \mathrm{d}T = m\bar{c}_p(T_h - T_1) \tag{6-1}$$

式中,$m$ 为材料的质量;$\bar{c}_p$ 为蓄热材料的平均比热容;$T_h$ 为显热蓄热材料终止温度;$T_1$ 为显热蓄热材料初始温度。

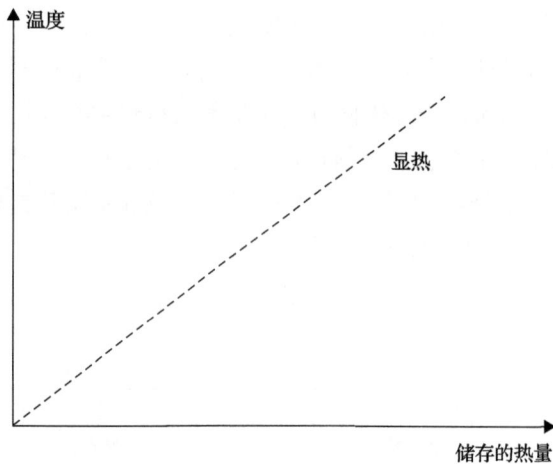

图 6-3　显热材料蓄热量与温度示意图

#### 2. 相变蓄热技术

相变蓄热技术是利用蓄热材料相态变化时的潜热进行冷量或热量的储存。相变蓄热技术目前是最受关注的蓄热技术,主要是因为相变蓄热材料的储能密度明显大于显热蓄热材料的储能密度,具有很好的研发和应用前景。相变过程中相变材料在近乎恒定的温度或者极小的温度区间内储存/释放的冷量或热量可以按式(6-2)计算。

$$Q = \int_{T_1}^{T_m} mc_{p,s} \mathrm{d}T + m\Delta H + \int_{T_m}^{T_h} mc_{p,l} \mathrm{d}T$$
$$= m[c_{p,s}(T_m - T_1) + \Delta H + c_{p,l}(T_h - T_m)] \tag{6-2}$$

式中，$T_m$ 为相变蓄热材料的相变温度；$c_{p,s}$ 为相变蓄热材料固态比热容；$c_{p,l}$ 为相变蓄热材料液态比热容；$\Delta H$ 为相变蓄热材料相变焓。由式(6-2)可以看出，相变蓄热材料的热量由三部分组成：固态相变蓄热材料的显热、相变焓和液态相变蓄热材料的显热。

物质相变通常有 4 种形式：固-气相变、液-气相变、固-液相变和固-固相变。其中，固-气和液-气两种相变形式具有较高的潜热，但是相变过程蒸气压较大，应用比较复杂。固-固相变是材料从一种晶体状态转换为另外一种状态，相变焓相对较小。固-液相变由于具有较大的潜热和较小的相变体积变化率(一般小于 15%)，是目前最有研究和应用价值的相变蓄热方式，得到了广泛的关注。如图 6-4 所示，在固-液相变蓄热材料熔化或凝固过程中，材料吸收或释放大量的热量，此时温度保持恒定，此温度也称为相变温度。

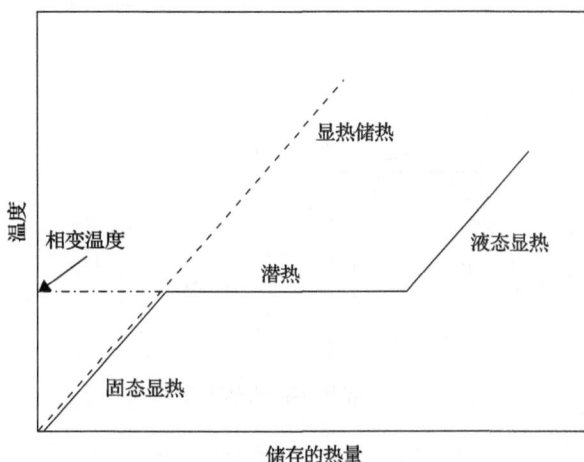

图 6-4　相变蓄热与温度示意图

3. 热化学蓄热技术

热化学蓄热技术是利用可逆化学反应、吸收或吸附进行储能/释能的技术。在蓄热阶段，蓄热材料吸收反应热，并分解为两种或两种以上易于分离的物质；在存储阶段，将分解物分离并分别保存；在释热阶段，将分解物充分混合，并提供充分条件使分解物发生化合反应，释放热量。以两种分解物为例，其基本原理见图 6-5。热化学蓄热技术性能主要取决于蓄热材料(工质对)、储存系统所处环境的湿度、系统设计和反应器设计等。

热化学蓄热技术是利用蓄热材料接触时发生可逆化学反应进行热量储存和释放的技术，具有更大的能量储存密度、可在常温下无损失地长期储存热能等优点，但也存在技术成熟度不足、反应速率难以控制等问题。

根据反应特点，热化学蓄热技术可分为化学反应、吸附和吸收三种蓄热技术。其中，化学反应存储系统是基于几种不同的化学物质的可逆反应，并在反应中释放大量热量的过程。在这个过程中，一些物质的温度可能升高也可能降低。吸附和吸收都是能量或质量的物理传递过程。吸附一般涉及能量或质量从一个体积到一个表面的传递，即被吸附物向吸附剂表面的累积或聚集,两相界面层中一种或多种组分产生富集。吸收是指一个体积向另一个体积的传递,即被吸收物在吸收剂内的溶解或渗透,物质分子透过表面的相界面层进入本体的结构中,造成本体相分子构成改变的现象。由于吸收和吸附经常同时发生,在某些情况下,从机理上区分吸收和吸附十分困难,尤其是在吸水材料和水蒸气的热化学作用过程中。

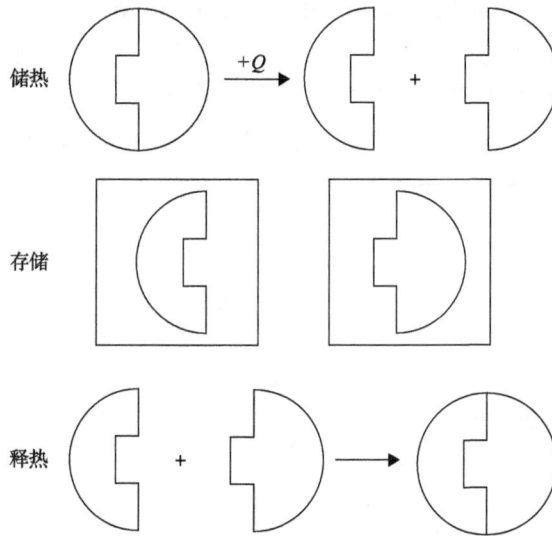

图 6-5　热化学蓄热基本原理

# 6.3　国内外研发与应用现状

## 6.3.1　显热蓄热技术

显热蓄热技术包括利用水、导热油、熔盐等液态蓄热材料或岩石、混凝土、陶瓷、耐火砖等固体蓄热材料的技术,典型的显热蓄热材料技术特点见表 6-1。

表 6-1　典型显热蓄热材料技术特点[3-5]

| 材料 | 温度范围/℃ | 密度/(kg/m³) | 比热容/(kJ/(kg·℃)) | 蓄能密度/(MJ/(m³·℃)) | 材料成本/(元/kg) | 材料能量成本/(元/MJ)* | 成熟度 | 优点 | 缺点 |
|---|---|---|---|---|---|---|---|---|---|
| 水 | 0~100 | 1000 | 4.2 | 4.2 | 0.01 | 0.03 | 商业应用 | 经济易得、无毒无害、环境友好、不燃、循环稳定性佳 | 使用温度低、存在凝固、沸腾等现象 |
| 导热油 | -30~400 | 700~900 | 2.2~3.6 | 1.54~3.24 | 2~80 | 1.6~105.7 | 商业应用 | 传热效率高、易于调控温度、基本无腐蚀 | 价格高、使用温度较低、易燃、蒸气压大、易分解、寿命短 |

| 材料 | 温度范围/℃ | 密度/(kg/m³) | 比热容/(kJ/(kg·℃)) | 蓄能密度/(MJ/(m³·℃)) | 材料成本/(元/kg) | 材料能量成本/(元/MJ)★ | 成熟度 | 优点 | 缺点 |
|---|---|---|---|---|---|---|---|---|---|
| 熔盐 | 130~850 | 1850~2100 | 1.5~1.8 | 2.00~3.78 | 3.5~20 | 4.1~19.3 | 商业应用 | 传热性能好、系统压力小、使用温度较高、价格低、安全可靠 | 容易凝固、冻堵管路、腐蚀性、部分有毒性 |
| 岩石 | <700 | 2000~2800 | 0.92 | 1.84~2.58 | 0.05~1.4 | 0.1~2.7 | 商业应用 | 廉价易得、无毒不燃、热性能稳定、无腐蚀性 | 热效率较低、需要传热介质、循环稳定性较低 |
| 混凝土 | <550 | 1100~1800 | 0.6~1.1 | 0.66~1.98 | 0.3~1 | 0.8~4.6 | 示范应用 | 化学性能稳定、传热性较好、价格便宜 | 高温开裂、蓄热密度较差、需要传热介质 |
| 耐火砖 | <1200 | 1400~3000 | 1.0~1.2 | 1.4~3.6 | 7~12 | 6.1~12.5 | 商业应用 | 化学性能稳定、使用温度范围广、强度高 | 成本较高、需要传热介质 |

★使用温度为温度范围的 80%。

## 1. 水

水是一种较为优秀的蓄热材料，其比热容和蓄能密度均超过其他典型显热材料，且可以作为热量传递介质，减小热量的损失，广泛应用于峰谷差供暖和太阳能区域供热。水具有经济易得、化学性能稳定、无毒无害、对环境友好、不燃、多次循环后性质不发生变化等优点。

水蓄热主要有单罐式和双罐式两种方式。单罐式水蓄热系统利用水随温度升高而密度减小形成的热分层现象进行蓄热和供热。图 6-6 为常用的太阳能单罐式水蓄热系统。热水从上部进入热水罐，并在水罐内部形成热分层。单一罐体实现了冷热流体的同时储存，可减少设备投资，节省用地面积，特别适合小规模的热量存储应用。

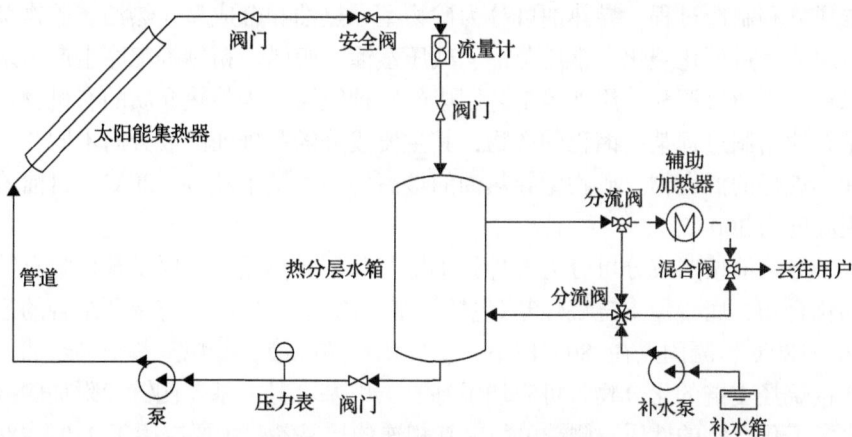

图 6-6　太阳能单罐式水蓄热系统

双罐式水蓄热系统是将冷水和热水分别存储在冷水罐和热水罐中,典型结构如图 6-7 所示。蓄热阶段,冷水罐里的冷水吸收热量后进入热水罐;释热阶段,热水罐里的热水释放热量后进入冷水罐。冷热水分开存储,可以避免因冷热水掺混而造成的热量和㶲的损失,使系统更加稳定高效地运行,特别适合应用于大规模热量存储系统。

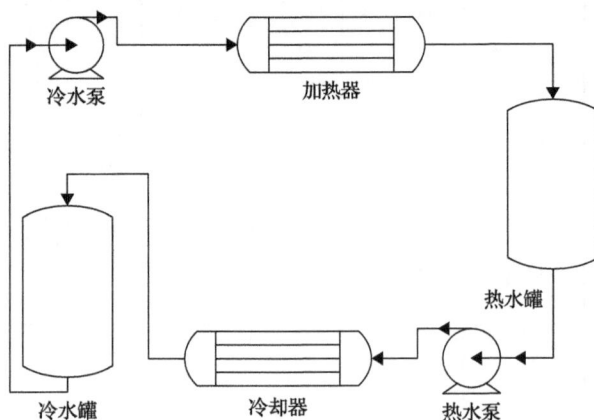

图 6-7 双罐式水蓄热系统

近些年来,大型水体蓄热技术逐渐成熟,单一蓄热水体体积达到 20 万 $m^3$。例如,丹麦 2015 年建成 20 万 $m^3$ 的跨季节水体蓄热项目,容量为当时世界最大,蓄热温度达到 85℃,可保证区域供热需求。我国于 2019 年在西藏仲巴县建成世界上海拔最高的大型太阳能蓄热集中供暖工程,水蓄热体积为 1.5 万 $m^3$。中国科学院工程热物理研究所研发了亚临界水蓄热技术,可实现水在 100℃以上以液态形式高密度蓄热,12h 保温后蓄放热效率达到 97%。

### 2. 导热油

导热油是中高温蓄热领域中常见的液体蓄热材料。与水类似,可同时作为传热介质和蓄热介质,具有传热效率高、易于调控温度、对金属基本无腐蚀的优点。

根据成分和制造过程,导热油可分为矿物型导热油和合成型导热油。矿物型导热油是将优质原油经过催化裂化、常压蒸馏、减压蒸馏、脱蜡、精制等工序生产出来的基础油作为原料,再通过调和、添加等工艺制成的一种能够作为传热介质的有机物。矿物型导热油是石油精制过程某一馏程的产物,其主要成分随基础油的成分而不同,一般为长链烷烃和环烷烃的混合物。矿物型导热油的最高使用温度不超过 320℃,目前该油品多数的使用温度为 300℃。

合成型导热油按照成分可分为五种:①烷基苯型导热油,主要是苯环附有链烷烃支链类型的化合物,属于短支链烷烃基(包括甲基、乙基、异丙基)与苯环结合的产物,沸点为 170～180℃,凝固点在–80℃以下,主要用作防冻液。②烷基萘型导热油,主要是苯环上连接烷烃支链的化合物,可附加甲基、二甲基、异丙基等侧链。附加侧链的种类及数量决定了化合物的性质,侧链单与甲基相连的烷基萘,主要应用于 240～280℃范围的气相加热系统。③烷基联苯型导热油,是联苯基环上连接烷基支链一类的化合物。烷基的种类和数量决定其性质，烷烃基数量越多，其热稳定性越差。在此类产品中，由异丙基的间位体、对位体与联苯合成的导热油品质最好，其沸点高于 330℃，热稳定性亦较好，可在 300～340℃范围内使用。④联苯和联苯醚低熔混合物型导热油，为联苯和联苯醚低熔混合物，由 26.5%的联苯和 73.5%的联苯醚组成，耐热性能佳、热稳定性好、使用温度高，可在槽式太阳能热发电站、余热回收利用以及核反应堆取热等应用。⑤烷基联苯醚型导热油，为两个苯环中间一个醚基连接，两个苯环上分别有两个甲基的同分异构体混合物，在低温下运动黏度低、流动性好、使用寿命优于矿物油和烷基苯型导热油，适合北方寒冷地区使用，推荐使用温度最高不超过 330℃，凝固点–54℃。

导热油主要利用形式是双罐式。美国于 1984 年建成世界第一个商用槽式太阳能热电站 SEGS-1，蓄热技术采用 3h 的双罐式导热油蓄热技术，蓄热罐温度为 307℃，蓄冷罐温度为 240℃。世界各地也对单罐式导热油蓄热系统开展了研究。德国宇航中心设计了一种新型单罐导热油蓄热系统，冷热流体之间采用可活动金属隔板分开，通过活动金属隔板调整冷热流体的体积。中国科学院工程热物理研究所研发的单罐式导热油喷淋式填充床蓄热单元，利用喷淋技术，提高导热油换热系数，降低导热油用量至 10%，蓄热效率可达 95%。

### 3. 熔盐

熔盐通常是指无机盐的熔融体，是较为适宜的中高温液体蓄热材料。熔盐具有导热性能好、使用温度广泛、在工作温度下蒸气压低、黏度较低、传热系数高、化学稳定、价格低廉等优点，但也存在一定腐蚀性、与水接触出现危险、部分毒性、易凝固等问题。

熔盐主要包括硝酸盐、氯化物、碳酸盐和氟化物[6]。硝酸盐蓄热技术成熟，具有熔点低、比热容大、热稳定性好、腐蚀性低等优点，广泛应用于太阳能热发电领域[7]。最为成熟的太阳盐(solar salt)和 Hitec 盐均属于硝酸盐。其他类型熔盐技术还不够成熟，目前仍需要开展大量基础研究工作。氯化物使用温度范围为 300～900℃、价格低廉，但其腐蚀性较强，容易发生潮解。碳酸盐价格低廉，在 400～900℃温区具有应用潜力，但是其熔点较高、黏度大，且在高温下容易分解限制了其应用空间。氟化物的使用温区为 600～1200℃、相变潜热大、熔点高，更适合作为相变蓄热材料，但有一定毒性[8]。

熔盐蓄热技术在太阳能热发电领域得到了广泛的应用。1981 年，意大利 Eurelios 塔式太阳能热电站和 1983 年西班牙的 CESA-1 均采用 Hitec 盐蓄热材料。1996 年，美国加利福尼亚州的 Solar Two 电站采用太阳盐作为传热材料和蓄热材料。我国蓄热时长最长的塔式光热电站鲁能海西州多能互补示范工程也是采用熔盐蓄热技术。此外，熔盐蓄热技术也开始在电蓄热供暖方面开展示范应用，河北辛集建成全球首座蓄热式熔盐绿色供热系统，熔盐蓄热容量为 37MW·h。

### 4. 岩石

岩石主要有沉积岩、火成岩和变质岩。其中，沉积岩主要包括石灰岩、白云岩、砂岩、砾岩、页岩、硅质岩等；火成岩主要包括花岗岩、正长岩、闪长岩、橄榄岩、玄武岩、安山岩、辉绿岩等；变质岩主要包括片麻岩、石英岩、大理岩、片岩、板岩等。岩石具有廉价易得、无毒、不燃等特点，非常适合以填充床的形式布置，与传热流体直接接触传热，可节省昂贵的换热器费用，增大换热面积，缩短蓄热时间。

石块蓄热可应用于压缩空气系统、太阳能热发电系统和工业余热利用等领域。美国桑迪亚国家实验室以太阳盐为传热流体，对硅质砂和石英石蓄热材料在290～400℃温度下进行了热循环实验，验证了硅质砂和石英石具有良好的兼容性。摩洛哥建成6.5MW·h工业级试验填充床蓄热装置，并应用于太阳能热发电系统，蓄热温度为640℃，释热温度为280℃。中国科学院工程热物理研究所在廊坊1.5MW压缩空气储能系统应用岩石填充床，可以进行-196℃超低温蓄冷和200℃以内的蓄热。

### 5. 混凝土

混凝土具有原料丰富、造价低廉、工艺简单、化学性能稳定、使用温度范围广、强度高等特点，适合作为大规模蓄热技术使用的蓄热材料。

混凝土能够较好地满足太阳能光热发电对固体蓄热介质的性质要求，在太阳能热发电混凝土蓄热系统中，固态混凝土被固定在罐体内，而传热流体通过管道与混凝土进行热量交换。

德国宇航中心于1994年完成小型实验系统的测试，2004年完成第一代高温混凝土储能系统的测试，2009年完成第二代高温混凝土储能系统的测试。之后，设计并实验了一系列更加优化的混凝土蓄热模块，使得混凝土能更好地满足太阳能领域和热循环领域的使用要求。2003年，美国加利福尼亚州建成利用混凝土蓄热的30MW发电厂。2004年，西班牙建成100MW混凝土和熔盐共同蓄热的太阳能发电站，并在2010年建成年发电量为500MW的太阳能发电站，混凝土蓄热温度可以达到350℃。2005年，德国建成2×100MW的太阳能发电站，其中混凝土蓄热装置被埋设在戈壁区域，通过预先埋设在混凝土内的管路将热的导热油输入进去，然后用冷油将热量取出用于发电。

### 6. 耐火砖

耐火砖由氧化锆、黏土、堇青石、氧化铝、莫来石、钛酸铝、碳化硅、镁橄榄石、硅酸铝等材料烧制而成，可耐1600℃的高温，具有化学性能稳定、使用温度范围广、强度高等优点。

耐火砖目前在电力调峰和谷电供暖方面得到了一定的应用。2017年，在华电丹东金山热电有限公司利用耐火砖蓄热建成世界最大的固体电蓄热调峰锅炉，蓄热能力为260MW。中国科学院工程热物理研究所对北京供暖面积200万 m² 电蓄热方案经济性进行了对比，发现镁铁砖固体电蓄热供暖的经济性优于水蓄热和相变蓄热技术。

### 6.3.2  相变蓄热技术

相变蓄热技术由于蓄能密度远高于显热技术，成为目前最受关注的蓄热技术[9]。典型的相变蓄热材料主要有共晶盐水溶液、冰、气体水合物、水合盐、无机盐等无机相变材料和石蜡、脂肪酸、糖醇等有机相变材料，相关的技术特点如图6-8和表6-2所示。

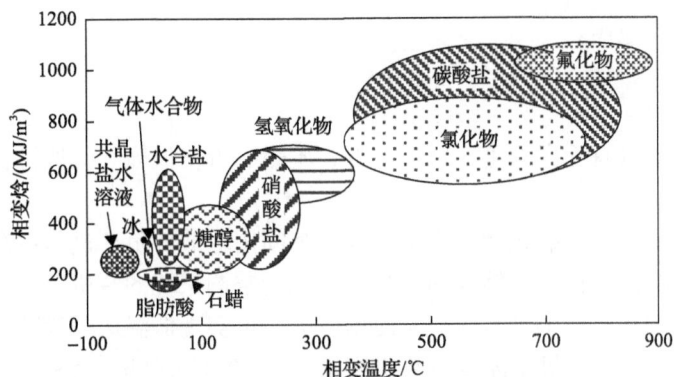

图 6-8 相变蓄热材料的相变温度与相变焓

表 6-2 典型相变蓄热材料技术特点[10-17]

| 材料 | 材料成本元/kg | 材料能量成本元/MJ | 成熟度 | 优点 | 缺点 |
|---|---|---|---|---|---|
| 共晶盐水溶液 | 0.5~5 | 1.9~31.3 | 商业应用 | 来源广、相变温度范围广、体积变化率小 | 过冷度大、腐蚀性强、循环稳定性差、相分离 |
| 冰 | 0.01 | 0.03 | 商业应用 | 无毒无害、环境友好、不燃、价格低廉、无腐蚀性 | 相变温度单一、体积变化较大 |
| 气体水合物 | — | — | 实验室研究 | 蓄冷温度适宜、换热效率高 | 生长条件苛刻、诱导期长、生长速率慢 |
| 水合盐 | 1~10 | 1.7~62.5 | 商业应用 | 导热系数高、相变体积变化小、热应力效应小、低毒性、价格低廉 | 相分离、过冷度较大、腐蚀性较强、长期运行循环稳定性较差 |
| 石蜡 | 6~15 | 21.4~83.3 | 商业应用 | 化学惰性和稳定性佳、体积变化和蒸气压较小、无腐蚀性、无相分离、无过冷 | 导热系数低、和塑料材料不兼容、适度可燃性 |
| 脂肪酸 | 8~25 | 37.7~167.8 | 示范应用 | 价格较低、过冷度小、化学性质稳定、不发生相分离 | 导热系数较低、循环稳定性差 |
| 糖醇 | 10~70 | 23.8~443 | 实验室研究 | 安全可靠、循环稳定性强、无腐蚀 | 价格较高、结晶特性差、较高过冷度 |
| 无机盐 | 2~15 | 1.7~75 | 实验室研究 | 成本低廉、导热性好、循环稳定性好 | 相变体积变化较大、部分强腐蚀性和毒性 |

1. 共晶盐水溶液

共晶盐水溶液是利用固-液相变特性进行蓄冷的材料，是由无机盐、水、成核剂和稳定剂组成的混合物。共晶盐水溶液具有来源广、相变温度范围广、相变潜热大、蓄冷密度大、相变体积变化小、价格低廉等优点，但是也存在过冷度大、腐蚀性强、循环稳定性差和相分离的问题。

目前，共晶盐水溶液应用时，多装在板状、球状或其他形状的密封件里，再放入蓄冷槽中，适用于传统空调和旧建筑空调系统的改造，但热交换性能较差、设备投资也较高，所以难以推广应用。

## 2. 冰

冰与水一样，具有无毒无害、环境友好、不燃、价格低廉、无腐蚀性等优点，是最常见的蓄冷材料。

冰蓄冷技术是采用压缩式制冷机组，利用夜间用电低谷负荷进行制冰，并储存在蓄冰装置中，白天将冰融化释放储存的冷量，来减少空调系统的装机容量和电网高峰时段空调用电负荷。冰蓄冷技术具有体积蓄冷密度大、可实现低温送风等特点，广泛应用于商业建筑，北京大兴国际机场冰蓄冷装机容量达到 32 万 kW·h，北京用友软件园能源站也采用 7100kW·h 综合保障建筑供冷。

## 3. 气体水合物

气体水合物是在低温高压下由小分子气体或液体与水形成的一种非化学计量的笼状晶体化合物。该技术是一种特殊蓄冷技术，利用了气体水合物可以在水的冰点以上结晶固化的特性。主体水分子间以氢键相互连接形成笼型空隙，空隙当中选择性地包络着客体分子，客体分子与主体分子间靠范德瓦耳斯力相互作用。常见的客体分子有 $H_2$、$N_2$、$CO_2$、$CH_4$、$C_2H_6$、$C_3H_8$、四氢呋喃、环戊烷等。水合物的结构类型主要有 I 型、II 型、H 型笼型水合物和季盐类半笼型水合物。通常气体水合物的相变温度为 5～12℃，蓄冷密度为 270～430kJ/kg，具有蓄冷密度大、蓄冷温度适宜、换热效率高等优点，被认为是一种非常理想的蓄冷材料，但是也具有需要较苛刻的低温与高压条件、诱导期长、生长速度慢等问题。

$CO_2$ 水合物是水和 $CO_2$ 气体在一定的温度和压力条件下生成的一种笼型晶体化合物。而 $CO_2$ 水合物浆是 $CO_2$ 水合物固相颗粒悬浮于水溶液形成的一种浆状流体，是一种性能优良的蓄冷或载冷介质。$CO_2$ 水合物的自然形成压力高（3MPa），生成速度缓慢，因此 $CO_2$ 水合物生成技术成为制约其发展的瓶颈。

## 4. 水合盐

水合盐由无机盐和水以不同的混合比组成。通常每离子对的盐与整数个数的水分子以离子偶极键或氢键形成稳定的晶体形式。水合盐熔点一般为 5～130℃、价格低廉、导热系数较高、潜热较高，是在商业应用中使用最广泛的无机蓄热材料，可以应用在太阳能热水系统、余热/废热回收、供暖供冷以及建筑围护结构等中低温场合。

针对水合盐的研究，国外在 20 世纪 70～80 年代达到顶峰，我国也在 20 世纪 90 年代对水合盐展开广泛研究。$Na_2SO_4·10H_2O$ 是国内外学者研究最早、最深入的水合盐相变蓄热材料，并于 1983 年用于建成世界上第一座太阳房。日本的三菱化学株式会社及东京电力公司合作开展将水合硝酸盐、磷酸盐、氟化物和氯化钙应用于制冷和空调系统的研究。德国的 Rubitherm GmbH、英国的 EPS Ltd、美国的 Merck KGaA 公司、瑞典的 Climator AB、法国的 Cristopia Energy Systems 公司、日本三菱化学株式会社等均有商用的水合盐相变蓄热材料产品。我国江苏启能新能源材料有限公司开发了若干种利用水合盐材料的蓄热单元，经 5000 次循环后蓄热能力为初始值的 95.5%，可用于室内暖通空调、海水淡化等领域。

单一水合盐已有比较成熟的应用，多元水合盐是目前的研究热点，尚需大量热物性测量和基本单元测试的应用基础研究。另外，水合盐相变蓄热材料也存在一些问题，如多种物质的存在导致相分离，过冷、无机盐材料的存在产生对金属容器的腐蚀性，以及长期运行导致材料失效的循环稳定性问题等，这些问题一定程度上限制了其应用。

### 5. 石蜡

石蜡通常是固态直链烷烃的混合物，其主要成分的分子式为 $C_nH_{2n+2}$，通式为 $CH_3$—$(CH_2)_{n-2}$—$CH_3$，$n$ 为碳原子的个数。在常温下，$n<5$，烷烃为气态，$5\leqslant n\leqslant15$，烷烃为液态，$n>15$ 为固态。短链烷烃熔点较低，链的长度增加，熔点开始提升较快，而后减慢并趋于一定温度。石蜡安全可靠、无毒、对金属无腐蚀、熔化过程蒸气压低、几乎无过冷特性、自成核、不产生相分离、在 500℃以下基本上化学稳定，但也存在导热系数低、和塑料材料不兼容、适度可燃性等问题，因此在应用过程中应注意安全性及传热性能提升。

目前常用的石蜡多为工业级石蜡，由很多碳氢化合物混合而成，其熔点多是一个温度区间。德国的 Rubitherm GmbH 公司及英国的 EPS Ltd 等生产多款商用石蜡产品，如 RT0、RT10、RT47、RT82、RT100、A4、A44、A70 等，涉及温度区间为–9～100℃，相变焓为 160～260kJ/kg，可应用于食品工业、交通道路、空调系统、建筑围护结构等领域。在食品工业领域，国内外学者开展了大量研究，发现相变材料乳液与较大的相变材料模块相比具有更好的传热速率，相变材料乳液逐渐成为食品工业储能技术的研究发展方向。将石蜡等相变材料应用于交通道路，可限制路面的低温热应力和高温热应力，改善道路低温抗裂性，延长道路寿命，成为研究的重要领域。学者也研究将相变材料应用于空调系统中，发现相变材料板更长、更薄，充放电时间更短，且空调机组的性能系数上升约 14%。石蜡等相变材料由于可减少和转移能耗而逐渐应用于墙壁、天花板或地板等建筑围护结构中，在提高建筑物的热舒适性方面起着重要作用，并在世界各地得到广泛应用。

### 6. 脂肪酸

脂肪酸是指含有一个羟基的长的脂肪族碳氢链，其通式为 $CH_3$—$(CH_2)_{n-2}$—$COOH$，$n$ 为碳原子的个数。脂肪酸来源广泛，可以从天然油中获取，具有环保可再生特性。此外，脂肪酸的价格较低、过冷度小、化学性质稳定、不发生相分离，是合适的蓄热材料，但其导热系数较低。

脂肪酸熔点随着碳原子个数的增多而提高。饱和脂肪酸碳原子个数通常低于 6 个，适合蓄冷应用，高于 8 个适合蓄热应用。

单一脂肪酸的熔点固定，通过将几种脂肪酸混合，得到的二元或多元脂肪酸共熔物具有比单一脂肪酸低的相变温度，而且可以调配出更广泛的相变温度范围。由于成本较石蜡更高，循环热稳定性不能满足实际应用要求，目前多元脂肪酸没有商用相变蓄热材料，也没有得到广泛应用。

### 7. 糖醇

糖醇是一种多元醇，含有两个以上的羟基，其通式为 $HOCH_2$—$(CHOH)_{n-2}$—$CH_2OH$。和石油化工合成的乙二醇、丙二醇、季戊四醇等多元醇不同，糖醇可以由来源广泛的相应的糖来制取，即将糖分子上的醛基或酮基还原成羟基而形成糖醇。例如，用葡萄糖还原生成山梨醇，木糖还原生成木糖醇，麦芽糖还原生成麦芽糖醇，果糖还原生成甘露醇等。

相比于其他有机物相变蓄热材料，糖醇的相变焓最高。糖醇的相变温度为 90～200℃，使其非常适合中温 90～250℃的蓄热应用，如太阳能加热和工业余热利用。糖醇类相变蓄热材料安全可靠，循环稳定性强，对金属无腐蚀，但其价格较高，结晶特性差，具有较高的过冷度，因此在实验应用中多添加成核剂，采用复合材料形式，目前糖醇相变蓄热材料尚未实际应用。

### 8. 无机盐

6.3.1 节已介绍过利用低熔点的无机盐或其共熔物在熔融状态的液态显热蓄热，这里利用无机盐在固-液相变过程中吸收/释放大量的相变潜热进行蓄热。无机盐蓄热材料的相变温度很高，一般为 250～1680℃，相变焓为 68～1041kJ/kg，而且除了锂盐或其他稀有金属盐类，大部分无机盐价格低廉，在地球上资源丰富，可用于高温，如核电、高温余热回收、太阳能热发电、热机、宇航发电等领域。

常用的无机盐蓄热材料包括硝酸盐、氢氧化物、硫酸盐、碳酸盐、氯化物、氟化物等。其中，硝酸盐熔点为 250～600℃，相变焓较小，热稳定性好，对金属腐蚀性小，价格低廉；氢氧化物熔点为 250～600℃，相变焓中等，呈碱性，对金属腐蚀性适中；氯化物熔点为 600～1000℃，相变焓高，价格便宜，工作温度范围大，吸水性强，对金属腐蚀性强；碳酸盐熔点为 700～1600℃，相变焓中等，对金属腐蚀性较小，密度大，有些碳酸盐易于分解；硫酸盐熔点为 800～1680℃，相变焓较小，热稳定性好，对金属腐蚀性强；氟化物熔点为 800～1400℃，相变焓高，对金属腐蚀性较小，相变过程体积变化大，有一定毒性，价格较高。

单一组分的无机盐相变温度固定，通过利用多种相变蓄热材料形成共晶或包晶共熔体可以拓展无机盐相变蓄热材料的使用温度，调配相变蓄热材料的热物性，满足具体的应用需求。大部分无机盐存在如下问题：①传热性能较差，导热系数一般为 0.5～1W/(m·℃)；②相变体积变化较大，尤其是高温相变蓄热材料，这会造成传热恶化；③某些无机盐材料对金属具有较强的腐蚀性，会造成选取蓄热/换热容器材料较为困难。上述问题使目前对无机盐相变材料的研究主要停留在实验室阶段，距离大规模实际应用还有一段路要走。

### 6.3.3 热化学蓄热技术

热化学蓄热材料可分为中低温热化学蓄热材料和高温热化学蓄热材料。其中，中低温热化学蓄热材料主要是利用水蒸气、氨气作为吸收剂和吸附剂，常见的材料体系如图 6-9 所示。高温热化学蓄热材料可以分为金属氢化物体系、有机物体系、氧化还原体系、氢氧化物体系、氨体系和碳酸盐体系，常见的材料如图 6-10 所示。典型热化学材料技术特点见表 6-3。可以看出，热化学材料蓄热密度高于显热材料和潜热材料，但是技术成熟度不足，仅有少量热化学蓄热工质在中低温制冷领域得到应用。其中，液体吸收式制冷技术如 $NH_3/H_2O$、$LiBr/H_2O$ 等应用较为成熟。固体吸附蓄热常用的物理吸附剂主要是硅胶和沸石分子筛，用来吸附水蒸气。硅胶/$H_2O$ 在商业吸附式制冷机组中比较常用。近年来，磷酸铝分子筛(aluminum phosphate molecular sieve，ALPO)、硅酸铝分子筛(silicon aluminum phosphate molecular sieve，SAPO)和金属有机骨架(metal-organic framework，MOF)等新兴多孔吸附材料也开始应用在吸附式制冷、热泵和蓄热上。在中高温热化学蓄热应用上，主要针对太阳能热发电、余热利用等应用系统，目前多数反应工质均处在实验室研究阶段，离实际应用还有一段路要走。

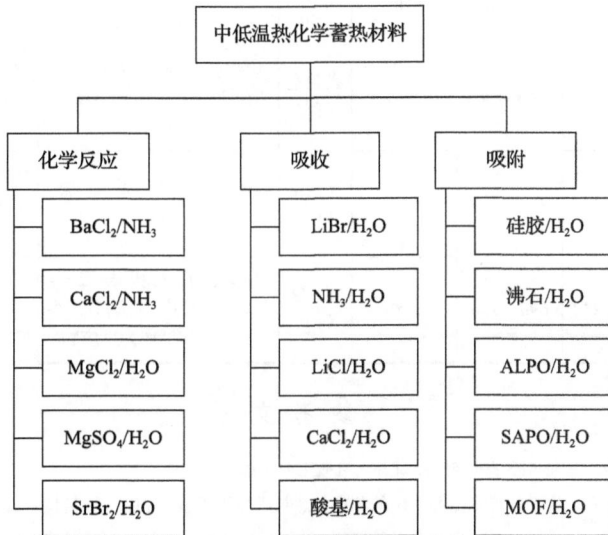

图 6-9 中低温热化学蓄热材料

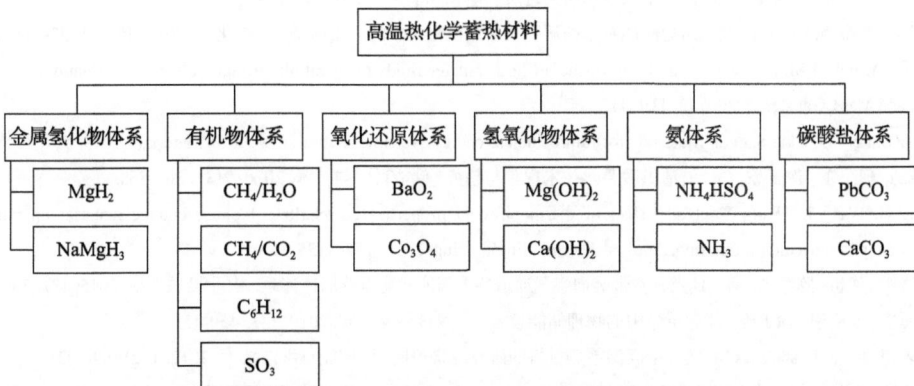

图 6-10 高温热化学蓄热材料

表 6-3 典型热化学材料技术特点[18-23]

| 材料 | 作用机理 | 工作温度/℃ | 蓄热密度/(MJ/m³) | 技术成熟度 | 优点 | 缺点 |
|---|---|---|---|---|---|---|
| LiBr+H$_2$O | 吸收 | — | 263 | 商业应用 | 热力学性能佳、环境友好 | 结晶、腐蚀和循环性能低 |
| MgSO$_4$+H$_2$O | 吸附 | — | 2808 | 实验室研究 | 无毒、无腐蚀性 | 不充分放热、化学反应动力学性能不佳 |
| NH$_3$/N$_2$+H$_2$ | 化学反应 | 100～700 | 2682 | 实验室研究 | 产物分离容易、无副反应发生 | H$_2$ 和 N$_2$ 的长期安全储存问题、需使用催化剂、操作压力过高、反应不完全转化 |
| Ca(OH)$_2$/CaO+H$_2$O | 化学反应 | 350～900 | 1573 | 实验室研究 | 无催化剂、储能密度高、可逆性好、常压操作、无副反应、产物分离容易、无毒 | 反应物易集聚和烧结、体积变化大、传热性能差 |
| CH$_4$/CO+H$_2$ | 化学反应 | 700～860 | 28 | 实验室研究 | 高吸热特性、热效率高、吸收温室气体 | 有副反应、需要催化剂 |
| CaCO$_3$/CaO+CO$_2$ | 化学反应 | 700～1000 | 2491 | 实验室研究 | 无催化剂、储能密度高、无副反应、产物分离容易、无毒 | 反应物易集聚和烧结、体积变化大、CO$_2$ 储存问题、反应活性差、需要掺杂钛 |
| MgH$_2$/Mg+H$_2$ | 化学反应 | 250～500 | 2088 | 实验室研究 | 良好的可逆性、无副产物、产物分离容易 | H$_2$ 的储存问题、反应需要掺杂镍或铁催化剂、操作压力高、反应物易烧结 |
| BaO$_2$/BaO+O$_2$ | 化学反应 | 690～780 | 1180 | 实验室研究 | 无催化剂、可获得高温热量、无副反应、产物分离容易、空气可作为反应物 | 正逆反应转化不完全、实验反馈少 |

# 参 考 文 献

[1] 冯利利, 李星国, 王崇云. 定形相变蓄热材料. 北京: 机械工业出版社, 2019.

[2] 王俊, 曹建军, 张利勇, 等. 基于分布式能源系统的蓄冷蓄热技术应用现状. 储能科学与技术, 2020, 9(6): 1847-1857.

[3] 冷光辉, 曹惠, 彭浩, 等. 蓄热材料研究现状及发展趋势. 储能科学与技术, 2017, 6(5): 1058-1075.

[4] 张宏韬, 赵有璟, 张萍, 等. 硝酸熔盐蓄热材料在太阳能利用中的研究进展. 材料导报, 2015, 29(1): 54-60.

[5] 刘冠杰, 韩立鹏, 王永鹏, 等. 固体蓄热技术研究进展. 应用能源技术, 2018, (3): 1-4.

[6] 王海军, 赵雅静, 杨玉江, 等. 熔盐储能技术的研究及熔盐供暖技术的应用前景. 广州化工, 2017, 45(15): 33-34.

[7] Krishna Y, Faizal M, Saidur R, et al. State-of-the-art heat transfer fluids for parabolic trough collector. International Journal of Heat and Mass Transfer, 2020, 152: 119541.

[8] Was G S, Petti D, Ukai S, et al. Materials for future nuclear energy systems. Journal of Nuclear Materials, 2019, 527: 151837.

[9] 凌浩恕, 何京东, 徐玉杰, 等. 清洁供暖蓄热技术现状与趋势. 储能科学与技术, 2020, 9(3): 861-868.

[10] Ling H, Wang L, Wang Y, et al. Effect of thermophysical properties correlation of phase change material on numerical modelling of agricultural building. Applied Thermal Engineering, 2019, 157: 113579.

[11] 凌浩恕, 陈超, 陈紫光, 等. 日光温室带竖向空气通道的太阳能相变蓄热墙体体系. 农业机械学报, 2015, (3): 336-343.

[12] 陈海生, 凌浩恕, 徐玉杰. 能源革命中的物理储能技术. 中国科学院院刊, 2019, (4): 450-459.

[13] 葛志伟, 叶锋, Lasfargues M, 等. 中高温蓄热材料的研究现状与展望. 储能科学与技术, 2012, 1(2): 89-102.

[14] Akeiber H, Nejat P, Abd Majid M Z, et al. A review on phase change material (PCM) for sustainable passive cooling in building envelopes. Renewable & Sustainable Energy Reviews, 2016, 60: 1470-1497.

[15] Wang Z, Qiu F, Yang W, et al. Applications of solar water heating system with phase change material. Renewable & Sustainable Energy Reviews, 2015, 52: 645-652.

[16] Silva T, Vicente R, Rodrigues F. Literature review on the use of phase change materials in glazing and shading solutions. Renewable & Sustainable Energy Reviews, 2016, 53: 515-535.

[17] 杨天润, 孙锾, Ronald W, 等. 相变蓄冷材料的研究进展. 工程热物理学报, 2018, 39(3): 567-573.

[18] 宋鹏翔, 丁玉龙. 化学热泵系统在蓄热技术中的理论与应用. 储能科学与技术, 2014, 3(3): 227-235.

[19] 闫霆, 王文欢, 王程遥. 化学蓄热技术的研究现状及进展. 储能科学与技术, 2018, 37(12): 69-78.

[20] Aydin D, Casey S P, Riffat S. The latest advancements on thermochemical heat storage systems. Renewable and Sustainable Energy Reviews, 2015, 41: 356-367.

[21] Chen X, Zhang Z, Qi C, et al. State of the art on the high-temperature thermochemical energy storage systems. Energy Conversion and Management, 2018, 177: 792-815.

[22] 吴娟, 龙新峰. 太阳能热化学储能研究进展. 化工进展, 2014, 33(12): 3238-3245.

[23] 闫霆, 王文欢, 王如竹. 化学吸附蓄热技术的研究现状及进展. 材料导报, 2018, 32(23): 4107-4115.

# 第 7 章

# 蓄 热 材 料

蓄热材料是蓄热技术的载体，本章总结蓄热材料制备方法，介绍蓄热材料热性能及其测试与表征方法，以及典型蓄热材料性能参数。

## 7.1　材料制备方法

目前，蓄热材料制备方法有吸附法、微胶囊法、溶胶-凝胶法、插层法、烧结法、枝接法等[1]。

### 7.1.1　吸附法

吸附法是将多孔基体和蓄热材料采用浸渍法或混合法制备复合蓄热材料，可以分为自发熔融浸渍法、浸泡吸附法和真空吸附法。自发熔融浸渍法是在常压条件下，将蓄热材料直接与载体混合，待充分吸附后得到复合蓄热材料。浸泡吸附法是在常压条件下，先加热蓄热材料至液态，随后与载体混合，不断搅拌得到复合蓄热材料。真空吸附法是先将载体与增强剂按照一定比例均匀混合，然后将其在真空条件下加热干燥，去除载体内的空气，随后注入相应的蓄热材料并不断搅拌，最后冷却凝固得到复合蓄热材料。自发熔融浸渗法和浸泡吸附法制备过程简单、工艺和成本要求较低，在吸附效果差别不大的情况下，可以优先选择这两种制备方法。真空吸附法的主要优点是减缓蓄热材料进入孔隙的阻力，提高蓄热材料的吸附量以及吸附稳定性，但对制备环境以及制备工艺的要求较高，目前只能局限于在实验室小规模生产。

### 7.1.2　微胶囊法

微胶囊法是利用微胶囊包封技术将液体或者固体状态的蓄热材料作为芯材包封在聚合物壁材中，形成具有微米级($2\sim1000\mu m$)胶囊结构的物质。微胶囊的壁材多采用高分子材料，如密胺树脂、脲醛树脂、聚烯烃等。微胶囊法一般包括原位聚合、悬浮聚合、界面聚合等工艺，工艺成熟，原料易得，易于大规模生产。此外，微胶囊蓄热材料可以解决蓄热材料液相泄漏、相分离及腐蚀等问题，且微胶囊体积小，易于和其他材料复合，使用安全方便，可提高蓄热材料的使用范围。但是芯材蓄热材料相变体积变化大，反复收缩膨胀，寿命会降低，也对微胶囊壁材有较高的要求，会增加封装材料的成本。此外，微胶囊蓄热材料导热性能差，需加入导热剂。

### 7.1.3 溶胶-凝胶法

溶胶-凝胶法将前驱体溶于水或有机溶剂中形成均质溶液，然后通过溶质发生水解反应生成纳米级的粒子并形成溶胶，溶胶经蒸发干燥转变为凝胶来制备相变复合材料。该方法采用低黏度的溶液作为原料，无机-有机分子之间混合得相当均匀，所制备的材料也均匀，有利于控制材料的物理性能；可以通过严格控制产物的组成，实行分子设计和剪裁；工艺过程温度低，易操作；制备的材料纯度高。目前，多以正硅酸乙酯为前驱体、有机酸为蓄热材料合成高效蓄热材料，这是实现工业化生产可能性较大的工艺方法。但是溶胶-凝胶法所使用的原料价格比较昂贵，有些原料为有机物，对健康有害；通常整个过程所需时间较长，一般需要几天或几周；凝胶中存在大量微孔，在干燥过程中容易逸出许多气体及有机物，并产生收缩。

### 7.1.4 插层法

插层法是以层状无机物(一般为层状硅酸盐)为主体，将有机蓄热材料作为客体插入主体的层间，从而制得复合蓄热材料。根据插层过程可以分为有机单体插层原位聚合法、在溶液中聚合物直接插层复合法、聚合物熔融直接插层复合法。有机单体插层原位聚合法是将单体插入层状无机物中，引发聚合形成嵌入复合材料。有机单体插层原位聚合方式中涉及自由基的引发、键增长、链转移和链终止等自由基反应历程，自由基的活性受黏土层间阳离子、pH 及杂质影响较大。在溶液中聚合物直接插层复合法是借助溶剂聚合物大分子链在溶液中扩散而插层进入无机物层间坑道，然后挥发掉溶剂。这种方式需要聚合物和无机物能够同时溶于同种溶剂，且大量溶剂不易回收，环境污染严重。聚合物熔融直接插层复合法是将聚合物加热到其软化温度以上，在静止条件下或剪切力作用下直接插层进入无机物层间。插层法能够获得趋于单一分散的纳米片层的复合材料，容易工业化生产，但不足之处是可供选择的前驱体材料不多，仅限于蒙脱土、黏土等几种层状硅酸盐和具有典型层状结构的无机化合物(石墨和金属氧化物等)。

### 7.1.5 烧结法

混合烧结法首先是将蓄热材料与支撑材料用一定的粉碎工艺制成微米级的粉末，然后加入添加剂压制成型，最后在电阻炉中无压烧结，从而得到复合蓄热材料。该方法工艺简单，便于工业化生产。但是较高的烧结温度易造成无机盐的扩散分解，导致无机盐含量不易控制。近两年相关研究已经较少。

### 7.1.6 制备方法对比

不同的制备方法有不同的技术路径，其优缺点见表 7-1。

表 7-1 制备方法优缺点

| 制备方法 | 优点 | 缺点 |
|---|---|---|
| 吸附法 | 制备过程简单、工艺要求和成本较低 | 蓄热材料含量较低，易从基体渗出 |
| 微胶囊法 | 工艺成熟，原料易得，易于大规模生产；解决液相泄漏、相分离及腐蚀等问题 | 芯材蓄热材料相变体积变化大，降低寿命，增加封装材料的成本，导热性能低 |
| 溶胶-凝胶法 | 工艺过程温度低，易操作；制备的材料纯度高，是实现工业化生产可能性较大的工艺方法 | 原料价格比较昂贵，有些原料对健康有害；时间较长，常需要几天或几周；凝胶存在大量微孔，干燥过程中容易逸出许多气体及有机物，并产生收缩 |
| 插层法 | 能够获得区域单一分散的纳米片层的复合材料，容易工业化 | 可供选择的前驱体材料不多 |
| 烧结法 | 工艺简单，便于工业化生产 | 易造成无机盐的扩散分解，导致无机盐含量的不易控制 |

# 7.2 材料性能测试与表征方法

蓄热材料热性能包括比热容、密度、导热系数、熔点、熔化热、凝固点、热重等。针对不同性能，研发了不同的性能测试与表征方法[2]。

## 7.2.1 比热容

比热容是材料热物性最重要的热力学参数之一，也是计算其他热力学参数的基础参数。比热容是单位质量物质改变单位温度时吸收或释放的内能，与材料的显热蓄热能力有密切的关系。比热容越大，蓄热材料升高温度需要吸收的热量越多，储存于蓄热材料的热量也越多。测定比热容的方法有卡计法、参比温度法、差示扫描量热法等。

1. 卡计法

卡计法是用卡计接收待测的热量，根据卡计的状态变化量以及对已知电能或标准物质热效应的标定结果，确定待测物质释放或吸收的热量。一般将卡计分为热平衡型、传导型和热相似型等三类。

热平衡型卡计是使卡计和被测物体的热交换变化的最终态是热平衡态，根据能量平衡定律，从卡计标准物质的已知物性、已知质量及其温度改变量或发生相态改变量，计算得到从待测物体上吸收的热量。

传导型卡计，也称为漏热型卡计，是利用在等温面上测定待测热物体传导给等温边界的逃逸热流，并对等温面通过的热流进行时间积分的方法来测定热量。

热相似型卡计是创造一个电加热测量系统，使之与待测系统的热边界条件完全相同，这样可使两系统对外界的热交换情况完全相同，可根据已知系统的电功率和参比物质的变化情况求待测系统的热量。

2. 参比温度法

参比温度法是一种能够测定多组材料凝固点、比热容、熔化热、导热系数和热扩散系数的方法，其基本原理是在相同玻璃试管中分别放入同等质量的待测材料和参比物，并同时置于某一设定温度的恒温水浴内进行加热，直至所有材料的温度都达到这一设定温度。然后将它们突然暴露在某一较低设定温度环境中进行冷却，则得到样品和参比材料的温降曲线，通过两者的降温曲线建立热力学方程得到材料的热物性。该方法由于在水浴中进行加热，加热温度不会超过 100℃，不适合高温蓄热材料的比热容测定。

### 3. 差示扫描量热法

差示扫描量热法(differential scanning calorimetry, DSC)是在程序控制温度下，测量输入到物质和参比物的功率差与温度关系的一种技术，可以用来测定材料的熔点、凝固点、热焓及比热容[3]。

差示扫描量热法根据测试方法，可以分为功率补偿型差示扫描量热法和热流型差示扫描量热法。功率补偿型差示扫描量热法是通过功率补偿使待测材料样品和参比物始终保持相同的温度，测定为满足此条件样品和参比物两端所需的能量差。热流型差示扫描量热法是在给定待测材料样品和参比物相同的功率下，测定样品和参比物两端的温差，根据热流方程，将温差换算成热量差作为信号输出。

### 4. 测量方法对比

通过比较卡计法、参比温度法、差示扫描量热法的技术原理、仪器设备和适用范围，可以总结蓄热材料比热容测试方法的优缺点，如表 7-2 所示。差示扫描量热法具有应用精度高、测量方便、可重复性好等特点，是目前测定比热容的主要方法。

**表 7-2 比热容测试方法优缺点比较**

| 方法 | 优点 | 缺点 |
| --- | --- | --- |
| 卡计法 | 原理简单、设备多样 | 蓄热材料相变过程不易被观察，难以测定相变材料的热物性 |
| 参比温度法 | 操作方便、过程可被观察。由于参比温度法是参比水的降温曲线，可以同时对多组材料进行测定 | 需对材料进行破碎，破坏了被试材料的完整性，极有可能影响数据。样品不能达到受热均匀，对实验结果有一定的影响 |
| 差示扫描量热法 | 成熟度高、效果好，能够比较准确地测定材料的热物性 | 测试过程中所用样品微量，导致样品的热物性常常与实际应用中的宏量材料的热物性有所差别 |

## 7.2.2 密度

密度是蓄热材料另一个重要的热力学参数，也是计算其他热力学参数的基础参数。密度是指在一定温度下，物质单位体积内所含的质量。密度是一种特性，不随质量和体积变化，只随物态变化。

密度测定主要是利用流体静力称量法(阿基米德法)和最大气泡压力法等原理进行的。流体静力称量法(阿基米德法)是分别测量待测物体在空气中和没入水中的质量，进而根据浮力确定待测物体体积，最后根据在空气中的质量和体积计算密度。最大气泡压力法是利用气泡破裂时内外最大压差与毛细管插入待测液体的深度的直线关系计算待测液体的密度。

根据上述原理，密度测定方法有很多种，不同状态的物质密度测定方法各不相同。固体密度通常采用浮力方法、置换方法、比重瓶法等，液体密度通常采用浮力方法、置换方法、比重瓶法、振荡法等。表 7-3 是常用密度测定方法对比。

表 7-3  常用密度测定方法对比

| 方法 | 浮力方法 | 置换方法 | 比重瓶法 | 振荡法 |
|---|---|---|---|---|
| 适合范围 | 固体、液体、气体 | 固体、液体 | 固体、液体、粉末 | 同构型液体 |
| 优点 | 适合大部分样品类型、样品大小不定、处理快速 | 适合大部分样品类型、样品大小不定、处理快速 | 适合所有样品类型、准确的方法 | 样品尺寸可达 1mL、处理快速 |
| 缺点 | 固体和液体必须加热到定义的温度，大体积样品要求流体密度测定，拿取必须小心，避免蒸发，样品必须小心弄湿，气泡不容易消除 | 固体和液体必须加热到定义的温度，大体积样品要求流体密度测定，拿取必须小心，避免蒸发，样品必须小心弄湿，气泡不容易消除 | 固体和液体必须加热到定义的温度，劳力密集，浪费时间，气泡不容易消除 | 样品成分的分离可能造成测量误差，黏度影响密度，设备昂贵 |

### 7.2.3  导热系数

导热系数是表征蓄热材料热量传递能力的参数，是指单位温度梯度作用下物体内所产生的热流量。导热系数与材料种类和热力状态有关，与材料几何形状无关。目前，导热系数测定方法分为稳态法和非稳态法。

#### 1. 稳态法

稳态法是使待测材料样品处在一个恒定的温度场内，当达到热平衡后，测定通过样品面积热流量、温度梯度以及样品的几何尺寸等，根据傅里叶定律直接测定导热系数。稳态法具有原理清晰，可准确、直接地获得导热系数绝对值等优点，并适于较宽温区的测量，缺点是比较原始、测定时间较长和对环境(如测试系统的绝热条件、测量过程中的温度控制以及样品的形状尺寸等)要求苛刻。稳态法常用于低导热系数材料的测量，主要包括热流计法、保护热板法和圆管法等。

##### 1) 热流计法

热流计法是一种基于一维稳态导热原理的比较法，是将厚度一定的方形样品插入两个平板间，在其垂直方向通入一个恒定的单向热流，当冷板和热板的温度稳定后，测得样品的厚度、上下表面的温度和通过的热流量，根据傅里叶定律确定样品的导热系数。

该方法适用于导热系数较小的固体材料、纤维材料和多孔隙材料，如各种保温材料。但是测试过程会存在横向热损失，增大测定误差，且对液体材料导热系数测定存在困难。

##### 2) 保护热板法

保护热板法一般采用双试件保护平板结构，在热板上下两侧各对称放置相同的样品和冷板一块，试件周围包有保护层，主加热板周围环绕有辅助加热板，辅助加热板与主加热板温度相同，以保证一维导热状态。当达到一维稳态导热状态时，根据傅里叶定律可得材料的导热系数。

该方法温度范围更大、量程较宽、误差较小，可用于低温导热系数测定的场合，其缺点是稳定时间较长，需先对样品进行干燥处理，不能测定自然含水率下的导热系数。

3) 圆管法

圆管法是根据长圆筒壁一维稳态导热原理直接测定单层或多层圆管绝热结构导热系数的一种方法。要求被测材料可以卷曲成管状，并能包裹于加热圆管外侧。由于该方法是基于一维稳态导热模型，故在测试过程中应尽可能在样品中维持一维稳态温度场，以确保能获得准确的导热系数。为了减少由于端部热损失而产生的非一维效应，根据圆管法的要求，常用的圆管式导热仪大多采用辅助加热器，即在测试段两端设置辅助加热器，使辅助加热器与主加热器的温度保持一致，以保证在允许的范围内轴向温度梯度相对于径向温度梯度更小，从而使测量段具有良好的一维温度场特性。

在实验中，应在传热过程达到稳态时进行温度测定，加热圆管的功率要保持恒定，样品内外表面的温度可由热电偶测出。另外，为保证热流在被测材料中的单向性，样品外表面温度应该控制在环境温度以下。通过实验对保护热板法和圆管法进行比较后，发现对于相同材料，圆管法测得的导热系数要大于保护热板法，且当绝热材料用于管道时，圆管法更好地反映了其结构导热系数。

2. 非稳态法

非稳态法是对处于热平衡状态的样品施加某种热干扰，同时测量样品对热干扰的响应，然后根据响应曲线和稳态导热微分方程，确定样品材料热物性参数的数值。非稳态法具有快速、准确、一次测量可同时得到多个热参数、方式灵活多样、对环境要求低等优点，但受测试方法的限制，多用于比热容基本趋于常数的中、高温区导热系数的测定。目前非稳态测试方法主要有热线法、热探针法、热带法、平面热源法、热盘法和激光闪射法。

1) 热线法

热线法是在样品中插入一根热线。测试时，在热线上施加一个恒定的加热功率，使其温度上升。测量热线本身或平行于热线一定距离上的温度与时间的关系。由于被测材料的导热性能决定了这一关系，可得到材料的导热系数测量热线的温升有多种方法。其中，交叉线法是用焊接在热线上的热电偶直接测量热线的温升；平行线法是测量与热线相隔一定距离的一定位置上的温升；热阻法是利用热线电阻与温度之间的关系得出热线本身的温升。热线法适用于测量不同形状的各向同性的固体材料或液体。

2) 热探针法

热探针法的原理也是基于热线法，只不过用探针取代了热线，可以测定各种均质固体和粉末状材料的导热系数和比热容，也可以测量非均质的多孔材料。测量时，将折叠的或者螺旋形的细金属加热丝、测温元件封装在一根细长的薄壁金属管内，相互之间保持绝缘。在一定时间里对探针加热，同时测量并记录探针的温度响应，然后根据探针样实验系统的传热数学模型及温度变化的理论公式就可计算被测样品的热物性参数。该方法能否用于高温熔盐导热系数测定的关键是该探针的薄壁金属封管是否能够耐受高温熔盐的腐蚀。

3）热带法

热带法测试原理类似于热线法，不同之处是用很薄的窄金属带（热带）来替代热线。实验中将薄金属带夹持在待测材料中间，从某时刻起以恒定电功率加热金属带测量并记录热带的温度响应曲线，根据温度变化的理论公式可同时得到被测材料的导热系数和热扩散率。热带法不仅可以测量液体、松散材料、多孔介质及非金属固体材料，并且在热带表面覆盖很薄的一层绝缘层之后，还可用于测量金属材料，适用范围较广，而且实验装置易于实现。与圆柱状电加热体相比，薄带状电加热体与被测固体材料有更好的接触，故热带法比热线法更适用于测量固体材料，而且热扩散率的测量结果较热线法精确，热带比热线要更加结实耐用一些。热带的温度变化可以通过测量热带电阻的变化来获得，也可以通过在热带表面上焊接热电偶来直接测量。

4）平面热源法

平面热源法测试原理是给平面热源通以脉冲式或阶跃式的加热电流，同时用热电偶或热电阻元件测量距热源一段距离处的材料温度变化，根据热源-样品测量系统的传热数学模型及其非稳态导热方程的解析解，可以确定被测材料样品的热物性参数。平面热源法可以测量均质材料、非均质材料以及多孔材料，可同时得到导热系数、比热容和热扩散率。

5）热盘法

热盘法是将一个很薄的金属圆盘或方盘夹持在两块待测材料中，一定时间内给金属盘通入恒定的加热电流，同时测量热盘的温度响应，根据热盘确定待测样品的热物性参数。热盘法可以测量很多不同类型的材料，如金属和非金属固体、粉末、液体以及薄膜材料等，材料可以是各向同性的，也可以是各向异性的，可同时得到热导率、热扩散率和体积比热容，温度范围从低温至高温，热导率测定区间非常宽广，可应用于大多数材料的测定。

6）激光闪射法

激光闪射法是一种用于测量高导热材料与小体积固体材料的技术。这种技术因具有精度高、测量范围宽、非接触式测量、测量速度快、适应性广等优点而得到广泛研究与应用。该方法先直接测定材料的热扩散率，并由此得出其导热系数，适合高温导热系数的测定。

目前，固体材料的导热系数能够很准确地测定。而对于液体材料，因存在对流、辐射和对坩埚腐蚀的问题，测量结果存在一定的误差，高温液体材料导热系数的测定是目前研究的一个热点。

### 7.2.4 熔点

熔点是固体化合物固、液两态在大气压力下达到平衡的温度。纯净的固体化合物一般都有固定的熔点。当温度低于化合物的熔点时，化合物以固相存在。当温度上升到熔点时，开始有少量液体出现，而后固、液两相平衡；继续加热，温度不再变化，此时加热只使固相不断地转变为液相，两相仍然平衡；当加热至固体全部熔化后，再继续加热，则温度线性上升。测定熔点的装置和方法多种多样,通常采用毛细管法、显微熔点测定法和数字熔点测定法测定。

### 1. 毛细管法

毛细管法测定熔点一般都使用热浴加热,具有加热均匀、操作简单、容易控制升温速度等优点,缺点是测定过程中看不清可能发生的晶型变化。测定熔点所用的载热液体应具有沸点较高、挥发性较小、无色透明、受热时较为稳定等特点。

常用的载热液体有浓硫酸、磷酸以及浓硫酸与硫酸钾的混合物。浓硫酸价廉易得,适用温度为 220℃以下,高温会分解放出 $SO_3$,缺点是易吸水变稀;磷酸适用温度为 300℃以下;当浓硫酸与硫酸钾的质量比为 7:3 或 5.5:4.5 时,适用温度为 220～320℃;当质量比为 6:4 时,可测至 365℃。鉴于上述混合物在室温下过于黏稠,所以该方法不适于测量熔点低的样品。此外,也可用石蜡油或植物油作为载热液体,但其缺点是长期使用易变黑。硅油无此缺点,但较昂贵。

在毛细管法中,常用的仪器有双浴式熔点测定仪和提勒管式熔点测定仪。双浴式熔点测定仪由温度计、毛细管、大试管和短颈圆底烧瓶组成。双浴式热浴由于使用了双介质加热,具有加热均匀、升温速度容易控制等特点,所以目前实验室用得较多的就是双浴式熔点测定仪。毛细管法因为待测样品需装入玻璃毛细管中,所用加热介质不能超过 350℃,所以无法用于高熔点材料的测定。

### 2. 显微熔点测定法

显微熔点测定仪的结构包括 50～100 放大倍数的显微镜、可以加热的载片台、控制升温速度的可变电阻、加热台旁侧孔中插的温度计。使用显微测定仪测定熔点相比毛细管法有以下优点:样品消耗很少,可以进行微量和半微量的测定(毫克到微克级)。在显微镜下可以精确观测物质受热的变化过程(水合物的脱水、多晶型物质的晶型转化、升华和分解),但是由于价格昂贵,不如毛细管法应用广泛。从该方法需要用玻璃温度计测温和在显微镜下观察晶体在加热过程中的变化来判断,该方法难以满足高熔点熔盐的测定要求。

### 3. 数字熔点测定法

数字熔点仪采用光电检测、数字温度显示等技术,具有初熔、终熔自动显示,熔化曲线自动记录等功能。熔点测定仪的核心部件是硬质玻璃毛细管。数字熔点测定法与目视法有两点不同:一是不用传热载体,毛细管直接插在微型电炉中,电炉的初始温度、升温速度可以精确控制,并且可以数字显示;二是不用眼睛观测。用一束光通过毛细管后照射到光电转换器上,样品熔化前光路不通,没有电信号输出;样品刚开始熔化时,开始有微弱光线通过;待样品全部熔化成透明的液体时,光线完全透过,光电转换器的输出增大。这几点的温度变化都被准确地记录和显示在仪器面板上。仪器采用毛细管作为样品管,可进行微量、半微量测定,温度系统用线性校正的铂电阻作为检测元件,并用集成化的电子线路实现快速"起始温度"设定及六个可选用的线性升、降温速度自动控制,初熔、终熔读数自动储存,具有无须人工监视的功能。此外,为了提高大量样品熔点的测试效率，出现了多个样品并行检测的熔点测定仪。该熔点测定仪可以同时在线检测 96 个样品的熔点，样品用量少，操作简单，方法简便。该测定仪的核心部件为硬质玻璃毛细管，不能耐受高于 400℃ 的高温，不适于高温熔点的测定。

### 7.2.5 熔化热

熔化热属相变潜热，是物质熔变的一种形式。目前，物质熔变的测定方法按热流状态可以分为稳态法（如量热计法）、非稳态法（如脉冲加热法）和准稳态法，也可以按试样的热交换方式分为冷却法和加热法。总体来说，目前较为常用的熔变测定方法主要有绝热法、混合法（下落法）、脉冲加热法、比较法以及它们的改进方法，其中量热计法（绝热量热法、下落量热法）的准确度最高。另外，近年来还发展起来差示扫描量热法、交流量热法以及微量量热法等。

#### 1. 绝热量热法

用绝热控温技术使实验过程中热量计外套的温度与热量计温度保持相同，即热量计与环境之间无任何热交换，向热量计输入一定量的电能，测定热量计的温升，确定物质的熔变。

#### 2. 下落量热法

将样品置于高温炉内加热至某一温度，使其落入热量计内，引起热量计温度上升或量热介质发生相变导致体积的变化，预先用电或标准物质标定热量计的能当量，再测定物质的熔变。

#### 3. 高速脉冲法

将丝状样品在真空中通脉冲电流快速加热，测量通过样品的电流、端电压及每个时间间隔的电阻率来计算任一温度下的样品熔变。由于测试周期极短，样品由电脉冲加热所得的热量还来不及散失，测试就已经完成。因此，辐射热损相比很小，在高温下可以达到较高的精度。

#### 4. 传导量热法

传导量热法是将物理或化学反应过程中发生的热效应通过传导进行检测的量热方法。将样品置于热量计内，当产生热效应时，用热电堆检测量热容器和恒温外套之间的温差，记录所出现的吸热峰或放热峰。先用电或标准物质标定峰面积与熔变之间的关系，求得热量计的标定常数，再计算样品的熔变。

#### 5. 差热分析法

差热分析法（differential thermal analysis, DTA）是在程序控制下，测试物质与参比物之间的温度差与温度关系的一种技术。差热分析曲线描述样品与参比物之间的温差随温度或时间的变化关系。在测试过程中，样品和参比物被放在相同的热环境中，一起被加热或冷却。虽然环境温度的变化速率一致，但因样品和参比物的比热容不同，在升温或降温过程中样品和参比物的温度将不同，实验中记录温度及样品与参比物的温差。

### 6. 差示扫描量热法

差示扫描量热法是为了弥补 DTA 定量性不良的缺陷而发展起来的，是一种动态测定热量的方法。在功率补偿控制温度下，保持样品与参比物之间的温差为零，当样品发生热效应时，仪器同时进行功率补偿而记录为一个放热或吸热峰，此峰面积与样品所产生的焓变成正比，事先用熔化焓标准物质标定仪器，求得焓变与峰面积之间的关系，然后计算样品的焓变。测试仪器主要包括功率补偿式差示扫描量热仪、热流式差示扫描量热仪、热通量式差示扫描量热仪等。由于该方法测定可以从常温一直测到 1000℃，在合适的坩埚容器中，该方法可以用来测定熔盐的熔化热，同时可以从熔化吸热峰的起峰位置通过特殊方法得出熔盐的熔点[3-5]。

### 7. 交流量热法

交流量热法是使用交变热流加热样品，通过测量样品温度波动来得到样品焓变的方法。其样品量很小，为 1～10mg，温度测量分辨率要有 1～10mK 以及 0.01%～0.1%的精度。相比其他方法，交流量热法可以较容易实现高温高压下的焓变测定。

### 8. 微量量热法

这是测定物理或化学过程中所产生的微小热量的方法。根据非平衡热力学的原理，任一变化过程的放热速率都可表示为量热体系的温升和升温速度的函数。在变化过程中，量热体系的温升对时间的记录曲线称为热谱，用电或标准物质标定峰面积与热量之间的关系后，即可从样品的热谱曲线确定变化过程中所伴生的热量。

## 7.2.6  凝固点

理论上，材料的熔点和凝固点应该是同一温度数据，但实际中对无机蓄热材料进行降温时发现材料温度已降至熔点但材料并不凝固，继续降低至某一温度时，材料熔盐才发生凝固，这种现象称为过冷现象，此时该温度称为凝固点，熔点和凝固点的温度差可以称为过冷温度。不同材料过冷温程不同。过冷是一种亚稳定状态，过冷现象对潜热的放热过程产生重要影响，如果过冷温程太长，材料的凝固放热温度难以控制。许多因素都会导致过冷液体在凝固点之前发生凝固，如振动、搅动、对容器内壁的摩擦，甚至落入的固体颗粒都会破坏这种亚稳态，凝固时的温度不同，所放热量的温度也不同。由此可见，凝固点是衡量相变蓄热材料的重要参数。凝固点主要利用热分析的方法测得，其原理是根据系统在冷却过程中温度随时间的变化情况来判断系统中是否发生了相变，并测定相变温度。通常的做法是先将样品加热成液态，然后令其缓慢而匀速地冷却，记录冷却过程中系统在不同时刻的温度数据，再以温度为纵坐标，时间为横坐标，绘制成温度-时间曲线，即冷却曲线(又称步冷曲线)。根据组成不同熔盐的若干条冷却曲线还可绘制出相图。

测定凝固点通常用的一种装置是结晶管装置，另一种是茹可夫瓶。结晶管是一个双壁玻璃试管，软木塞上装有温度计和搅拌器。将双壁间的空气抽出，以减少与周围介质的热交换。茹可夫瓶适用于比室温高 10～150℃ 的物质的凝固点测定。

### 7.2.7　热重

热重分析法是使样品处于一定的温度程序控制下，观察样品的质量随温度或时间的变化过程，获取失重比例、失重温度、分解残留量等相关信息。热重分析法的优点是可以在不破坏材料的情况下研究其热稳定性和分解规律，可以快速获得大量数据；同时，还可以与其他分析技术结合使用，如质谱分析、红外光谱分析等，获得更全面的信息。然而，热重分析需要高精度的仪器和复杂的数据分析方法，成本较高。同时，只能研究样品在一定范围内的热稳定性和分解规律，对于复杂的反应体系可能不适用，也只能研究样品的直接热分解过程，对于间接热分解过程的研究可能需要其他分析技术的支持。热重分析通常可分为静态法和动态法。

#### 1. 静态法

静态法包括等压质量变化测定和等温质量变化测定。等压质量变化测定是指在程序控制温度下，测量物质在恒定挥发物分压下平衡质量与温度关系的一种方法。等温质量变化测定是指在恒温条件下测量物质质量与压力关系的一种方法。静态法准确度高，但是费时。

#### 2. 动态法

动态法即常说的微商热重分析，又称导数热重分析，它是热重曲线对温度或时间的一阶导数。以物质的质量变化速率与温度或时间的关系作图，即得到微商热重分析曲线。

## 7.3　典型材料性能参数

### 7.3.1　显热蓄热材料

显热蓄热材料种类多、技术成熟、应用广泛。常见的显热蓄热材料主要有水、导热油、熔盐、玄武岩、石灰岩、花岗岩、大理石、混凝土、陶瓷、耐火砖等[6,7]。本节不一一赘述，以玄武岩、石灰岩、花岗岩和大理石这四种常用的岩石材料为对象，详细介绍其性能，如图 7-1 所示。

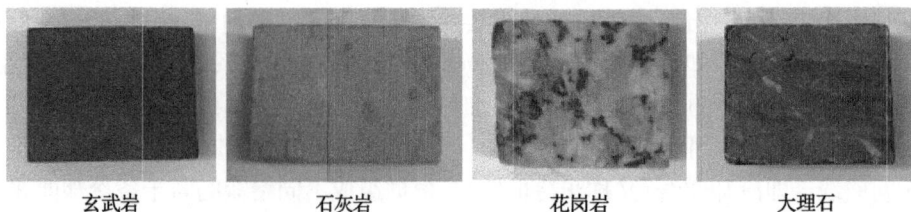

| 玄武岩 | 石灰岩 | 花岗岩 | 大理石 |

图 7-1　四种岩石样品

1. 密度

显热蓄热材料的密度测量方法为浮力法，采用梅特勒托利 XS205 分析天平及其密度测量组件进行测量，不需要测量体积，即通过测量岩石样品在蒸馏水中和空气中的质量，通过天平自动计算获得密度。

图 7-2 为大理石、花岗岩、石灰岩和玄武岩循环前后的密度变化。四种岩石的密度比较接近，为 2.60～2.90g/cm³，其中玄武岩的密度稍高于其他三种岩石，达到 2.83g/cm³，大理石、花岗岩和石灰岩的密度基本相同。储释循环前后岩石的密度差异不超过 2%，在测量误差范围内，表明岩石的密度基本不会受储释循环的影响，稳定性较好。

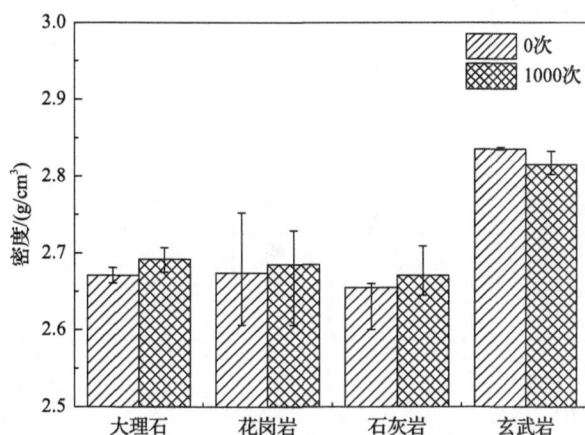

图 7-2 四种岩石的循环前后密度变化

2. 导热系数

岩石导热系数的测量方法为瞬态平面热源法，使用 Hot Disk 热物性分析仪及 KALTGAS 超低温液氮恒温系统进行测量，测量了 20℃、–30℃、–80℃、–130℃和–180℃时四种岩石的导热系数。

图 7-3 显示了四种岩石实验前后的导热系数随温度的变化情况。可以看出，大理石和石灰岩的导热系数随着温度的升高而降低，玄武岩的导热系数随着温度的升高而升高，花岗岩的导热系数随温度的变化基本保持不变；储释循环对岩石的导热系数基本没有影响，四种样品的导热系数随温度基本呈现线性变化。常温下四种岩石的导热系数差别不大，在温度为 20℃时，大理石、石灰岩、花岗岩和玄武岩的导热系数分别为 2.88W/(m·℃)、2.65W/(m·℃)、2.48W/(m·℃) 和 1.63W/(m·℃)。但是，随着温度变化，四种岩石的变化趋势存在较大差异，其导热系数斜率的绝对值也存在较大差异。在选用岩石时，不应只考虑其常温下的导热系数，还应考虑其在整个工作温度区间内的导热系数，计算其平均导热系数，结果如图 7-4 所示。由图可见，大理石和石灰岩的平均导热系数较大，分别为 3.99W/(m·℃) 和 3.07W/(m·℃)；花岗岩和玄武岩的平均导热系数较小，分别为 2.48W/(m·℃) 和 1.51W/(m·℃)。

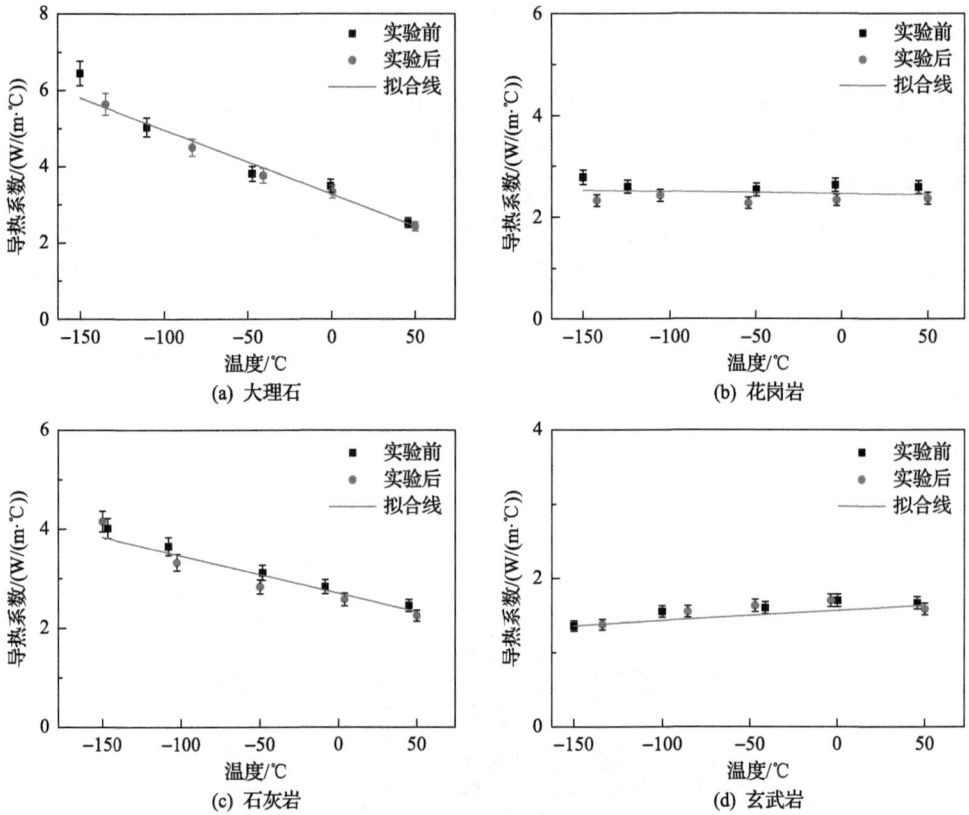

图 7-3　实验前后导热系数随温度的变化

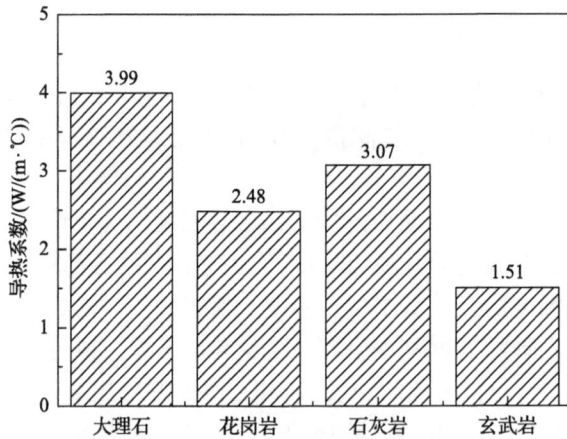

图 7-4　四种岩石的平均导热系数

### 3. 比热容

比热容测量方法为差示扫描量热法，使用 TA DSC-Q2000 进行不同循环次数的比热容测量，测量的温度范围为–160～40℃，升温速度为 5℃/min。

不同储释循环次数的四种岩石比热容如图 7-5 所示。由图可知，储释循环对岩石的比热容基本没有影响，在–160～40℃内四种岩石的比热容均随温度的升高而增大，并且其趋势近似为线性，计算平均比热容，结果如图 7-6 所示。四种岩石样品的比热容比较接近，在 0.61～0.73J/(g·℃) 区间。

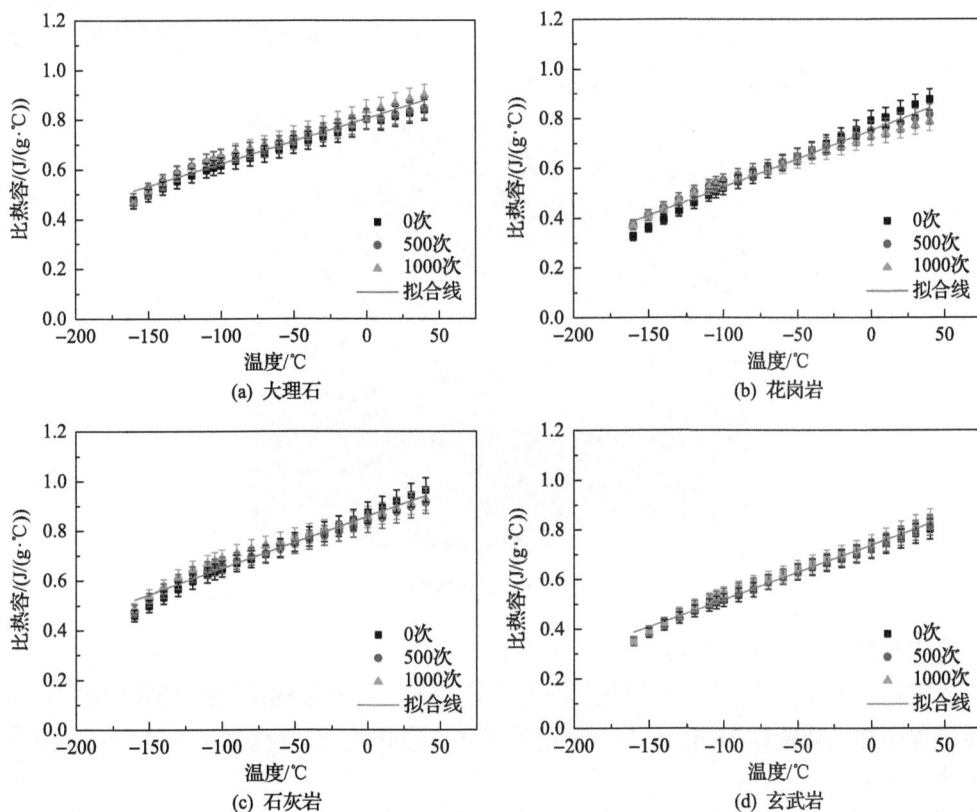

图 7-5　不同储释循环次数时岩石的比热容随温度变化

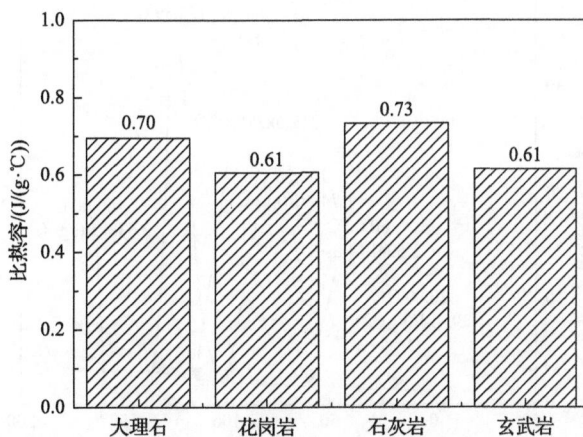

图 7-6　四种岩石的平均比热容

### 7.3.2 相变蓄热材料

#### 1. 赤藻糖醇[8]

赤藻糖醇分子式为 $C_4H_{10}O_4$，为白色粉末状，如图 7-7 所示。赤藻糖醇具有合适的熔点（约 120℃）、比较大的熔化热、较小的相变体积变化、与金属良好的兼容性、优良的循环稳定性，在相变蓄热领域得到了关注。

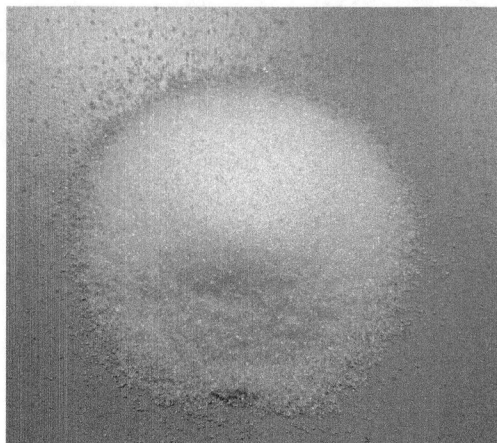

图 7-7　赤藻糖醇

1）比热容、熔点和熔化热

赤藻糖醇的比热容、熔点和熔化热测量方法为差示扫描量热法，使用 TA DSC-Q2000。测量过程中样品质量在 10mg 左右，采用氮气作为净化气体，流量为 25mL/min，温升速度为 3℃/min。

图 7-8 为赤藻糖醇熔化过程中比热容与温度之间的关系。可以看出，赤藻糖醇的

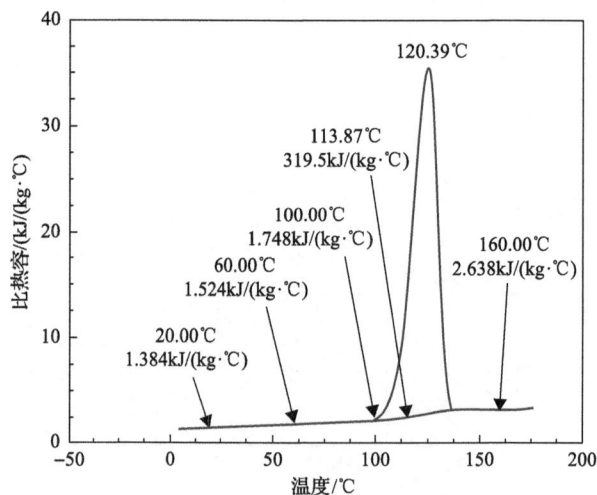

图 7-8　赤藻糖醇比热容及熔化特性

比热容在 20℃时为 1.384kJ/(kg·℃)，在 60℃时为 1.524kJ/(kg·℃)，在 100℃时为
1.748kJ/(kg·℃)，在 160℃为 2.638kJ/(kg·℃)。赤藻糖醇相变起始温度约为 113.87℃，峰
值温度为 120.39℃，熔化热为 319.5kJ/kg。经过 10 次循环测量，熔化热在 313.5～321.4kJ/kg
变化，赤藻糖醇基本稳定。

### 2) 导热系数

赤藻糖醇导热系数测量方法为瞬态平面热源法，使用 Hot Disk 热物性分析仪测量。
固态导热系数测量结果如图 7-9 所示。在 15～60℃，随着温度升高，赤藻糖醇导热系
数从 0.76W/(m·℃) 下降到 0.69W/(m·℃)，下降过程近乎线性。液态导热系数测量结果
如图 7-10 所示。在 120～160℃，随着温度的升高，液态导热系数从 0.33W/(m·℃) 升高
到 0.34W/(m·℃)，升温过程近乎线性。

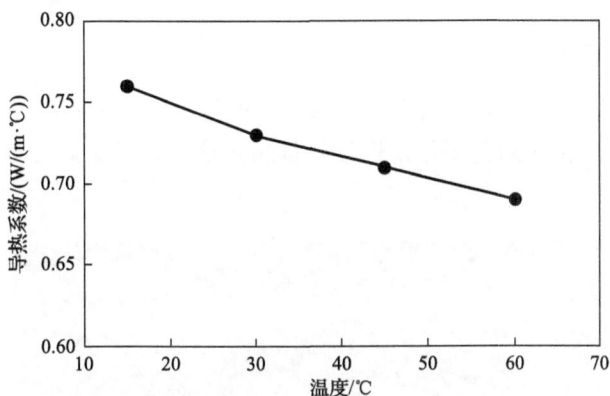

图 7-9　赤藻糖醇固态导热系数随温度的变化

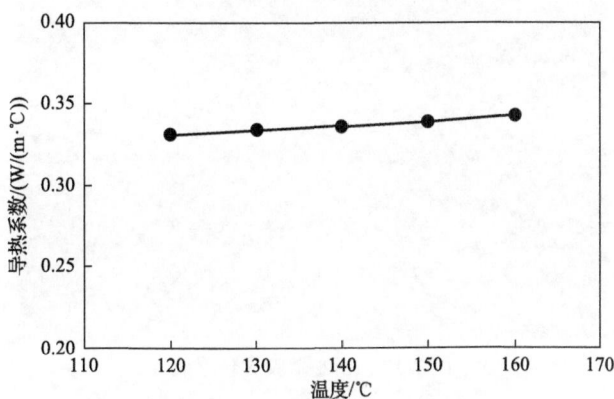

图 7-10　赤藻糖醇液态导热系数随温度的变化

### 3) 热重

热重分析采用 TA Q600 热重-差热同步测定仪。测量过程中，赤藻糖醇样品质量为
6.02mg，采用氮气作为净化保护气体，测量 0～300℃赤藻糖醇的热重分析结果如图 7-11
所示，可以看到赤藻糖醇在 20～180℃重量基本保持不变，其分解起始温度在 183.66℃，
250℃时的质量损失为 99.58%。

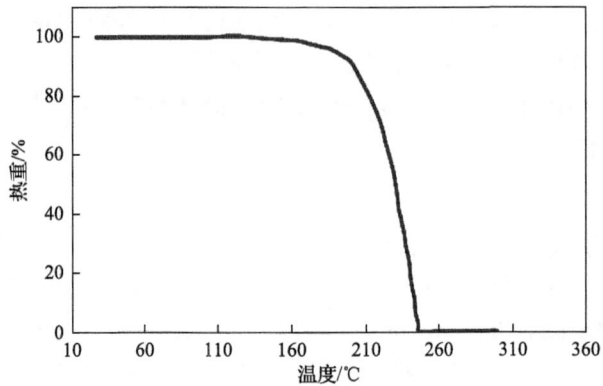

图 7-11　赤藻糖醇的热重分析

## 2. 相变微胶囊悬浮液[9-11]

利用微胶囊方法制备了芯材为正二十六烷、壁材为密胺树脂的相变微胶囊材料，并以丙醇/水溶液作为基液，制备了稳定性较好且黏度较低的相变微胶囊悬浮液，如图 7-12 所示。

图 7-12　相变微胶囊悬浮液

1）比热容、熔点、熔化热

熔点、熔化热采用差示扫描量热法测定，利用 TA Q2000 型差示扫描量热仪测量相变微胶囊颗粒的熔点和熔化热。测量时用高纯标准样品校准温度及热焓，采用高纯氮气保护，氮气流量为 50mL/min，升温速度和降温速度均为 5.0℃/min。

图 7-13 为相变微胶囊颗粒从 5℃至 100℃的比热容曲线。可以看出，材料在发生固-液相变之前会先发生固-固相变，所谓的固-固相变即材料晶体结构发生改变。测试结果

表明，固-固相变起始温度为 39.7℃，固-固相变峰值温度为 40℃，固-液相变的起始温度为 49.22℃，固-液相变峰值温度为 57.79℃，相变微胶囊材料熔化热约为 152.8J/g。

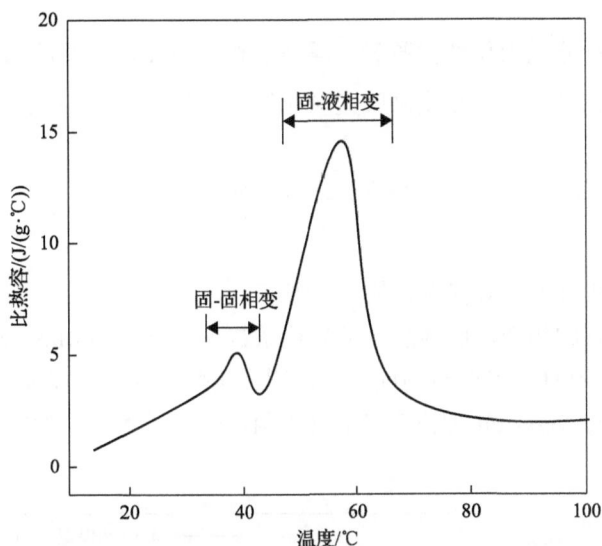

图 7-13　相变微胶囊材料加热和冷却过程的比热容曲线

2) 密度

相变微胶囊悬浮液密度采用比重瓶法进行测量，密度随温度的变化如图 7-14 所示。可以看出，悬浮液密度随着浓度的增大而降低；不同浓度下，密度随温度升高而降低，在熔点附近，流体的密度下降速度为剧烈。

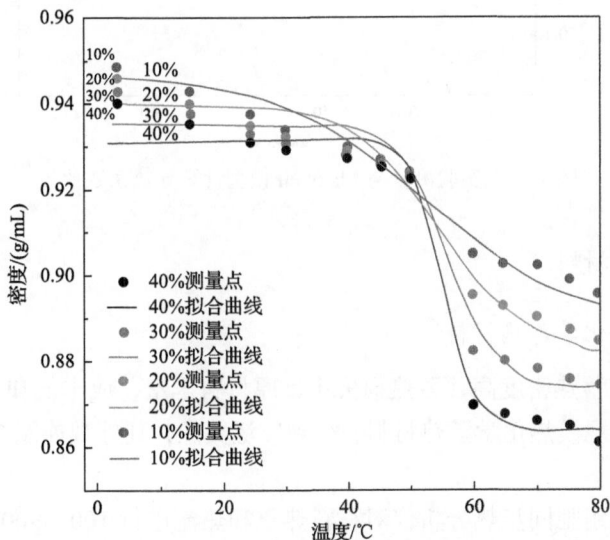

图 7-14　密度随温度变化

3) 导热系数

目前，对于低浓度相变微胶囊悬浮液的导热系数常用 Maxwell 模型描述，其关系式为

$$\frac{\lambda_{m}}{\lambda_{f}} = \frac{2 - 2\varphi + (1 + 2\varphi)\lambda_{p} / \lambda_{f}}{2 + \varphi + (1 - \varphi)\lambda_{p} / \lambda_{f}} \tag{7-1}$$

式中，$\lambda_{m}$、$\lambda_{p}$、$\lambda_{f}$ 分别为相变微胶囊悬浮液、相变微胶囊、基液的导热系数；$\varphi$ 为悬浮液中颗粒相体积浓度，它与相变微胶囊颗粒的质量分数 $C_{m}$ 具有下列关系：

$$\frac{1}{\varphi} = \left(\frac{1}{C_{m}} - 1\right)\frac{\rho_{m}}{\rho_{f}} + 1 \tag{7-2}$$

其中，$\rho_{m}$ 和 $\rho_{f}$ 分别为相变微胶囊和基液的密度。

为了讨论所制备的相变微胶囊悬浮液导热系数是否能使用 Maxwell 模型计算，采用瞬态平面热源法，使用 Hot Disk 热物性分析仪测量相变微胶囊悬浮液导热系数，如图 7-15 所示。所测实验值与 Maxwell 理论模型的计算值的偏差最大为 9.2%，最低仅为 2%，误差均较小。

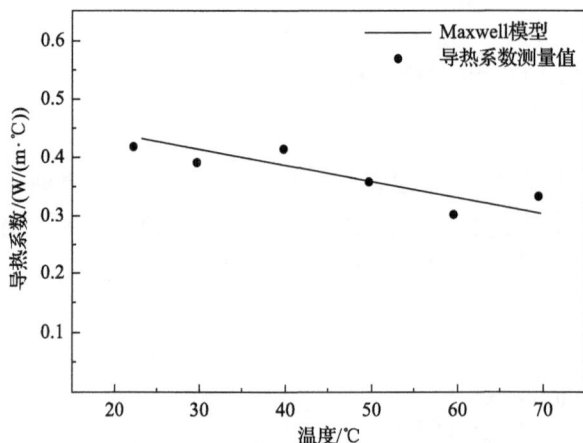

图 7-15　实验测量与 Maxwell 模型计算导热系数比较

### 7.3.3　热化学蓄热材料

1. $Ca(OH)_2$ 热化学蓄热材料

$Ca(OH)_2$ 具有蓄热密度高、蓄热损失小、原材料丰富、成本低和无毒等优点，被认为是最有前景的大规模热化学蓄热材料，得到广泛关注，其外观如图 7-16 所示，呈白色粉状。

$Ca(OH)_2$ 采用耐驰同步热分析仪对材料热重和热流进行 100～900℃ 测量，如图 7-17 所示。由图可知，$Ca(OH)_2$ 在 100～350℃ 质量基本保持不变，其分解起始温度（脱水反应起始温度）为 427.2℃，峰值温度为 473.97℃，蓄热密度为 1042.2kJ/kg，质量损失率为 23.19%。

图 7-16　Ca(OH)$_2$外观图

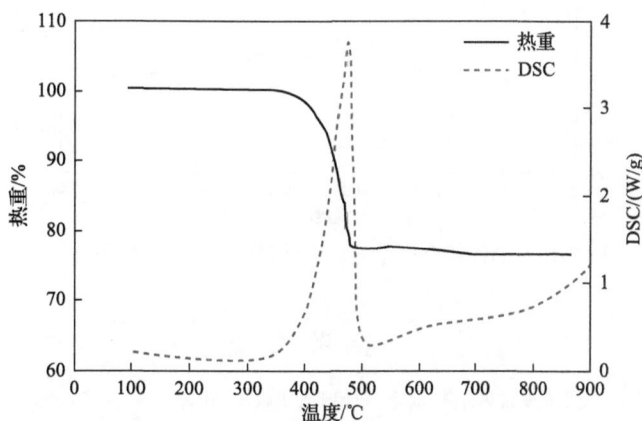

图 7-17　Ca(OH)$_2$同步热分析测量曲线

### 2. 钙锌复合热化学蓄热材料

为了降低 Ca(OH)$_2$ 的反应温度，使用 ZnO 对 Ca(OH)$_2$ 进行性能改善，制备了钙锌复合热化学蓄热材料，如图 7-18 所示。

采用耐驰同步热分析仪对钙锌复合热化学蓄热材料的热重和热流进行 100～700℃测量，如图 7-19 所示。由图可知，钙锌复合热化学蓄热材料分解起始温度降低至 175.90℃，峰值温度降低至 200.27℃，蓄热密度为 540.58kJ/kg，质量损失率为 19.35%。

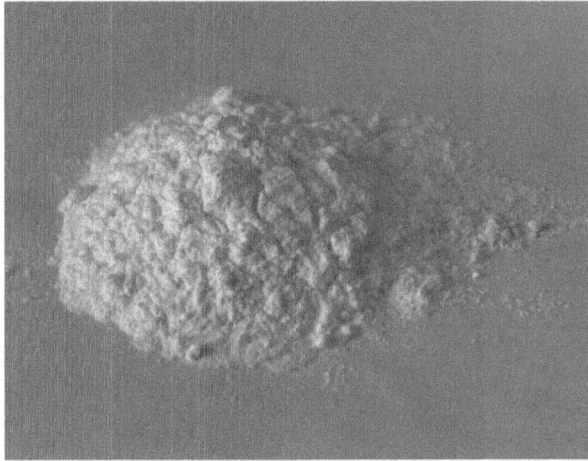

图 7-18　钙锌复合热化学蓄热材料

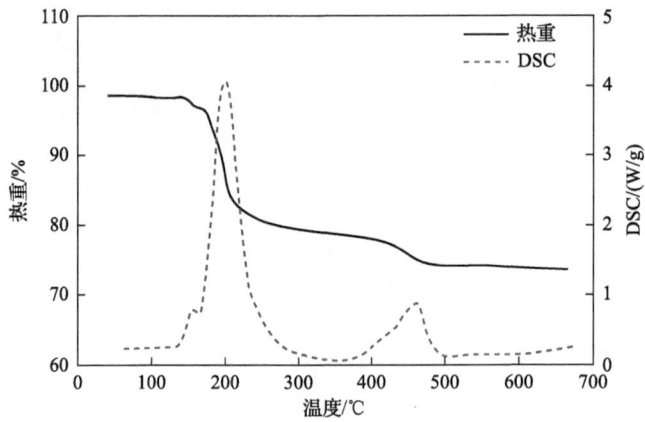

图 7-19　钙锌复合热化学蓄热材料同步热分析测量曲线

# 参 考 文 献

[1] 冯利利, 李星国, 王崇云. 定形相变蓄热材料. 北京: 机械工业出版社, 2019.

[2] 丁静, 魏小兰, 彭强, 等. 中高温传热蓄热材料. 北京: 科学出版社, 2013.

[3] 张寅平, 胡汉平, 孔祥冬, 等. 相变贮能: 理论和应用. 合肥: 中国科学技术大学出版社, 1996.

[4] 方桂花, 刘殿贺, 张伟, 等. 复合类相变蓄热材料的研究进展. 化工新型材料, 2021, 49(6): 6-10.

[5] 张东, 康韡, 李凯莉. 复合相变材料研究进展. 功能材料, 2007, 38(12): 1936-1940.

[6] 李国跃, 林曦鹏, 王亮, 等. 储释冷循环对岩石材料性能的影响. 储能科学与技术, 2020, 9(4): 1074-1081.

[7] 李国跃. 超临界压缩空气储能填充床分级蓄冷方法研究. 北京: 中国科学院工程热物理研究所, 2020.

[8] 王艺斐. 串联式多相变蓄热实验与数值模拟研究. 北京: 中国科学院工程热物理研究所, 2016.

[9] 刘丽, 王亮, 王艺斐, 等. 基液为丙醇/水的相变微胶囊悬浮液的制备、稳定性及热物性. 功能材料, 2014, 45(1): 1109-1113.

[10] 刘丽. 相变微胶囊悬浮液自然对流换热/蓄热特性实验研究. 北京: 中国科学院工程热物理研究所, 2013.

[11] Wang L, Zhang J, Liu L, et al. Stability and thermophysical properties of binary propanol-water mixtures-based microencapsulated phase change material suspensions. Journal of Heat Transfer-Transactions of the ASME, 2015, 137: 091009.

# 第8章

# 蓄热单元

本章从实验和数值模拟两个方面,介绍亚临界水、岩石填充床等显热蓄热(冷)单元,以及同心套管式相变蓄热单元的性能。

## 8.1 显热蓄热(冷)

### 8.1.1 亚临界水蓄热

#### 1. 结构型式[1]

亚临界水蓄热罐为竖直圆柱形筒体,两端为椭圆形封头,如图 8-1 所示。罐体容积为 50L,直管段直径为 300mm,高度为 600mm,罐体壁厚为 20mm,采用 304 不锈钢制造。罐体最高工作压力为 9MPa,设计压力为 9.9MPa,最高工作温度为 280℃。实验蓄热罐的附件主要包括压力表、弹簧式安全阀、安全防爆片和磁翻板液位计。

图 8-1 亚临界水蓄热罐

#### 2. 实验研究

1)参数定义

本节通过实验方法得到亚临界水的温度分布和蓄热特性。涉及的物理量包括温度、无量纲温度、轴线最大无量纲温差、蓄热量、散热速率、蓄热效率、㶲量、㶲损失速率、㶲效率。下面具体介绍这些物理量的数据处理方法。

温度属于直接测量，温度按实验过程的显示数据直接读取。

无量纲温度 $\Theta$ 等于某时刻蓄热罐内某点的温度 $T$ 与环境温度 $T_{en}$ 的差值，除以初始时刻该点温度 $T_0$ 与环境温度 $T_{en}$ 的差值：

$$\Theta = \frac{T - T_{en}}{T_0 - T_{en}} \tag{8-1}$$

轴线最大无量纲温差 $\Delta\Theta_{max}$ 为液相区轴线上最大无量纲温度 $\Theta_{max,a}$ 与最小无量纲温度 $\Theta_{min,a}$ 之差：

$$\Delta\Theta_{max} = \Theta_{max,a} - \Theta_{min,a} \tag{8-2}$$

蓄热量 $\Delta E$ 为亚临界水所能储存的热量，其定义为某时刻下亚临界水的内能 $E$ 与环境温度下亚临界水内能 $E_{en}$ 之差，其数学表达式为

$$\Delta E = E - E_{en} \tag{8-3}$$

散热速率定义为单位时间内亚临界水损失的蓄热量。

蓄热效率 $\eta_E$ 为某时刻蓄热量 $\Delta E$ 与初始蓄热量 $\Delta E_0$ 之比，其数学表达式为

$$\eta_E = \frac{\Delta E}{\Delta E_0} \times 100\% \tag{8-4}$$

㶲量 $\Delta Ex$ 为亚临界水所能储存的㶲，其定义为某时刻亚临界水的内能㶲 $Ex$ 与环境温度下亚临界水内能㶲 $Ex_{en}$ 之差，其数学表达式为

$$\Delta Ex = Ex - Ex_{en} \tag{8-5}$$

㶲损失速率定义为单位时间内亚临界水损失的㶲量。

㶲效率 $\eta_{Ex}$ 为某时刻㶲量 $\Delta Ex$ 与初始㶲量 $\Delta Ex_0$ 之比，其数学表达式为

$$\eta_{Ex} = \frac{\Delta Ex}{\Delta Ex_0} \times 100\% \tag{8-6}$$

2) 实验结果[1,2]

(1) 温度分析。

图 8-2 为环境温度为 16℃、亚临界水液位高度为 0.6m、初始温度为 240℃时，蓄热罐内轴向温度分布随时间的变化。在轴向高度为 0.25~0.6m 的范围内，亚临界水温度是基本相等的。而在轴向高度为 0~0.25m 的范围内，亚临界水温度沿重力方向下降明显，说明该处存在热分层现象。气相区内部温度较为均匀，只是蓄热罐顶部的温度略有下降。保温过程中蓄热罐内部温度随时间逐渐下降，但温度分布结构没有发生改变。

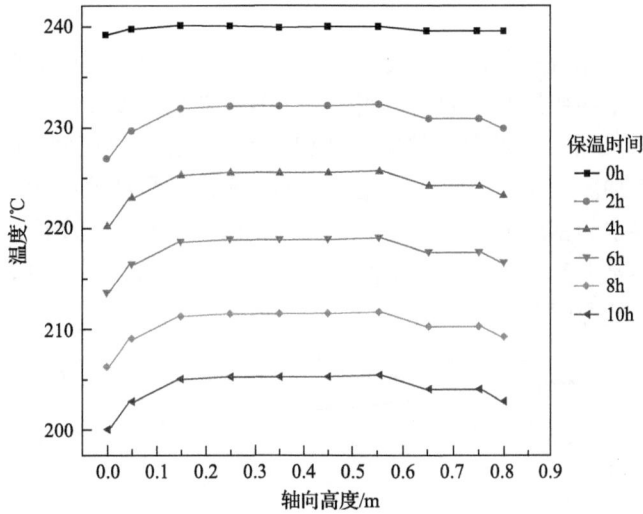

图 8-2 蓄热罐内轴向温度分布

图 8-3 为初始温度对温度变化的影响，分别取轴向高度为 0.75m、0.45m、0.25m 和 0.05m 的温度进行比较，分别代表气相区和液相区上中下位置的温度。可以发现，初始温度变化对各点的无量纲温度略有影响，无量纲温度随初始温度的升高略有下降，但是下降幅度很小。

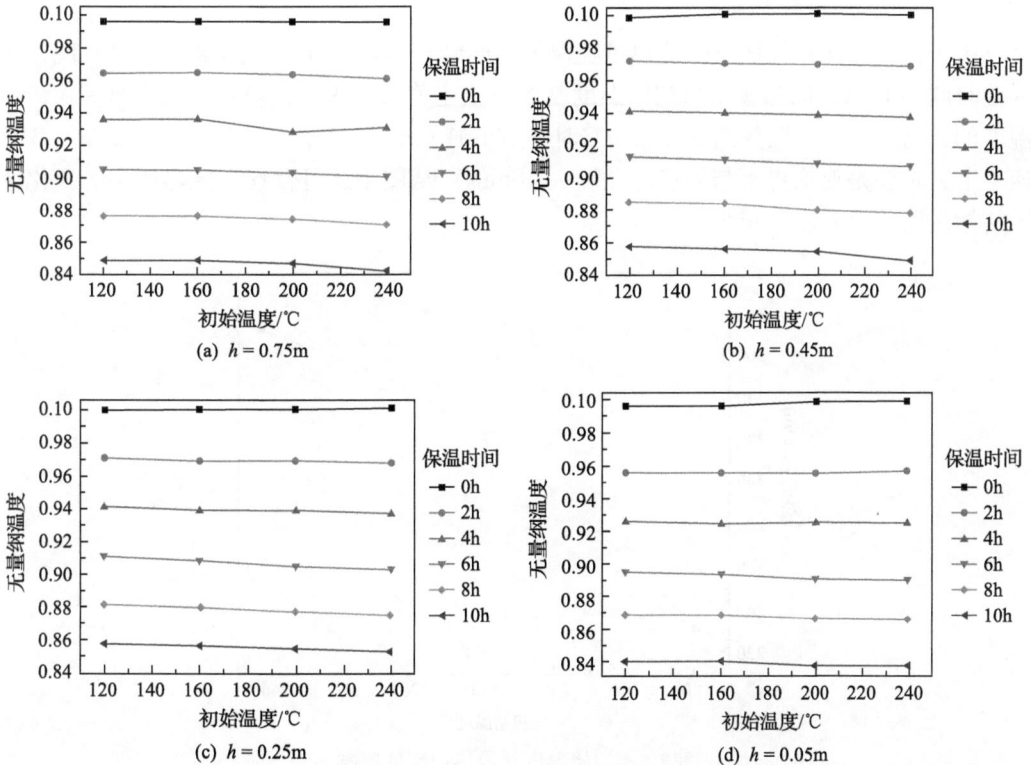

(a) h = 0.75m

(b) h = 0.45m

(c) h = 0.25m

(d) h = 0.05m

图 8-3 初始温度对温度变化的影响

(2) 蓄热分析。

图 8-4 为不同初始温度条件下，亚临界水的蓄热量随保温时间的变化。可以发现，亚临界水初始蓄热量随初始温度的上升而明显上升，初始温度 240℃的初始蓄热量约是 120℃初始蓄热量的 2 倍。初始蓄热量明显增加是由于在该温度区间，亚临界水的比内能随温度升高显著增加。初始蓄热量的变化由亚临界水的质量和比内能决定。随着初始温度的上升，亚临界水的密度下降，比内能上升，比内能上升的程度远高于密度下降的程度，所以初始蓄热量上升。但是，初始蓄热量的增加值随初始温度的上升逐渐下降。这主要是由于比内能随温度升高增长变缓。

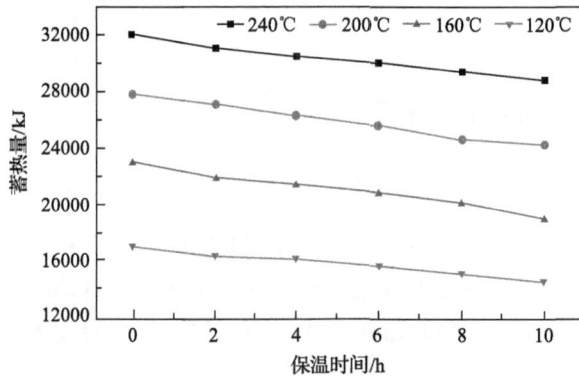

图 8-4  不同初始温度下保温时间对蓄热量的影响

由于蓄热罐向外界散热，蓄热量随保温时间延长逐渐下降。由图 8-4 可以发现，在保温时间 10h 内，散热速率与初始温度基本呈正比关系。图 8-5 表明，散热速率随初始温度的升高而升高。散热速率在 240℃时为 376.1kJ/h，而 120℃时只有 229.2kJ/h。散热速率上升主要是亚临界水与环境温差增大引起的。从图中还可发现，散热速率的变化率随初始温度的上升逐渐减小。

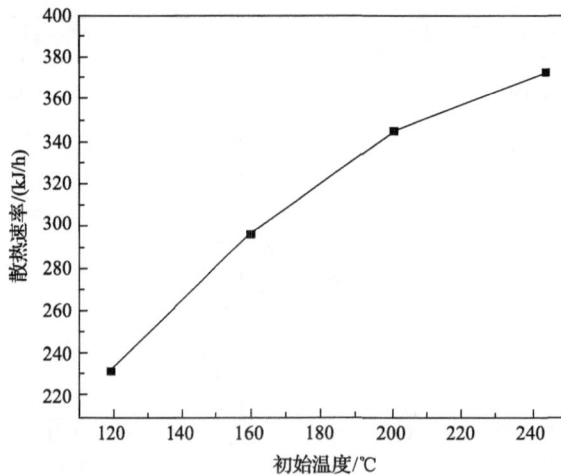

图 8-5  初始温度对散热速率的影响

图 8-6 表示蓄热效率随保温时间的变化关系。可以发现，蓄热效率随保温时间延长逐渐下降，且与保温时间大体呈正比关系。初始温度越高，蓄热效率也越高。蓄热效率主要由初始蓄热量和散热速率决定。虽然初始蓄热量和散热速率都随初始蓄热温度上升，但是初始蓄热量的变化率高于散热速率的变化率，所以蓄热效率随初始温度呈上升趋势。

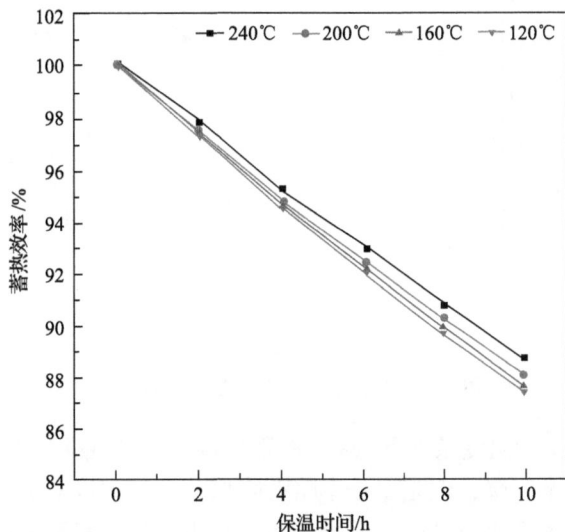

图 8-6 蓄热效率随保温时间的变化

(3) 㶲分析。

图 8-7 为不同初始温度条件下，亚临界水的储㶲量随保温时间的变化。亚临界水的初始储㶲量随初始温度显著上升。初始温度 240℃时的初始㶲量是初始温度 120℃时的3.4 倍。这主要是由亚临界水的单位质量储㶲量随初始温度显著上升决定的。此外还可以发现，在 120～240℃初始温度的范围，初始储㶲量的增长速度随初始温度的上升而加大。

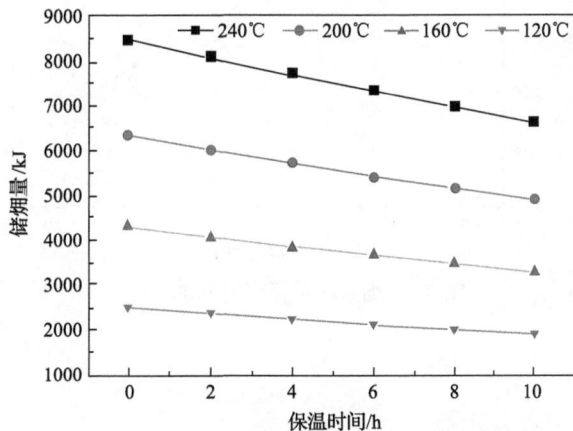

图 8-7 亚临界水的储㶲量随保温时间的变化

由于保温过程中向外界散失热量，储㶲量随保温时间不断下降，且两者大体呈正比关系。图 8-8 表示了初始温度对㶲损失速率的影响。可以发现，㶲损失速率随初始温度的上升而明显上升。初始温度 240℃的㶲损失速率是 120℃时的 3.07 倍。㶲损失速率上升同样是由亚临界水与环境温差增加引起的。

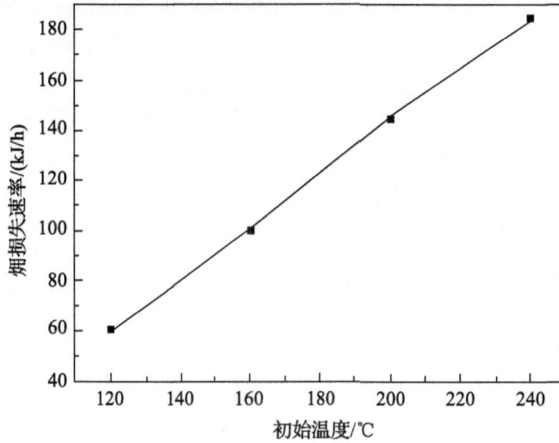

图 8-8　初始温度对㶲损失速率的影响

图 8-9 表示不同初始温度条件下，㶲效率随保温时间的变化。从图中可以发现，㶲效率随保温时间延长逐渐下降，但是变化率略有降低。初始温度对㶲效率有影响。初始温度越高，亚临界水的㶲效率也越高。㶲效率主要是由初始㶲量和㶲损失速率决定的。虽然初始㶲量和㶲损失速率都随初始温度上升，但是初始㶲量的变化率高于㶲损失速率的变化率，所以㶲效率随初始温度呈上升趋势。

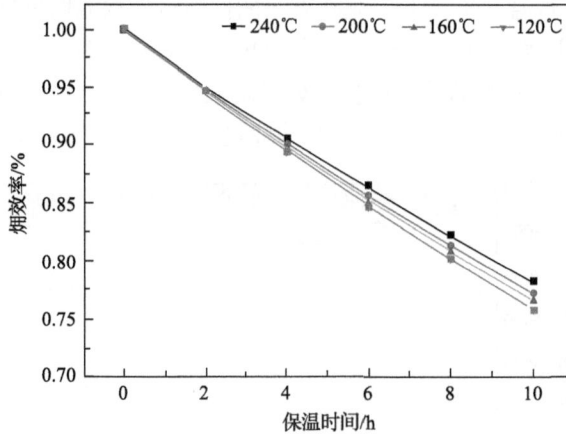

图 8-9　㶲效率随保温时间的变化

3. 数值研究[1,3-7]

1）非稳态和准稳态阶段的划分

亚临界水蓄热罐内部速度和温度在非稳态阶段随时间变化明显，在准稳态阶段基本保持稳定。这是两阶段表观上最明显的区别，可将速度和温度是否随时间稳定作为两阶段划分的主要依据。

本节在蓄热罐液相区选取两个点，分别代表边界层及中心区的情况。一点坐标为轴向高度 0.4m、径向距离 0.1495m，代表边界层内部的情况；另一点坐标为轴向高度 0.4m、径向距离 0.145m，代表中心区的情况。此两点在同一高度，且相距较近，其温差可以代表边界层与中心区的温差。

图 8-10 为选取点温度及变化率随时间的变化。可以发现，在保温过程初始阶段，温差急剧上升，最高达到 1.15K；然后温差急速下降，最低达到 0.24K；温差变化率为负值，且存在明显的波动特征。此阶段蓄热罐内部温度场变化明显，属于非稳态阶段。此后，温差逐渐稳定在 0.29K 附近；温差变化率近似为 0，且波动极小。说明此阶段蓄热罐已经进入准稳态阶段。

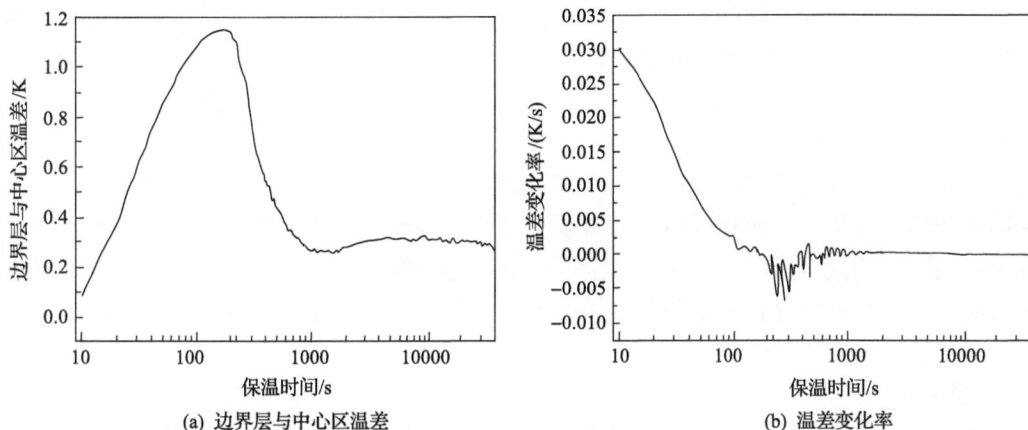

(a) 边界层与中心区温差      (b) 温差变化率

图 8-10　液相区温差及变化率随时间的变化

图 8-11 为边界层的速度及变化率随时间的变化。可以发现，边界层的速度在过程初期迅速上升，最大不超过 0.045m/s；速度变化率很大，并迅速下降，最小速度约为 0.02m/s；速度变化率为负值，且存在明显的波动特征。此阶段蓄热罐内部流场变化明显，蓄热罐处于非稳态阶段。此后，流速逐渐稳定在 0.015m/s 左右，速度变化率近似为 0，波动极小。这说明保温过程已经进入准稳态阶段。

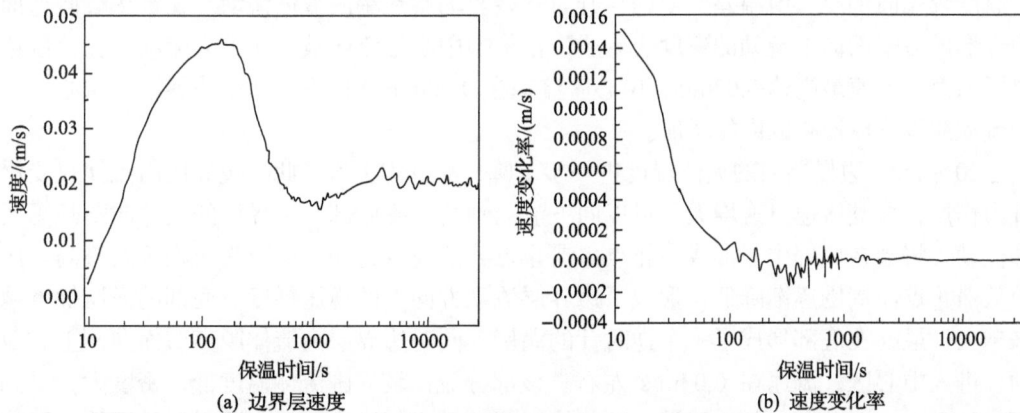

(a) 边界层速度      (b) 速度变化率

图 8-11　液相区边界层速度及变化率随时间的变化

从非稳态阶段向准稳态阶段过渡中，可以发现温差和速度都存在一个明显的最小值。该点之前，温差和速度急速下降，变化率较大，且存在波动特征，过程处于非稳态阶段。该点之后，温差和速度略有升高，之后基本稳定，变化率近似为 0，波动极小。说明过程已经进入准稳态阶段。因此，过渡阶段内温差和速度最小值可以作为蓄热罐从非稳态阶段过渡到准稳态阶段的特征判据。本节中，温差最小值和速度最小值都发生在1380s。温差和速度最小值发生在同一时刻并不是偶然的。根据自然对流理论可知，边界层特征温差是自然对流流动的驱动力。特征温差大，流动强烈；特征温差小，流动缓慢。两者在本质上是一致的。

2) 非稳态阶段

在亚临界水保温过程的非稳态阶段，蓄热罐内部各区域进行了非常复杂的流动传热变化，快速形成热分层现象，并且逐渐向准稳态阶段过渡。下面以初始温度为 280℃的饱和水保温过程为例，分别对蓄热罐内部的液相区、气相区、壁面区和保温层区的流动、传热变化进行详细的分析。

在非稳态阶段，液相区温度和速度都经历了一个先迅速上升后迅速下降的过程。这说明在非稳态过程中，液相区内部的流场温度场结构经历了两个不同的阶段，可以将其称为初始阶段和发展阶段。同非稳态阶段向准稳态阶段过渡一样，从初始阶段进入发展阶段时，温差和速度存在一个明显的最大值。该最大值可以作为划分两阶段的特征量。温差和速度的最大值发生在 170s。

(1) 液相区。

液相区在非稳态阶段流场与温度场的变化过程包括初始阶段、发展阶段两个阶段。

①初始阶段。

在初始时刻(0s)，蓄热罐内的温度场均匀，温度为 553.15K，液体处于静止状态。过程开始后(0~10s)，蓄热罐侧壁面附近的液体通过向外界传热，温度沿径向逐渐下降。蓄热罐中心区温度仍然为初始温度。由于侧壁面附近温差很小，产生的浮升力还不足以驱动壁面附近的液体流动，蓄热罐内部的液体仍然保持静止。

随着过程发展(10~20s)，侧壁面附近的温度进一步降低，形成温度边界层。边界层的厚度较先前加厚。由温差产生的浮升力开始驱动蓄热罐内液体流动。在蓄热罐侧壁面附近形成沿壁面向下流动的速度边界层，蓄热罐中心区流体被迫向上方流动。在速度边界层内液体流速最高达 0.02m/s，中心区流速在 0.0001m/s 以下。速度边界层和中心区内的流动初步形成液相区内的环流。

20~45s，边界层内的流体温度进一步下降，浮升力上升。此时边界层内流体只受浮升力作用，故其流速迅速增大，可以向下流动到蓄热罐底部。边界层的液体向蓄热罐底部流动，将会在底部中心形成滞止点。滞止点处的速度为 0，压力为液相区内最高。压力从滞止点向周围逐渐降低，形成了边界层流动方向上的逆压梯度。底部的逆压梯度越来越大，最终在底部形成了一个逆时针的涡旋，同时边界层内流体脱离壁面向侧上方流动，进入中心区，流速在 0.03m/s 左右。该部分流体较周围流体温度低，密度大，受到更大的重力，因此向上的动量消耗后液体回落，在底部形成了一个顺时针的涡旋。涡旋在旋转过程中，由于黏性的作用，其涡量扩散到中心区流体，在中心区形成了若干小的涡旋。涡旋区内的流体温度低于外部的中心区的流体。中心区内温度分布仍然均匀，液体向上方流动。

随后（45～88s），上述过程得到了进一步的发展。侧壁面边界层变得更厚，进入蓄热罐底部的流体温度更低，速度更快。蓄热罐底部的逆压梯度进一步加大，逆时针的涡旋尺度变大，低温液体脱离壁面的位置向侧壁面方向移动。新的液体温度较先前的液体温度更低，大部分进入逆时针的涡旋中。逆时针涡旋体积不断扩大，将之前形成的顺时针涡旋挤向侧壁面。顺时针涡旋到达侧壁面后被迫向上方运动。在此过程中，顺时针涡旋由于黏性耗散，其涡旋强度和尺度都不断降低，而且在其周边形成许多小的涡旋。底部的流场结构十分复杂。中心区的流体继续向上方流动，温度仍然为初始温度。

此后一个阶段（88～170s），蓄热罐底部保持如下的流动形态：来自边界层的低温流体不断注入蓄热罐底部，产生新的涡旋。原有的温度较高的涡旋被新的低温涡旋挤到蓄热罐侧壁面处，然后被迫向上方移动。在该过程中，由于黏性作用，脱离壁面的涡旋在运动过程中强度和尺度不断降低，在周边形成许多小的涡旋，最后消失。该阶段液相区底部的主要流态就是涡旋不断产生、移动、扩散、消失的过程。在此过程中，边界层流体脱离壁面的位置随时间不断变化，大体在壁面和轴线之间来回摆动。边界层流体注入中心区时携带的动量是中心区流体运动的动力所在。底部流体以"振荡"的方式不断向蓄热罐上部运动。所谓"振荡"，是指液体的轴向速度沿径向分布并不相同。在轴向某一高度，部分时间靠近轴心处的轴向速度高，靠近侧壁面的轴线速度低，甚至出现向下的运动；而过一段时间，速度分布出现相反的特征。此现象好像蓄热罐内部产生了波浪，在轴线和侧壁面之间来回振荡。产生这种现象的原因是，低温液体向上运动的过程中，是以一股冷流的形式进入更高位置的。此后，推动其运动的流体转而流向了其他径向位置，该股流体失去了外界输入的向上的动量，其温度低于周围液体，受到向下的重力，因此经过一段时间后，向上的动量消失，其速度不断下降，甚至出现回落的现象。直到底层低温流体重新从此位置向上流动时，此处的轴向速度才再次上升。在冷流体以振荡方式不断上升的过程中，原来的高温区域逐渐被低温流体占据，热分层现象逐渐形成。

在非稳态阶段的初始阶段，对运动起主要作用的是重力。来自侧壁面边界层的低温流体受到更大的重力，进入蓄热罐底部；原有的较高温度的液体受到的重力较小，被迫逐渐上升。随着过程的发展，在重力的作用下，同温的液体逐渐在同一水平高度稳定，等温线趋于直线。蓄热罐内部逐渐形成了热分层现象。温度分层对液相区的流动起到决定性的作用。在中心区，不同温度的流体受到的重力不同，引起了蓄热罐中心区压力分布的不均匀，在轴向方向形成了更高的压力梯度。侧壁面边界层内的液体在受到向下重力的同时，又受到向上的压力梯度，其所受的浮升力开始减小。因此，当非稳态过程发展到一定阶段时，可以发现边界层内的流体速度不再增加。液相区的流动进入发展阶段。

②发展阶段。

随着过程的进一步发展（170～300s），蓄热罐内中心区的温度分层进一步形成，液相区压力梯度进一步增大，由边界层注入蓄热罐底部的液体速度逐渐减小，蓄热罐底部的涡旋强度也逐渐减弱，不会再产生初始阶段那样大尺度的涡旋。在蓄热罐底部很多中等尺度的涡旋之间相互碰撞、摩擦，温度高的涡旋逐渐向上方流动，小尺度的涡旋充满了整个液相区的中下部。

随着温度分层的逐渐形成(300～1380s)，压力梯度项与重力项平衡，边界层内的液体不再全部注入蓄热罐底部。在边界层的外层，由于温度下降较小，重力也小，在压力梯度的作用下，液体在蓄热罐侧壁面即脱离壁面，转入中心区流动。只有在侧壁面边界层底层的流体，温度下降多，重力大，压力梯度不足以使其脱离壁面，其尚可流入蓄热罐底部。随着该过程的发展，液相区内的涡旋逐渐减小、消失，液相区逐渐进入准稳态过程。

由上面分析可知，热分层现象对发展阶段的流动起到决定性作用。热分层现象使压力梯度项增大。在蓄热罐中上部，边界层内液体重力项仍高于压力梯度项，但合力减小，故速度逐渐下降。在蓄热罐下部，重力项小于压力梯度项，故边界层外层流体难以进入蓄热罐底部。

在液相区顶部的流场及温度场也会随时间产生一定的变化。在蓄热过程的初始阶段，液相区顶部与中下部的流动是一体的，温度为初始温度(0～65s)。随后，由于气相区温度低于液相区，液相区顶部流体向气相区散热，自身温度下降，从而产生了向下的浮升力。液体在浮升力作用下开始下沉。流体向下的运动强度不大，只在液相区顶部表面形成若干尺度很小的涡旋(65～100s)。随着时间的推移，液相区表面温度进一步下降，下沉流体获得更大的浮升力，强度逐渐变大。向下运动的流体与液相区向上流动的流体相遇，向下的动量逐渐减弱，最后转而随主流一起向上方运动。从而形成了一个涡旋流动。该涡旋尺度逐渐变大，控制了液相区上部的主要空间(100～300s)。随着液相区热分层的逐渐形成，温度分层引起的压力梯度减弱了流体向下的动量，因而该涡旋逐渐减弱，直至消失(300～500s)。此后顶部区域仍为一些小尺度的涡旋运动所占据(500～1380s)。该区域的涡旋流动主要是液相区通过气液界面向气相区散热造成的，对顶部温度均匀起到积极作用。

(2)气相区。

根据气相区内部流动温度在非稳态阶段的变化情况，也可以将其分为初始阶段和发展阶段。

①初始阶段。

在非稳态过程的初始时刻(0～25s)，气相区内部温度均匀，水蒸气处于静止状态。过程开始后，侧壁面附近的水蒸气开始向壁面散热，水蒸气温度下降。在重力的作用下，这部分气体沿壁面向下方流动，形成速度边界层。中心区的气体受迫向上方流动。边界层内的气体速度高于中心区气体。此时气相区内初步形成环流。

25～75s，低温气体运动到轴线位置后转而向上方流动。在重力的作用下，气体向上运动一定高度后下落，转而向侧壁面方向运动。由于低温气体占据了底部空间，原有气体被挤压向上方运动。气相区中上部气体一部分随边界层下流，大部分气体在中上部形成一个逆时针的涡旋。在气体区顶部，边界层外层的气体沿壁面运动一段后，在重力作用下脱离边界层，向下流动，并在顶部形成一个顺时针的涡旋。此时气相区中心区可以分为三部分。气相区底部为边界层来的低温气体，在底部做振荡运动；气相区中上部为受挤压上升的气体。这部分气体温度较高，在中上部形成大的逆时针环流；顶部中心部分低温气体脱离边界层，形成小的顺时针低温涡旋。此后，上述流动得到了进一步的发展。底部低温区以振荡的方式运动，低温区逐渐向上方扩展。上部高温区空间缩小，内部气体以涡旋形式存在。顶部涡旋区的空间也有所扩大，仍做顺时针运动，部分气体在重力作用下沿轴线下沉。

在 75～105s，底部低温区的流动是决定性因素。随着时间的推移，侧壁面边界层的流体不断注入底部低温区。底部低温区内部流体以来回振荡的方式逐渐向上方运动。上部高温区面积逐渐缩小，内部仍以涡旋形式的流动为主。在此过程中，同温的气体基本在同一高度的范围内稳定下来，形成了热分层的雏形。

此后(105～170s)，热分层结构得到进一步发展，层间温差更加明显。需要注意的是，此时蓄热罐的气相区和液相区的温差也已经逐渐加大。沿气液界面运动的流体重新受液相区流体加热，温度再次升高。因此，在轴线处，该部分流体受到向上的浮升力直接升到气相区顶部，而且速度很快，达到了 0.04m/s。该部分到达顶部后，部分随边界层流动，部分在重力作用下回落。此时，气相区的初始阶段结束。

从以上分析可以发现，在初始阶段，气相区内的流动和温度分布主要是气体向壁面散热造成的，其结果是在蓄热罐内逐渐形成热分层结构。

②发展阶段。

在发展阶段的前期(170～700s)，气相区内部仍然以热分层的分布为主要特征，气相区温度整体下降。由于气相区和液相区温差加大，轴线的上升气流越来越明显，其速度和流量都大大增加。受其影响，底部靠近轴线的低温液体向上运动的高度越来越高，明显高于靠近壁面一侧。底部低温区面积不断扩大，其内部形成一个大的顺时针涡旋。该涡旋流动十分明显，使得内部温度比较均匀。

随着过程的发展(700～1000s)，气相区与液相区的温差进一步加大，气液界面处的气体吸收更多的热量，温度上升更多。在轴线位置气体所受的浮升力增大，沿边界流动的气体动量增大。同时，在气相区的右下角，出现了一个逆时针旋转的涡旋。这是由于液相区温度高于气相区，当过程进行到此阶段时，较高的温度通过壁面扩展到气相区所在的壁面，导致该侧壁面附近的气体受热，温度上升，气体向上方流动。该气流与上方边界层向下的气流相遇，共同转向轴线方向，后沿气液界面流动。此股气流注入中心区，导致原有的热分层结构被破坏，温度更加均匀。

随着过程的发展(1000～1380s)，气相区与液相区温差进一步加大，右下角的逆时针涡旋逐渐变大，强度也变大，其气流与边界层的下行气流相遇。右下角的气体温度高，边界层的气体温度低，两股气体相遇后发生掺混，温度均匀后注入中心。该气流速度很大，使原有的温度场和流场结构发生改变。该气流流到轴线后，转而向顶部流动，几乎达到蓄热罐顶部的高度。部分气流沿边界层流动，大部分气体在重力下发生回落，在中心区形成一个很大的涡旋。涡旋为顺时针方向。涡旋使得中心区的温度十分均匀。在中心区右上部分，部分气体被挤压在该区域，在该区域以涡旋运动的方式存在。该区域温度也很一致，比大涡旋温度稍低。随着过程的发展，上述流动模式得到不断加强，结构十分稳定，此后过程进入准稳态阶段。

从上述分析可以发现，气相区内部的温度分布虽然在初始阶段形成了温度分层的现象，但是在气相区与液相区温差的作用下，气相区中心区形成了大的涡旋结构，温度分布均匀。这是气相区在非稳态阶段演变的最终形态。

(3)壁面区。

在非稳态阶段的初始时刻(0s)，壁面区温度均匀，为553.15K。过程开始后，壁面向保温层散热，壁面温度首先从外壁面开始下降，迅速向内壁面扩展。在1s以内，内壁面温度开始下降。壁面区的内壁面温度高，外壁面温度低，等温线大体平行于内外壁面。此外还可以发现，蓄热罐壁面上下封头弯转处温度下降最快。这是因为该处的曲率在整个壁面区是最大的，其与保温层接触面积较其他部位更大，所以该区域温度略低。

经过一段时间以后(15~170s)，壁面区的温度进一步下降，分布发生了变化。在紧邻液相区的内壁面，其上部的温度最高，沿侧壁面向下温度略有降低，在下封头弯曲处温度最低，在底部壁面温度略有升高。这是因为，此时液相区内部已经形成了边界层，边界层的液体在上部的温度高，下部的温度低。在气相区的内壁面，同样可以发现在顶部和侧壁面温度较高、在上封头弯曲处温度较低的现象。气相区壁面的温度整体上低于液相区壁面。这是由于气相区温度低于液相区温度。在气液界面附近的壁面，可以发现等温线发生了明显的弯曲，形成了沿轴线方向的温度梯度。此时，非稳态阶段的初始阶段结束。

此后(170~500s)，过程进入了发展阶段。液相区的壁面仍然是上部温度最高，沿壁面向下温度逐渐下降，在蓄热罐底部壁面温度最低。这是由于此时液相区内温度分层现象已经形成，液相区上部温度高，下部温度低。气相区与液相区的壁面温差更大，表明气相区的温度较液相区进一步下降。气液界面附近壁面的等温线几乎垂直于壁面。特别需要注意的是，液相区上部侧壁面的温度获得重新升高。这是因为，在初始阶段，该处温度主要受初始阶跃温差的影响，快速下降；在发展段，此处主要受内部液体温度的影响，液体向壁面区传热，此处壁面温度重新上升。壁面其他位置没有此现象发生。这是因为蓄热罐其他位置温度较低，不能引起附近壁面温度重新上升。

随着过程的进行，上述温度分布特征得到了充分的发展。随后(500~1380s)，温度分布大体规律不变，随时间整体下降。另外，壁面区的等温线不再是基本平行于壁面的，而是与壁面呈现明显的夹角。这说明，径向温度梯度已经与轴向温度梯度处于同一量级。此时，壁面区内沿壁面方向的导热不可忽略。液相区与气相区的温差更大，气液界面的温度梯度变得更高。

当过程发展到1380s时，壁面内温度分布结构稳定，温度下降速度也趋于稳定，壁面区进入准稳态阶段。

(4)保温层。

分析非稳态阶段保温层温度场随时间变化可知，在非稳态阶段的初始时刻(0~50s)，保温层内部温度处处均匀，为298.15K。过程开始后，受到壁面区的加热，保温层内壁面的温度迅速上升。在保温层内部，温度向外壁面扩散，等温线平行于壁面。在此阶段，蓄热罐的热量全部被保温层所吸收，所以外壁面温度保持不变。

在50s左右，外壁面温度开始上升，保温层开始向外界传热。此后，保温层内部各处温度随时间上升，内壁面区域的温度上升较慢，外壁面区域的温度上升较快，内外壁面温差逐渐缩小。最后，保温层内外壁面的温差保持不变。在此过程中，保温层内的等温线大体平行于壁面。此时保温层完成非稳态阶段，进入准稳态阶段。

3) 准稳态阶段

本节重点分析在准稳态阶段蓄热罐各部分的流动及传热特点。在准稳态阶段，蓄热罐内部的流场和温度场结构保持相对稳定。在对每一区域进行分析时，首先分析某一时刻下的典型结构，然后对该区域在准稳态阶段的演变过程进行分析。

(1) 液相区。

在初始温度为 280℃、保温时间 1h 的条件下，分析液相区内部的温度和速度分布，可将液相区由上到下分为三个部分。

① 顶部涡旋区。

该区位于液相区的顶部，范围大体在轴线方向 0.55～0.6m 的范围内。在该区域内部，主要的流动方式是涡旋流动，涡旋尺度在 0.01～0.05m 的范围内。这些涡旋随时间不断产生、发展和消失，但范围只是局限在顶部涡旋区之内，不会对液相区整体产生影响。涡旋的产生是由蓄热罐内部液相区与气相区换热引起的。在保温过程中，自由液面处的液体向气体传热，温度低于液面下方的液体，密度升高。在其下沉的过程中，由于黏性作用与周围流体产生涡旋。进入该区域的流动主要来自液相区内部向上的流动，且流速很小，在 0.0003～0.001m/s 的范围。流出该区域的流动主要是在侧壁面边界层内形成的向下流动，流动速度在 0.004m/s 左右。

由于涡旋的存在，该区域中心区的温度是较为均匀的，温度波动在 0.1℃的范围内。在顶部的自由液面和侧壁面附近，由于向外界散热，液体的温度是明显低于中心区温度的。

② 中部环流区。

该区位于液相区的中部，在轴线方向 0.15～0.55m 的范围内。该区域整体范围内存在一个大的环流。该环流沿顺时针方向流动。在侧壁面附近的边界层内，液体沿壁面向下方流动；流动过程中，边界层外层流体逐渐脱离边界层，转而向轴线方向流动；进入蓄热罐内部后，液体向上方流动；到达涡旋区范围时，又转向壁面方向流动。该环流占据了蓄热罐内部液相区的大部分空间，是液相区内部流动的主要运动形式。从图中可以发现，边界层内部的大部分液体都在该区域内回流，较少流体流入蓄热罐底部。液体在边界层内的流动速度是最快的，大约为 0.02m/s，而在蓄热罐内部的向上流动过程中，液体流速很慢，在 0.0005～0.001m/s 的范围内。边界层内液体所受的驱动力为其所受向下的浮升力。

该区域范围的中心区内存在热分层现象，但不是十分明显，最大温差在 1K 左右，温度梯度为 2.5K/m。虽然热分层的程度不是很大，但是其温差产生的压力梯度抵消了边界层液体所受向下的重力，使其不能进入蓄热罐底部。

③ 底部滞止区。

该区位于液相区的底部，范围大体在轴线方向 0～0.15m 的范围内。该区域中心区内流动极其微弱，速度在 0.0005m/s 以下，可以视其为静止状态。流动主要集中在侧壁面的边界层内。边界层内的液体沿边界层向下方流动，速度在 0.001～0.002m/s 的范围内。

在底部滞止区,热分层现象十分明显。该区域的最大温差达到了 5K,平均温度梯度达到了 33.3K/m。沿重力方向,温度梯度逐渐升高。高温度梯度导致了较高的向上的压力梯度,这使得中部环流区边界层内的流体难以进入底部滞止区,同时也使滞止区中心液体处于静止状态。

(2)气相区。

初始温度为 280℃、保温时间为 1h 条件下,分析气相区内部的温度和速度分布可知,气相区内部的流动形态主要表现为两个涡旋结构。其中一个涡旋较大,占据了气相区中心位置,呈顺时针方向转动。在此涡旋的内部,还存在若干个小的涡旋。另一个涡旋较小,位于气相区的右下角,紧靠蓄热罐壁面和气液界面,呈逆时针方向转动。在气相区内,沿轴线附近是流动速度最大的区域,速度为 0.1~0.2m/s;而在涡旋的内部,流动速度最小,速度在 0.01m/s 以下。

气相区内的温度分布与流动形态关系十分密切。对于中心涡旋,其内部温度分布是十分均匀的,最大温差不超过 0.2K。温度梯度主要存在于涡旋的边界上。首先,水蒸气沿气液界面向轴线方向流动。由于气相区温度低于液相区,在流动过程中气体受热,故温度沿气液界面在轴线方向上有所升高。在轴线与气液界面的交角附近温度达到最大值。然后涡旋转向,沿轴线向上方运动。在此过程中,温度向涡旋内部的气体传热,故温度沿轴线方向逐渐降低,且沿垂直于轴线的方向温度梯度较大。在水蒸气到达蓄热罐顶部壁面时,气体转向沿壁面方向流动,进入边界层。此时气体通过壁面向外界散热,温度进一步降低,且低于涡旋内部温度。在气体到达与小涡旋的流动滞止点之前,温度达到最低点。然后气体离开壁面边界层,流到气液界面,气体被重新加热。

对于小涡旋,其内部温度分布也是较为均匀的,但温度略高于大涡旋温度,温差在0.3K 左右。同样,温度变化区域主要存在于涡旋的边界上。通过壁面温度分布可以发现,小涡旋所接触的壁面温度高于气体,因此小涡旋在沿壁面上升流动过程中,温度是逐渐上升的。在流动滞止点附近,小涡旋的气体和大涡旋的气体一起流向气液界面,在此过程中,小涡旋向大涡旋散热,气体温度下降。达到气液界面后,小涡旋沿气液界面转向壁面方向流动。由于气相区温度低于液相区,气体被加热,温度上升。

气相区内的温度分布可以用来解释流动的形成原因。对于大涡旋,其温度在轴线附近最高,形成向上的浮升力,故气体沿轴线向上流动。在壁面边界层向外界散热,温度下降,产生向下的浮升力,故气体沿壁面向下流动。这是大涡旋旋转的主要驱动力。对于小涡旋,其温度在壁面附近最高,形成向上的浮升力,故气体沿壁面向上方流动。在遇到大涡旋气流时,小涡旋气流受到压力,故转向斜下方流动。这是小涡旋旋转的主要驱动力。

(3)壁面区。

蓄热罐的初始温度为 280℃,时间为 1h。分析蓄热罐壁面区内部温度的分布特征可知,在液相区的蓄热罐壁,温度沿轴线呈现逐渐升高的趋势。这样的温度分布与液相区内的热分层现象是密切相关的。在液相区底部,液体温度最低,相对应的壁面温度也低;在液相区的中上部,蓄热罐内的温度高,对应壁面区的温度也是最高的。在气相区的蓄热罐壁,温度沿轴线上升的方向先降低,而后略有升高。这是因为在轴向高度 0.6m 以上,气相区的侧壁面温度高于气相区内部的气体,壁面向气相区散热,故温度沿轴线方向逐渐降低。而在蓄热罐的顶部，其边界层内部的气体流动是逆时针方向，气体向壁面散热，故壁面顶部的温度高，沿径向温度逐渐降低。从上面分析可知，壁面区温度分布主要受蓄热罐内部温度分布的影响。

根据温度梯度可以得知，壁面区内热流密度最大的地方在气液界面附近，为 $1000W/m^2$；最小的地方在蓄热罐底部，热流密度为 $50W/m^2$ 左右；其余部分的热流密度大体一致，在 $200\sim400W/m^2$ 的范围内。等温线并不是平行于壁面的，等温线与壁面线存在夹角。在液相区中上部的壁面和气相区弯转的壁面，等温线与壁面的夹角较小，这说明此处热量是通过壁面区向保温层导热的；而其他部分的壁面，等温线与壁面的夹角很大，甚至接近垂直壁面，说明这些位置的壁面主要是沿壁面内部的导热，蓄热罐向外界的散热很小。因此，壁面内部的导热是不可忽略的。

(4) 保温层。

蓄热罐蓄热初始温度为 280℃，蓄热时间为 1h。分析准稳态阶段保温层内部的温度分布可以发现，在垂直于保温层壁面方向上，保温层内壁面的温度高，外壁面的温度低，等温线在保温层内呈环形分布，基本上与保温层边界平行。在平行保温层壁面方向上，保温层中部的温度最高，上下两端温度略有下降，且底部温度高于顶部温度。这是与蓄热罐内部温度分布相对应的。保温层中部恰好对应液相区的中上部，此处温度最高；保温层底部对应液相区的底部，此处温度低于中上部，但是高于气相区；保温层顶部对应气相区顶部，此部分温度最低。

### 8.1.2　岩石填充床蓄热(冷)

1. 结构型式[8]

岩石填充床如图 8-12 所示，填充床工作压力为 6.6MPa，工作温度为-196~+200℃，罐体总高 2058mm，总容积 0.15m³，内部采用粒径为 9mm 左右的花岗岩石子作

图 8-12　填充床

为填充材料，罐壁厚度 16mm，外加 200mm 厚硅酸镁岩棉保温材料。蓄热过程中热空气流过填充床并与石子直接接触换热，热量被储存在石子中。为了测量填充床内石子温度，布置了 19 路 PT100 热电阻传感器，并在蓄热罐顶部和底部入口管路上布置有两个压力传感器，测量空气经过石子填充床后的压降。

2. 数值模型

本节建立了一个完善的一维非稳态闭式循环蓄冷填充床内部流动换热数值计算模型，模型中主要考虑以下因素。

(1) 填充床的几何形状是圆柱形，填充物质为岩石蓄冷材料，填充床内无发热物质，无化学物质。

(2) 使用干燥纯净氮气作为循环工质，由于闭式循环填充床储释过程是一个定比容吸热升压或放热降压的过程，随着蓄冷/释冷的进行，填充床内压力有大幅度的降低/升高，故采用实际气体物性，即气体物性参数随压力、温度变化，从 REFPROP 软件中调用。

(3) 在深冷至常温区间，岩石蓄冷材料的热物性会随着温度的变化而变化。通过实验测得不同岩石蓄冷材料比热容和导热系数随温度变化的关系，基于实验结果开展数值模拟计算。

(4) 考虑筒体热容的影响，即蓄冷/释冷过程中筒体参与吸热/放热。

(5) 考虑填充床通过金属筒体、保温层，并与外界自然对流散热的影响。

模型做了一定的假设，如下所述。

(1) 忽略保温层热容的影响。

(2) 填充床内气体流动均匀，填充床径向温度均匀。

(3) 固体颗粒分布均匀，填充床内孔隙率一致。

(4) 蓄冷颗粒内部温度均匀。

(5) 忽略气体沿轴向的导热。

根据以上假设，采用一维、两相的多孔介质模型进行数值模拟研究，能量平衡方程如下：

气相：

$$\varepsilon \rho_{\mathrm{f}} c_{\mathrm{f}} \frac{\partial T_{\mathrm{f}}}{\partial t} = -m_{\mathrm{f}} c_{\mathrm{f}} \frac{\partial T_{\mathrm{f}}}{\partial x} + ha\left(T_{\mathrm{s}} - T_{\mathrm{f}}\right) \tag{8-7}$$

固相：

$$(1-\varepsilon)\rho_{\mathrm{s}} c_{\mathrm{s}} \frac{\partial T_{\mathrm{s}}}{\partial t} = ha\left(T_{\mathrm{f}} - T_{\mathrm{s}}\right) + (1-\varepsilon)\lambda_{\mathrm{eff}} \frac{\partial^2 T_{\mathrm{s}}}{\partial x^2} \tag{8-8}$$

式中，$T_{\mathrm{s}}$ 和 $T_{\mathrm{f}}$ 分别为固体和流体温度；$x$ 为流体沿流动方向的长度；$t$ 为时间；$c_{\mathrm{s}}$ 和 $c_{\mathrm{f}}$ 分别为固体和流体的比热容；$\rho_{\mathrm{s}}$ 和 $\rho_{\mathrm{f}}$ 分别为固体和流体密度；$\varepsilon$ 为孔隙率；$m_{\mathrm{f}}$ 为单位截面积的质量流量；$h$ 为对流换热系数；$a$ 为蓄冷石子单位体积表面换热面积：

$$a = \frac{6(1-\varepsilon)}{d} \tag{8-9}$$

$\lambda_{eff}$ 为填充床内等效导热系数，采用 DEM 模型计算。

$$\frac{k-v}{k-1}v^{-\frac{1}{3}} = \varepsilon \tag{8-10}$$

$$k = \frac{\lambda_m}{\lambda_g} \tag{8-11}$$

$$\lambda_{eff} = v\lambda_g \tag{8-12}$$

式中，$v$ 为等效孔隙率；$\varepsilon$ 为固体颗粒孔隙率；$\lambda_m$ 为固体颗粒导热系数；$\lambda_g$ 为流体导热系数；$k$ 为导热系数之比。

流体与填充石子颗粒之间的对流换热是填充床内非常重要的换热方式，采用 Wakao 提出的经验关系式进行计算：

$$Nu = 2 + 1.1Pr^{\frac{1}{3}}Re^{0.6} \tag{8-13}$$

换热流体在填充床里流动会有较大的阻力，采用 Ergun 方程来计算换热流体在填充床内的压降：

$$\frac{\Delta p}{L} = 150\frac{1-\varepsilon^2}{\varepsilon^3 d^2}\mu_f u + 1.75\frac{(1-\varepsilon)\rho_f u^2}{\varepsilon^3 d} \tag{8-14}$$

式中，$\mu_f$ 为流体动力黏度；$u$ 为流体表观速度。

3. 蓄热(冷)特性

循环稳定之后，在单一蓄冷/释冷循环中，深冷填充床释冷和蓄冷结束时内部温度分布如图 8-13 所示。图中，$H$ 为深冷填充床的高度，$X$ 为不同位置处的高度。可以看出，

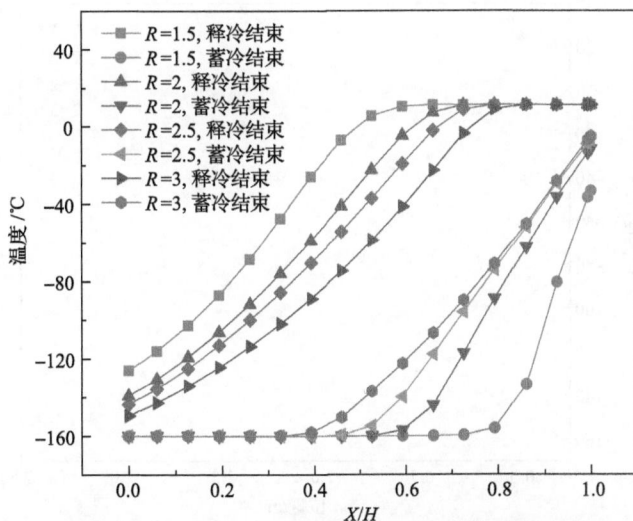

图 8-13 不同填充床容积下深冷填充床固体温度

不同尺寸的填充床内部温度分布均呈现低温区、斜温层和高温区温度分布。释冷结束时,填充床尺寸越大,填充床内部温度范围越大,高温区越短,出口温度越低。蓄冷结束时,填充床尺寸越大,低温区越短,出口温度越高,温度范围越大。

循环稳定之后,在单一的蓄冷/释冷循环中,中冷填充床释冷和蓄冷结束时内部温度分布如图 8-14 所示。可以看出,填充床释冷结束之后,尺寸越大,出口温度越低,高温区越短,斜温层越厚。填充床蓄冷结束后,尺寸越大,低温区越短,出口温度越高,斜温层越厚。

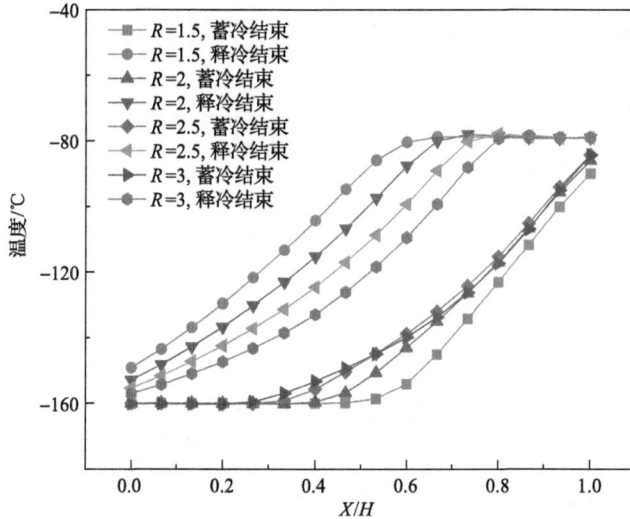

图 8-14 不同填充床容积下中冷填充床固体温度

图 8-15 和图 8-16 为循环稳定后单一蓄冷/释冷循环内,蓄冷/释冷结束后超临界空气在换热器内部的温度分布。压缩空气储能系统储能时,超临界空气入口温度为 25℃,填

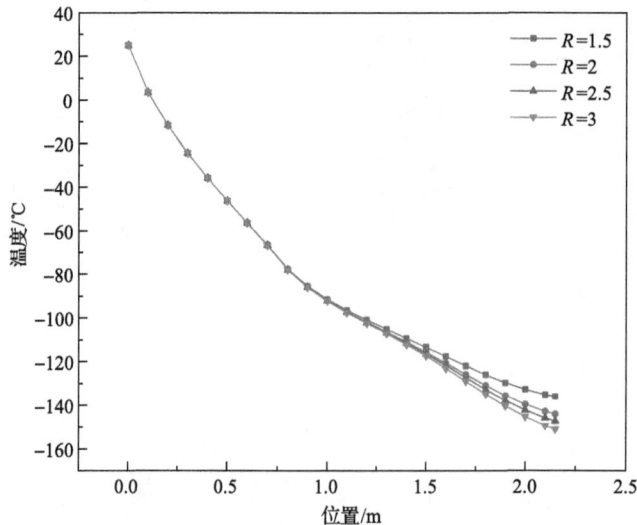

图 8-15 不同填充床容积下储能时换热器内超临界空气温度分布

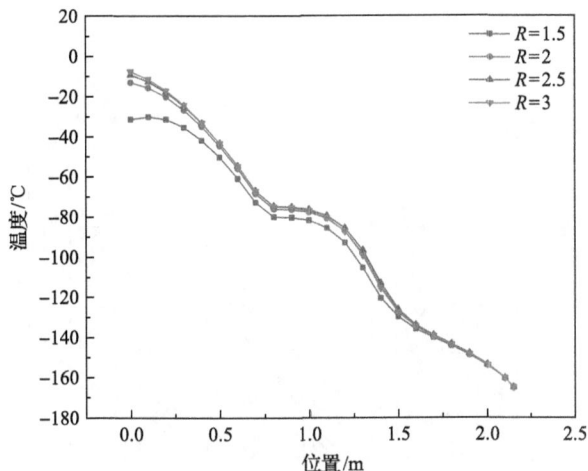

图 8-16 不同填充床容积下释能时换热器内超临界空气温度分布

充床释冷,超临界空气温度下降,填充床释冷结束之后,从图中可知,填充床尺寸越大,超临界空气温度下降得越多,超临界空气出口温度越低。压缩空气储能系统释能时,超临界空气入口温度为-165℃,两个填充床蓄冷,填充床蓄冷结束之后,从图中可知,填充床尺寸越大,超临界空气温度上升得越多,超临界空气出口温度越高。

当储释冷循环达到稳定后,对稳定之后的单一循环进行储㶲量计算,计算结果如图 8-17 和图 8-18 所示。从图中可以看出,随着填充床尺寸的增加,储㶲量增大。并且无论多大的填充床尺寸,中冷填充床的储㶲量均大于深冷填充床的储㶲量。

对循环稳定之后的单一储释循环的系统效率进行计算,计算结果如图 8-19 所示。可以看出,随着填充床尺寸的增大,分级蓄冷效率增大。

综上所述,填充床尺寸越大,填充床储㶲量越大,储能过程中,超临界空气流出系统的温度越低。释能过程中,超临界空气流出系统的温度越高,蓄冷效率越高。但是填充床尺寸的增大必然会导致成本的增加,所以应综合考虑决定填充床的尺寸。

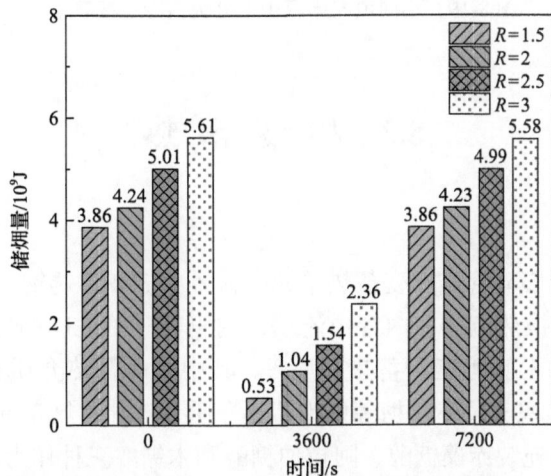

图 8-17 不同填充床容积下深冷填充床储㶲量

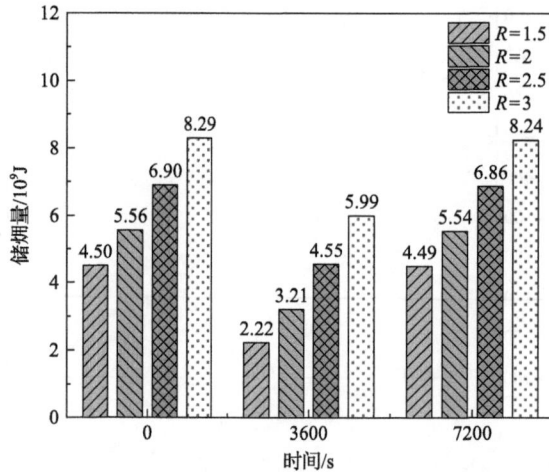

图 8-18 不同填充床容积下中冷填充床储㶲量

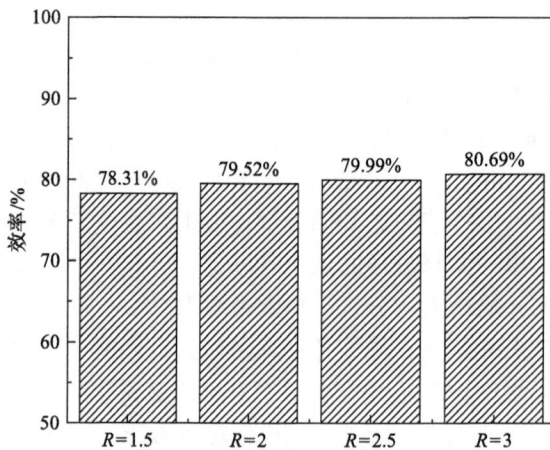

图 8-19 不同填充床容积下分级蓄冷系统效率

# 8.2 相 变 蓄 热

## 8.2.1 结构型式

图 8-20 所示为同心套管式相变蓄热单元，材质为 304 不锈钢，由长度为 0.8m 的 3 个子单元组成，其中换热流体在内管中流动，内管和外管之间的环形空里可充装赤藻糖醇、阿拉伯糖醇和木糖醇三种蓄热介质[8]。其中单一蓄热介质相变蓄热单元（简称"1PCM 蓄热单元"）只充装赤藻糖醇作为蓄热介质，三种蓄热介质相变蓄热单元（简称"3PCM 蓄热单元"）充装赤藻糖醇、阿拉伯糖醇和木糖醇三种作为蓄热介质。

图 8-20 同心套管式相变蓄热单元

### 8.2.2 数值模型

同心套管式相变蓄热单元物理模型可以简化为图 8-21。其中，内管半径为 $r_i$，外管内半径为 $R_i$，管长为 $L$，内管是换热流体流动，内管和外管之间的环形空盛装相变材料。在蓄热过程中，高温换热流体加热环形空间内的相变材料；在释热过程中，高温的相变材料将热量传递给低温的换热流体。

为了降低数值模拟的复杂度、缩短计算所用时间、提高收敛速度，进行如下假设：

(1)蓄热过程为二维轴对称的，换热流体进口的温度和速度是均匀的。

(2)熔化过程中的自然对流通过在液相相变材料中添加有效导热系数的形式来考虑。

(3)液相和固相相变材料的导热系数和比热容不同，其他物性参数相同。

(4)忽略相变材料相变过程的体积变化，忽略相变材料的过冷。

(5)相变材料的物性参数不随温度而变化。

(6)蓄热单元外壁面保温采用定外流温度对流边界条件表征。

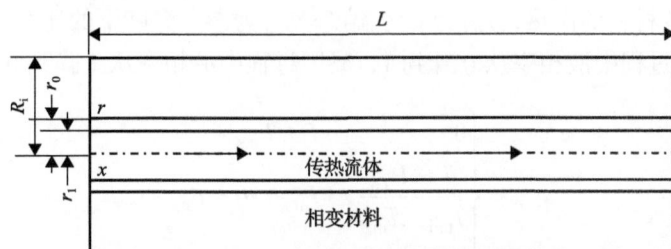

图 8-21 同心套管式相变换热器模型

根据上述的假设，建立了如下的控制方程。

在流动传热过程中，换热流体的质量方程为

$$\frac{\partial \rho_f}{\partial t} + \frac{\partial (\rho_f u_x)}{\partial x} + \frac{1}{r} \frac{\partial (r \rho_f u_r)}{\partial r} = 0 \tag{8-15}$$

式中，$\rho_f$ 为换热流体密度；$u_x$ 为 $x$ 方向速度分量；$u_r$ 为径向速度分量；$r$ 为内管半径。

换热流体在 $x$ 方向的动量方程为

$$\frac{\partial(\rho_f u_x)}{\partial t} + u_x \frac{\partial(\rho_f u_x)}{\partial x} + u_r \frac{\partial(\rho_f u_r)}{\partial r} = \rho_f g_x - \frac{\partial p}{\partial x} + \mu_f \left[ \frac{\partial^2 u_x}{\partial x^2} + \frac{1}{r} \frac{\partial}{\partial r} \left( r \frac{\partial u_x}{\partial r} \right) \right] \tag{8-16}$$

式中，$g_x$ 为重力加速度。

换热流体在 $r$ 方向的动量方程：

$$\frac{\partial(\rho_f u_r)}{\partial t} + u_x \frac{\partial(\rho_f u_r)}{\partial x} + u_r \frac{\partial(\rho_f u_r)}{\partial r} = -\frac{\partial p}{\partial r} + \mu_f \left[ \frac{\partial^2 u_r}{\partial x^2} + \frac{1}{r} \frac{\partial}{\partial r} \left( r \frac{\partial u_r}{\partial r} \right) - \frac{u_r}{r^2} \right] \tag{8-17}$$

换热流体能量平衡方程：

$$\rho_f c_f \frac{\partial T_f}{\partial t} + \rho_f c_f u_x \frac{\partial T_f}{\partial x} = \frac{4h}{D}(T_w - T_f) + k_f \left[ \frac{\partial^2 T_f}{\partial x^2} + \frac{1}{r} \frac{\partial}{\partial r} \left( r \frac{\partial T_f}{\partial r} \right) \right] \tag{8-18}$$

相变材料能量平衡方程：

$$\frac{\partial h_p}{\partial t} = \frac{1}{r} \frac{\partial}{\partial r} \left( k_p r \frac{\partial T_p}{\partial r} \right) + \frac{\partial}{\partial x} \left( k_p \frac{\partial T_p}{\partial x} \right) \tag{8-19}$$

式中，$h_p$ 为比焓；$k_p$ 为相变材料导热系数；$T_p$ 为相变材料温度。

为了模拟相变过程，采用焓法模型的焓-多孔介质方法，该方法不用显式追踪固-液相变界面，在流体的固化和熔化过程中，将流场分为液体区域、固体区域和介于两者之间的糊状区域，将液体和固体共存的糊状区作为多孔介质处理。其中比焓定义为

$$h_p = h_{ref} + \int_{T_{ref}}^{T} c_p \mathrm{d}T + \gamma \Delta H \tag{8-20}$$

式中，$\Delta H$ 为相变材料的潜热；$T_{ref}$ 为参考温度；$h_{ref}$ 为参考温度下的比焓；$\gamma$ 为相变材料的液相率，熔化过程中液相率从 0 升到 1，凝固过程中液相率从 1 降到 0，定义如下：

$$\gamma = \begin{cases} 0, & T \leqslant T_{m,s} \\ \dfrac{T - T_{m,s}}{T_{m,l} - T_{m,s}}, & T_{m,s} < T < T_{m,l} \\ 1, & T \geqslant T_{m,l} \end{cases} \tag{8-21}$$

其中，$T_{m,s}$ 和 $T_{m,l}$ 分别为相变材料的液化开始温度和液化完成温度。

相变材料导热系数定义如下：

$$k_p = \gamma k_{ref} + (1 - \gamma) k_s \tag{8-22}$$

式中，$k_{ref}$ 为相变材料液相导热系数；$k_s$ 为相变材料的固相导热系数。

### 8.2.3 性能分析

1. 蓄热特性

对于 1PCM 和 3PCM 两种相变蓄热单元的传热过程,取换热流体质量流量为 60kg/h,进口温度 160℃为分析工况, 对 1PCM 和 3PCM 相变蓄热单元进行对比。图 8-22 为 $t=$ 3600s、10800s、21600s、28800s 和 39600s 的两种蓄热单元的液相率对比, $r=0$ 左侧为 1PCM 蓄热单元的液相率, $r=0$ 右侧为 3PCM 蓄热单元的液相率。可以看到, 液化的相变材料沿着内管壁面逐渐增多。随着时间推进, 3PCM 蓄热单元各单元部分的液相率尤其是阿拉伯糖醇和木糖醇部分均高于 1PCM 蓄热单元对应部分, 在 $t=28800s$ 时 3PCM 蓄热单元阿拉伯糖醇部分接近相变完成, 赤藻糖醇部分已完成相变, 而 1PCM 蓄热单元对应部分相变仍在进行, 这是由于阿拉伯糖醇和木糖醇的熔点均低于赤藻糖醇, 在换热流体流动方向上, 阿拉伯糖醇和木糖醇拥有更大的换热温差。

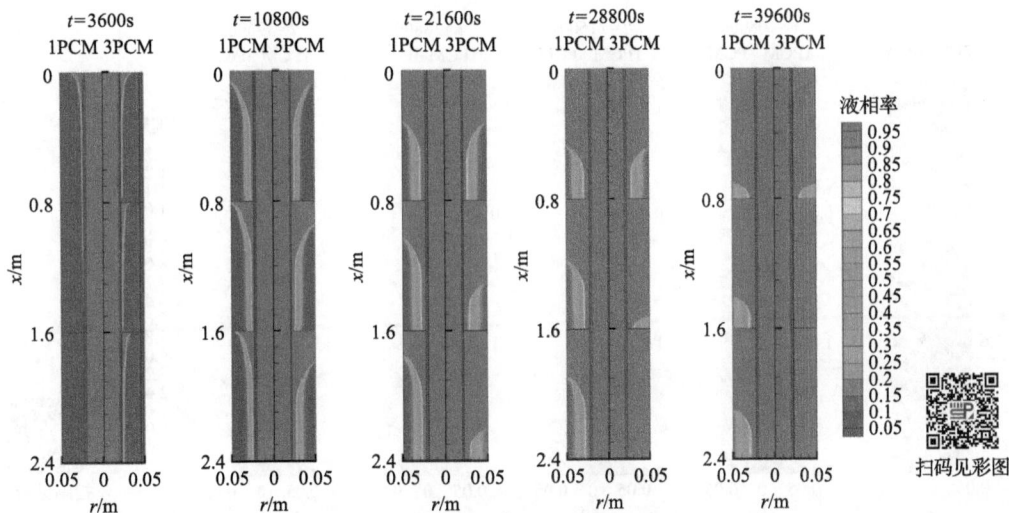

图 8-22 蓄热单元的局部液相率云图对比
上部为赤藻糖醇;中部为阿拉伯糖醇;下部为木糖醇

图 8-23 所示为蓄热单元在不同时刻的温度分布对比。可以看出,在起始的 3600s 内, 3PCM 和 1PCM 蓄热单元温度分布非常近似, 随后从 3600s 到 39600s, 与液相率对应, 3PCM 蓄热单元内子单元阿拉伯糖醇和木糖醇部分尚未熔化, 部分的温度要低于 1PCM 蓄热单元的对应部分, 这是因为阿拉伯糖醇和木糖醇的相变温度较低。随着熔化过程的进行, 3PCM 蓄热单元内的阿拉伯糖醇和木糖醇部分快速升温, 温度高于 1PCM 蓄热单元的对应部分。3PCM 蓄热单元赤藻糖醇部分的温度分布与 1PCM 蓄热单元的对应部分在各个时刻保持一致。

图 8-24 所示为蓄热单元在不同时刻的储㶲云图对比。由图可知,与温度等势图对应的是, 贴近换热流体壁面的相变材料储存的㶲较多, 随着时间的延长, 3PCM 蓄热单元的赤藻糖醇部分所储存的㶲明显高于阿拉伯糖醇部分和木糖醇部分, 这是由于赤藻糖醇

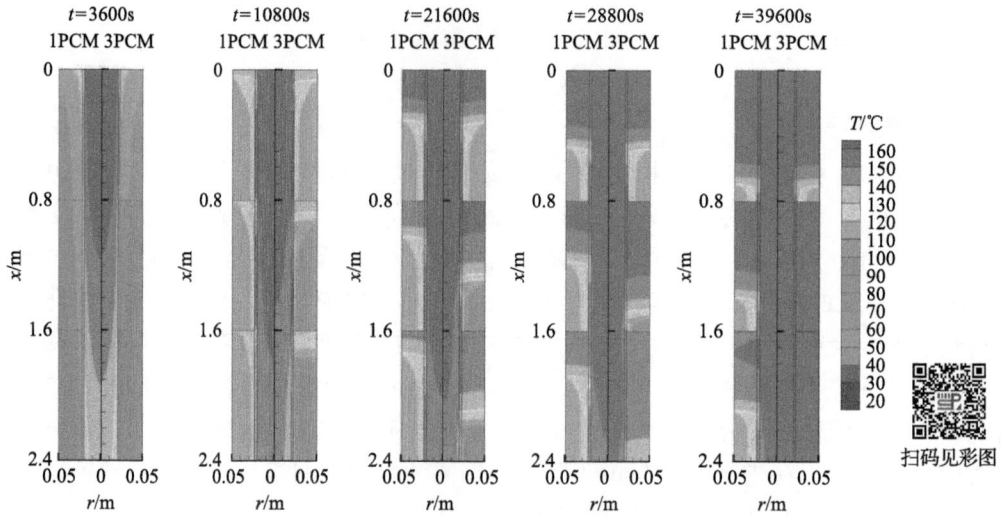

图 8-23　蓄热单元在不同时刻的温度分布对比

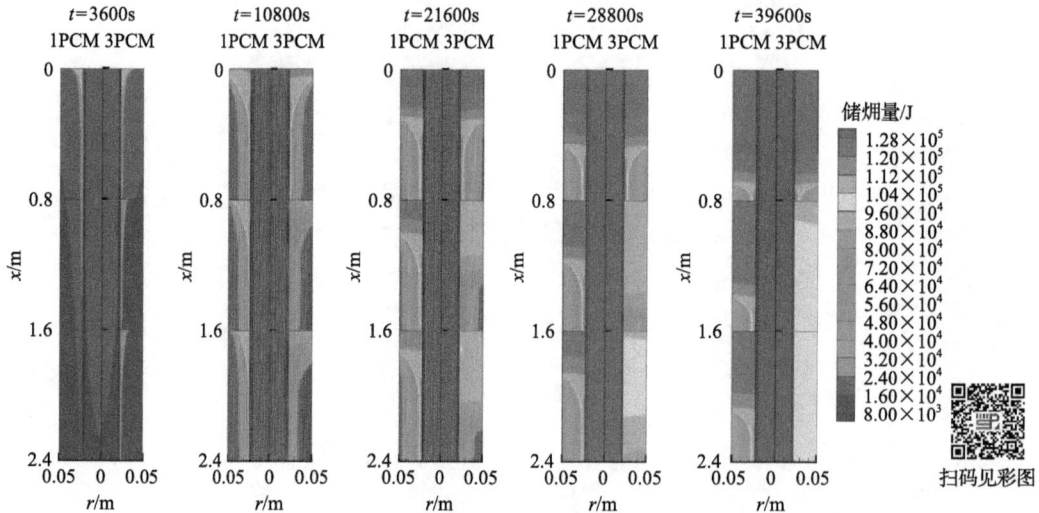

图 8-24　蓄热单元的储㶲云图对比

比阿拉伯糖醇和木糖醇的熔点更高，在相同的温度下可以储存更多的㶲。

接下来对蓄热单元的内部传热进行分析，3PCM、1PCM 蓄热单元和 3PCM 蓄热单元不同子单元部分的平均液相率随时间的变化如图 8-25 所示。可以看到，3PCM 蓄热单元内相变材料经约 12.2h 完全熔化，而 1PCM 蓄热单元多花费 3.2h。3PCM 蓄热单元的赤藻糖醇（3PCM1）、阿拉伯糖醇（3PCM2）和木糖醇（3PCM3）部分完全熔化的时间分别为12.2、8.7 和 7.6h。由于木糖醇和阿拉伯糖醇的熔点更低，换热温差更大，则熔化更快。1PCM 蓄热单元的对应部分沿着换热流体流动方向换热温差逐渐缩小，所以熔化较慢。

图 8-26 展示了蓄热单元透过内管壁面的传热率。两者的传热率均在蓄热开始的几分钟迅速上升到一个峰值，随后迅速下降。3PCM 蓄热单元的传热率峰值与 1PCM 蓄热单元相等，均为约 1000W。另外，在传热率下降过程中，3PCM 蓄热单元的传热率更高

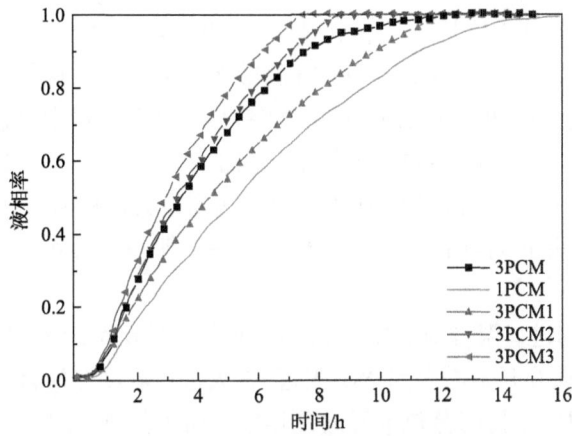

图 8-25　蓄热单元平均液相率随时间的变化

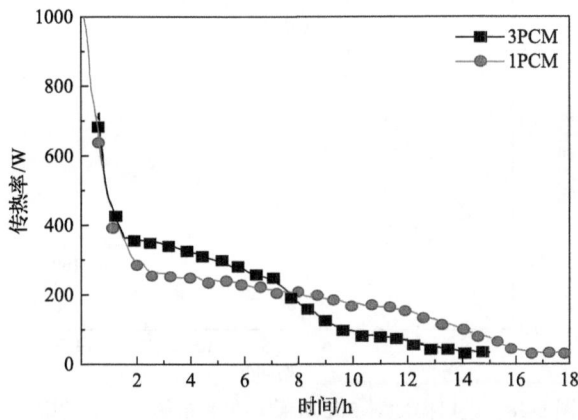

图 8-26　蓄热单元透过内管壁面的传热率对比

一些，在 7.3h 后开始低于 1PCM 蓄热单元的传热率。

图 8-27 展示了蓄热单元的蓄热量随时间的变化。两种单元的蓄热量在开始阶段线性

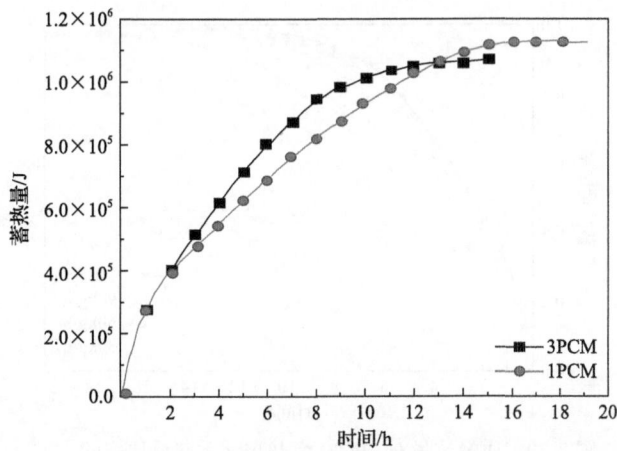

图 8-27　蓄热单元蓄热量随时间变化

增大，在相变阶段几乎线性增长，斜率稍稍减缓，然后增长速度减缓，达到最大值。可以发现，3PCM 蓄热单元的总蓄热量比 1PCM 蓄热单元的略低，这是由于所选择的相变材料的潜热不同。在起始的 2h，3PCM 和 1PCM 蓄热单元蓄热量十分接近，这主要是显热吸收的原因，随后在 2~12h，3PCM 蓄热单元的蓄热量更大，这主要是由于 3PCM 蓄热单元的传热率更高。在 12h 后，3PCM 蓄热单元达到最大蓄热值。

为了对储存的能量进行评价，采用蓄热量比率，即一定时间内储存的热量与最大可储存热量的比值。

图 8-28 显示不同进口温度对 3PCM 蓄热单元蓄热量比率的影响。可以发现，随着时间延长，蓄热量比率从 0 开始增大到 98% 附近。增大进口温度会使蓄热量比率增速更快。这是由于提高进口温度会提高蓄热单元的传热率，缩短蓄热时间。

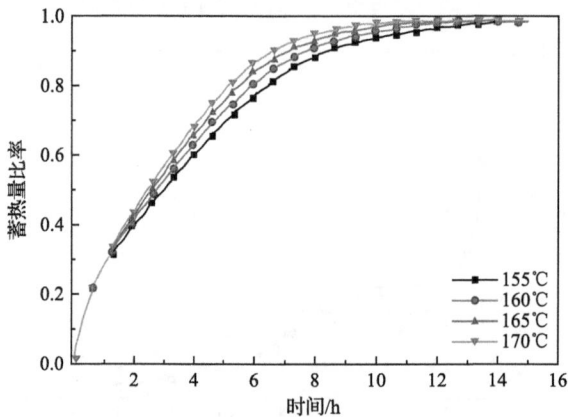

图 8-28  进口温度对 3PCM 蓄热单元蓄热量比率的影响

图 8-29 显示了质量流量对 3PCM 蓄热单元蓄热量比率的影响。随着质量流量的提升，蓄热量比率增速增大。这是由于提高质量流量可以增大换热流体和相变材料的换热温差，提升传热率。

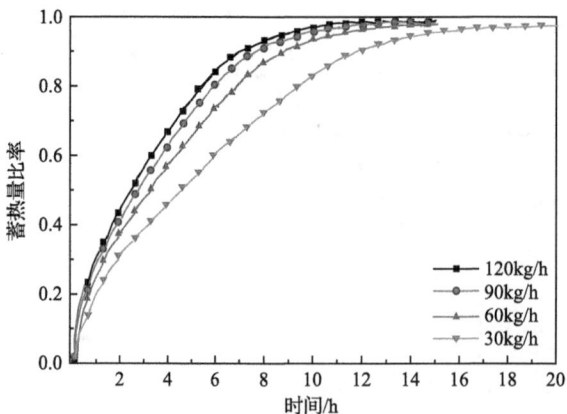

图 8-29  质量流量对 3PCM 蓄热单元蓄热量比率的影响

图 8-30 展示了质量流量为 60kg/h、进口温度为 160℃的 3PCM 与 1PCM 蓄热单元储㶲量随时间的变化。可以看出，储㶲量在潜热主导阶段也是近乎线性增大的，随后增速变缓，到达最大值。因为赤藻糖醇的熔点比阿拉伯糖醇和木糖醇都高，所以 1PCM 蓄热单元最大储㶲量更高。3h 之前两种单元的储㶲量非常接近，随着时间延长，3PCM 蓄热单元在潜热主导阶段的储㶲速度更快，7h 时，3PCM 蓄热单元比 1PCM 蓄热单元多储存 7%的㶲。蓄热时间大于 10h 后，3PCM 单元的储㶲量开始小于 1PCM 蓄热单元。

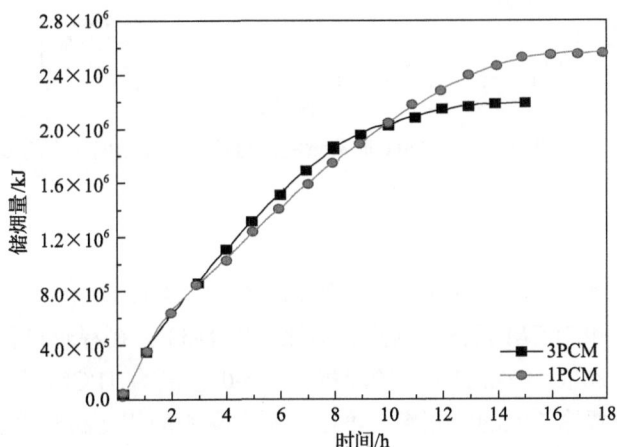

图 8-30　质量流量为 60kg/h、进口温度为 160℃时蓄热单元储㶲量随时间的变化

采用储㶲比率，即一定时间内储存的㶲与最大可储存㶲的比值，进行㶲评价。图 8-31 表示在质量流量为 90kg/h 时进口温度对 3PCM 蓄热单元储㶲比率的影响。随着时间的延长，储㶲比率从 0%开始增大到约 95%。随着进口温度升高，储㶲比率增长速度变大，储㶲完成时间提前。

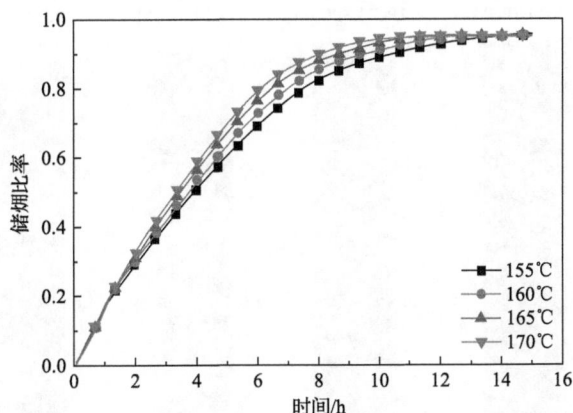

图 8-31　质量流量为 90kg/h 时进口温度对 3PCM 蓄热单元储㶲比率的影响

图 8-32 表示在进口温度为 160℃时质量流量对蓄热单元储㶲比率的影响。可以看到，随着流量升高，储㶲完成时间提前。

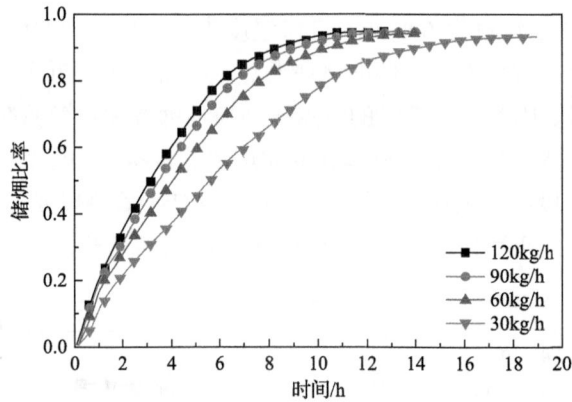

图 8-32　进口温度为 160℃时质量流量对蓄热单元储㶲比率的影响

2. 释热特性

对蓄热单元的释热过程进行分析，取换热流体质量流量 60kg/h、进口温度 50℃为分析工况，对 1PCM 和 3PCM 蓄热单元进行对比。图 8-33 为在释热过程 $t$=3600s、7200s、10800s、14400s、18000s 的蓄热单元的液相率，$r$=0 左侧为 1PCM 蓄热单元的液相率，$r$=0 右侧为 3PCM 蓄热单元的液相率。可以看到，凝固的相变材料沿着内管壁面逐渐增多。随着时间延长，3PCM 蓄热单元的阿拉伯糖醇和木糖醇部分的液相率高于 1PCM 蓄热单元的对应部分，这是由于 1PCM 蓄热单元的赤藻糖醇熔点较高，在相变阶段换热温差更大。对于 3PCM 蓄热单元，各个子单元的凝固速度比较接近，阿拉伯糖醇和赤藻糖醇部分凝固稍快，在 $t$=18000s 时，阿拉伯糖醇和赤藻糖醇部分已完成凝固，而木糖醇部分也接近完成凝固。

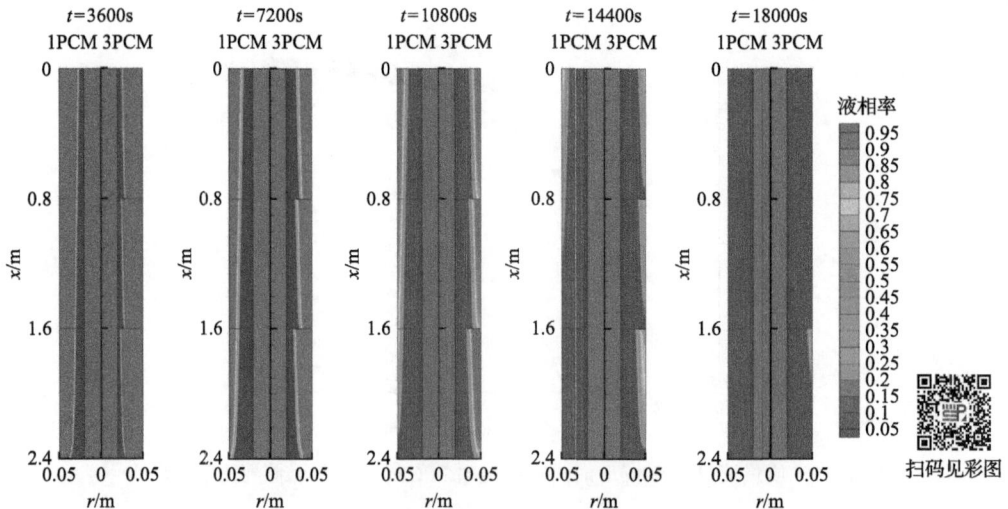

图 8-33　释热过程不同时刻蓄热单元液相率云图对比

图 8-34 为 1PCM 和 3PCM 蓄热单元在不同释热时刻的温度分布对比。可以看到，

3PCM 蓄热单元的赤藻糖醇部分与 1PCM 的对应部分温度分布差别很小，这主要是由于两者的蓄热材料一致，换热温差接近。在 $t=10800s$ 之前，3PCM 蓄热单元的木糖醇和阿拉伯糖醇部分温度低于 1PCM 蓄热单元的对应部分，主要是由于阿拉伯糖醇和木糖醇的熔点较低。在 $t$ 大于 10800s 后，3PCM 蓄热单元的木糖醇和阿拉伯糖醇部分温度开始高于 1PCM 蓄热单元的对应部分，主要是因为 1PCM 的对应部分凝固更快，温度快速降低。

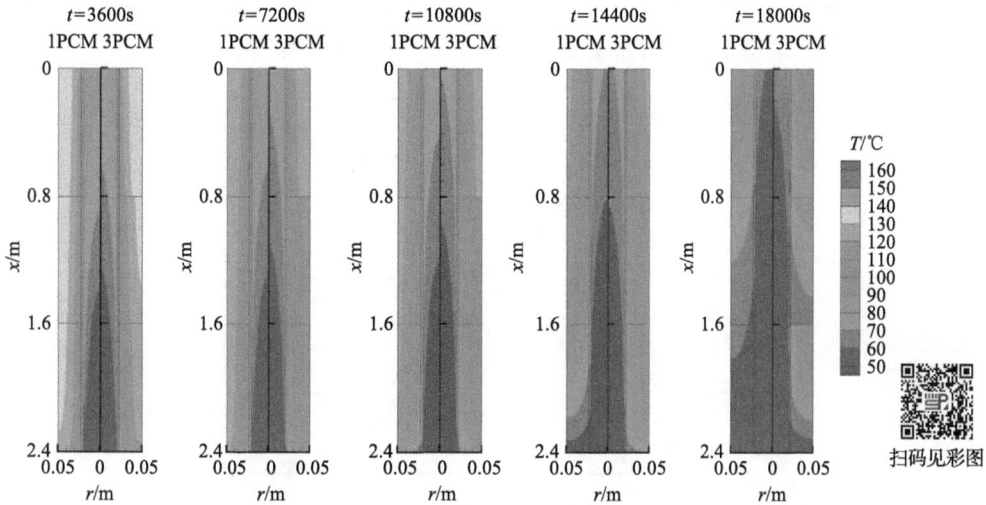

扫码见彩图

图 8-34　1PCM 和 3PCM 蓄热单元释热过程不同时刻温度云图对比

图 8-35 为 3PCM 和 1PCM 蓄热单元在不同释热时刻的储㶲云图对比。由图可知，随着释热过程的进行，相变材料所储存的㶲沿着内管方向由内向外逐渐减少，与液相率的变化趋势十分接近。3PCM 蓄热单元中各个子单元部分储㶲量下降得比较均匀，在

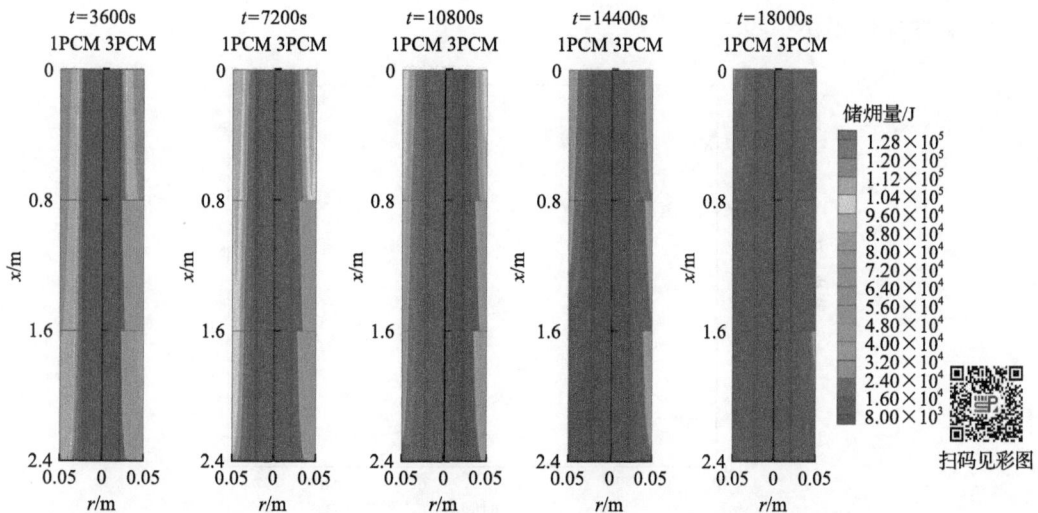

扫码见彩图

图 8-35　释热过程不同时刻储㶲云图对比

$t$=18000s 时赤藻糖醇和阿拉伯糖醇部分基本完成释㶲，而木糖醇部分仍有小部分㶲未释放。由于换热流体在流动方向上温度升高，1PCM 蓄热单元沿着换热流体流动方向的子单元的㶲逐渐增大。在 $t$=18000s 时，其底部和中部两个子单元基本完成释㶲，而顶部的子单元仍有少部分㶲没有释放。

图 8-36 表示释热过程进口温度 50℃、流量 60kg/h 条件下 3PCM 和 1PCM 蓄热单元平均液相率随时间的变化。由于 1PCM 具有更大的换热温差，1PCM 液相率降低更快。相对 3PCM 蓄热单元的木糖醇部分，阿拉伯糖醇及赤藻糖醇部分液相率降低更快，这主要是由于阿拉伯糖醇和赤藻糖醇部分的熔点更高，凝固过程换热温差更大。

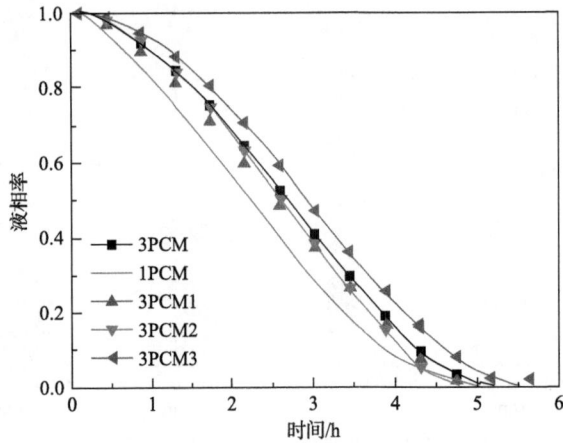

图 8-36　释热过程进口温度 50℃、流量 60kg/h 条件下 3PCM 和 1PCM
蓄热单元平均液相率随时间的变化

图 8-37 为释热过程中蓄热单元蓄热量随时间的变化。由于材料自然热容和相变潜热不同，3PCM 蓄热单元初始时刻蓄热量更小一些；另外，由于换热温差更大，1PCM 蓄热单元释热速度更快一些。

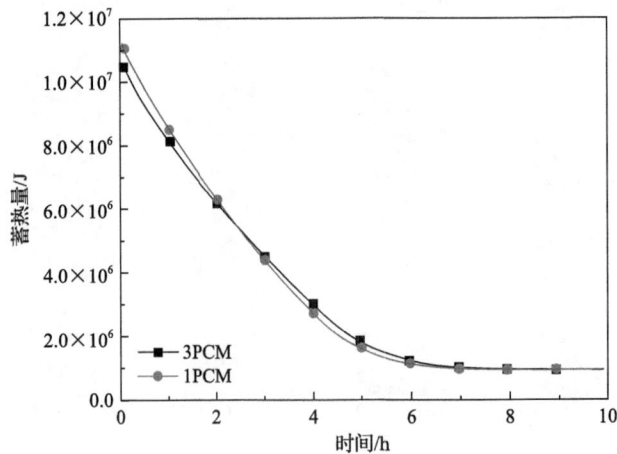

图 8-37　释热过程中蓄热单元蓄热量随时间的变化

图 8-38 为在释热过程中蓄热单元进口温度对蓄热量比率的影响。可以看出，随着时间延长，蓄热量比率从约 98% 逐步降低，随后在 6h 之后基本保持平稳。随着进口温度的降低，蓄热量比率的降低速度增大，并且蓄热量比率最小值也逐步降低。

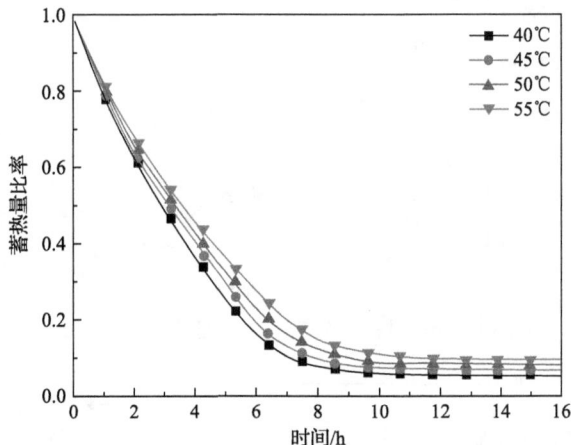

图 8-38　释热过程中蓄热单元进口温度对蓄热量比率的影响

图 8-39 为在释热过程中进口温度为 50℃时流量对 3PCM 蓄热单元蓄热量比率的影响。可以看出，随着流量的降低，蓄热量比率的降低速度减小。

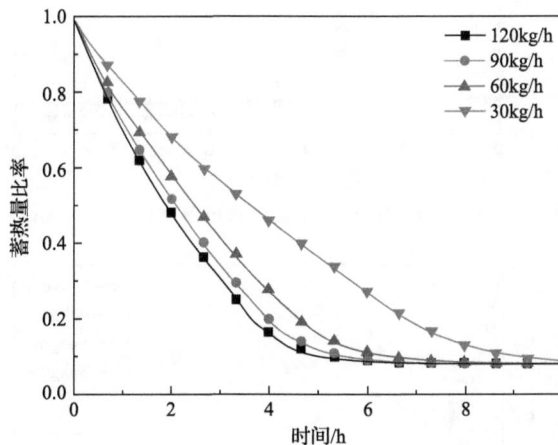

图 8-39　释热过程中进口温度为 50℃时流量对 3PCM 蓄热单元蓄热量比率的影响

图 8-40 表示释热过程中蓄热单元的储㶲量随时间的变化。可以看出，前 3h 内 1PCM 蓄热单元的储㶲量下降更快，随后两者下降速度十分接近。

图 8-41 和图 8-42 分别表示释热过程中进口温度和质量流量对蓄热单元储㶲比率的影响。可以看出，降低进口温度和增大质量流量可以加快储㶲比率降低速度，这主要是因为降低进口温度和增大质量流量可以增强换热流体和相变材料之间的传热。

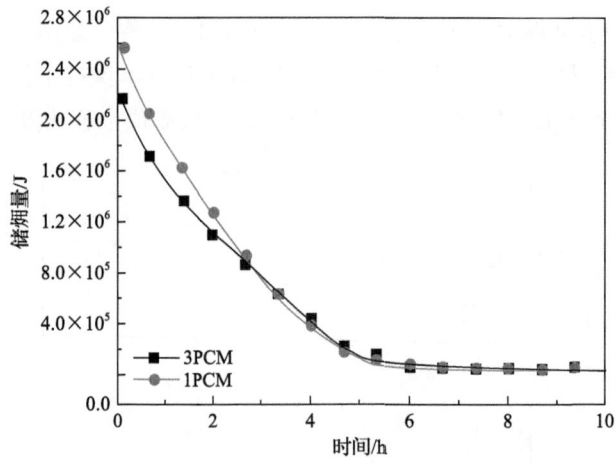

图 8-40　释热过程中蓄热单元储㶲量随时间的变化

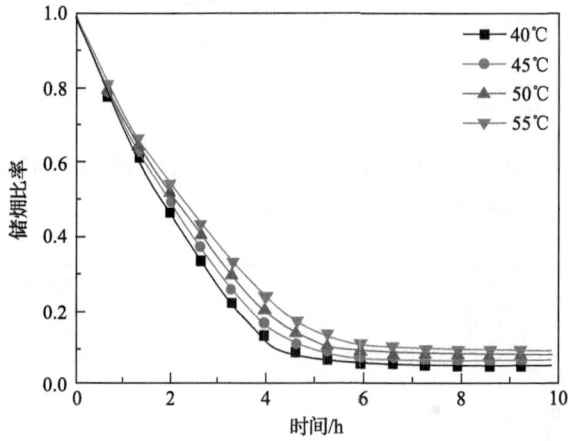

图 8-41　释热过程中进口温度对蓄热单元储㶲比率的影响

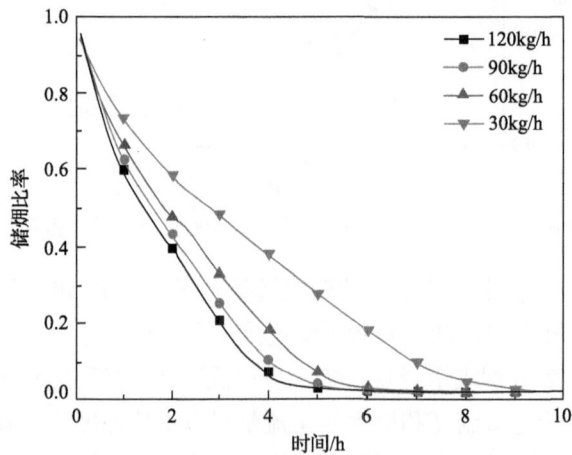

图 8-42　释热过程中质量流量对蓄热单元储㶲比率的影响

### 3. 蓄释热特性

在质量流量为 60kg/h、蓄热进口温度为 160℃、释热进口温度为 50℃的工况下，比较蓄热时间 6h、8h、10h、12h、15h 后直接释热的蓄热单元的循环热效率和循环㶲效率，分别如图 8-43 和图 8-44 所示。

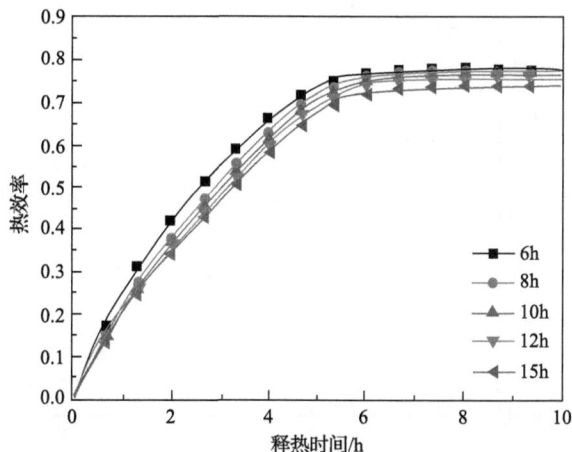

图 8-43 蓄热和释热时间对循环热效率的影响

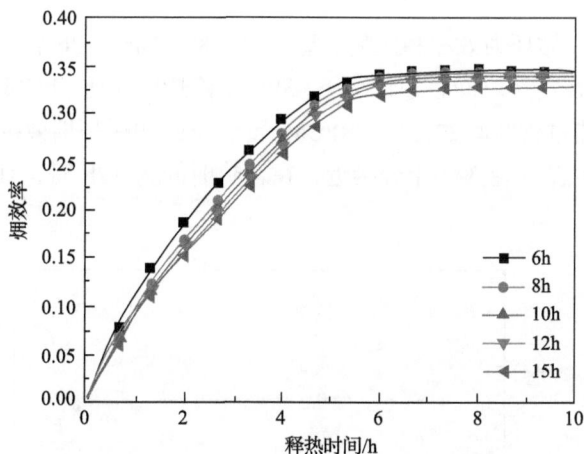

图 8-44 蓄热和释热时间对循环㶲效率的影响

由图 8-43 可知，随着释热时间的延长，循环热效率逐渐增大，随后趋于稳定值，这是由于释热基本完成，释热总热量保持恒定。而蓄热过程时间越短，循环热效率越高，这主要是因为蓄热过程时间短，散热损失小。在蓄热时间为 15h、蓄热单元基本储满的情况下循环热效率稳定值最低，约为 74.0%。

由图 8-44 可知，随着释热时间的延长，循环㶲效率逐渐提高，随后趋于稳定值，这是因为释热基本完成后，换热流体带走的㶲量较少，释热总㶲量保持恒定，这与循环热效率的变化趋势一致。另外，蓄热时间越短，循环㶲效率越大。这主要是因为蓄热时间短，储㶲量少，散热损失造成的㶲损失也较少。

图 8-45 比较了循环热效率稳定后，蓄热 6h、8h、10h、12h 后蓄热单元的循环热效率。可以看出，在蓄热 6h 时，3PCM 蓄热单元循环热效率比 1PCM 蓄热单元高约 3.5 个百分点，随着蓄热过程时间的延长，两种单元循环热效率差别缩小，在蓄热时间为 12h 时，3PCM 蓄热单元循环热效率比 1PCM 蓄热单元高约 0.6 个百分点。

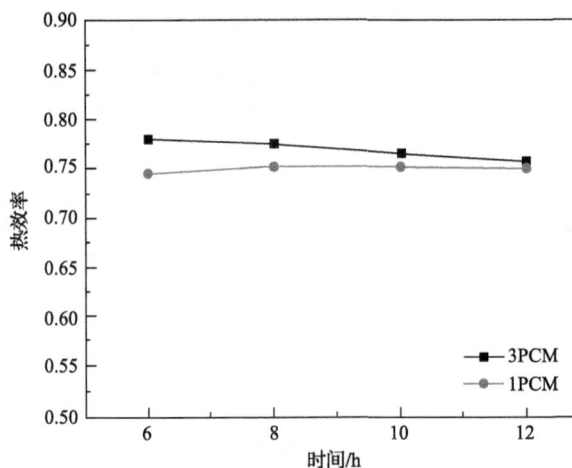

图 8-45　蓄热单元循环热效率对比

图 8-46 展示了在循环㶲效率稳定后，蓄热 6h、8h、10h、12h 后蓄热单元的循环㶲效率对比。可以看出，在蓄热时间较短情况下，3PCM 蓄热单元比 1PCM 蓄热单元的循环㶲效率更高，随着蓄热过程时间的延长，3PCM 蓄热单元的循环㶲效率优势减小，在蓄热时间为 10h 时，两者循环㶲效率十分接近，在蓄热时间为 12h 时，1PCM 蓄热单元具有更高的循环㶲效率。

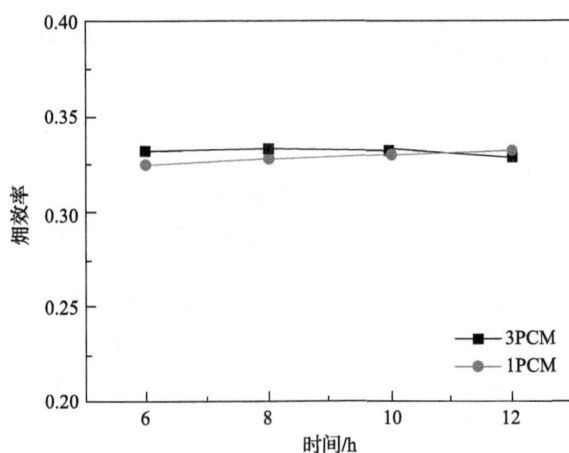

图 8-46　蓄热单元循环㶲效率对比

# 参 考 文 献

[1] 杨征. 亚临界水蓄热技术的研究. 北京: 中国科学院工程热物理研究所, 2015.

[2] Yang Z, Chen H S, Wang L, et al. Experimental investigation on the thermal-energy storage characteristics of the subcritical water. Journal of Energy Engineering, 2017, 143(6): 04017061.

[3] 杨征, 陈海生, 王亮, 等. 竖直圆柱形水箱保温过程热分层与机理研究. 中国电机工程学报, 2015, 35(6): 1420-1428.

[4] 杨征, 王亮, 陈海生, 等. 太阳能热水系统蓄热水箱技术的研究进展. 可再生能源, 2014, 32(9): 1267-1273.

[5] Yang Z, Chen H S, Wang L, et al. Comparative study of the influences of different water tank shapes on thermal energy storage capacity and thermal stratification. Renewable Energy, 2016, 85: 31-44.

[6] Yang Z, Chen H S, Wang L, et al. Thermal storage characteristics of the vertical cylindrical water tank. Journal of Energy Engineering, 2017, 143(6): 04017067.

[7] Yang Z, Cheng X, Zheng X H, et al. Numerical investigation on heat transfer of the supercritical fluid upward in vertical tube with constant wall temperature. International Journal of Heat and Mass Transfer, 2019, 128: 875-884.

[8] 王艺斐. 串联式多相变蓄热实验与数值模拟研究. 北京: 中国科学院工程热物理研究所, 2016.

# 第 9 章

# 蓄 热 系 统

本章总结面向清洁供暖、面向分布式能源系统的蓄热（冷）系统，介绍系统的结构型式和应用现状，并详细分析蓄热系统对分布式能源系统的效益。

## 9.1 面向清洁供暖的蓄热系统

### 9.1.1 水蓄热系统

水蓄热系统最早应用于清洁供暖系统，其结构原理如图 9-1 所示[1]，主要是在谷值电价时利用电锅炉进行热水加热，储于储水罐；在峰值电价时利用储水罐热水供暖。水蓄热技术具有热效率高、运行费用低、运行安全稳定、维修方便等优点，在国内外都有很多应用实例，但是也存在储水罐体积较大、受占地空间限制等问题。

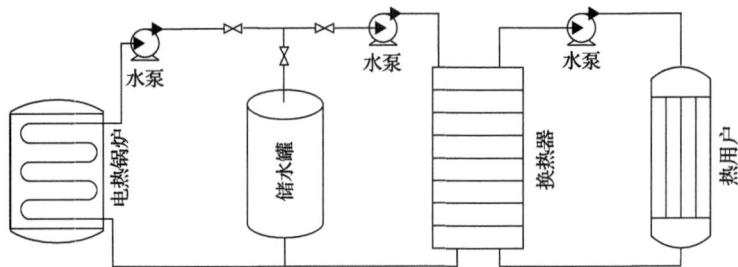

图 9-1 水蓄热供暖系统原理图

在 20 世纪 80 年代初，欧洲已成功开发和运行水蓄热技术的电力供暖系统，以解决冬季供暖高峰负荷问题，美国也采用上述相关技术，并取得了很大成效。意大利都灵地区的水蓄热供暖系统表明，蓄热可以减少约 12%的一次能源消耗和约 5%的总成本[2]。中国护国寺中医院水蓄热供暖系统实际运行发现，锅炉出水温度可达到 70℃，以保证用户在室外温度较低时的采暖，锅炉房各项指标基本达到设计要求[3]。北京市建筑质量监督总站的水蓄热技术供暖系统运行结果表明，水蓄热技术供暖系统运行费用可较燃气锅炉省 52%，且供暖效果佳，运行时间灵活[4]。分析唐山地区 1 万 m² 建筑 120 天供暖时间采用燃气、地源热泵、市政、水蓄热等供暖技术经济效益发现，水蓄热供暖技术综合经济效益最佳[5]，见表 9-1。宾馆水蓄热供暖技术可行性也被论证[6]，发现水蓄热技术的投资回收期为 1.3 年，运行成本低于燃油锅炉和燃气锅炉。

表 9-1 不同供暖技术的经济效益

| 效益 | 不同技术 | | | |
|---|---|---|---|---|
| | 燃气锅炉供暖 | 地源热泵供暖 | 市政供暖 | 水蓄热供暖 |
| 初投资/万元 | 54 | 280 | 无 | 56 |
| 年运行费用/万元 | 29 | 12 | 28 | 18 |
| 15 年后总费用/万元 | 489 | 460 | 420 | 326 |
| 环境污染 | 有 | 无 | 无 | 无 |

### 9.1.2 高温固体电蓄热技术

高温固体电蓄热系统是在谷值电价时利用电加热设备直接将电能转化为热能，并储存于固体蓄热器；在峰值电价时与供暖系统热水进行换热，进而为建筑供暖的技术，其技术原理如图 9-2 所示[1]。高温固体具有蓄热密度大、蓄热温度高、蓄热体积小等优点，不但克服了液体蓄热技术的缺点，而且兼具环保、高效、节能、安全等多项优势。

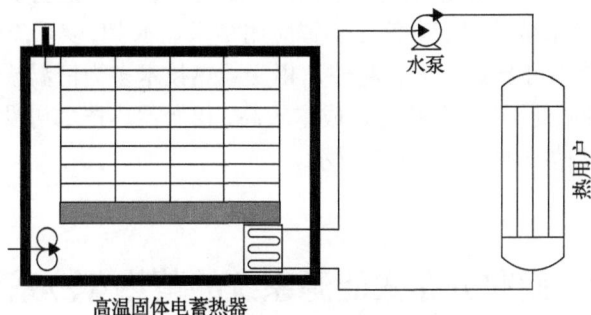

图 9-2 高温固体电蓄热供暖技术原理

国外对高温固体电蓄热技术的研究始于 20 世纪 70 年代，到 80 年代初，欧洲部分发达国家已开始进行实际应用，并对高温固体电蓄热器进行了优化设计，发现蓄热材料大小、高度、换热流体流量以及输入热量是影响蓄热性能的主要参数[7]。德国开发了高温混凝土蓄热示范模块，验证了模块在 500℃ 的稳定性以及 200~500℃ 环境中长期蓄热的损耗[8]。我国在高温固体电蓄热技术应用已达到国际领先水平，但是目前研究多为应用形式的设计和经济性的分析。通过临界电价法分析水蓄热、高温固体蓄热、市政供暖技术、相变电蓄热技术的经济性[9]，发现水蓄热、高温固体蓄热技术相比市政供暖更具经济可行性，且前者的经济性最好。表 9-2 为北京某供暖面积 200 万 m² 电蓄热方案的经济

表 9-2 不同供暖技术的经济效益

| 效益 | 不同技术 | | | |
|---|---|---|---|---|
| | 水蓄热供暖 | 花岗岩固体电蓄热 | 镁铁砖固体电蓄热 | 相变材料砖 |
| 蓄热温度/℃ | 60~90 | 90~500 | 90~700 | 90~700 |
| 热效率/% | 92 | 95 | 93 | 93 |
| 初投资/万元 | 22675 | 17000 | 21200 | 23700 |
| 年纯收益/万元 | 3609.2 | 3723.7 | 3648.5 | 3648.5 |
| 投资回报期/年 | 6.30 | 4.50 | 5.81 | 6.50 |

性对比[10]。可以看出，高温固体电蓄热技术的经济性优于水蓄热技术，且采用花岗岩为固体蓄热介质的经济性明显好于以镁铁砖为固体蓄热介质。

### 9.1.3 相变电蓄热技术

相变电蓄热技术是近些年开始发展的技术，具有蓄热密度高、蓄热/释热过程温度恒定等优点。目前，相变电蓄热技术结构主要有两种：一种是类似于水蓄热技术，将相变蓄热装置替代储水罐，在电价谷值时，开启电锅炉制热，并利用相变蓄热装置将热量进行储存，在电价峰值时，相变蓄热装置为建筑供暖；另一种类似于高温固体电蓄热技术，将相变材料做成相变材料砖，并放置于固体蓄热器中，在电价谷值时直接储存电加热装置的热量，在电价峰值时为建筑供暖。

国外通过模拟证明[11]，相变电蓄热装置在家用电采暖领域具有很大的应用价值。与高温固体电蓄热技术类似，我国相变电蓄热技术领域的研究也多为应用形式的设计和经济性的分析。天津商业建筑相变电蓄热技术应用证明[12]，技术运行费用仅为燃气锅炉供暖系统的84.5%。天津水游城相变电蓄热装置应用结果显示[13]，该系统运行效率为97.5%，较原采暖系统运行费用可节省64%。此外，相变蓄热技术多为恒温放热，热稳定性优于水蓄热技术[14]。尽管如此，相变蓄热材料成本较高，相变蓄热技术初投资高于其他技术，投资回报期也高于其他技术，如表9-2所示。

## 9.2 面向分布式能源系统的蓄热(冷)系统

### 9.2.1 分布式蓄冷系统

面向分布式能源系统的蓄冷系统主要有水蓄冷和冰蓄冷系统[15]。表9-3为两种蓄冷系统的技术特点。可以看出，冰蓄冷系统的作用机理为潜热和显热的复合蓄冷方式，因此使用温度范围较水蓄冷有明显的扩大，蓄冷能力与体积蓄冷量也有显著的增加，且可提供温度更低的冷量，进而提高系统整体的响应速度，但是冰蓄冷系统需要双工况制冷机，制冷效率相对较低，也会增加项目的初投资。水蓄冷系统不仅可以使用制冷能效高的常规冷水机组，还可以实现蓄热和蓄冷两种用途，可进一步降低项目的初投资。

表 9-3 水蓄冷和冰蓄冷系统特点

| 系统 | 蓄冷方式 | 温度范围/℃ | 蓄冷能力/(kJ/kg) | 体积蓄冷量/(kJ/m³) | 制冷能效性能系数 COP ($=\frac{有用能}{总能}$) | 初投资 | 响应速度 | 蓄冷蓄热两用 |
|---|---|---|---|---|---|---|---|---|
| 水蓄冷 | 显热 | 12~4 | 33.6 | 33.6 | 4.17~5.5 | 低 | 慢 | 是 |
| 静态冰蓄冷 | 显热+潜热 | 12~0(水、冰) | 384 | 355 | 2.5~3.5 | 高 | 中 | 否 |
| 动态冰蓄冷 | 显热+潜热 | 2~0(水、冰) | 217 | 208 | 3.5~4 | 中 | 高 | 否 |

目前，水蓄冷或冰蓄冷系统与传统分布式能源系统耦合应用已到达商业应用阶段，根据用户需求，应用形式也不尽相同，但是其设计思路主要有利用余热蓄冷和低谷电蓄冷，相关系统流程如图 9-3 所示。余热蓄冷系统是将分布式能源系统余热进行制冷，在满足用户需求时，将余冷进行冷量储存，在余热制冷不足时，利用蓄冷或备用电制冷机进行供冷。低谷电蓄冷系统是分布式能源余热制冷全部供冷，并在低谷电时进行额外电制冷机制冷储存，在余热制冷不足时，利用蓄冷进行供冷。

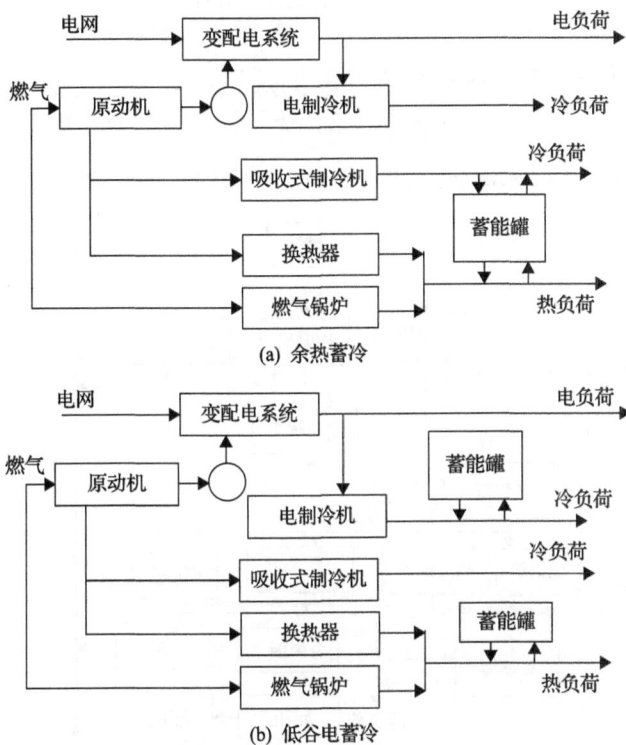

(a) 余热蓄冷

(b) 低谷电蓄冷

图 9-3　蓄冷系统与传统分布式能源系统耦合应用方式

广州地区商业建筑的传统分布式能源系统与余热蓄冰耦合应用系统运行结果表明[16]，余热蓄冰技术可满足 23%的供冷量，运行成本日节省 815.67 万元，投资回收期为 5.09 年。对分布式能源系统的余热蓄冷装置运行能耗和经济性进行分析，确定蓄冷容量为 120kW·h 时，系统有最大年生命周期成本节约率。低谷电水蓄冷系统与传统分布式能源系统耦合应用结果表明[17]，该耦合系统在满足供冷需求的同时具有最佳的经济性。上海申通能源申能能源中心大楼采用低谷电冰蓄冷系统与分布式能源耦合系统[18]。运行结果表明，系统稳定发电成本低于市电，冰蓄冷系统每天可节约电费 0.17 万元。也有研究表明[19]，当峰谷电价比达到 3:1 时，低谷电冰蓄冷系统与传统分布式能源系统的耦合应用经济效益较好。

随着新能源利用技术的发展，分布式能源系统向多能源化方向发展，蓄冷系统也进行了多种耦合应用。水蓄冷系统与含太阳能集热器的分布式能源系统是主要的形式，如图 9-4 所示[20]，其可以利用太阳能集热器的集热或内燃机余热进行制冷并进行冷量的蓄积。通过对冰蓄冷系统与风光分布式能源耦合应用系统进行建模计算，如图 9-5 所示[21]，确定了系统电量和冷量可以满足用户需求，系统调度成本进一步减少。

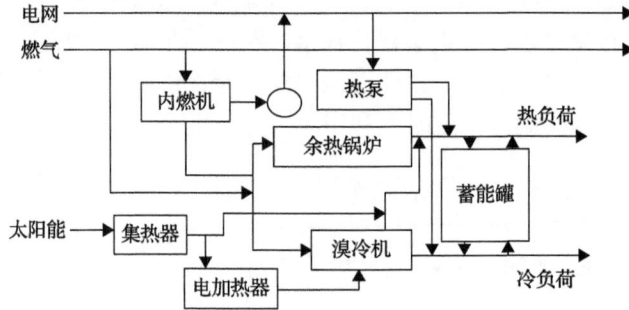

图 9-4 水蓄冷系统与含太阳能集热器的分布式能源系统

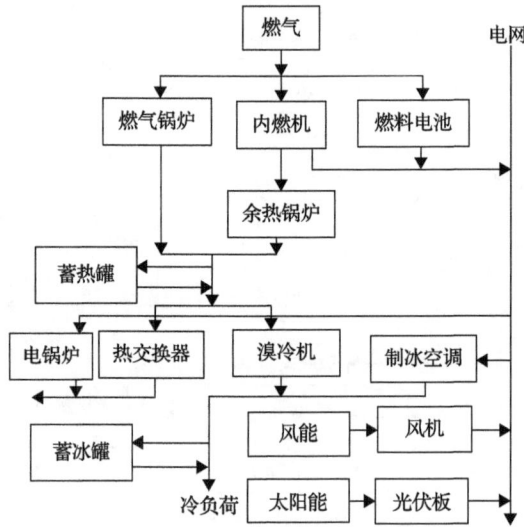

图 9-5 冰蓄冷系统与风光分布式能源耦合应用系统

### 9.2.2 分布式蓄热系统

面向分布式能源系统的蓄热系统主要有水、熔盐等显热蓄热系统、相变蓄热系统、热化学蓄热系统。其中，水蓄热系统耦合应用是较为成熟的方式，已经进行商业应用，熔盐蓄热和相变蓄热系统耦合应用处于示范应用阶段，热化学蓄热系统耦合应用处于实验室实验阶段[22]。

#### 1. 显热蓄热系统

水蓄热系统与传统分布式能源系统耦合应用方式与冰蓄冷系统耦合应用类似，也分为余热蓄热和低谷电蓄热系统。国内外不同学者分别建立了余热水蓄热系统与分布式能源系统耦合应用系统[23-25]，验证系统具有很好的经济性和环境友好性，并发现低谷电水蓄热系统不仅可以满足热负荷需求，还可以延长系统运行时间，提高系统经济效益及能源利用效益。

水蓄热与可再生能源分布式系统的耦合应用也得到了一定的研究。国内学者利用蓄热装置解决风电消纳问题，建立冷热电联供与蓄热储能分布式能源系统运行模型[26]，验证了利用蓄热装置消纳风电具有较好的经济优势。为了进一步增加新能源的利用，学者利用光伏、风机、燃料电池、地源热泵结合传统分布式能源系统进行蓄热供暖[27]，如图 9-6 所示，并验证分布式能源系统引入蓄热系统具有显著的经济效益，燃料费用减少19.2%，运行成本降低 18.1%。国外学者建立了水蓄热与生物质、太阳能耦合的分布式能源系统，并优化了不同碳排放下的最优装机容量，如图 9-7 所示[28]。其他学者也建立了类似系统[29]，得到系统年总运行成本降低了 21%～36%，并探讨了水蓄热在分布式太阳能热发电技术中应用的可行性[30]，发现在没有太阳能输入的条件下，水蓄热能够使系统在平均 50%的额定负荷下持续工作 0.5h。

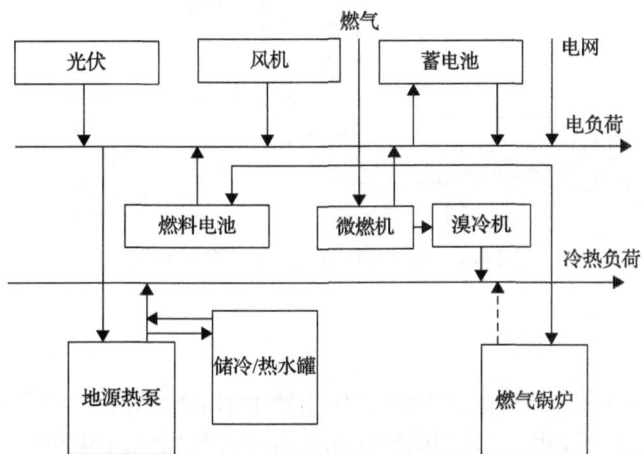

图 9-6　水蓄热与风光地源热泵耦合的分布式能源系统

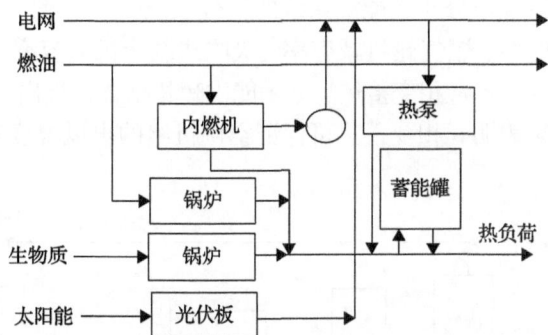

图 9-7　水蓄热与生物质、太阳能耦合的分布式能源系统

熔盐蓄热系统中，较为常见的是应用于太阳能热发电的硝酸盐蓄热系统，目前全球已有 20 余座应用于熔盐蓄热的太阳能热电站，装机容量达 3899MW。熔盐蓄热是太阳能热发电的设计重点[31]，熔盐蓄热与太阳能热发电系统的结构型式如图 9-8 所示，包括太阳能集热、熔盐蓄热储能和发电三部分，热熔盐罐和冷熔盐罐设计温度可分别为 565℃和

290℃，最优设计方案分别为不锈钢罐体+硅酸铝保温层和碳钢罐体+耐高温有机硅防腐涂料+硅酸铝保温层。也有学者[32]对蒸气、导热油、熔盐作为太阳能热电站传热介质进行了对比分析，发现与蒸气、导热油相比，采用太阳盐熔盐作为传热介质，在进出口温度为525℃和234℃时可以提高约4%的系统㶲效率。其他学者也对不同熔盐应用于太阳能热发电进行了模拟[33]，发现采用低熔点熔盐作为传热和蓄热介质时年发电量和年发电效率最高，低熔点熔盐传热、太阳盐蓄热时年发电量最低，导热油传热、太阳盐蓄热时年发电效率最低。

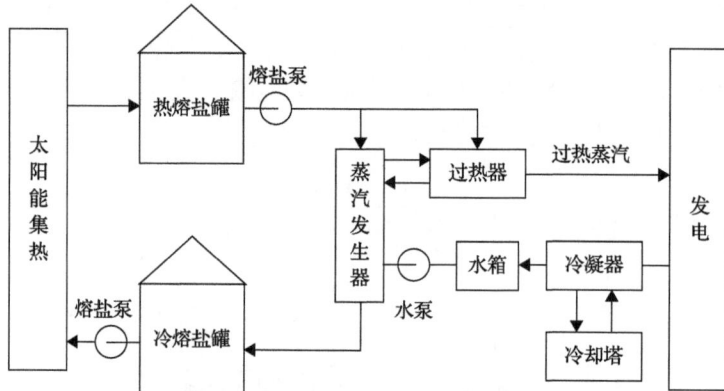

图 9-8　熔盐蓄热与太阳能热发电系统

### 2. 相变蓄热系统

相变蓄热系统与分布式能源系统耦合应用处于示范应用阶段。国内学者建立了多能互补分布式能源实验平台[34]，采用硝酸盐相变材料回收烟气高温热量，采用十二水硫酸铝钾回收中低温蒸气热量，并验证了系统在 3h 后仍能满足系统供热要求。有学者设计了一种带相变材料蓄热系统与分布式能源系统的耦合系统[35]，如图 9-9 所示，确定耦合系统的一次能耗相对节能率、燃气轮机减容率、吸收式制冷机减容率分别为 16.3%、51.1% 和 45.8%。当然，也有学者将相变蓄热与太阳能供暖相结合，提出一套太阳能-相变蓄热-新风供暖系统[36]。结果表明，相变蓄热可保证空调机组的出风温度基本稳定在 35℃，满足空调末端的需要。

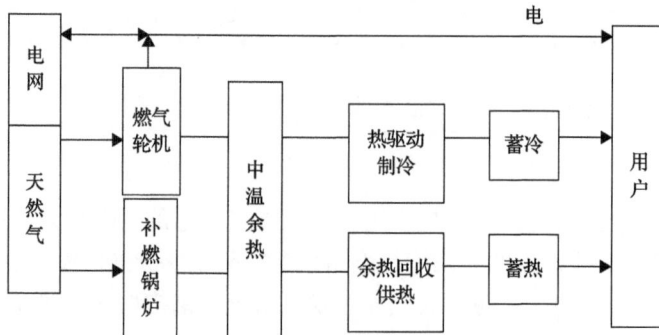

图 9-9　相变材料蓄热系统与分布式能源系统耦合系统

3. 热化学蓄热系统

热化学蓄热系统的耦合应用还处于实验室研究初期，特别是与传统分布式能源系统耦合应用研究较少。国内学者提出一种热化学蓄热技术与分布式能源系统耦合方式[37]，如图 9-10 所示，甲醇经过槽式太阳能集热器吸收太阳能，通过分解反应生成 CO 和氢气，之后利用原动机供应冷热电。实验结果表明，该系统全年能源平均利用率为 47.61%。

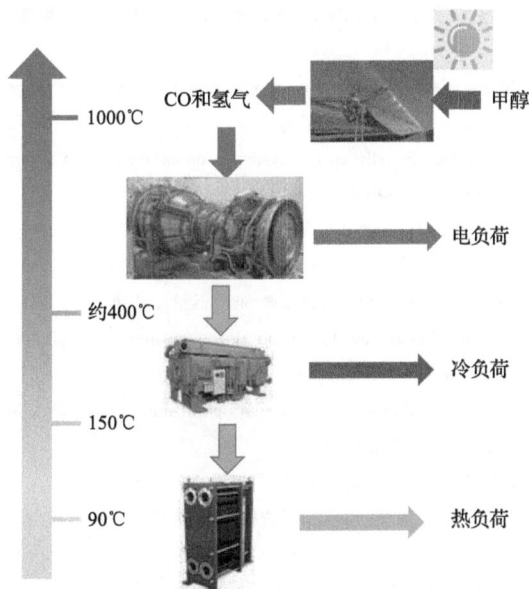

图 9-10　热化学蓄热技术与分布式能源系统耦合方式

## 参 考 文 献

[1] 凌浩恕, 何京东, 徐玉杰, 等. 清洁供暖储热技术现状与趋势. 储能科学与技术, 2020, 9(3): 861-868.

[2] Verda V, Colella F. Primary energy savings through thermal storage in district heating networks. Energy, 2011, 36: 4278-4286.

[3] 邵小珍, 滕力, 余莉. 电锅炉高温水蓄热采暖工程简介. 电力勘测设计, 2003, (4): 71-76.

[4] 麻延, 苏巨东, 阎建民. 电锅炉高温水蓄热供暖系统运行总结. 能源技术, 2004, (6): 264-265.

[5] 王昆. 水蓄热电锅炉作为中小建筑物冬季取暖热源的应用. 河北理工大学学报(自然科学版), 2010, 32(1): 30-33.

[6] 张旭, 杨刚, 熊焰. 宾馆应用蓄热电锅炉供热水的方案分析. 制冷技术, 2004, (4): 27-29.

[7] Sorour M M. Performance of a small sensible heat energy storage unit. Energy Conversion and Management, 1998, 28: 211-217.

[8] Dorte L, Wolf-Dieter S, Michael F, et al. Solid media thermal storage development and analysis of modular storage operation concepts for parabolic trough power plants. ASME Journal of Solar Energy Engineering, 2008, 130: 11006.

[9] 苗常海, 白中华, 王雯, 等. 典型蓄热式电采暖项目经济性对比分析. 电力需求侧管理, 2018, 20(6): 36-39.

[10] 王彩霞, 胡之剑. 中低温相变蓄热技术在供暖领域的研究应用. 中外能源, 2018, 23(2): 82-88.

[11] Brousseau P, Lacroix M. Study of the thermal performance of a multi-layer PCM storage unit. Energy Conversion and Management, 1996, 37(5): 599-609.

[12] 相虎昌, 张百浩. 相变蓄热材料在供热系统中设计应用案例分析. 节能, 2019, 38(2): 71-72.

[13] 张继皇, 孙利, 杨强, 等. 相变储能技术在谷电蓄热供暖中的应用研究. 电力需求侧管理, 2016, 18(2): 26-29.

[14] 贺鑫, 马秀琴, 张宁, 等. 水蓄能床与相变蓄能床的性能对比与模拟优化. 河北工业大学学报, 2018, 47(3): 86-92.

[15] 王俊, 曹建军, 张利勇, 等. 基于分布式能源系统的蓄冷蓄热技术应用现状. 储能科学与技术, 2020, 9(6): 1847-1857.

[16] 常丽, 马彦涛, 李文琴. 蓄冷系统在燃气分布式能源站中的应用. 制冷与空调, 2017, 17(5): 62-65.

[17] 王琅, 陆建峰, 王维龙, 等. 楼宇型蓄能联产系统热力学及经济性分析. 工程热物理学报, 2017, 38(12): 2530-2536.

[18] 马平. 天然气分布式供能和冰蓄冷系统在节能方面的应用. 上海煤气, 2012, (4): 21-23.

[19] 秦渊, 陈昕, 王华超. 冰蓄冷空调系统在楼宇型分布式能源站的应用. 煤气与热力, 2014, 34(5): 21-24.

[20] 潘雪竹, 冯国会, 于水, 等. 基于分布式能源的冷热供应系统研究. 供热制冷, 2016, (6): 18-20.

[21] 程杉, 黄天力, 魏荣宗. 含冰蓄冷空调的冷热电联供型微网多时间尺度优化调度. 电力系统自动化, 2019, 43(5): 30-40.

[22] 曹建军, 王俊, 张利勇, 等. 蓄热技术对可再生能源分布式能源系统的效益分析. 储能科学与技术, 2021, 10(1): 385-392.

[23] Wu Q, Ren H, Gao W, et al. Multi-objective optimization of a distributed energy network integrated with heating interchange. Energy, 2016, 109: 353-364.

[24] Blarke M B. Towards an intermittency-friendly energy system: Comparing electric boilers and heat pumps in distributed cogeneration. Applied Energy, 2012, 91(1): 349-365.

[25] 赵静, 杨洪海, 叶大法, 等. 基于三联供优先的分布式能源系统实例. 煤气与热力, 2016, 36(11): 4-8.

[26] 彭怡峰, 张浩, 曾蓉, 等. 微电网蓄热储能消纳弃风的运行模型. 供用电, 2016, 33(7): 74-78.

[27] 杨志鹏, 张峰, 梁军, 等. 含热泵和储能的冷热电联供型微网经济运行. 电网技术, 2018, (6): 1735-1742.

[28] Mavromatidis G, Orehounig K, Carmeliet J. Uncertainty and global sensitivity analysis for the optimal design of distributed energy systems. Applied Energy, 2018, 214: 219-238.

[29] Di Somma M, Yan B, Bianco N, et al. Multi-objective design optimization of distributed-energy systems through cost and exergy assessments. Applied Energy, 2017, 204: 1299-1316.

[30] 颜飞龙. 饱和水蓄热器在太阳能热发电技术中的应用. 能源工程, 2014, (6): 43-47.

[31] 熊新强, 杜明俊, 张志贵, 等. 太阳能光热发电熔盐储罐选材、防腐与绝热技术研究. 石油化工高等学校学报, 2017, (6): 61-65.

[32] Montes M J, Abanades A, Martinez-Val J M. Thermofluidynamic model and comparative analysis of parabolic trough collectors using oil, water/steam, or molten salt as heat transfer fluids. Journal of Solar Energy Engineering-Transactions of the ASME, 2010, 132: 0210012.

[33] 王慧富, 吴玉庭, 张晓明, 等. 槽式太阳能热发电站的模拟优化. 太阳能学报, 2018, 39(7): 1788-1796.

[34] 周宇昊, 张海珍, 宋胜男. 多能互补分布式能源实验平台系统关键技术研究. 发电与空调, 2017, 38(6): 5-9.

[35] 俞铁铭, 周宇昊. 基于蓄热技术的天然气分布式能源系统设计与模拟研究. 节能, 2016, 35(6): 59-61.

[36] 李志永, 陈超, 张叶, 等. 太阳能-相变蓄热-新风供暖系统仿真优化设计研究. 太阳能学报, 2012, 33(5): 852-859.

[37] Bai Z, Liu Q, Gong L, et al. Application of a mid-/low-temperature solar thermochemical technology in the distributed energy system with cooling, heating and power production. Applied Energy, 2019, 253: 113491.

# 第三篇　飞　轮　储　能

# 第 10 章

# 飞轮储能概述

飞轮储能是一种高频次、高效率、长寿命、低循环成本的分秒级大功率物理储能技术，主要针对功率数百千瓦至数十兆瓦、持续时间数秒至数分钟、频次十万次以上的电力储能应用场景，是电力储能的重要发展方向之一。本章主要对飞轮储能的技术原理、应用和发展现状做简要介绍。

## 10.1 飞轮储能系统结构

飞轮储能是一种物理储能技术，其原理是利用和飞轮同轴旋转的高速电机电能与旋转飞轮动能之间的转换：在储能阶段，通过电动机拖动飞轮，使飞轮加速，将电能转化为旋转动能存储；在释能阶段，电机作为发电机运行，使飞轮减速，将动能转化为电能并输出。

飞轮储能系统包括飞轮、高速电机、轴承、电机控制系统、真空系统和冷却系统等，如图 10-1 所示。

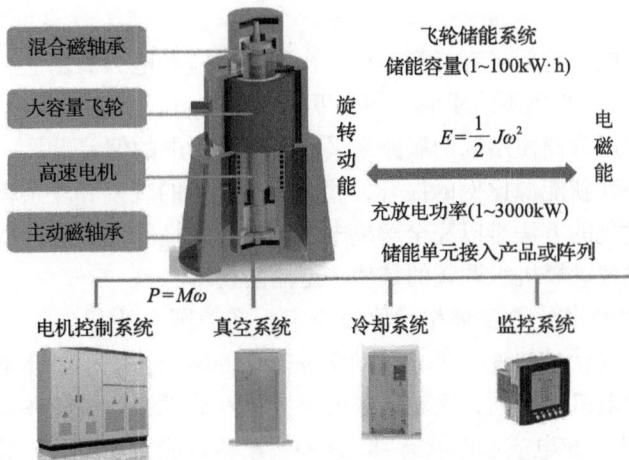

图 10-1　飞轮储能系统结构[1]

飞轮：飞轮是圆盘或圆柱形刚体结构，一般由高强度材料制成。随着新材料技术的发展，碳纤维复合材料缠绕成飞轮转子，可达到更高的圆周速度，从而储蓄更多的能量。

高速电机：充电蓄能时为驱动电机，将飞轮转子驱动到高速状态，放电时作为发电机运行，将飞轮的动能转化为电能。

轴承：轴承的功能是支承高速电机转子。高速电机常用的轴承包括机械轴承和电磁轴承，最高工作转速较低时可使用机械轴承，最高工作转速较高时可采用电磁轴承。

密封腔体：由结构材料制成的密封容器，通常为薄壁圆筒结构，通过真空泵将腔体内空气排出，形成真空环境，这样高速运转的飞轮与仅存的少量空气分子摩擦，发热极少，可以忽略不计。

变流器：由功率电力电子器件组成的主电流回路在控制电路驱动下实现对电机电动、发电运行的电流电压自动控制的变流电力装置。

辅助设备：包括监控仪器仪表、真空泵及其管道阀门、冷却风冷或冷却水冷回路设备等，实现飞轮储能系统的状态监控、真空运行、散热降温等必要保障条件。

## 10.2 应 用 需 求

凭借高频次、高效率等特点，飞轮储能在电网调频、新能源消纳、高品质不间断电源、高脉冲功率电源等领域有广泛的应用前景。

1）电网调频

与众多储能方式对比，飞轮储能技术的经济优势应用领域为电能质量和调频，其放电时间为分秒级[2]。随着可再生能源的并网增加，电网的频率波动问题更加突出，研究飞轮储能系统的优化调频控制策略，满足较长时间尺度（15min 以内）和实时调频需求[3]。

安全可靠的电网运行要求在任意时刻平衡电力供应和电力需求。当供过于求时，频率上升到 50Hz 以上；当供不应求时，频率下降到 50Hz 以下。为了将电网频率保持在合理的范围内，电网运营商使用辅助服务来平衡发电与用电的偏差[4]。

随着经济发展和新能源比例的提升，我国电力系统的规模和复杂程度逐年递增，通过传统机组性能优化的方法难以完全解决电网频率稳定性问题，电网调频需要引入新技术，目前最适合代替燃煤机组调频的是功率型储能技术。

电网每年对辅助服务的需求相对比较稳定，在美国大约相当于每日峰值发电量的 1%[5]。由于风电和光伏的快速增长，辅助服务需求的增长将快于总体电力增长。与提供辅助服务的火力发电机组不同，飞轮调频的反应速度非常快，可以在收到调度指令信号后不到 1s 达到满功率充电或放电状态[6]。这种快速调频能力使得飞轮的调节效果可以与数倍于自身功率等级的火电机组相媲美。

2）新能源消纳

近年来，随着风电、太阳能等清洁能源的不断发展，这些新能源所具有的间歇性和不确定性属性给电网的频率稳定性带来了严重的冲击。从 20 世纪 90 年代起，飞轮作为新型储能方式如何与风电、光伏发电配合的问题就已受到关注[7]。而欧洲建成基于飞轮、燃气轮机和可再生能源的组合示范项目，探索组合系统技术在关键时刻稳定电网、降低向零碳发电时代过渡成本的潜力[8]，图 10-2 给出了一种并网飞轮储能风电控制系统示意图[9]。

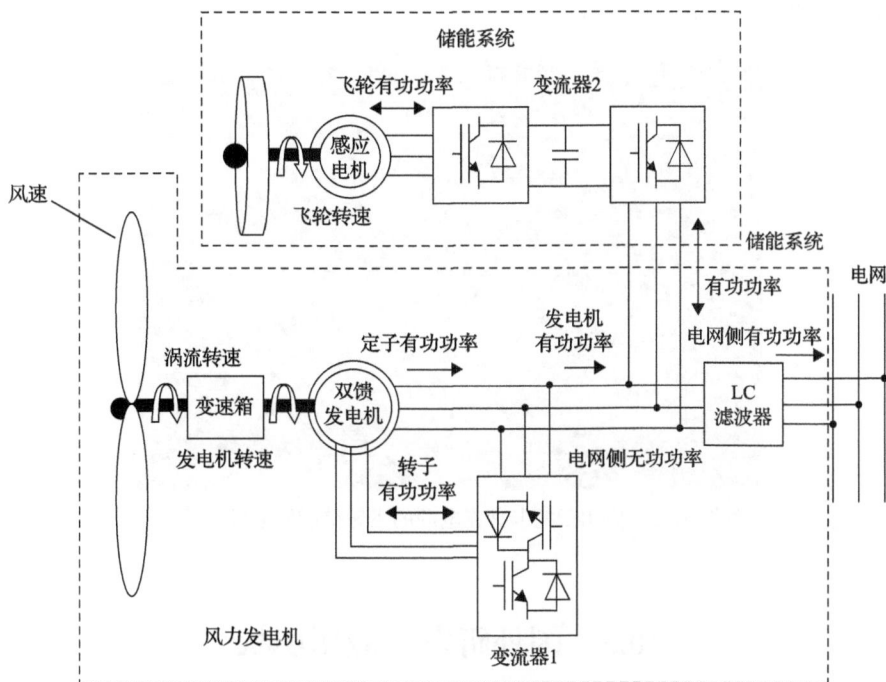

图 10-2　并网飞轮储能风电控制系统示意图[9]

3）高品质不间断电源

97%交流电压闪变低于 3s[10]，而备用发电机组启动时间少于 10s，过渡电源工作时间 20s 已经足够，因此采用短时工作的大功率飞轮储能系统可以替代传统电池储能，飞轮储能的初期投资较高，但寿命期内，使用成本低于电池储能[1]。

4）动能回收与利用

混合动力车辆传动中，可采用电池、电容和飞轮等储能方式。高速飞轮与内燃机通过无级变速器连接简单可靠，已经发展了数十年，达到量产推广应用水平[11]。电动车技术局限于电池高功率特性不足，采用飞轮储能与电池的混合动力是一个可行的解决方案，引入电机和功率控制器实现电力传动，飞轮燃油混合动力车的节油可达 35%[12]。

5）高脉冲功率电源

核聚变能是人类的终极能源，实现受控核聚变有磁约束和惯性约束两种途径[13]。20世纪 80 年代以来，磁约束受控核聚变工程关键技术迅速发展，高温等离子体的参数逐渐提高，主要物理参数已接近为实现受控核聚变所要求的数值。托卡马克是研究高温等离子体的产生、驱动、维持和约束等特性并最终实现受控热核聚变反应的大型电物理实验装置[14]。为产生和维持磁场，向磁场线圈供电的系统是除主体装置外最重要、最庞大的系统。供电系统的平均电源容量为数百兆瓦，由于容量大、工作时间短，一般采用大型飞轮储能发电机组实现供电，以减少对公共电网的冲击。应用于托卡马克电源的飞轮储能发电系统是一种典型的高功率脉冲电源（典型脉冲宽度为毫秒到秒），其特点是电动机与发电机独立设置（图 10-3）[15]。

图 10-3　应用于托卡马克电源的飞轮储能发电机组[15]

## 10.3　国外研发与应用现状

现代飞轮储能系统集成了先进复合材料转子、磁轴承、高速电机以及功率电子等新技术，从而极大地提高了性能。2000 年前后，飞轮储能工业应用产品开始推广，其中美国的飞轮储能技术处于领先地位。美国飞轮储能技术的进步基于能源部的超级飞轮计划、宇航局的航天飞轮计划等国家层面长期资助，并且 20 世纪 90 年代风险投资的大量介入使得经历了 30 年研究开发的飞轮储能技术获得了成功应用。

原美国 Beacon Power 公司建于纽约州、宾夕法尼亚州的两座 20MW 飞轮储能独立调频电站，分别于 2011 年 6 月和 2014 年 7 月全面商运，一年内深度充放电 3000～5000 次（图 10-4）[16]。位于加勒比海阿鲁巴岛的 10MW 飞轮储能项目，与可再生能源联合使用，提供全岛的电力供应，2018 年 7 月商运[17]。荷兰 TenneT 输电系统运营商采用 3MW 飞轮和 8.8MW 锂电联合储能，于 2020 年投入运行（图 10-5）[18]。

原加拿大 Temporal Power 公司建于安大略省 Clear Creek 的 5MW 飞轮储能电站，2016 年 2 月商运（图 10-6(a)）[17]。该储能电站主要配合附近的 20MW 风电场运行，可以平滑风电出力，也可对风电场提供无功补偿。平滑出力时根据风电实时功率和平均功率的偏差作为飞轮的参考出力。2018 年 4 月，Amber Kinetics 公司在马萨诸塞州完成了 128kW/512kW·h 的项目，与 West Boylston MLP 原有的 370kW 光伏系统在交流侧连接（图 10-6(b)）[19]。

图 10-4　美国两座 20MW/5MW·h 飞轮储能电站

图 10-5　荷兰飞轮-锂电联合储能电站

(a) 加拿大安大略省5MW飞轮储能电站　　　(b) 美国马萨诸塞州128kW飞轮储能电站

图 10-6　飞轮储能在新能源消纳领域的应用

　　飞轮储能不间断电源系统在国外已经是成熟的产品,供应商有 Active Power、Piller、VYCON 等。Piller 公司采用大质量金属飞轮和大功率同步励磁电机。VYCON 公司采用永磁电机和金属飞轮,并采用了电磁全悬浮轴承。Powerthru 公司飞轮转速 53000r/min,采用了同步磁阻电机和分子泵维持真空技术[20]。飞轮储能系统产品的待机损耗为额定功率的 0.2%～2%。Piller 公司为 Dresden 半导体工厂安装了 5MW/7kW·h 的飞轮储能系统,确保 5s 电源切换不停电(图 10-7)[21]。2015 年日本铁路技术科学研究院研制的超导飞轮储能系统,单机储能量为 100kW·h[22]。由于飞轮储能在不间断电源方面未能获得大规模商业应用，因此国外飞轮储能系统近年来少有新的产品推出。

图 10-7　Piller 公司 1.6～3.0MJ 飞轮储能机组

## 10.4　国内研发与应用现状

我国飞轮储能技术研究起步晚于西方国家 20 年，当前处于关键技术突破和产业应用转化阶段，与国外先进技术水平还有一定差距。国内主要研究单位有十余家，研究涵盖飞轮储能的各个方面：复合材料飞轮[23-31]、高速电机分析和设计[32-36]、磁悬浮轴承[37-45]、充放电测试[32,46]，应用领域包括地铁能量再生利用[47-51]、钻机势能回收[52-54]、电网调频等[55-57]，如图 10-8 所示。

(a) 中国科学院电工研究所小飞轮储能阵列实验样机　　　(b) 清华大学1MW/60 MJ金属飞轮储能工程样机

图 10-8　国内飞轮储能技术研究开发[10]

当前国内单机技术已经相对成熟，向应用发展，在逐渐缩小与国际先进水平的差距，某些指标甚至超过了国外同行，但在单机功率、系统效率、高速电机等方面仍然有许多工作需要开展，而且大功率阵列技术的实证研究尚显不足。研究机构主要包括中国科学院工程热物理研究所、中国科学院电工研究所、中国电力科学研究院、清华大学、北京航空航天大学、浙江大学、华北电力大学等；应用开发企业主要有北京奇峰聚能科技有限公司、华驰动能(北京)科技有限公司、盾石磁能科技有限责任公司、沈阳微控飞轮技术股份有限公司和北京泓慧国际能源技术发展有限公司等。

"十二五"期间，在科技部支持下，研制出 200kW/36MJ/15000r/min 的复合材料飞轮储能样机和 1MW/60MJ/2700r/min 金属飞轮储能工程样机，后者实现了钻井施工中能量回收利用及动力调峰的工程示范应用。北京泓慧国际能源技术发展有限公司于 2016 年研制成功 250kW/7MJ/10500r/min 飞轮储能动态不间断电源。

"十三五"期间，科技部立项研制含 30MJ 复合材料飞轮转子轴系（图 10-9）的 400kW/25MJ/24000r/min 磁悬浮复合材料飞轮储能单机和 1.6MW/100MJ 飞轮储能阵列，应用目标为新能源电网短时高频次调频。该项目攻克了电磁轴承支承条件下过弯曲临界时轴系振动控制难题，于 2021 年飞轮储能单机实现了 18000r/min、储能 30MJ、功率 400kW（图 10-10）。

图 10-9　30MJ 复合材料飞轮转子轴系

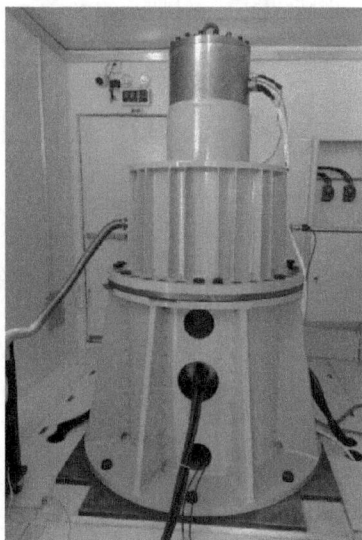

图 10-10　400kW/30MJ/18000r/min 飞轮储能单机

由沈阳微控新能源技术有限公司承建的风电场站一次调频和惯量响应的飞轮储能应用项目于 2021 年通过并网前验收[58]。2022 年，青海西宁韵家口风光储示范基地开展了兆瓦级先进飞轮储能阵列并网控制示范项目测试，1MW 飞轮阵列实现了单日 300 次、累计 2000 余次充放电测试[59]；同年，在青岛地铁 3 号线万年泉路站，2 台 1MW 飞轮储能装置完成安装调试并顺利并网[60]。国能宁夏灵武发电有限公司光火储耦合 22MW/4.5MW·h 飞轮储能项目是国内第一个全容量飞轮储能-火电联合调频工程[61]，于 2023 年投运。同年，由中海油新能源二连浩特风电有限公司牵头实施的内蒙古自治区科技重大专项"MW 级飞轮储能关键技术研究"项目示范工程成功并网；由北京奇峰聚能科技有限公司提供飞轮技术支持的"飞轮储能和百万千瓦级中间二次再热火电机组联合调频"项目正式投运。

2024 年，国内首套具备物理转动惯量支撑的构网型飞轮储能系统"国家电投构网型阵列飞轮储能示范项目"上电成功，主要验证惯量支撑、一次调频和无功补偿能力[62]。山西运城 200MW/9MW·h 飞轮储能独立调频电站开工建设，是当前全球最大飞轮储能独立调频项目[63]。国家能源蓬莱磁悬浮飞轮储能示范项目将在山东省烟台市蓬莱区建设 12MW/3MW·h 飞轮储能工程示范项目，与 330MW 火电机组联合调频[64]。国内首个兆瓦级飞轮混合储能系统示范工程实现风储一次调频，并通过项目综合绩效评价[65]。除了上述集成示范项目外，还制定了GB/T 44933—2024《电力储能用飞轮储能系统技术规范》[66]和GB/T 44934—2024《电力储能用飞轮储能单元技术规范》[67]两项国家标准，这将有利于飞轮储能技术的规范化，从而有推动集成示范及商业上应用的进一步发展。

飞轮储能技术当前有四个重点研究方向：第一是增加飞轮单机储能容量，技术途径是采用更高强度的合金钢或更先进的复合材料；第二是发展并完善转速大于10000r/min、功率大于300kW的高速电机，同时解决其散热问题；第三是发展电磁、永磁混合轴承技术，降低磁轴承主动控制损耗并提升可靠性；第四是发展飞轮储能阵列技术，更广泛地开展10MW级乃至100MW级的示范工程实证研究。此外，在混合储能领域，飞轮储能将会发挥其响应迅速、寿命长等优势，有着广泛的应用前景[68]。

## 10.5  飞轮储能系统性能指标

### 1. 储能容量与储能密度

储能容量由总储能量和可用储能量表述，总储能量可以表述为

$$E = \frac{1}{2}J\omega^2 \tag{10-1}$$

$$J = \sum_i m_i r_i^2 \tag{10-2}$$

式中，$E$ 为储能系统总储能量；$J$ 为飞轮转子的转动惯量；$\omega$ 为飞轮电机的旋转角速度；$r_i$ 为飞轮各部分距离旋转中心的半径；$m_i$ 为不同半径上对应的飞轮质量分量。

飞轮储能系统的可用储能量为在最高工作转速储存的动能与最低工作转速时储存的动能差值，可以表述为

$$E_a = \frac{1}{2}J\left(\omega_2^2 - \omega_1^2\right) \tag{10-3}$$

式中，$\omega_2$ 为最高工作转速，即飞轮储能系统安全运行时飞轮电机所能达到的最高转速；$\omega_1$ 为最低工作转速，即飞轮储能系统按照额定功率持续放电飞轮转子所需要的最低转速值。飞轮工作转速区间为 $\omega_1 \sim \omega_2$。

总储能量与飞轮储能装置系统总质量之比为系统储能密度，总储能量与转子质量之比为转子储能密度。

### 2. 功率及功率密度

额定输入/输出功率：充/放电状态下可以持续稳定工作的最大输入/输出功率，现在国内单机功率通常可以达到300～500kW，某些功率型飞轮单机可以达到1000kW以上。

系统功率密度：额定功率与飞轮储能系统质量(体积)之比，飞轮储能功率密度一般为100～500W/kg。

### 3. 效率

充放电循环效率：在规定的条件和方法下，飞轮储能系统放电能量与充电能量的比值，用百分数表示，通常为 80%～94%。

### 4. 其他参数

T/CNESA 1204—2023《飞轮储能系统性能测试规范》中还对以下参数做出了具体定义。

热备待机功耗：飞轮储能系统处于热备状态时所需的有功功率。一般包括飞轮电机变流器、储能变流器、系统控制器和辅助设备功耗。

自放电时间：飞轮储能变流器与外部电网无能量交换，飞轮储能系统由额定工作转速上限自由滑行至额定工作转速下限的时间。

### 5. 损耗

飞轮储能系统的损耗主要包括飞轮与稀薄气体摩擦损耗、轴承损耗（机械轴承损耗和磁轴承损耗）、电机损耗、变流器损耗和辅助系统（真空泵、散热设备、监测仪表）的损耗。

如图 10-11 和图 10-12 所示，飞轮储能系统与交流电网/负载连接，电能经历了交流-直流-交流转换最后进入电机转换为机械能的三个充电环节和类似的三个发电环节，每个环节 1%～2%的损耗累计达到 6%～12%。6%～12%的损耗发热输运到环境当中还会增加损耗 2%～4%，再加上 1%～2%的其他（轴承、微量风损和真空、监控等）损耗，充放电循环效率为 82%～91%。

#### 1）飞轮摩擦损耗

飞轮转子安装在真空密闭的壳体内，结构如图 10-13 所示。壳体内的真空度是飞轮

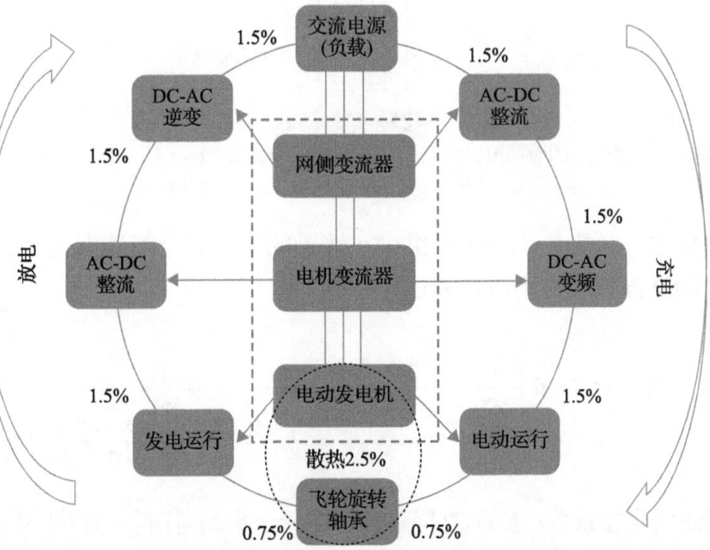

图 10-11　充放电循环能量转换损耗分析

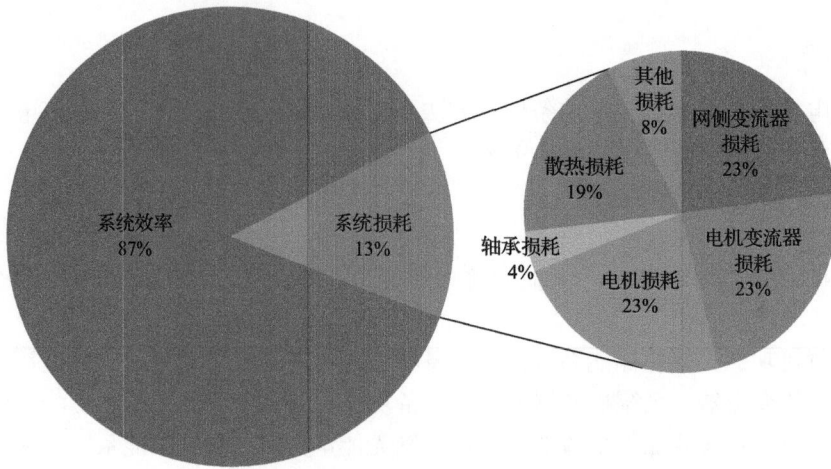

图 10-12　飞轮储能系统效率分析

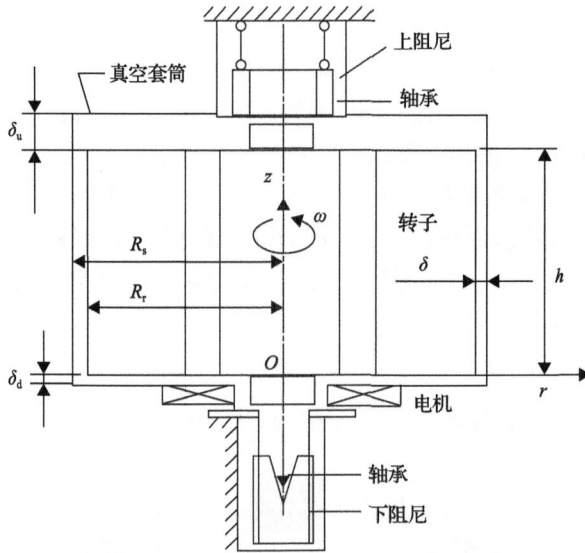

图 10-13　飞轮转子轴承及密封腔结构[22]

*h*. 转子高度；*δ*. 转子与外壁间隙；$R_r$. 转子外半径；$R_s$. 套筒内半径；$\delta_u$. 飞轮上端面与套筒间隙；
$\delta_d$. 飞轮下端面与套筒间隙；*ω*. 飞轮转速

运行的重要参数之一，飞轮风损主要集中在转子的外壁和上下端面。

转子外壁的摩擦损耗功率可以表述为[22]

$$P_l = 2\pi R_r h \mu \frac{R_r^3 \omega^2}{\delta} \times \frac{\left(1 + \delta/R_r\right)^2}{1 + 2\,\delta/R_r} \times \frac{1}{1 + 2AK\left(\dfrac{\delta}{R_r} + \dfrac{1}{1 + \delta/R_r}\right)} \tag{10-4}$$

式中，$\mu$ 为气体内摩擦系数；$K$ 为克努森数，即分子平均自由程与特征尺寸的比 $\lambda/\delta$；$A$ 为滑动系数。

转子端面的风损，即上端面和下端面摩擦功率之和可表示为

$$P_2 = \frac{\pi}{2} R_r^2 \mu R_r^2 \omega^2 \left\{ 2AK \left[ \frac{1}{\delta_d(1 + 2AK_d)} + \frac{1}{\delta_u(1 + 2AK_u)} \right] \right\} \tag{10-5}$$

式中，$K_d$ 为转子下端面克努森数，为 $\lambda/\delta_d$；$K_u$ 为转子上端面克努森数，为 $\lambda/\delta_u$。

转子端面和外壁的气体摩擦功率之和即为飞轮转子的风力损耗功率：

$$P = P_1 + P_2 \tag{10-6}$$

2）轴承损耗

飞轮中的轴承损耗通常分为机械滚动轴承损耗和磁轴承损耗。为实现微损耗，应当选择尺寸尽量小、转速高、承载力足够的滚动轴承，通常参考转速应当高于轴系额定转速的 1.5 倍以上，采用油脂润滑，轴承动载荷摩擦力矩计算可依据 Palmgren 公式，然后计算得到轴承损耗功率[69]。

飞轮系统中常用的主动磁轴承是一种低损耗轴承，其损耗主要包括四个部分：电控系统损耗、主动磁轴承铜损、电磁铁定子和转子铁损、磁轴承转子风损。

（1）电控系统损耗。

电控系统损耗包括控制电路弱电部分的工作损耗、直流电源工作损耗、功率放大器损耗、冷却风扇损耗等。电控系统最主要的功率消耗集中在电磁轴承功率放大器上。功率放大器输出驱动电流到电磁铁线圈，其损耗由直流母线电源转换损耗及功率放大器功率管损耗构成。为了减小损耗，直流供电电源通常采用开关电源，转换效率可超过 90%；功率放大器通常采用高效率的开关功率放大器，并通过三态控制模式驱动 H 桥工作，能量转换效率也超过 90%。功率放大器输出电流中的高频电流纹波对电磁铁铁损有重要影响，而相较于两态工作模式，三态工作模式对降低电流纹波效果明显。

（2）主动磁轴承铜损。

主动磁轴承铜损包括电磁铁线圈欧姆损耗及驱动电缆欧姆损耗。当电缆较短时，后者可以忽略。经过空间优化设计的电磁轴承，其电磁铁线圈欧姆损耗由线圈绕线窗口面积及使用的驱动电流密度决定。绕线窗口面积确定了线圈剖面的总铜金属面积，在非高频电流驱动（趋肤效应可忽略）的情况下，磁轴承铜损本质上由铜金属截面积及铜金属中的电流密度确定。

使用水冷套进行轴承定子冷却，相较自然风冷，轴承线圈可承受更高的电流密度。冷却充分时，导线中的电流密度可达 $500\text{A/cm}^2$。

（3）电磁铁定子和转子铁损。

电磁铁定子和转子铁损 $P_{Fe}$ 主要包括定子和转子磁滞损耗和涡流损耗。导磁材料磁化时，其铁心磁感应强度沿材料磁化曲线中的磁滞回线运动，会造成能量损失，此即磁滞损耗，其大小与磁滞回线包围的面积成正比。磁滞损耗可以由交变磁场产生，称为交变磁滞；还可由旋转磁场产生，称为旋转磁滞。根据 Kasarda 等的研究结果，交变磁场中，铁磁材料的交变磁滞损耗为[70]

$$P_{ha} = 10^{-7} \eta f \left(10000 B_{max}\right)^k M_v V_{Fe} \times 10^6 \tag{10-7}$$

式中，$\eta$ 为磁滞系数，品质好的硅钢约为 0.00046；$f$ 为交变频率；当磁通密度为 0.15～1.2T 时，指数 $k$ 约为 1.6；$M_v$ 为有效体积因子；$V_{Fe}$ 为导磁材料体积。

旋转磁场中，铁磁材料的旋转磁滞损耗为[70]

$$P_{hr} = \left(3000 B_{max} - 500\right) \times 10^{-7} \times f_r M_v V_{Fe} \times 10^6 \tag{10-8}$$

式中，$f_r$ 为有效频率(材料的真实重复磁化频率)。

交变磁场会在导体中引发涡电流，该涡电流生成感生磁场，抵抗导体处的磁场变化。此涡电流引起的能量损耗称为涡流损耗。绝缘硅钢叠片涡流损耗的近似计算公式如下[22]：

$$P_c = \frac{1}{6\rho} \pi^2 e^2 f_r^2 B_m^2 V_{Fe} M_v \tag{10-9}$$

式中，$\rho$ 为硅钢电阻率；$e$ 为硅钢片厚度；$f_r$ 为重复磁化频率；$B_m$ 取最大磁感应强度或磁感应强度的幅值。

对比磁滞损耗与涡流损耗的表达式，可知磁滞损耗正比于频率 $f$，而涡流损耗正比于频率的平方；在高转速下，铁损主要由涡流损耗决定。

3) 电机损耗

(1) 永磁电机损耗主要包括电机定子铁损、定子铜损、转子涡流损耗等。定子铁损的经典计算方法是仅考虑交变磁化的影响，根据 Bertotti 铁损分立计算模型。定子铁损为[71]

$$P_{Fe} = P_h + P_c + P_e = k_h f^2 B_p^2 + k_c f^2 B_p^2 + k_e f^{1.5} B_p^{1.5} \tag{10-10}$$

式中，$P_{Fe}$ 为定子铁损；$P_h$ 为磁滞损耗；$P_c$ 为涡流损耗；$P_e$ 为附加损耗；$B_p$ 为磁通密度幅值；$f$ 为交变频率；$k_h$ 为磁滞损耗系数；$k_c$ 和 $k_e$ 分别为涡流损耗和附加损耗的系数。

(2) 电机定子铜损是电流经过定子绕组时因电阻发热而产生的损耗，其计算公式为

$$P_{cu} = 3 I^2 R_a \tag{10-11}$$

式中，$I$ 为相电流有效值；$R_a$ 为相电阻。

(3) 电机转子涡流损耗与定子铁损和铜损相比很小，但是飞轮电机大多处于真空中，散热困难，因此转子涡流损耗可能会引起局部高温导致退磁。用解析法和有限元分析法对涡流损耗进行计算，计算过程比较复杂。

4) 变流器损耗

变流器损耗主要为功率器件损耗、电路铜损和控制电路损耗。

(1) 驱动飞轮电机的变流器一般采用的功率器件为绝缘栅双极型晶体管 (insulated gate bipolar transistor，IGBT) 或 SiC 等。功率器件的损耗主要包括开关损耗和导通损耗。功率器件的开关损耗是指器件在导通和关断瞬间，其电压与电流拖尾产生的损耗。在一个开关周期内，单个器件的开关损耗可表示为[22]

$$\begin{cases} E_{on} = 2 \times \displaystyle\int_0^{t_{on}} u(t)i(t)\mathrm{d}t \\[2mm] E_{off} = 2 \times \displaystyle\int_0^{t_{off}} u(t)i(t)\mathrm{d}t \end{cases} \tag{10-12}$$

式中，$E_{on}$ 和 $E_{off}$ 分别表示导通损耗和关断损耗；$t_{on}$ 和 $t_{off}$ 分别表示导通和关断过程持续时间；$u(t)$ 和 $i(t)$ 分别表示导通和关断过程中的管压降和流通电流。

功率器件的导通损耗与器件导通时的管压降相关，导通损耗的功率可表示为[22]

$$P_{con} = \left( u_T + R_T i^{\beta}(t) \right) i(t) \tag{10-13}$$

式中，$P_{con}$ 为导通损耗功率；$u_T$ 和 $R_T$ 分别为导通压降和等效电阻；$\beta$ 与开关器件的电气参数相关。

(2) 电路铜损是指当电流流过铜排、电缆等导体时在其电阻上产生的损耗。虽然电缆等的内阻很小，但是飞轮储能系统具有低压大电流的特性；另外，加上趋肤效应，电缆的发热量不容忽视。因此，在铜排和电缆选型时应考虑足够裕量。

(3) 控制电路损耗主要是指控制电路板、驱动板、传感器、接触器和继电器等供电电源损耗，与开关器件损耗和电路铜损耗相比，控制电路损耗比较小，一般不会超过几百瓦。

(4) 其他损耗主要指变流器风机损耗、变压器损耗等。风机损耗是变流器功率器件散热用的风机产生的损耗。根据变流器容量不同，风机功率从几百瓦到几千瓦不等。变压器损耗是指变流器用到的隔离变压器损耗，有的场合可以省略。变压器损耗一般很小，从几瓦到几百瓦不等。

5) 辅机系统损耗

飞轮储能系统的辅助系统运行对保障飞轮储能系统的运行是必要的，包含真空泵、冷却设备、监控仪表等，其能量消耗降低了系统的储能效率，在设计中要充分考虑。

## 参 考 文 献

[1] 戴兴建, 魏鲲鹏, 张小章, 等. 飞轮储能技术研究五十年评述. 储能科学与技术, 2018, 7(5): 765-782.

[2] Zakeri B, Syri S. Electrical energy storage systems: A comparative life cycle cost analysis. Renewable & Sustainable Energy Reviews, 2015, 42: 569-596.

[3] Fang Z, Tokombayev M, Song Y, et al. Effective flywheel energy storage (FES) offer strategies for frequency regulation service provision//Proceedings of the 2014 Power Systems Computation Conference (PSCC), Wroclaw, 2014.

[4] 涂伟超, 李文艳, 张强, 等. 飞轮储能在电力系统的工程应用. 储能科学与技术, 2020, 9(3): 869-877.

[5] Rounds R, Peek G H. Design & development for a 20-MW flywheel-based frequency regulation power plant: A study for the DOE Energy Storage Systems program. Albuquerque: Sandia National Laboratories, 2009.

[6] Craig E. The future of energy storage. Cambridge: MIT Energy Initiative World Generation, 2016: 11-20.

[7] Miller J, Sibley L B, Wohlgemuth J. Investigation of synergy between electrochemical capacitors, flywheels, and batteries in hybrid energy storage for PV systems . Oakridge, TN: Office of Scientific & Technical Information Technical, 1999.

[8] Miyamoto R K, Goedtel A, Castoldi M F. A proposal for the improvement of electrical energy quality by energy storage in

flywheels applied to synchronized grid generator systems. International Journal of Electrical Power & Energy Systems, 2020, 118: 105797.

[9] Taraft S, Rekioua D, Aouzellag D. Wind power control system associated to the flywheel energy storage system connected to the grid. Energy Procedia, 2013, 36: 1147-1157.

[10] Emadi A, Nasiri A, Bekiarov S B. Uninterruptible Power Supplies and Active Filters. Boca Ration: CRC Press, 2004.

[11] Rupp A, Baier H, Mertiny P, et al. Analysis of a flywheel energy storage system for light rail transit. Energy, 2016, 107(15): 625-638.

[12] Hedlund M, Lundin J, De S J, et al. Flywheel energy storage for automotive applications. Energies, 2015, 8(10): 10636-10663.

[13] 冯开明. 可控核聚变与 ITER 计划. 现代电力, 2006, 23(5): 82-88.

[14] 石秉仁. 磁约束聚变: 原理与实践. 北京: 中国原子能出版社, 1999.

[15] Zajac J, Zacek F, Lejsek V, et al. Short-term power sources for tokamaks and other physical experiments. Fusion Engineering & Design, 2007, 82(4): 369-379.

[16] POWER B. Operating Plants. (2018-5-22) [2022-08-30]. https://beaconpower.com/operating-plants/.

[17] 贝肯新能源(天津)有限公司. 工程案例. (2020-02-05) [2022-08-30]. http://www.bne-fess.cn/cn/col.jsp?id=106.

[18] SA L. S4-Energy-Almelo-Project. (2020-08-31) [2022-08-30]. https://www.leclanche.com/wp-content/uploads/2020/08/20200831_S4-Energy-Almelo-Project_PR_E.pdf.

[19] Plant W B M L. Wbmlp flywheel grant. (2020-02-05) [2022-07-10]. https://wbmlp.org/flywheel-grant.html.

[20] Thru P. Carbon fiber flywheel technology for government applications. (2016-12-01) [2022-08-30]. http://power-thru.com/carbon_fiber_flywheel_technology.html.

[21] Systems P P. Energy storage. (2017-02-10) [2022-08-30]. https://www.piller.com/en-GB/205/energy-storage.

[22] 戴兴建, 姜新建, 张剀. 飞轮储能系统技术与工程应用. 北京: 化学工业出版社, 2021.

[23] 唐长亮, 戴兴建, 汪勇. 多层混杂复合材料飞轮力学设计与旋转试验. 清华大学学报(自然科学版), 2015, 55(3): 361-367.

[24] 戴兴建, 魏鲲鹏, 汪勇. 平纹机织叠层复合材料飞轮弹性参数预测及测量. 复合材料学报, 2019, 36(12): 2833-2842.

[25] 汪军水, 戴兴建, 徐旸, 等. 高速储能飞轮转子芯轴-轮毂连接结构优化设计. 储能科学与技术, 2020, 9(6): 1806-1811.

[26] 皮振宏, 戴兴建, 魏殿举, 等. 飞轮储能系统容量分析与设计. 储能科学与技术, 2019, 8(4): 778-783.

[27] 韩永杰, 李翀, 王昊宇, 等. 多环过盈配合复合材料飞轮应力和位移分析. 储能科学与技术, 2018, 7(5): 815-820.

[28] 任正义, 张绍武, 杨立平, 等. 材料铺排顺序对储能飞轮应力影响规律研究. 玻璃钢/复合材料, 2019, (1): 23-27.

[29] 芦晨祥, 苏维国, 张贤彪, 等. 多环混合复合材料飞轮应力分析与结构设计. 玻璃钢/复合材料, 2017, (9): 25-33.

[30] 戴兴建, 李奕良, 于涵. 高储能密度飞轮结构设计方法. 清华大学学报(自然科学版), 2008, (3): 378-381.

[31] 李奕良, 戴兴建, 张小章. 复合材料环向缠绕飞轮轮体工艺应力研究. 机械强度, 2010, 32(2): 265-269.

[32] 陈小玲, 彭文, 仇志坚. 飞轮储能高速异步电机储能发电模拟实验研究. 微特电机, 2017, 45(3): 42-45.

[33] 李大兴, 夏革非, 张华东, 等. 基于混合转子结构和悬浮力控制的新型飞轮储能用无轴承电机. 电工技术学报, 2015, 30(S1): 48-52.

[34] 孙玉坤, 陈家钰, 袁野. 飞轮储能用高速永磁同步电机损耗分析与优化. 微电机, 2021, 54(8): 19-22, 79.

[35] 孙玉坤, 张宾宾, 袁野. 飞轮储能用磁悬浮开关磁阻电机多目标优化设计. 电机与控制应用, 2018, 45(10): 53-58, 119.

[36] 朱熀秋, 陆荣华, 胡亚民, 等. 飞轮储能用 Halbach 阵列定子无铁心无轴承永磁电机的设计. 江苏大学学报(自然科学版), 2016, 37(6): 691-697.

[37] 艾立旺, 苗森, 许孝卓, 等. 径向高温超导磁悬浮轴承的端部效应分析. 电子测量与仪器学报, 2022, 36(1): 28-35.

[38] 高峻泽, 柳亦兵, 周传迪, 等. 飞轮用永磁悬浮轴承的磁路设计及磁力解析模型. 储能科学与技术, 2022, 11(5): 1437-1445.

[39] 高峻泽, 柳亦兵, 周传迪, 等. 主动磁悬浮轴承-储能飞轮转子系统振动主动控制. 轴承, 2022, (3): 80-85.

[40] 贺西, 何亚屏, 李嘉. 磁悬浮轴承开关功率放大器及其电流控制策略优化研究. 控制与信息技术, 2021, (2): 41-48.

[41] 贺艳晖, 崔猛. 磁悬浮轴承用功率放大器建模与控制研究. 轴承, 2020, (12): 7-11, 15.

[42] 李冰林, 曾励, 张鹏铭, 等. 主动磁悬浮轴承的滑模自抗扰解耦控制. 电机与控制学报, 2021, 25(7): 129-138.

[43] 李万杰, 张国民, 王新文, 等. 飞轮储能系统用超导电磁混合磁悬浮轴承设计. 电工技术学报, 2020, 35(S1): 10-18.

[44] 潘奥, 王晓光, 张锦岛. 非完全约束磁悬浮轴承偏转方向约束的临界尺寸研究. 轴承, 2020, (11): 24-28, 33.

[45] 周亮, 甘杨俊杰. 磁悬浮轴承系统的模型辨识与控制. 轴承, 2021, (1): 1-6.

[46] 戴兴建, 于涵, 李奕良. 飞轮储能系统充放电效率实验研究. 电工技术学报, 2009, 24(3): 20-24.

[47] 刘平, 李树胜, 李光军, 等. 基于磁悬浮储能飞轮阵列的地铁直流电能循环利用系统及实验研究. 储能科学与技术, 2020, 9(3): 910-917.

[48] 孙振海, 刘双振, 陈鹰, 等. GTR 飞轮在城市轨道交通的工程应用. 中国标准化, 2019, (S2): 309-316.

[49] 王大杰, 孙振海, 陈鹰, 等. 1MW 阵列式飞轮储能系统在城市轨道交通中的应用. 储能科学与技术, 2018, 7(5): 841-846.

[50] 游志昆, 周群, 王为. 地铁车辆再生制动飞轮储能回收装置研究. 机车电传动, 2019, (6): 106-109, 114.

[51] 张丹, 姜建国, 陈鹰, 等. 地铁牵引供电系统中高速飞轮储能系统控制研究. 电机与控制学报, 2020, 24(12): 1-8.

[52] 刘曙光, 孙艳, 王佳. 基于飞轮储能技术的柴油机钻机机械调峰系统研究. 西安工程大学学报, 2014, 28(5): 547-551.

[53] 牛跃进, 郭巧合, 李涛, 等. 基于模糊控制的钻机飞轮储能调峰控制系统. 电气传动自动化, 2016, 38(5): 16-18.

[54] 韦敏, 李顺, 贺启强, 等. 飞轮储能技术及其在石油工程上的应用. 石油石化绿色低碳, 2021, 6(4): 62-66.

[55] 马成龙, 隋云任. 飞轮储能系统辅助调频的参数配置和经济性分析. 节能, 2020, 39(10): 25-29.

[56] 隋云任, 梁双印, 黄登超, 等. 飞轮储能辅助燃煤机组调频动态过程仿真研究. 中国电机工程学报, 2020, 40(8): 2597-2606.

[57] 张兴, 阮鹏, 张柳丽, 等. 飞轮储能在华中区域火电调频中的应用分析. 储能科学与技术, 2021, 10(5): 1694-1700.

[58] 中国能源网. 微控新能源大唐阜新查台风电场站飞轮一次调频及惯量响应应用项目. (2021-11-16) [2025-04-02]. http://www.cnenergynews.cn/zhuanti/2021/11/16/detail_20211116111008.html.

[59] 李树胜, 王佳良, 李光军, 等. MW 级飞轮阵列在风光储能基地示范应用. 储能科学与技术, 2022, 11(2): 583-592.

[60] 青岛地铁. 飞轮储能项目: 让青岛城市轨道交通驶入绿色快车道. (2022-04-25) [2025-04-02]. http://www.qd-metro.com/planning/view.phpid=5565.

[61] 电力科技网. 国家能源集团宁夏电力灵武公司光火储耦合 22 兆瓦/4.5 兆瓦时飞轮储能工程开工. (2021-11-17) [2025-04-02]. http://www.eptchina.com/news/energy202111173906.html.

[62] 搜狐网. 国内首套构网型阵列飞轮储能示范项目一次上电成功. (2024-10-17) [2025-04-02]. https://www.sohu.com/a/819937078_121123908.

[63] 开平区人民政府. 河北佳慧电通科技有限公司带动飞轮储能产业高质量发展. (2024-12-23) [2025-04-02]. http://tskaiping.tangshan.gov.cn/tskp/xmtz/20241223/1211577029.html.

[64] 山东省电力行业协会. 国内首台首套完全自主知识产权、世界单体最大磁悬浮飞轮完成吊装. (2024-11-06) [2025-04-02]. https://www.sohu.com/a/824216303_777961.

[65] 中国能源新闻网. 国内首个兆瓦级飞轮混合储能系统示范工程通过项目综合绩效评价. (2024-12-10) [2025-04-02]. https://www.cpnn.com.cn/news/dianli2023/202412/t20241219_1761152_wap.html.

[66] 国家市场监督管理总局, 国家标准化管理委员会. 电力储能用飞轮储能系统技术规范: GB/T 44933—2024. 北京: 中国标准出版社, 2024.

[67] 国家市场监督管理总局, 国家标准化管理委员会. 电力储能用飞轮储能单元技术规范: GB/T 44934—2024. 北京: 中国标准出版社, 2024.

[68] Li X J, Palazzolo A. A review of flywheel energy storage systems: state of the art and opportunities. Journal of Energy Storage, 2022, 46: 103576.1-103576.13.

[69] Palmgren A. Ball and roller bearing engineering. Philadelphia: SKF Industries, Inc., 1946.

[70] Kasarda F, Allaire E, Maslen H et al. High-speed rotor losses in a radial eight-pole magnetic bearing: Part 2-Analytical/empirical. Journal of Engineering for Gas Turbines & Power, 1998, 120(1): 110-114.

[71] Bertotti G. General properties of power losses in soft ferromagnetic materials. IEEE Transactions on Magnetics, 1988, 24(1): 621-630.

# 第 11 章

# 飞 轮 技 术

飞轮是飞轮储能系统中主要的储能元件，飞轮在高速旋转时才能达到更高的储能密度。选择合适的飞轮体材料和结构形状可以提高飞轮的储能能力和可靠性。目前，飞轮材料主要有金属材料和复合材料两种。金属材料的设计加工工艺比较成熟。复合材料具有强度高、密度小的特点，能够达到更高的储能密度，但是复合材料制作工艺较复杂。

本章主要介绍飞轮设计技术以及飞轮研究的国内外现状，介绍金属材料和复合材料飞轮的主要结构构型，分析金属飞轮、单层圆环复合材料飞轮和多层圆环复合材料飞轮的弹性力学问题，最后给出 500kW/50kW·h 大储能量飞轮储能单机的飞轮设计案例。

## 11.1    主要技术指标及研究现状

### 11.1.1    主要技术指标

飞轮是飞轮储能系统中的主要储能载体，它以动能的形式将电能存储起来。飞轮高速旋转时的动能就是飞轮储能系统所存储的能量，飞轮体总储能量的计算方式可见第 10 章式 (10-1)，飞轮的动能与其转速的平方成正比，与飞轮的转动惯量成正比，可以通过增加飞轮体的转动惯量和提高飞轮体的转速来增加飞轮的储能量。

对于匀质材料制作的飞轮，假设飞轮的轴向厚度 $h$ 仅是半径 $r$ 的函数，飞轮的质量 $m$ 和转动惯量 $J$ 可分别表示为

$$m = 2\pi\rho\int_{r_i}^{r_o} h(r)r\mathrm{d}r \tag{11-1}$$

$$J = 2\pi\rho\int_{r_i}^{r_o} h(r)r^3\mathrm{d}r \tag{11-2}$$

式中，$\rho$ 为飞轮的材料密度；$r_i$、$r_o$ 分别为飞轮体的内外径。

飞轮的储能密度 (energy storage density，ESD) 是指飞轮单位质量所储存的能量。储能密度是衡量高速储能飞轮设计的一个重要指标。由式 (10-1)、式 (11-1) 和式 (11-2) 可得均质材料飞轮的储能密度关系式为

$$\mathrm{ESD} = \frac{E}{m} = \frac{1}{2}\frac{J}{m}\omega^2 = \frac{1}{2}\frac{\int_{r_i}^{r_o} h(r)r^3\mathrm{d}r}{\int_{r_i}^{r_o} h(r)r\mathrm{d}r}\omega^2 = \frac{1}{2}R^2\omega^2 \tag{11-3}$$

式中，$R$ 为飞轮的有效回转半径。

由式(11-3)可以看出，增加飞轮的有效回转半径 $R$、提高飞轮的转速 $\omega$ 都能增加飞轮的储能密度。飞轮随转速升高，其离心载荷产生的飞轮内部应力逐渐增大，为保证结构的完整性，飞轮内部的应力不可超过飞轮材料的强度，因此飞轮的最高转速受到材料许用应力的制约，频繁充放电运行还需要考虑飞轮材料的疲劳强度特性。

在设计飞轮转子时，在满足储能容量需求的前提下，设计的飞轮体积要紧凑，质量要轻，造价要低。因此，飞轮的储能性能还可以通过以下三个指标进行衡量。

质量储能密度：

$$e_{\mathrm{m}} = \frac{e}{m} = K_{\mathrm{s}} \frac{[\sigma]}{\rho} \tag{11-4}$$

体积储能密度：

$$e_{\mathrm{v}} = \frac{e}{V} = K_{\mathrm{s}}[\sigma] \tag{11-5}$$

成本储能密度(性价比)：

$$e_{\mathrm{c}} = \frac{e}{C} = K_{\mathrm{s}} \frac{[\sigma]}{c\rho} \tag{11-6}$$

式中，$m$、$V$ 分别为飞轮质量和体积；$K_{\mathrm{s}}$ 为飞轮的形状系数，由飞轮材料、结构形状及应力分布决定，$K_{\mathrm{s}} \leqslant 1$；$[\sigma]$ 为材料的许用应力；$\rho$ 为材料密度；$C$、$c$ 分别为飞轮成本和单位质量价格。

飞轮的储能密度通常指的是飞轮的质量储能密度。

通过对飞轮的结构形状进行设计优化，可以提高飞轮的形状系数，进一步改善飞轮内部应力分布的状况，从而提高飞轮的转速。飞轮的形状主要有单环圆柱形、多环圆柱形、纺锤形、伞形、实心圆盘、带式变惯量与轮辐形等。金属材料设计加工技术成熟，其制作的飞轮结构形状灵活多样。复合材料飞轮由于其缠绕加工工艺的复杂性，往往制成圆环状飞轮[1]。

材料的强度作为储能容量的重要限制因素，在较长一段时间内限制着飞轮储能技术的应用与发展。随着各种高强度纤维材料的问世与发展，飞轮体的储能密度极限得以突破，飞轮储能的优势逐渐发挥出来。

### 11.1.2　飞轮技术研究现状

#### 1. 金属材料飞轮

Gondhalekar 等[2]采用了伞状飞轮结构，这种结构节省材料、转动惯量大、电机安装位置合理，结构紧凑，提高了系统稳定性。Moosavi-Rad[3]研制了一种带式可变惯量飞轮，用于电动巴士停走运行时的动能回收，实现节能和平稳运行的目的。Lautenschlager 等[4]采用基于平面应力理论，以最小应力和储能量最大为设计目标，研究了变厚度金属材料飞轮多目标优化设计问题。Arslan[5]基于有限元法，研究和比较了 6 种不同截面形状的金属材料飞轮的储能性能。赵宇兰等[6]选择了一种阶梯变截面近似等应力转子金属材料飞轮，并且采用电机和飞轮体一体化的外转子结构，在获得更高储能密度的同时，飞轮储能系统结构紧凑性更好，外转子电机飞轮系统结构一般如图 11-1 所示。任正义等[7]对三种不同形式的空心铝合金飞轮转子模型进行有限元分析，并根据空心飞轮转子在 15000r/min 的极限转速下的应力、变形分布情况对曲线轮辐飞轮进行了优化。兰晨等[8]在空间应力状态假设的基础上，对两种变厚度空心铝合金飞轮进行有限元分析，得出了轮缘高度对两种飞轮径向、环向和轴向最大应力及最大变形量的影响规律。

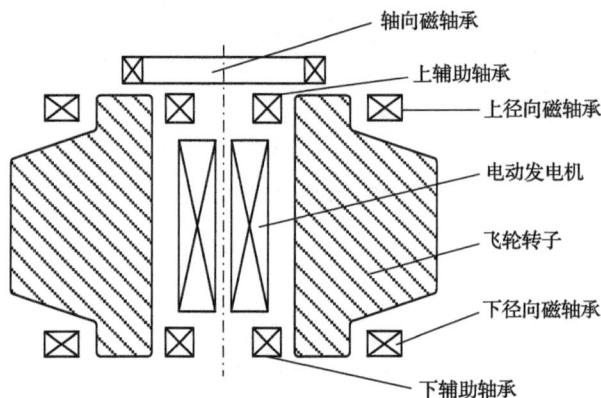

图 11-1　外转子电机飞轮系统结构分布图

### 2. 复合材料飞轮

Higgins 等[9]研制的碳纤维-环氧树脂复合材料飞轮转子成功储能 20kW·h，最高转速达到 46345r/min。Hockney 等[10]主要致力于纺锤形飞轮的开发，其形状系数接近或等于 1，设计的 19kg 的玻璃纤维复合材料飞轮储能量达到了 1kW·h。Thelen 等[11]研制了额定功率为 2MW、储能容量为 100kW·h 的飞轮储能系统，飞轮体材料选用石墨复合材料，最高转速达到 15000r/min，能量密度为 11.67W·h/kg，飞轮系统如图 11-2 所示。Strasik 等[12]设计的复合材料飞轮采用环向缠绕三层圆环结构，并根据每一层不同的应力状态选择不同规格的碳纤维，使得飞轮的整体强度和材料利用率都得到了提高。Ha 等[13]以储能密度为优化目标，基于平面应变理论设计了多层复合材料层间过盈量和纤维缠绕角，指出优化层间过盈量要比优化纤维缠绕角更能提高飞轮的储能性能。Arvin 等[14]利用模拟退火法对复合材料飞轮进行结构优化，通过改变飞轮的层数来优化飞轮储能系统的储能密度。结果表明，在满足复合材料强度要求的前提下，增加复合材料圆环的个数可以提高飞轮储能系统的储能密度。

国内学者对飞轮体的设计也做了一些研究。清华大学李文超等[15]对比分析了单层和多层复合材料飞轮，指出多层复合材料飞轮可使转子的环向应力分布更均匀，径向应力有效减小，可获得比单层结构更高的边缘速度和储能密度。白越等[16]设计了金属轮毂的复合材料飞轮，金属轮毂和复合材料采用胶接的方式，研究了转子轮缘内径与外径比值

图 11-2 2MW/100kW·h 飞轮储能系统[11]

和储能密度的影响关系，并测试了 20000r/min 转速内飞轮的径向位移。戴兴建团队[17]针对高速复合材料飞轮径向强度低、易脱层的问题，将传统的多层层间混杂飞轮发展为多层层内混杂飞轮，旋转变形测试结果表明混杂设计方法灵活可行。北京航空航天大学汤继强等[18]设计了一种金属轮毂和 3 个复合材料圆环过盈装配的飞轮体结构，以复合材料圆环的厚度和环间过盈量为优化变量，以储能量为优化目标对转子进行优化，优化后转子极限转速从 50000r/min 提高到 57797r/min，储能量提高了 34.5%。

## 11.2 飞轮材料与结构设计

飞轮转子的设计主要考虑三个方面：飞轮的材料选择、飞轮的结构型式以及飞轮自身的强度状态。

飞轮高速旋转时会受到离心力的影响，离心力造成飞轮转子内部应力增大，材料的许用应力限制了飞轮转速不能无限制地升高，飞轮的结构型式显著影响转子的内部应力分布与转动惯量。因此，为了提高飞轮储能系统的储能能力，获得较大的能量储存和较高的储能密度，需要采用合适的转子材料与合理的转子结构[19]。

### 11.2.1 材料选择

由式(11-5)可知，储能密度受到飞轮转子比强度（材料强度与密度之比 $\sigma/\rho$）的限制，其中许用应力和密度都和飞轮使用的材料有关，想要获得较大的储能量和较高的储能密度，就需要选择比强度较高的材料来制作飞轮体。

飞轮体的材料主要有高强铝合金、钛合金、高强度合金钢等金属材料以及碳纤维和玻璃纤维等复合材料。常用的飞轮体材料的最大理论储能密度如表 11-1 所示。工程设计要充分考虑飞轮尺寸对材料力学性能的影响，考虑材料性能的微观不确定，选取合理的安全系数，并有可信的检验或试验方法。

表 11-1　等应力圆盘飞轮材料性能及储能密度（$K_s=1$）

| 材料 | 强度/GPa | 密度/(kg/m³) | 材料许用系数 $K_m$ | 最大理论储能密度/(W·h/kg) |
|---|---|---|---|---|
| 高强铝合金 | 0.6 | 2850 | 0.9 | 52.6 |
| 马氏体时效钢 | 2.4 | 7850 | 0.9 | 76.4 |
| 玻璃纤维/树脂 | 1.8 | 2150 | 0.6 | 140.0 |
| T700 纤维/树脂 | 2.1 | 1650 | 0.6 | 212.0 |
| T1000 纤维/树脂 | 4.2 | 1650 | 0.6 | 424.0 |

复合材料是由纤维和基体组成的结构材料，具有比强度高、比刚度高、可设计性强、使用寿命长、安全性能好等诸多优点，因而成为制作储能飞轮的首选材料。碳纤维沿着纤维方向有很高的强度和模量，不仅密度小、质量轻、耐高温、耐腐蚀，还具有纤维材料柔软的可加工性。玻璃纤维具有抗拉强度高、弹性系数高、密度低和耐热性高等特点；同时，玻璃纤维具有与树脂的接着性良好、不易燃、耐腐蚀性好、价格低廉等优点。由于纤维材料相互之间没有黏结力，飞轮体高速旋转时，径向应力会使纤维材料分散，无法承受过大的回转应力。因而需要选用一种性能稳定、强度高的黏结剂来固定纤维材料。环氧树脂具有密度小、固化方便、力学性能较好等特点，因此可作为纤维材料缠绕制成复合材料飞轮的黏结剂。

飞轮材料的选择不仅取决于储能密度，还要考虑飞轮价格、质量、体积、转速和储能量等其他约束性条件。与复合材料相比，金属材料飞轮成本低，加工方便，技术成熟，尽管金属材料的强度不如复合材料，达不到复合材料飞轮的极限转速，但是金属密度大，它主要依靠大质量、大转动惯量来进行能量的存储。金属材料飞轮可以用在对质量和体积无严格限制、转速不是很高的应用场景。高速飞轮用高强度金属材料的材料特性见表 11-2，除屈服强度外，针对高频次充放电的飞轮循环变化应力场景，还必须考虑材料的疲劳强度和材料的疲劳损伤演化以及损伤容限。

表 11-2　高强度金属材料的材料特性

| 合金种类 | 屈服强度/MPa | 典型材料牌号 |
|---|---|---|
| 高强钢合金 | 800～900 | 35CrMoA<br>42CrMoA |
| 超强钢合金 | 1200～1600 | 30CrMnSiNi2A<br>35Si2Mn2MoVA |
| 马氏体时效钢 | 2400 | Ni18Co12Mo4Ti2 |
| 钛合金 | 500 | Ti-8V6Cr4Mo3Al4Zr |
| 高强铝合金 | 450 | 7050/T651 |

### 11.2.2　结构设计

飞轮的最大转速,除了与选择的材料性能有关,飞轮体结构形状的影响也十分显著。不同的飞轮结构对质量分布、转动惯量、结构应力和储能密度等都产生了重要影响。在质量一定的情况下,尽量将材料布置在距转轴中心较远的位置,可以有效提高单位质量飞轮转子的储能密度。但是,需要考虑在设定转速下转子受到的离心载荷。因此,材料越远离转轴中心,转轴中心处受到的离心应力就越大。设计飞轮结构时,需要在保证飞轮转子运行稳定的前提下,让飞轮的径向质量分布尽可能地远离轴心[20]。

常见的飞轮截面形状包括矩形、菱形和椭圆形等多种形状。Horner 等[21]根据飞轮转子的形状结构,提出了飞轮形状和储能密度的关系系数 $K_s$(形状系数),$K_s$ 数值越大说明达到的储能密度越大。表 11-3 给出了常见的飞轮截面形状以及形状系数。

表 11-3　不同形状飞轮的形状系数

| 名称 | 飞轮截面形状 | 形状系数 $K_s$ |
|---|---|---|
| 等应力圆盘 | | 1.000 |
| 圆锥断面圆盘 | | 0.806 |
| 等厚度圆盘 | | 0.606 |
| 薄壁圆环 | | 0.500 |
| 空心圆盘 | | 0.400 |
| 带腹板轮缘 | | 0.305 |

#### 1. 金属材料飞轮结构设计

金属材料制成的实心圆盘的最大应力小于空心圆盘,有利于提高飞轮的转速。因此,设计金属材料飞轮时往往要优先考虑实心圆盘结构。等厚度的实心圆盘应力分量随着半径的增加而逐渐减小,飞轮外侧的材料性能没有得到充分利用,因而考虑沿着圆盘中心向飞轮外缘,飞轮厚度逐渐减小,做成变厚度圆盘结构。对转动惯量和半径确定的转子进行变厚度设计,可以得到与等厚度结构相比质量更小的转子结构,进而提高系统储能密度。图 11-3 为常见的 4 种金属材料飞轮截面设计。

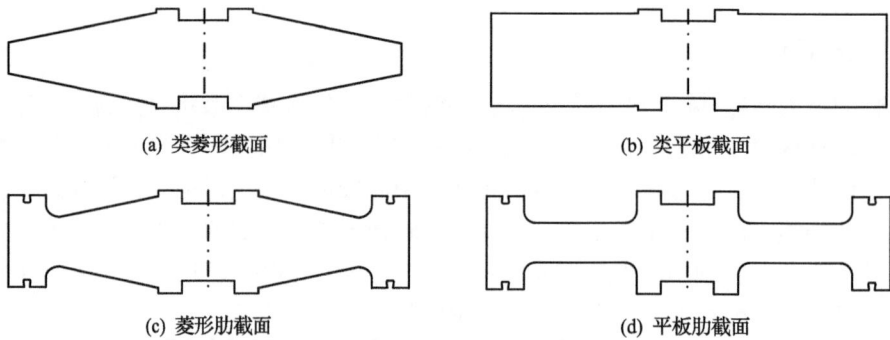

(a) 类菱形截面           (b) 类平板截面

(c) 菱形肋截面           (d) 平板肋截面

图 11-3    4 种金属材料飞轮截面设计[22]

### 2. 纤维增强复合材料飞轮结构设计

#### 1) 单层环向缠绕成型结构

缠绕成型工艺是将浸过树脂胶液的连续纤维(或布带、预浸纱)按照一定规律缠绕到芯模上,经固化、脱模,获得制品。针对复合材料飞轮转子,将一定材料比例的连续碳纤维缠绕成型,制作时纤维通过胶槽以一定的速度并在一定的张力下缠绕在芯模上,然后加热固化制成,由于飞轮主要承受由高速旋转引起的离心力,因而纤维按旋转方向(环向)排列。根据纤维缠绕成型时树脂基体的物理化学状态不同,分为干法缠绕、湿法缠绕和半干法缠绕三种。

干法缠绕:采用经过预浸胶处理的预浸纱或带,在缠绕机上经加热软化至黏流态后缠绕到芯模上。此法能严格控制树脂含量(精确到 2%以内)和预浸纱质量,因此干法缠绕能够准确地控制产品质量。最大的特点是生产效率高,缠绕速度可达 100～200m/min;缠绕机清洁,劳动卫生条件好,产品质量高。其缺点是缠绕设备贵,需要增加预浸纱制造设备,故投资较大。此外,干法缠绕制品的层间剪切强度较低。

湿法缠绕:将纤维集束(纱式带)浸胶后,在张力控制下直接缠绕到芯模上。优点为:成本比干法缠绕低 40%;产品气密性好,因为缠绕张力使多余的树脂胶液将气泡挤出,并填满空隙;纤维排列平行度好;湿法缠绕时,纤维上的树脂胶液可减少纤维磨损;生产效率高达 200m/min。湿法缠绕的缺点为:树脂浪费大,操作环境差;含胶量及成品质量不易控制;可供湿法缠绕的树脂品种较少。

半干法缠绕:纤维浸胶后,到缠绕至芯模的途中,增加一套烘干设备,将浸胶纱中的溶剂除去,与干法相比,省却了预浸胶工序和设备;与湿法相比,可使制品中的气泡含量降低。

分层缠绕、多次固化可以提高飞轮的径向强度、改善飞轮的均匀性、降低飞轮的原始失衡量。

#### 2) 正交铺层层压成型结构

正交铺层层压成型法是分别预先制成纤维沿旋转方向排列的周向铺层和纤维沿半径方向排列的径向铺层,然后以相对于轴向中面对称的规律顺序将它们铺放在模具中,最后通过加压固化制成。用层压法制作飞轮转子的优点是:工序简单,尺寸稳定,结构较为致密；此外，还可充分利用复合材料层压结构的特点，通过改变各铺层结构尺寸，来调节飞轮转子的各向力学性能。铺层方式如图 11-4 所示。

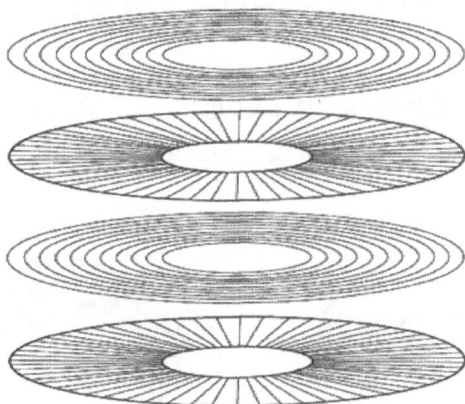

图 11-4  正交铺层层压铺层方式[23]

3) 多薄层过盈套装成型结构

单层环向缠绕的复合材料飞轮转子往往因径向强度低而产生层内径向拉裂。采用复合材料多环缠绕装配、优化配比和过盈量可以有效协调径向变形，提高转子径向强度，从而提高转子转速及储能量。

多薄层过盈套装成型先通过纤维缠绕成型工艺，绕制固化多个薄层圆柱体，每个圆柱体按照预先设定的纤维角度和宽度缠绕，与周向缠绕工艺相似，只是纤维角度可以改变，允许与轴线成一定角度排列，然后过盈套装，如图 11-5 所示。不同种类的纤维增强复合材料弹性模量由内层向外层逐次增大，在相同离心载荷作用下，形成内部压向外部

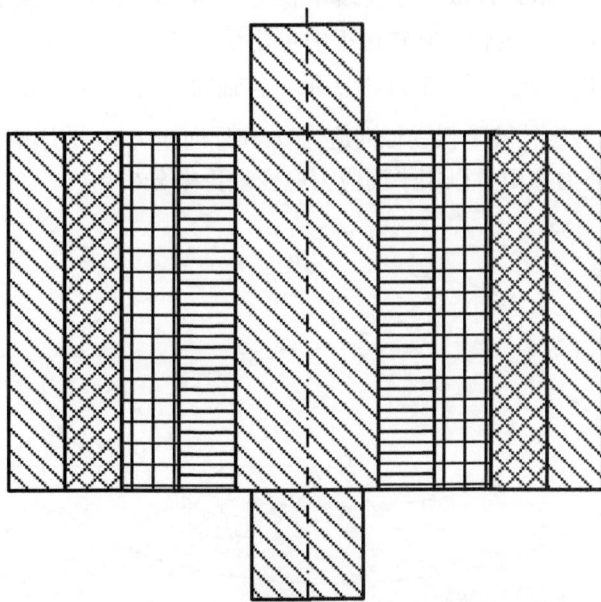

图 11-5  多薄层过盈套装复合材料飞轮

的作用力效果，抵消了部分层间径向应力。

此种飞轮结构的优点在于：通过改变各层中纤维排列角度和各层间过盈配合量，可调节飞轮转子的应力水平，从而有可能获得较优的结构参数，提高飞轮转子的储能水平。

4) 机织织构成型结构

复合材料飞轮一种新的制造方式是采用纺织工艺，在环向分布主要纤维的同时，在径向织构一定数量的纤维来强化径向强度，如图 11-6 所示。

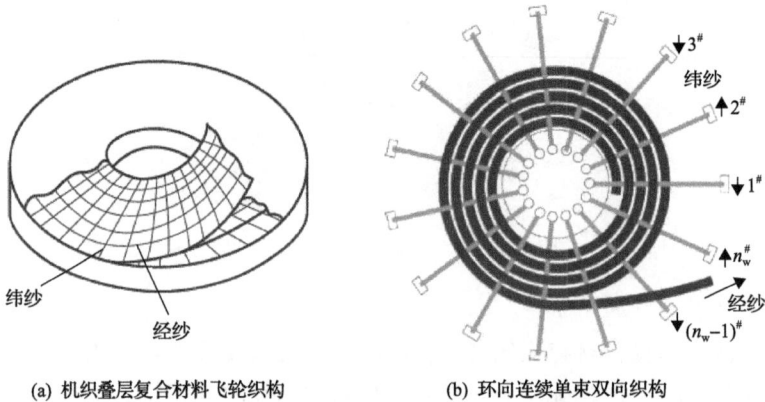

(a) 机织叠层复合材料飞轮织构    (b) 环向连续单束双向织构

图 11-6　纤维纺织织构强化复合材料飞轮[23]

### 11.2.3　应力分析

1. 金属飞轮应力分析

金属材料飞轮体一般设计成等厚度圆环形或者实心圆盘形，实心圆盘形可以看作圆环形飞轮的一个特例[24]。飞轮体旋转过程中主要受到三个方向的应力，即径向应力 $\sigma_r$、环向应力 $\sigma_\theta$ 和轴向应力 $\sigma_\phi$，如图 11-7 所示，且轴向应力 $\sigma_\phi$ 要远小于径向应力 $\sigma_r$ 和环向应力 $\sigma_\theta$，可以认为飞轮转子仅受径向应力 $\sigma_r$ 和环向应力 $\sigma_\theta$ 的影响。因此，飞轮高速旋转时所受到的离心力作用可以用平面应力应变理论来分析。

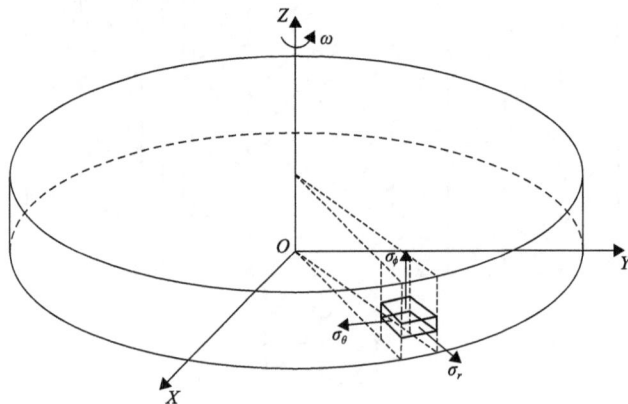

图 11-7　飞轮体圆盘旋转应力状态

等厚度圆环形飞轮，飞轮厚度 $h$ 为常数，根据平面应力应变法可得到径向位移 $u$ 的二阶线性常微分方程：

$$\frac{\mathrm{d}^2 u}{\mathrm{d}r^2} + \frac{1}{r}\frac{\mathrm{d}u}{\mathrm{d}r} - \frac{u}{r^2} = -\frac{1-\nu^2}{E}\rho\omega^2 r \tag{11-7}$$

式中，$r$ 为应力分析点到圆心的距离(半径)；$\nu$ 为飞轮体材料泊松比。

式(11-7)的通解为

$$u = \frac{1-\nu^2}{E}\left(C_1 r + C_2\frac{1}{r} - \frac{1}{8}\rho\omega^2 r^3\right) \tag{11-8}$$

得到径向应力和环向应力分布的表达式为

$$\begin{cases} \sigma_r = (1+\nu)C_1 - (1-\nu)C_2\frac{1}{r^2} - \frac{3+\nu}{8}\rho\omega^2 r^2 \\ \sigma_\theta = (1+\nu)C_1 - (1-\nu)C_2\frac{1}{r^2} - \frac{1+3\nu}{8}\rho\omega^2 r^2 \end{cases} \tag{11-9}$$

式中，积分常数 $C_1$、$C_2$ 由边界条件确定。考虑到等厚度圆环在无约束条件下，圆环内外半径处的应力 $\sigma$ 为零，仅受到离心力作用，因此等厚度圆盘的应力分布表达式为

$$\begin{cases} \sigma_r = \frac{3+\nu}{8}\rho\omega^2\left(a^2 + b^2 - \frac{a^2 b^2}{r^2} - r^2\right) \\ \sigma_\theta = \frac{3+\nu}{8}\rho\omega^2\left(a^2 + b^2 - \frac{a^2 b^2}{r^2} - \frac{1+3\nu}{3+\nu}r^2\right) \end{cases}, \quad a \leqslant r \leqslant b \tag{11-10}$$

式中，$\sigma_r$、$\sigma_\theta$ 分别为飞轮体的径向应力和环向应力；$a$、$b$ 分别为飞轮体内外半径；$\rho$ 为飞轮体材料密度；$\omega$ 为飞轮体旋转角速度。

最大径向应力发生在 $r = \sqrt{ab}$ 处：

$$\sigma_{r\max} = \frac{3+\nu}{8}\rho\omega^2(b-a)^2 \tag{11-11}$$

最大环向应力发生在 $r = a$ 处：

$$\sigma_{\theta\max} = \frac{3+\nu}{4}\rho\omega^2\left(b^2 + \frac{1-\nu}{3+\nu}a^2\right) \tag{11-12}$$

通过式(11-11)和式(11-12)可知，$\sigma_{\theta\max} > \sigma_{r\max}$，等厚度圆环形飞轮内部的最大应力为环向应力 $\sigma_{\theta\max}$，依据应力破坏准则，设计时需要满足

$$\sigma_{\theta\max} \leqslant [\sigma] \tag{11-13}$$

式中，$[\sigma]$ 为材料的许用应力；对于塑性材料 $[\sigma] = \sigma_s$ (屈服强度)$/S$(安全系数)，飞轮作

为非标准的机械零部件，其许用应力$[\sigma]$与安全系数 $S$ 常需要设计者根据飞轮服役特点选取。飞轮需要频繁充放电时，飞轮承受周期变载荷，安全系数的选择需要考虑材料的疲劳次数以及疲劳极限；飞轮长时保持高速待机时，飞轮可近似看作承受静载荷，安全系数的选择需考虑材料的屈服极限。考虑到飞轮储能实际运转的工况，通过部分系数法按抗疲劳断裂计算粗略选取安全系数 $S=1.5\sim3.0$。目前，安全系数的选取主要基于理论，缺乏规范的验证，后续应该在此方面开展更为深入持续的研究，特别是考虑飞轮放电深度的材料以及飞轮疲劳实验数据。

实心圆盘形飞轮可以看作等厚度圆环形飞轮的特殊情况，因此不难得出半径为 $r_o$ 的等厚度实心圆盘的应力分布为

$$\begin{cases} \sigma_r = \dfrac{3+\nu}{8}\rho\omega^2\left(r_o^2 - r^2\right) \\[2mm] \sigma_\theta = \dfrac{3+\nu}{8}\rho\omega^2\left(r_o^2 - \dfrac{1+3\nu}{3+\nu}r^2\right) \end{cases} \tag{11-14}$$

最大应力发生在 $r=0$ 处：

$$\sigma_{r\max} = \sigma_{\theta\max} = \frac{3+\nu}{8}\rho\omega^2 r_o^2 \tag{11-15}$$

最小应力发生在 $r=r_o$ 处：

$$\sigma_{r\min} = 0, \quad \sigma_{\theta\min} = \frac{1-\nu}{4}\rho\omega^2 r_o^2 \tag{11-16}$$

通过式(11-15)和式(11-16)可知，等厚度圆盘形飞轮体在轮心位置的应力最大，在轮缘位置的应力最小，依据最大应力破坏准则，设计时需满足

$$\sigma_{r\max} = \sigma_{\theta\max} \leqslant [\sigma] \tag{11-17}$$

## 2. 复合材料飞轮应力分析

复合材料缠绕加工工艺复杂，不易制作复杂形状的飞轮。且考虑到复合材料纤维方向强度更高的特点，纤维增强复合材料多采用湿法缠绕制成。环向缠绕制成的复合材料厚圆环飞轮，包含了单层圆环形飞轮和多层圆环形飞轮。单层圆环形飞轮是由单一材料制成环向缠绕环，多层圆环形飞轮由一组环向缠绕的单层圆环组成，各环之间采用过盈装配，结构如图 11-8 所示。

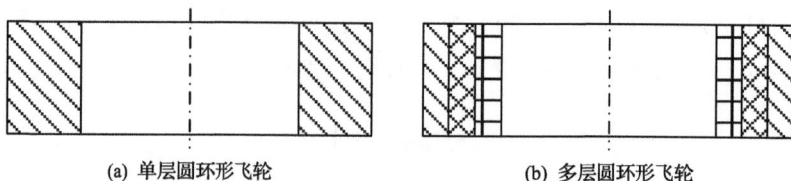

(a) 单层圆环形飞轮　　　　　　　　(b) 多层圆环形飞轮

图 11-8　复合材料飞轮转子结构

1) 单层圆环形飞轮

复合材料等厚度圆环形飞轮在高速旋转时，主要承受离心力作用。飞轮采用轴对称缠绕工艺，可近似认为是平面轴对称问题，如图 11-9 所示。

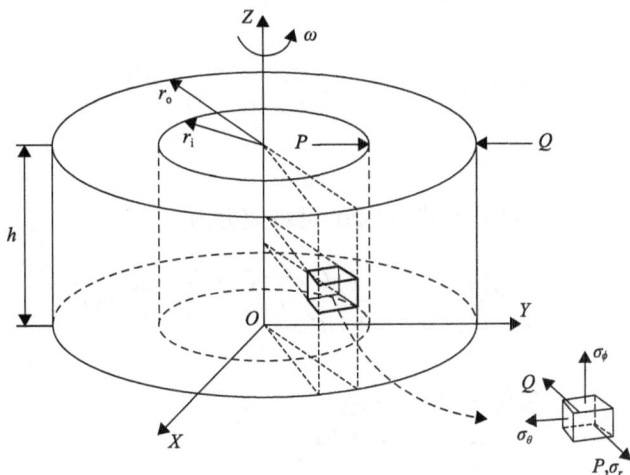

图 11-9　等厚度圆环形飞轮旋转应力状态

将飞轮厚度 $h$ 视为常量，得到等厚形飞轮的平衡方程为

$$\frac{\mathrm{d}\sigma_r}{\mathrm{d}r} + \frac{\sigma_r - \sigma_\theta}{r} + \rho\omega^2 r = 0 \tag{11-18}$$

几何方程式为

$$\begin{cases} \varepsilon_r = \dfrac{\mathrm{d}u}{\mathrm{d}r} \\[2mm] \varepsilon_\theta = \dfrac{u}{r} \end{cases} \tag{11-19}$$

式中，$\varepsilon_\theta$ 为环向应变；$\varepsilon_r$ 为径向应变；$u$ 为径向位移。

本构方程为

$$\begin{cases} \sigma_r = \dfrac{E_\theta}{\lambda^2 - \mu_{\theta r}^2}(\varepsilon_r + \mu_{\theta r}\varepsilon_\theta) \\[3mm] \sigma_\theta = \dfrac{E_\theta}{\lambda^2 - \mu_{\theta r}^2}\left(\lambda^2 \varepsilon_\theta + \mu_{\theta r}\varepsilon_r\right) \end{cases} \tag{11-20}$$

式中，$\lambda = \sqrt{\dfrac{E_\theta}{E_r}}$，$E_r$ 为径（横）向弹性模量；$E_\theta$ 为环（纵）向弹性模量；$\mu_{\theta r}$ 为纵向-横向泊松比。

将式(11-19)、式(11-20)代入式(11-18)得到位移欧拉方程：

$$\frac{\mathrm{d}^2 u}{\mathrm{d}r^2} + \frac{1}{r}\frac{\mathrm{d}u}{\mathrm{d}r} - \lambda^2 \frac{u}{r^2} + \frac{\lambda^2 - \mu_{\theta r}^2}{E_\theta}\rho\omega^2 r = 0 \tag{11-21}$$

求解欧拉方程(11-21)，可得位移

$$u = C_1 r^\lambda + C_2 r^{-\lambda} - \frac{\lambda^2 - \mu_{\theta r}^2}{E_\theta\left(9 - \lambda^2\right)}\rho\omega^2 r^3 \tag{11-22}$$

式中，$C_1$、$C_2$ 为积分常量。

将式(11-22)代入式(11-19)及式(11-20)可得应力为

$$\sigma_r = \frac{E_\theta C_1}{\lambda - \mu_{\theta r}} r^{\lambda-1} - \frac{E_\theta C_2}{\lambda + \mu_{\theta r}} r^{-\lambda-1} - \frac{3 + \mu_{\theta r}}{9 - \lambda^2}\rho\omega^2 r^2 \tag{11-23}$$

$$\sigma_\theta = \frac{E_\theta C_1 \lambda}{\lambda - \mu_{\theta r}} r^{\lambda-1} + \frac{E_\theta C_2 \lambda}{\lambda + \mu_{\theta r}} r^{-\lambda-1} - \frac{\lambda^2 + 3\mu_{\theta r}}{9 - \lambda^2}\rho\omega^2 r^2 \tag{11-24}$$

若飞轮内径 $r_i$ 和外径 $r_o$ 处分别受压力 $P$ 和 $Q$ 的作用，则可确定飞轮应力和位移的表达式为

$$\begin{aligned}\sigma_r = {} & \frac{Pr_i^{\lambda+1} - Qr_o^{\lambda+1}}{r_o^{2\lambda} - r_i^{2\lambda}} r^{\lambda-1} + \frac{Pr_i^{1-\lambda} - Qr_o^{1-\lambda}}{r_o^{-2\lambda} - r_i^{-2\lambda}} r^{-\lambda-1} \\ & + \left(\frac{r_o^{3+\lambda} - r_i^{3+\lambda}}{r_o^{2\lambda} - r_i^{2\lambda}} r^{\lambda-1} + \frac{r_o^{3-\lambda} - r_i^{3-\lambda}}{r_o^{-2\lambda} - r_i^{-2\lambda}} r^{-\lambda-1} - r^2\right)\frac{3 + \mu_{\theta r}}{9 - \lambda^2}\rho\omega^2\end{aligned} \tag{11-25}$$

$$\begin{aligned}\sigma_\theta = {} & \frac{Pr_i^{1+\lambda} - Qr_o^{1+\lambda}}{r_o^{2\lambda} - r_i^{2\lambda}} \lambda r^{\lambda-1} - \frac{Pr_i^{1-\lambda} - Qr_o^{1-\lambda}}{r_o^{-2\lambda} - r_i^{-2\lambda}} \lambda r^{-\lambda-1} \\ & + \left(\lambda\frac{r_o^{3+\lambda} - r_i^{3+\lambda}}{r_o^{2\lambda} - r_i^{2\lambda}} r^{\lambda-1} - \lambda\frac{r_o^{3-\lambda} - r_i^{3-\lambda}}{r_o^{-2\lambda} - r_i^{-2\lambda}} r^{-\lambda-1} - \frac{\lambda^2 + 3\mu_{\theta r}}{3 + \mu_{\theta r}} r^2\right)\frac{3 + \mu_{\theta r}}{9 - \lambda^2}\rho\omega^2\end{aligned} \tag{11-26}$$

$$\begin{aligned}u = {} & \frac{\lambda - \mu_{\theta r}}{E_\theta}\frac{Pr_i^{1+\lambda} - Qr_o^{1+\lambda}}{r_o^{2\lambda} - r_i^{2\lambda}} r^\lambda - \frac{\lambda + \mu_{\theta r}}{E_\theta}\frac{Pr_i^{1-\lambda} - Qr_o^{1-\lambda}}{r_o^{-2\lambda} - r_i^{-2\lambda}} r^{-\lambda} \\ & + \left[(\lambda - \mu_{\theta r})\frac{r_o^{3+\lambda} - r_i^{3+\lambda}}{r_o^{2\lambda} - r_i^{2\lambda}} r^\lambda - (\lambda + \mu_{\theta r})\frac{r_o^{3-\lambda} - r_i^{3-\lambda}}{r_o^{-2\lambda} - r_i^{-2\lambda}} r^{-\lambda} - \frac{\lambda^2 - \mu_{\theta r}^2}{3 + \mu_{\theta r}} r^3\right]\frac{3 + \mu_{\theta r}}{E_\theta\left(9 - \lambda^2\right)}\rho\omega^2\end{aligned}$$

$$\tag{11-27}$$

从式(11-25)~式(11-27)可以看出，复合材料飞轮圆环的应力或者位移由两部分叠加而成，一部分是内压 $P$、外压 $Q$ 产生的结果，另一部分是离心力产生的结果[25]。

2) 多层圆环形飞轮

环向缠绕的单层复合材料圆环存在径向强度低而拉裂的问题。通过多环过盈装配的

方式能在环与环之间产生一定的预应力，从而在飞轮旋转时抵消一部分离心力，从而有效提高了飞轮的径向强度，提高飞轮转速以及储能能力。图 11-10 是 $k$ 层圆环与 $k+1$ 层圆环的装配过程。

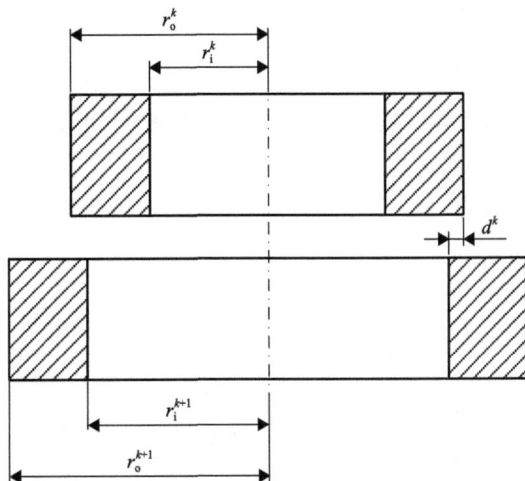

图 11-10　多层复合材料飞轮装配示意图

对多层复合材料飞轮的第 $k$ 个圆环，其相关的参数用上标 $k$ 表示。利用式 (11-22)，将第 $k$ 个圆环的内外径 $r_i^k$、$r_o^k$ 处的位移 $u_i^k$、$u_o^k$ 写成向量的形式：

$$u^k = \varphi^k C^k + u_\omega^k \tag{11-28}$$

式中，$u^k = \begin{bmatrix} u_i^k \\ u_o^k \end{bmatrix}$；$\varphi^k = \begin{bmatrix} \left(r_i^k\right)^{\lambda^k} & \left(r_i^k\right)^{-\lambda^k} \\ \left(r_o^k\right)^{\lambda^k} & \left(r_o^k\right)^{-\lambda^k} \end{bmatrix}$；$C^k = \begin{bmatrix} C_1^k \\ C_2^k \end{bmatrix}$；$u_\omega^k = -\dfrac{\left(\lambda^k\right)^2 - \left(\mu_{\theta r}^k\right)^2}{\left[9 - \left(\lambda^k\right)^2\right]E_\theta^k}\rho^k\omega^2\begin{bmatrix} \left(r_i^k\right)^3 \\ \left(r_o^k\right)^3 \end{bmatrix}$。

同理，利用式 (11-23) 将第 $k$ 个圆环内外径 $r_i^k$、$r_o^k$ 处的径向应力 $\sigma_i^k$、$\sigma_o^k$ 也写成向量的形式：

$$f_b^k = I\varphi^k\Phi^k C^k - f_\omega^k \tag{11-29}$$

式中，$f_b^k = \begin{bmatrix} -r_i^k\sigma_i^k \\ r_o^k\sigma_o^k \end{bmatrix}$；$I = \begin{bmatrix} -1 & 0 \\ 0 & 1 \end{bmatrix}$；$\Phi^k = \begin{bmatrix} \dfrac{E_\theta^k}{\lambda^k - \mu_{\theta r}^k} & 0 \\ 0 & -\dfrac{E_\theta^k}{\lambda^k + \mu_{\theta r}^k} \end{bmatrix}$；$f_\omega^k =$

$\dfrac{3 + \mu_{\theta r}^k}{9 - \left(\lambda^k\right)^2}\rho^k\omega^2\begin{bmatrix} -\left(r_i^k\right)^3 \\ \left(r_o^k\right)^3 \end{bmatrix}$。

令 $P^k = I\varphi^k\Phi^k\left(\varphi^k\right)^{-1} = \begin{bmatrix} p_{11}^k & p_{12}^k \\ p_{21}^k & p_{22}^k \end{bmatrix}$，联立式 (11-28) 和式 (11-29)，消去积分参数 $C_1^k$、

$C_2^k$，可得到第 $k$ 个圆环的刚度方程为

$$\boldsymbol{P}^k \boldsymbol{u}^k = \boldsymbol{f}_{\mathrm{b}}^k + \boldsymbol{f}^k \qquad (11\text{-}30)$$

式中，$\boldsymbol{f}^k = \boldsymbol{f}_\omega^k + \boldsymbol{P}^k \boldsymbol{u}_\omega^k = \begin{bmatrix} f_1^k \\ f_2^k \end{bmatrix}$。

对于空心结构的飞轮，最外环的外半径处 $r_o^N$ 和最内环的内半径处 $r_i^1$ 的径向应力为零，即

$$\begin{cases} \sigma_{ri}^1 = 0 \\ \sigma_{ro}^N = 0 \end{cases} \qquad (11\text{-}31)$$

且第 $k$ 与第 $k+1$ 个圆环之间存在连续条件：

$$\begin{cases} u_i^{k+1} = u_o^k + \delta^k \\ \sigma_{ri}^{k+1} = \sigma_{ro}^k \end{cases}, \qquad k = 1, 2, \cdots, N-1 \qquad (11\text{-}32)$$

式中，$\delta^k$ 为第 $k$ 与第 $k+1$ 个圆环之间过盈量。

再令 $\boldsymbol{f}_\delta^k = \boldsymbol{P}^k \begin{bmatrix} 0 \\ \delta^k \end{bmatrix} = \begin{bmatrix} f_{\delta 1}^k \\ f_{\delta 2}^k \end{bmatrix}$，联立 $2(N-1)$ 个连续条件式（11-32），两个边界条件式（11-31）以及 $N$ 个方程式（11-30），整理可得到飞轮的总体刚度方程：

$$\boldsymbol{PU} = \boldsymbol{f} + \boldsymbol{f}_\delta \qquad (11\text{-}33)$$

式中

$$\boldsymbol{P} = \begin{bmatrix} p_{11}^1 & p_{12}^1 & 0 & 0 & \cdots & 0 & 0 & 0 & 0 \\ p_{21}^1 & p_{22}^1 + p_{11}^2 & p_{12}^2 & 0 & \cdots & 0 & 0 & 0 & 0 \\ 0 & p_{21}^2 & p_{22}^2 + p_{11}^3 & p_{12}^3 & \cdots & 0 & 0 & 0 & 0 \\ \vdots & \vdots & \vdots & \vdots & & \vdots & \vdots & \vdots & \vdots \\ 0 & 0 & 0 & 0 & \cdots & p_{21}^{(N-2)} & p_{22}^{(N-2)} + p_{11}^{(N-1)} & p_{12}^{(N-1)} & 0 \\ 0 & 0 & 0 & 0 & \cdots & 0 & p_{21}^{(N-1)} & p_{22}^{(N-1)} + p_{11}^N & p_{12}^N \\ 0 & 0 & 0 & 0 & \cdots & 0 & 0 & p_{21}^N & p_{22}^N \end{bmatrix}$$

$$\boldsymbol{U} = \begin{bmatrix} u_i^1 & u_i^2 & \cdots & u_i^N & u_o^N \end{bmatrix}^{\mathrm{T}}, \quad \boldsymbol{f} = \begin{bmatrix} f_1^1 & f_2^1 + f_1^2 & \cdots & f_2^{(N-1)} + f_1^N & f_2^N \end{bmatrix}^{\mathrm{T}}$$

$$\boldsymbol{f}_\delta = \begin{bmatrix} f_{\delta 1}^1 & f_{\delta 2}^1 + f_{\delta 2}^2 & \cdots & f_{\delta 2}^{N-2} + f_{\delta 1}^{N-1} & f_{\delta 2}^{N-1} & 0 \end{bmatrix}^{\mathrm{T}}$$

求解此 $N+1$ 维方程组，可得位移场 $\boldsymbol{U}$，由式（11-28）得到积分常量 $\boldsymbol{C}^k$，再代入式（11-23）和式（11-24），多层飞轮的应力场 $\sigma_r$、$\sigma_\theta$ 便随之确定。在环数比较多的情况下，

采用集成刚度矩阵的方法可以显著地提高计算效率[25]。

## 11.3 飞轮设计实例

本实例目标是研制出 500kW/50kW·h 大储能量的飞轮储能单机,工作转速为 3000~6600r/min,充放电循环效率在 0.85 以上。

### 11.3.1 结构型式

本实例的应用背景是大规模阵列飞轮储能设备,设备的主体都是放置在地井里,对飞轮的质量和体积无严格限制要求,因此考虑到加工工艺、装配技术和制造成本,这里可以将飞轮按照中低转速工况进行设计,工作转速为 3000~6600r/min。

结合国内外的研究现状和当前的加工制造水平,本实例的飞轮采用高强度合金钢飞轮,并考虑到轴承速度、电机转速、变流器频率等因素,最高设计转速为 6600r/min。飞轮体及转轴的结构设计如图 11-11 所示。

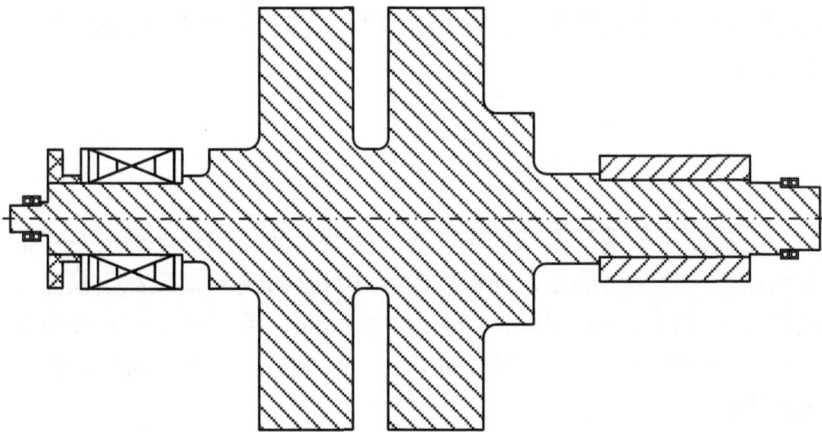

图 11-11 飞轮体及转轴的结构设计

### 11.3.2 尺寸计算

本实例拟定设计规模为 500kW/50kW·h 的金属材料飞轮转子,选用材料为 XPM 高强度合金钢,材料的力学性能为:密度 7800kg/m³,弹性模量 210GPa,泊松比 0.3,材料制作的设计屈服强度是 1000MPa。飞轮体采用等厚度双实心圆盘结构。飞轮转子的主要设计指标有工作转速 $n$、转动角速度 $\omega$、放电深度 $\alpha$ 和充放电循环效率 $\eta$。

放电深度 $\alpha$ 表示飞轮转子在减速放电时,转速范围内所能释放的电能占总储能量的百分比,可用式(11-34)表示:

$$\alpha = \frac{\omega_{\max}^2 - \omega_{\min}^2}{\omega_{\max}^2} = \frac{n_{\max}^2 - n_{\min}^2}{n_{\max}^2} = 1 - \frac{n_{\min}^2}{n_{\max}^2} \tag{11-34}$$

假设充放电循环效率 $\eta$ 取值 85%，储能系统额定可利用储能量 50kW·h，则储能量表示为

$$E = \frac{E_{额定}}{\alpha\eta} \tag{11-35}$$

对于单个半径为 $r$、高度为 $h$ 的实心圆盘形飞轮转子，转动惯量与质量为

$$J = \frac{1}{2}mr^2, \quad m = \rho\pi r^2 h \tag{11-36}$$

联立式 (10-1)、式 (11-35) 和式 (11-36) 可以得到双实心圆盘飞轮转子尺寸、最大转速与额定储能的关系，关系式如下所示：

$$E_{额定} = \frac{1}{2}\rho\pi r^4 h\omega_{max}^2 \alpha\eta \tag{11-37}$$

飞轮转子设计不仅需要满足储能量的要求，还要满足材料强度要求。本实例采用620MPa 作为许用强度，材料屈服强度为 1000MPa，具备 1.6 倍安全系数，联立式 (11-15) 和式 (11-17) 可得：

$$\sigma_{max} = \frac{3+\nu}{8}\rho\omega^2 r^2 \leqslant [\sigma] \tag{11-38}$$

在满足额定储能量和强度要求的条件下，为使飞轮体的储能密度尽可能大，所设计的飞轮体的质量应该尽可能小，飞轮体的尺寸可通过建立优化数学模型来求得。初步设定飞轮的转速范围为 3000r/min $\leqslant \omega \leqslant$ 6600r/min，考虑到壳体以及轴系设计等方面的制约，优化时需要对飞轮体的尺寸进行一定限制，这一优化问题的数学模型可描述为如下形式[26]。

目标函数： $$m_{min} = \rho\pi r^2 h \tag{11-39}$$

约束条件：
$$\begin{cases} E_{额定} = \dfrac{1}{2}\rho\pi r^4 h\omega_{max}^2 \alpha\eta \geqslant 50 \times 3.6 \times 10^6 \,\text{J} \\[2mm] \sigma_{max} = \dfrac{3+\nu}{8}\rho\omega^2 r^2 \leqslant 620 \times 10^6 \,\text{Pa} \\[2mm] 3000 \times \dfrac{\pi}{30}\,\text{rad/s} \leqslant \omega \leqslant 6600 \times \dfrac{\pi}{30}\,\text{rad/s} \\[2mm] 300\text{mm} \leqslant r \leqslant 700\text{mm} \\[2mm] 200\text{mm} \leqslant h \leqslant 400\text{mm} \end{cases} \tag{11-40}$$

上述问题是一个单目标的非线性优化问题，飞轮体半径 $r$ 和高度 $h$ 作为优化变量，转子质量作为目标函数，储能量、材料强度以及转速范围作为约束条件。针对非线性多元函数优化问题，利用 MATLAB 中的 fmincon 函数进行求解，优化后变量取整，具体参数为半径 $r$=600mm，厚度 $h$=275mm（单轮厚度）。

### 11.3.3 强度校核

飞轮在充放电过程中，飞轮转子都处于高速旋转状态，飞轮体受到很大的离心力，若要保证飞轮储能系统安全稳定地运行，需要飞轮拥有足够的强度。确定飞轮的材料、结构以及运行的额定转速，借助有限元软件 ANSYS 对飞轮转子的强度进行校核，可验证设计后的飞轮是否达到强度要求。

对于飞轮转子应力的分析，采用 ANSYS Workbench 中的静应力分析模块，整个分析过程包括三维建模、材料设置、网格划分、施加约束和边界条件、分析设置以及最后求解。应力分析仅计算飞轮转子内部的应力，因此建模时忽略两端轴段的影响。在 ANSYS Workbench 软件的几何建模平台下，在 Geometry 模块下搭建飞轮转子有限元模型，并在软件的材料库中添加高强度合金钢 XPM 的主要性能参数，其他参数对本次分析无太大影响，可参照材料库中结构钢的具体参数来设置。在 Static Structural 静应力分析模块下，对有限元模型进行网格划分与约束施加，网格划分采用 Multizone 划分方法，在飞轮转子上添加圆柱面约束，上下圆面添加无摩擦约束，转子整体添加旋转惯性力，给定转速6600r/min。采用最大应力准则，所以选取的分析结果类型为最大等效应力，最后求解得到分析结果，飞轮转子的外表面以及转子内部应力云图如图 11-12 所示。

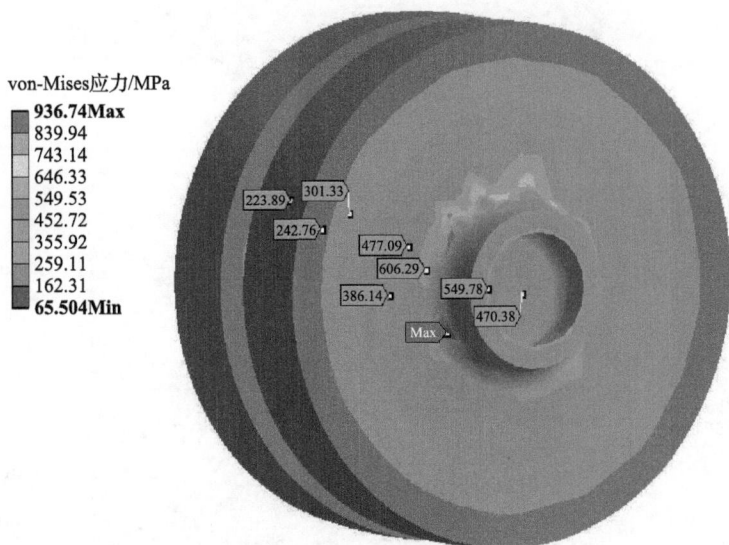

(a) 飞轮上端面应力

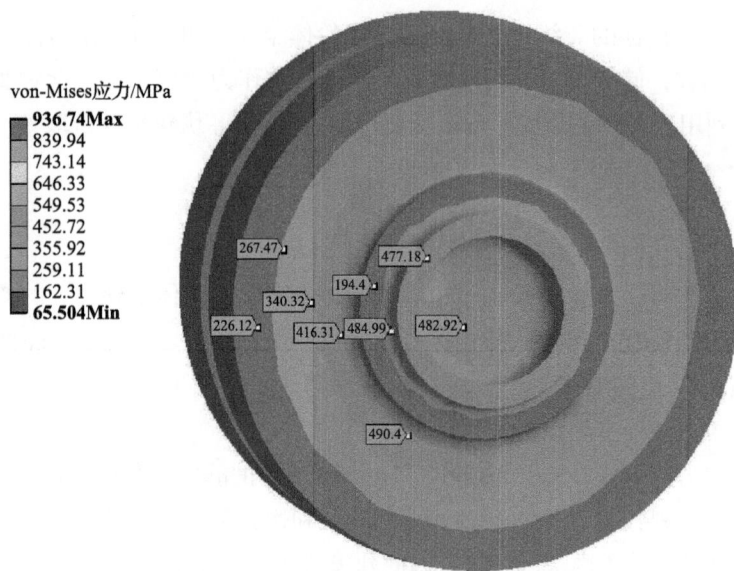

(b) 飞轮下端面应力

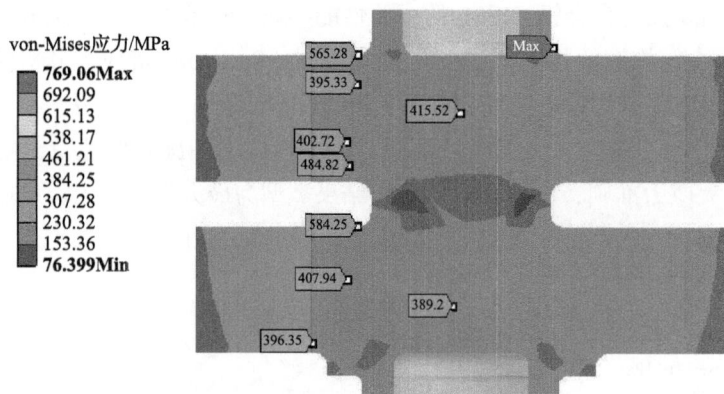

(c) 飞轮内部应力

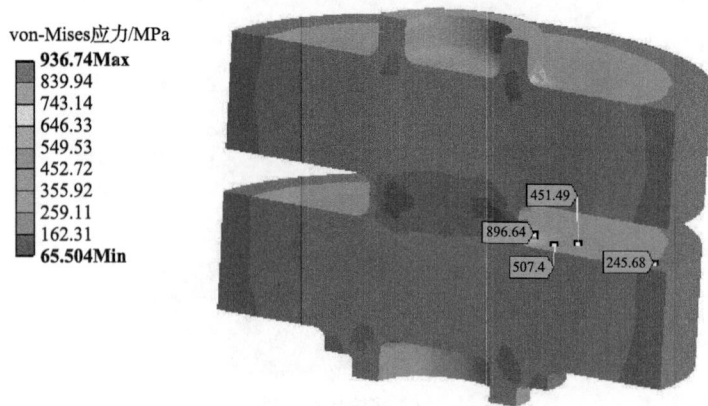

扫码见彩图

(d) 飞轮中间轴段应力

图 11-12　双圆盘形飞轮转子应力分布云图

通过有限元软件的分析计算，等厚度双圆盘形飞轮转子仿真结果显示最大应力为936MPa，且最大应力发生在飞轮体与轮轴过渡的圆角位置，最大应力区域较小，呈点状分布，实际运行时会通过塑性形变释放到周边区域，使得实际应力低于计算值。

由图 11-12(c)中飞轮体截面应力分布可知，高速旋转的飞轮主要在飞轮体与飞轮轴的过渡区域发生应力集中，这是由于飞轮体与飞轮轴直径的不同而在过渡位置形成阶梯轴肩。应力集中是在零件的截面几何形状突然变化处，局部应力远大于名义应力的现象。同时，由图 11-12(c)中飞轮体上下不同直径的轴肩圆角处的应力比较可知，轴肩直径越大，应力集中程度越小。因此，若要进一步减小飞轮体的应力集中状况，可以通过增大轴肩直径或者增大过渡圆角半径的方式。飞轮轴心的最大应力为 415MPa，且应力分布沿着径向有逐渐减小的趋势。

飞轮结构内部最大等效应力低于材料的屈服强度，只是理论上单次加载时不发生屈服破坏。考虑到交变应力、材料的缺陷及其服役力学行为，除应力集中局部部位外，飞轮的主体部分、心部应力水平应低于与疲劳寿命相对应的疲劳强度，这样飞轮的设计与其服役力学特征具有紧密联系。

# 参 考 文 献

[1] 陈亮亮. 磁悬浮高速飞轮储能系统永磁电机转子强度分析及转子振动控制. 杭州: 浙江大学, 2017.

[2] Gondhalekar V, Downer J R, Eisenhaure D B, et al. Low-noise spacecraft attitude-control systems//Proceedings of the 26th Intersociety Energy Conversion Engineering Conference (IECEC-91), Boston, 1991.

[3] Moosavi-Rad H. A bvif-integrated hybrid bus[J]. Proceedings of the Institution of Mechanical Engineers Part D-Journal of Automobile Engineering, 1995, 209(D2): 95-101.

[4] Lautenschlager U, Eschenauer H A, Mistree F. Multiobjective flywheel design: A DOE-based concept exploration task// Proceedings of the ASME 1997 Design Engineering Technical Conferences, Sacramento, 1997.

[5] Arslan M A. Flywheel geometry design for improved energy storage using finite element analysis. Materials & Design, 2008, 29(2): 514-518.

[6] 赵宇兰, 董爱华, 莫逆, 等. 外转子储能飞轮结构优化设计研究. 汽轮机技术, 2020, 62(2): 89-92.

[7] 任正义, 赫鹏, 杨立平. 空心飞轮转子的有限元分析与优化. 机械制造, 2019, 57(3): 22-26, 33.

[8] 兰晨, 李文艳. 两种变厚度空心储能飞轮的应力特性. 储能科学与技术, 2021, 10(3): 1080-1087.

[9] Higgins M A, Plant D P, Ries D M, et al. Flywheel energy-storage for electric utility load leveling//Proceedings of the 26th Intersociety Energy Conversion Engineering Conference (IECEC-91), Boston, 1991.

[10] Hockney R L, Driscoll C A. Powering of standby power supplies using flywheel energy storage//Proceedings of the 19th International Telecommunications Energy Conference (INTELEC 97), Melbourne, 1997.

[11] Thelen R F, Herbst J D, Caprio M T, et al. A 2MW flywheel for hybrid locomotive power//Proceedings of the 58th IEEE Vehicular Technology Conference (VTC 2003), Orlando, 2003.

[12] Strasik M, Hull J R, Mittleider J A, et al. An overview of Boeing flywheel energy storage systems with high-temperature superconducting bearings. Superconductor Science & Technology, 2010, 23(3): 034021:1-034021:5.

[13] Ha S K, Jeong H M, Cho Y S. Optimum design of thick-walled composite rings for an energy storage system. Journal of Composite Materials, 1998, 32(9): 851-873.

[14] Arvin A C, Bakis C E. Optimal design of press-fitted filament wound composite flywheel rotors. Composite Structures, 2006, 72(1): 47-57.

[15] 李文超, 沈祖培. 复合材料飞轮结构与储能密度. 太阳能学报, 2001, (1): 96-101.

[16] 白越, 黎海文, 吴一辉, 等. 复合材料飞轮转子设计. 光学精密工程, 2007, (6): 852-857.

[17] 唐长亮, 戴兴建, 汪勇. 多层混杂复合材料飞轮力学设计与旋转试验. 清华大学学报(自然科学版), 2015, 55(3): 361-367.

[18] 汤继强, 张永斌, 刘刚. 超导磁悬浮复合材料储能飞轮转子优化设计. 储能科学与技术, 2013, 2(3): 185-188.

[19] 王建业. 大功率飞轮储能系统转子设计与充放电控制研究. 北京: 华北电力大学, 2019.

[20] 姜露. 核主泵飞轮结构优化设计. 大连: 大连理工大学, 2018.

[21] Horner R E, Proud N J, IEEE. The key factors in the design and construction of advanced flywheel energy storage systems and their application to improve telecommunication power back-up//Proceedings of the 18th Telecommunications Energy Conference (INTELEC 96), Boston, 1996.

[22] 汪勇, 戴兴建, 孙清德. 基于有限元的金属飞轮结构设计优化. 储能科学与技术, 2015, 4(3): 267-272.

[23] 戴兴建, 姜新建, 张剀. 飞轮储能系统技术与工程应用. 北京: 化学工业出版社, 2021: 48-50.

[24] 杨志轶. 飞轮电池储能关键技术研究. 合肥: 合肥工业大学, 2002.

[25] 闫晓磊. 储能飞轮优化设计理论与方法研究. 长沙: 湖南大学, 2012.

[26] 汤双清, 李庆东, 周东伟, 等. 基于复合形法的飞轮转子储能优化设计. 机械, 2017, 44(3): 48-51, 4.

# 第 12 章

# 飞 轮 电 机

电机是飞轮储能系统实现电能-机械能双向转换的关键部件。电机在储存能量时作为电动机带动飞轮加速旋转，在释放能量时作为发电机输出电能，电机的电动加速或发电减速是由电机变流器控制电机定子绕组的电压和电流实现的。本章介绍飞轮储能常用的电机类型，分析永磁同步电机的设计方法，给出 500kW 电机设计方案，重点讨论电机的散热问题。

## 12.1　飞轮电机类型

一般来说，用于飞轮储能系统的电机有以下几种：感应电机、永磁同步电机、永磁无刷直流电机以及开关磁阻电机等。

### 12.1.1　感应电机

感应电机结构简单、成本低廉，同时有高扭矩、高坚固性和高可靠性，在中低速飞轮储能系统中有一定应用。感应电机的转子损耗明显，在高速运行时还会更加严重，这是因为其转矩是通过转差产生的，转差频率会在转子中产生很大的涡流损耗，因此感应电机很难在真空环境中工作。双馈异步电机由于具有可以减小电力电子装置尺寸的优点，也应用于飞轮储能当中。

如图 12-1 所示，感应电机的结构组成包括定子、转子和气隙三部分。为了减小定子和转子铁心中的铁损，电机定子和转子一般采用硅钢片叠压而成，在高频电机中，往往使用更薄的硅钢片、并用绝缘漆在层间保持绝缘，能够有效地降低硅钢片中的涡流损耗[1]。

定子槽指的是用来嵌放定子绕组的在定子铁心内圆的许多形状相同的槽，包括开口槽、半开口槽和半闭口槽，如图 12-2 所示。

定子绕组的作用是从电源输入电能并产生气隙内的旋转磁场。中、小型电机定子绕组较多选用三角形连接，大型高压感应电机的定子绕组连接方式往往采用星形连接。

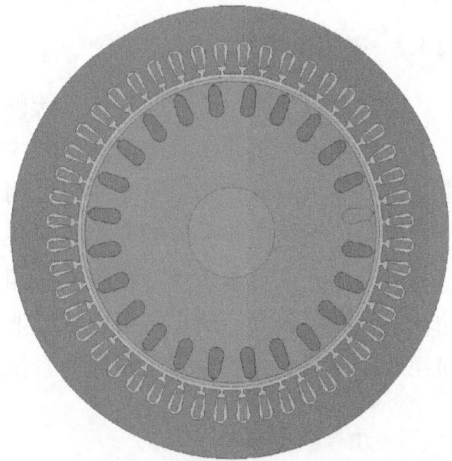

图 12-1　感应电机结构示意图

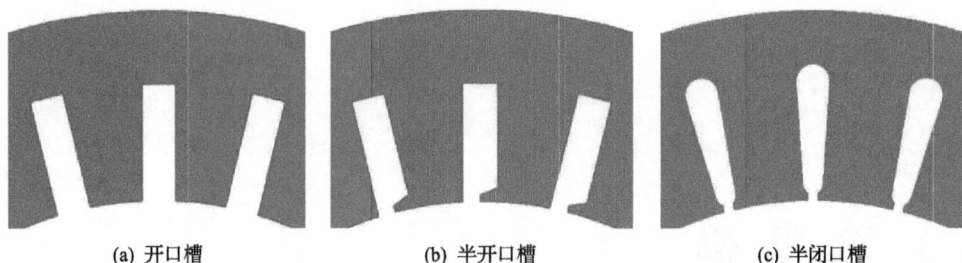

(a) 开口槽　　　　　　　　(b) 半开口槽　　　　　　　　(c) 半闭口槽

图 12-2　开口槽、半开口槽与半闭口槽示意图

异步电机转子槽型中，闭口槽能有效削弱气隙磁场的脉动，从而减少谐波磁场带来的谐波损耗及转子齿槽产生的表面损耗和脉振损耗，但会导致转子漏抗增加，降低电机功率因数[2]。异步电机定子和转子开槽会引起气隙磁阻的变化，在转动时气隙磁阻的变化会在定子绕组中感应电动势，产生齿谐波，且齿谐波绕组系数等于基波绕组系数，因此定子绕组无法有效削弱齿谐波。转子采用斜槽能够削弱定子和转子开槽引起的齿谐波[3,4]，降低高频谐波引起的损耗。

感应电机的转子绕组分为笼型和绕线型两类。笼型绕组是一个自行闭合的短路绕组，整体形如鼠笼，因此也称为鼠笼式绕组，由插入每个转子槽中的导条和两端的环形端环构成。绕线型转子的槽内嵌有用绝缘导线组成的三相绕组，绕组的三个出线端接到装在轴上的三个集电环上，再通过电刷引出。这种转子的特点是可以在转子绕组中接入外加电阻，以改善电动机的启动和调速性能[5]。

感应电机的气隙主磁场是由励磁电流产生的，由于励磁电流基本为无功电流、故励磁电流越大，电机的功率因数就越低。对于中、小型电机，气隙一般取为 0.2～2mm。

感应电机又称为异步电机，这是因为在一般情况下，感应电机的转子转速总是不与旋转磁场的转速(即同步转速 $n_s$)保持一致。因此，人们为感应电机定义了转差 $\Delta n$，即旋转磁场的转速 $n_s$ 与转子转速 $n$ 之差，而转差 $\Delta n$ 与同步转速的比值称为转差率 $s$。转差率可以用来分辨感应电机的工作状态：电动机状态、发电机状态和电磁制动状态。

### 12.1.2　磁阻电机

磁阻电机结构及工作原理与传统的交流电机和直流电机存在较大的区别，其转矩的产生不依赖定子和转子绕组电流所产生的磁场相互作用，而是通过"磁阻最小原理"产生，即磁通总是沿着磁阻最小的路径闭合来实现转矩输出[6]。

应用于飞轮储能系统的磁阻电机主要有开关磁阻电机和同步磁阻电机两种。开关磁阻电机转子上没有永磁体，也没有绕组，适合高温运行，但开关磁阻电机运行时转矩脉动较大且噪声较大。同步磁阻电机克服了开关磁阻电机的部分缺陷，运行效率高，转子损耗低，目前已经应用于飞轮储能系统中[7]。

1. 开关磁阻电机

开关磁阻电机为双凸极铁心结构，其定子、转子的凸极均由硅钢片叠压而成。转子上无绕组，装有位置检测器；定子上绕有集中绕组，径向相对的两个绕组串联形成一对磁极，称为"一相"。开关磁阻电机可以设计成多种不同相数的结构，且定子和转子的极数有多种不同的搭配，相数多、步距角小，利于减小转矩脉动，但结构复杂、主开关器件多、成本高。由于三相以下的开关磁阻电动机无自启动能力，目前应用较多的是四相结构（定子 8 凸极，转子 6 凸极）及三相结构（定子 6 凸极，转子 4 凸极），图 12-3 所展示的为四相开关磁阻电机。

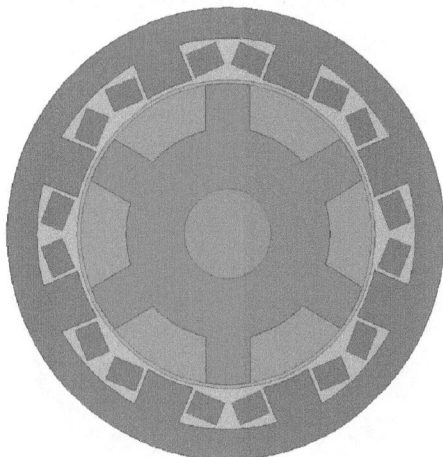

图 12-3　四相开关磁阻电机示意图

2. 同步磁阻电机

同步磁阻电机的理念是通过直轴（$d$ 轴）与交轴（$q$ 轴）的磁阻差来产生磁阻转矩，从而驱动电机转动，其发展经历了多个阶段。最早的同步磁阻电机定子与异步电机类似，转子则是一个无绕组凸级转子，如图 12-4(a) 所示。通过向凸极转子轭 $q$ 轴方向加上两道气隙作为磁障产生磁阻转矩，同时在转子上安插鼠笼条形成异步启动转矩。这种电机具备自启动功能，并且转子加工方便。但电机凸极比很小，电机效率和功率因数都很低，同时异步启动转矩会导致转子振荡，影响电机正常运行[8]。

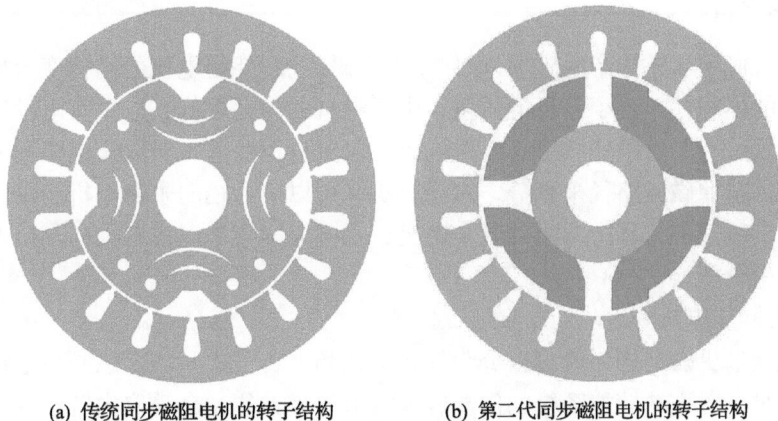

(a) 传统同步磁阻电机的转子结构　　　　(b) 第二代同步磁阻电机的转子结构

图 12-4　同步磁阻电机转子结构示意图

凸极比，指的是直轴（$d$ 轴）电抗与交轴（$q$ 轴）电抗的比值。要提高同步磁阻电机的效率，需要增大凸极比。为了增大同步磁阻电机的出力并且提高其功率因数，许多学者开始寻找提高凸极比的方法。20 世纪 60 年代有学者提出了转子通过分块拼装获得更大凸极比的第二代同步磁阻电机[9]，如图 12-4(b) 所示。

为了进一步增大同步磁阻电机的凸极比，同时克服其功率因数低的缺点，20 世纪 70

年代有学者提出了第三代同步磁阻电机[10]，如图 12-5 所示，输出功率可以达到同尺寸大小的异步电机输出功率。第三代磁阻电机包括轴向叠压式和横向叠压式。其中，轴向叠压式是将导磁材料和非导磁材料按一定厚度比沿轴向交替叠压制成。这种结构的优点在于凸极比较大，因而电机转矩密度、效率和功率因数都较高，但也存在机械强度低、电机加工过程复杂的缺点，不适合大规模使用。而横向叠压式则是通过在转子硅钢片中冲压多个空气磁障来产生 $d$ 轴与 $q$ 轴磁阻差异，其成本较低，更适合工业推广[11]。

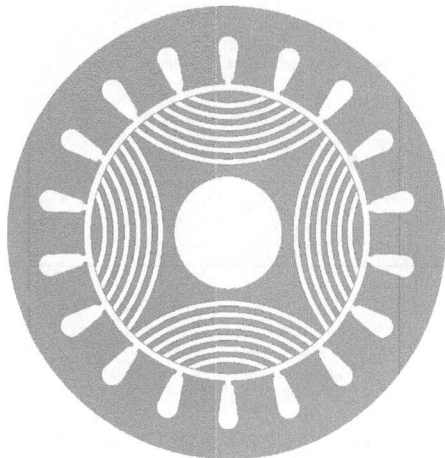

图 12-5　第三代同步磁阻电机的转子结构

到了 20 世纪 80 年代后期，有学者将永磁同步电机与同步磁阻电机结合，将永磁材料添加到转子叠片之间，并使其极性方向与 $q$ 轴方向重合，与电枢反应 $q$ 轴磁场方向相反，从而消除 $q$ 轴电枢反应的负转矩，减小励磁电流，提高同步磁阻电机的功率因数，这种电机称为同步磁阻永磁电机[10]。

同步磁阻电机由于结构简单，转子不存在电磁损耗，能避免开关磁阻电机的噪声大及低速运行时力矩脉动显著等缺点。但是由于功率因数和效率较低，目前只是应用于小功率驱动领域，在飞轮储能技术上的应用比较少。

### 12.1.3　永磁电机

永磁电机使用永磁体产生磁场，取代了电励磁磁极，使得电机的结构变得更加简单，减小了电机的体积并减轻了电机的质量；永磁电机的损耗更低，也没有电励磁绕组的铜损产生的热量。按照反电势波形，永磁电机可以分为正弦波永磁同步电机和方波永磁无刷直流电机；按照磁通路径来划分，永磁电机又可以分为径向永磁电机、轴向永磁电机和横向永磁电机三种。其中，永磁同步电机、永磁无刷直流电机和轴向永磁电机，在飞轮储能中应用较多。

(1)永磁同步电机。

永磁同步电机的结构一般可以分为外转子式和内转子式。当永磁同步电机应用于飞轮储能领域时，对飞轮储能系统的储能容量需求较大，往往会采取内转子的结构，电机转子与飞轮转子之间的转矩传递通过转轴完成。而在存储容量需求较小的场景中，为了让整体的结构更加紧凑，往往会采用外转子结构，将电机与飞轮转子的相对位置设置成同心，电机外侧与飞轮转子相连。

永磁同步电机往往将永磁体安装在转子上作为转子磁极，而定子则采用与感应电机类似的有定子槽、定子绕组的结构，如图 12-6 所示。永磁体较多使用钕铁硼，这种材料具有很高的剩余磁化强度和矫顽力，在电机内部占据空间较小。钕铁硼也有缺点：价格较高，易碎，加工困难，退磁温度较低，如果电机转子的温度由于损耗而不断升高，那么很可能导致永磁体永久热失磁。

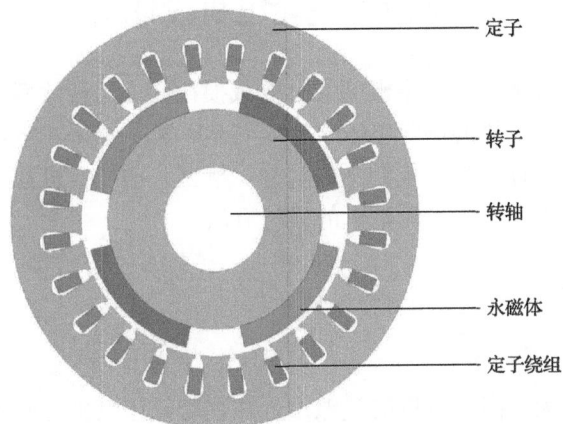

图 12-6　表贴式径向永磁同步电机基本结构示意图

　　永磁同步电机因其高效率和高功率密度而成为飞轮储能系统最常见的选择。永磁同步电机的海尔巴赫阵列的永磁体可以大幅消除铁损耗，但代价是降低磁通量，从而降低功率[12,13]。

　　(2)永磁无刷直流电机。

　　永磁无刷直流电机工作时由逆变器将直流电逆变为矩形波进行驱动，其反电动势也是矩形波。当使用正弦波驱动时，它就成为上面所述的永磁同步电机。永磁无刷直流电机以自控模式运行，利用逆变器控制定子绕组的电流。高功率密度、高效率、相对较宽的转速范围、高机械稳定性、设计紧凑、无电磁干扰和低维护成本是永磁无刷直流电机的优点。

　　(3)轴向永磁电机。

　　径向永磁电机的转子和定子沿径向放置，而轴向永磁电机的转子和定子沿轴向放置，且定子和转子沿轴向对等、均匀分布，又称为盘式永磁电机，如图 12-7 所示。因其具有结构紧凑、效率高、功率密度大等优点，尤其适合应用于电动车辆、可再生能源系统、飞轮储能系统和工业设备等要求高转矩密度和紧凑空间的场合。

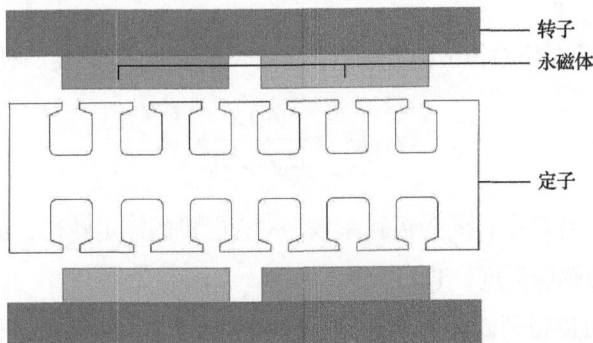

图 12-7　轴向永磁电机结构示意图

## 12.2　飞轮电机设计

飞轮储能用电机必须满足功率密度大、空载损耗低、运转效率高、调速范围广等特点。设计之前须先给出电机的额定电压、额定转速、额定功率、电机效率以及工作环境等方面的要求，之后设计计算电机的主要尺寸、槽型、槽数、极数、转矩等特性参数。下面以永磁同步电机为例介绍飞轮电机的设计方法。

### 12.2.1　电磁方案设计

#### 1. 气隙

为了避免铁损过大，高速电机的气隙设计往往与低速电机有所不同，随着气隙长度的增大，转子损耗降低显著，同时降低了齿槽转矩，但也必然会增加永磁体厚度的需求，增加了转子永磁体的材料成本，需要合理取舍。高速永磁同步电机气隙的计算与异步电机类似，可以采用如下经验公式[14]：

$$\delta = 0.001\text{m} + \frac{D_2}{0.07} + \frac{v_a}{400\text{m/s}}\text{m} \tag{12-1}$$

式中，$D_2$ 为转子外径，m；$v_a$ 为转子边缘线速度，m/s。

#### 2. 基本尺寸确定

要确定永磁同步电机的主要尺寸，就是要以额定功率、额定转速为基础确定电机的定子直径 $D_{i1}$ 和定子有效长度 $L_{ef}$。当电机为外转子结构时，定子直径 $D_{i1}$ 为外径，当电机为内转子结构时，定子直径 $D_{i1}$ 为内径。

要得到定子直径 $D_{i1}$，可以先由相近功率的电机定子直径得到参考值，然后在设计计算中进行修正。可以根据电机的转速要求验证初选的定子直径 $D_{i1}$ 或用转速求出转子直径 $D_2$ 的允许范围再加上气隙长度(或减气隙长度)求出定子直径 $D_{i1}$ 的范围。

转子边缘线速度 $v_a$(m/s)和电机额定转速 $n_N$ 存在与转子直径 $D_2$ 有关的转换关系，$D_2 = 60v_a/(\pi n_N)$，根据转子边缘线速度 $v_a$ 的限定范围就能得到 $D_2$ 的许用范围，验证先前的参考值是否符合要求。

除此之外，定子直径 $D_{i1}$ 还可以和定子有效长度 $L_{ef}$ 一起确定，使用下面的公式[15]：

$$L_{ef}D_2^2 = \frac{6.1P_1}{\alpha_p' n_N A B_\delta} \tag{12-2}$$

式中，$P_1$ 为电机的计算功率；$\alpha_p'$ 为极弧系数；$n_N$ 为电机的额定转速，r/min；$A$ 为线负荷，A/cm；$B_\delta$ 为气隙磁感应强度，T。

使用式(12-2)可以得到 $L_{ef}D_2^2$，要想进一步得到转子直径 $D_2$ 和定子有效长度 $L_{ef}$ 的值，可以根据前面所述的转速限制，还可以根据尺寸比 $\lambda$ 得到，尺寸比 $\lambda$ 是定子有效长度 $L_{ef}$

与极距 $\tau$ 的比值。当 $L_{ef}D_2^2$ 已经确定时，尺寸比 $\lambda$ 越大则电机整体表现越细长，对于转速较高的永磁同步电机，往往会将尺寸比 $\lambda$ 选得比较大，如取 3～4，以保证电机转子边缘线速度不会太高而超出材料允许范围。

### 3. 极数与槽数

电机定子的槽数越多，多相绕组产生的磁动势分布就越接近正弦。随着槽数增加，整数槽绕组的谐波绕组因数会下降(绕组产生的磁动势分布接近正弦波)。作为一种极限推断的情况，假设完全没有槽，绕组直接安装在电机气隙中。此时，一般来说，定子电流会产生平滑的磁动势分布；此外，由于气隙长度大，转子表面的磁通密度分布将十分接近正弦分布。这种无槽电枢绕组常用于高速小型永磁同步电机中[14]。

对于大型的永磁同步电机，往往推荐槽距为 14～75mm[14]，可以先预估一个槽距，再按照槽距和定子直径 $D_{i1}$ 求得槽数。

由于永磁电机不使用电励磁，若定子每极每相槽数为整数，则转子永磁体磁极会一一对应地吸引其相对应的定子齿，这将不利于永磁同步电机启动。若永磁同步电机的极数较多，则甚至无法启动[16]。为了让永磁同步电机能够顺利启动，必须满足每极每相槽数 $q$ 为分数，每极每相槽数 $q$ 的计算方法如下：

$$q = \frac{z}{2pm} \tag{12-3}$$

式中，$z$ 为定子槽数；$p$ 为极对数；$m$ 为电机相数。

若不能满足每极每相槽数 $q$ 为分数，则需要使用特殊方法启动，例如，将永磁体磁极与转子轴线倾斜一定角度，或使永磁体磁极分段错位倾斜，又或者使定子槽与定子轴线呈一定的倾斜角度。然而，高速永磁电机为了尽量降低频率，往往采用少极结构，对于每极每相槽数的要求并不严格。

### 4. 绕组设置及定子槽

绕组的分布方式分为单层绕组与双层绕组，单层绕组即每槽只放一层元件边的绕组放置方式；而双层绕组则是把每一个槽分成上层和下层，线圈的一边放在某槽的上层，而另一边放在相隔数槽的下层。单层绕组的损耗比较高，而且转矩脉动大，噪声和振动明显，而双层绕组可以较灵活地选用节距，组成较多的并联支路，有利于散热和增加机械强度，所以应用较多[17]。

对于定子绕组，其绝缘漆包导线的直径 $d$ 可以根据下述公式求得[16]：

$$d = \sqrt{\frac{S_1}{N_s}} \tag{12-4}$$

式中，$S_1$ 为定子槽内可容纳绝缘漆包导线的面积，$mm^2$；$N_s$ 为每槽导体数。其中，$S_1$ 可以用槽满率 $S_f$ 与定子槽可利用面积 $S_{ef}$ 相乘得到。

每槽导体数 $N_s$ 可以根据式(12-5)求得[16]：

$$N_s = \frac{\pi a D_{i1} A}{z I_N} \tag{12-5}$$

式中，$a$ 为定子绕组并联支路数；$I_N$ 为额定电流，A。

对于定子齿宽 $b_d$ 的设计，可以根据式 (12-6) 表示[14]：

$$b_d = \frac{l' \tau_u B_\delta}{k_{Fe}(l - n_v b_v) B_d'} + 0.1 \text{mm} \tag{12-6}$$

式中，$l'$ 为定子等效长度，mm；$\tau_u$ 为定子槽距，mm；$k_{Fe}$ 为叠片系数；$l$ 为定子叠片长度，mm；$n_v$ 和 $b_v$ 分别为通风道的数量和宽度；$B_d'$ 为定子齿部参考磁感应强度，T。

### 5. 永磁体

计算永磁体厚度时，可以根据其磁路磁压降来计算，利用总磁压降 $U_m$ 和磁场强度 $H_{PM}$，根据磁压降计算公式 $U_m = h_{PM} H_{PM}$[18]，可以得到[14]

$$h_{PM} = \frac{U_{m,\delta e} + U_{m,ds} + \dfrac{U_{m,ys}}{2} + \dfrac{U_{m,yr}}{2}}{\dfrac{B_r - B_\delta}{\mu_{PM}}} \tag{12-7}$$

式中，$U_{m,\delta e}$ 为单个气隙的磁压降；$U_{m,ds}$ 为定子齿部磁压降；$U_{m,ys}$ 为定子轭部磁压降；$U_{m,yr}$ 为转子轭部磁压降；$B_r$ 为永磁体剩磁，T；$\mu_{PM}$ 为永磁体磁导率，H/m。

### 12.2.2 机械结构设计

永磁电机可以按照永磁体安装位置的不同分为表贴式、嵌入式和内置式。其中，表贴式是最为常见的一种布置方式，优势在于漏磁较少。在飞轮储能这样的高速大功率应用场合，永磁体通常采用钕铁硼材料，其抗拉强度非常低，很容易因为高速旋转产生的离心力而破坏，内置式有效解决了这方面的问题，对永磁体强度的要求不高，但漏磁问题比表贴式严重，并需要考虑硅钢片强度和隔磁桥厚度的影响。表贴式与嵌入式的结构如图 12-8 所示。

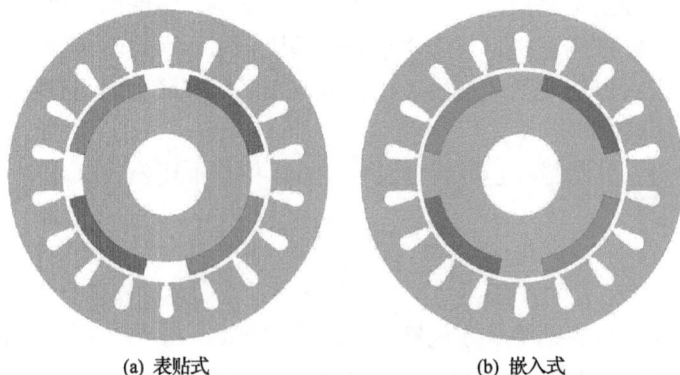

(a) 表贴式　　　　　　　　　(b) 嵌入式

图 12-8　表贴式与嵌入式示意图

内置式结构本身又可以细分为切向式、径向式、V 型以及夹角为 180°的平 V 型等不同的结构,如图 12-9 所示。其中,切向式结构与径向式结构相比可获得更大的每极磁通,但是需要通过在永磁体与转轴之间安装隔磁环,以减小漏磁。但隔磁环的引入又会带来机械强度上的问题,难以满足高转速需求,因此切向式内置结构在高速电机中应用较少[15]。

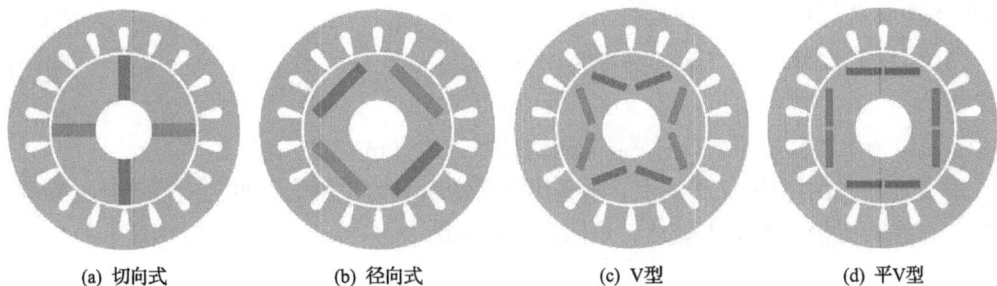

(a) 切向式　　　　　(b) 径向式　　　　　(c) V 型　　　　　(d) 平 V 型

图 12-9　各类内置式结构示意图

在径向式、V 型以及平 V 型这三种结构中,V 型的损耗是最低的,而且根据研究,V 型的夹角为 116°左右时转子损耗是最低的。但是这种结构对转子的外内径比提出了新的要求,由于高速电机往往因为机械强度方面的考虑选择较大的尺寸比,表现为较细长的结构,所以 V 型结构并不总是最佳选择,径向式与平 V 型也有各自的适用场合。

### 12.2.3　应力分析

对旋转电机进行应力分析需要利用有限元计算方法,通过计算机辅助完成。所以,在此只介绍对电机转子所承受应力的范围进行初步预估的方法。当电机的尺寸确定后,影响电机最大转速的因素包括机械应力、自然频率以及温升的影响、允许的最大电负荷和磁负荷等。

转子的结构往往比较复杂,包含转子槽和转子绕组,又或者是永磁体。粗略估算应力范围时,往往可以先将转子看作一个规则的圆柱体或者中空圆柱体,之后再按照特殊结构所在的位置和质量进行修正。

高速旋转的电机转子由离心力造成的最大应力 $\sigma_{\max}$ 与转子半径 $r_r$ 及转子角速度 $\Omega$ 的关系如下[14]:

$$\sigma_{\max} = C'\rho_r r_r^2 \Omega^2 \tag{12-8}$$

式中,$\rho_r$ 为转子密度,kg/m³;$C'$ 为一个与转子形状相关的参数,由式(12-9)确定:

$$C' = \begin{cases} \dfrac{3+\nu}{8}, & \text{实心圆柱} \\[2mm] \dfrac{3+\nu}{4}, & \text{带中心小孔的圆柱} \\[2mm] 1, & \text{极度薄的中空圆柱} \end{cases} \tag{12-9}$$

式中,$\nu$ 为泊松比(沿张力方向横向正应变与纵向正应变之比)。

在已经确定转子材料的情况下，可以根据能承受的最大机械应力确定转子的最大半径 $r_r$。飞轮电机为保证高速运转，往往选用较大的尺寸比 $\lambda$(定子有效长度 $L_{ef}$ 与极距 $\tau$ 的比值)，转子表现为细长状，内外径比较大，$C'$ 会比较接近 1，半径 $r_r$ 会比较小。此外，为了保证转子能够安全有效地工作，往往需要留一定的安全裕量。

对于永磁电机，往往将永磁体放置在转子上，其所受的离心力 $F_{cf}$ 与其放置处半径 $r_{PM}$ 的关系如下[14]：

$$F_{cf} = \frac{m_{PM} v_{PM}^2}{r_{PM}} = m_{PM} \Omega^2 r_{PM} \tag{12-10}$$

式中，$m_{PM}$ 为永磁体质量，kg；$v_{PM}$ 为永磁体线速度，m/s。

对于表贴式的结构，$r_{PM}$ 最大，永磁体所受的离心力也最大，再加上永磁体材料强度受限，往往需要护套保护永磁体，以防止其破损断裂。

### 12.2.4 案例分析

对于某 500kW、转速运行区间 4000～8100r/min 的 72 槽 6 极双 Y 相移 30°六相永磁同步电机，其电机轴向叠压长度为 404mm，叠压系数为 0.95。使用永磁体钕铁硼，厚 20mm，$B_r$=1.15T，$H_c$=870kA/m，平行充磁。其模型横截面如图 12-10 所示。

72 槽 6 极双 Y 相移 30°六相 500kW 永磁同步电机定子绕组展开图如图 12-11 所示。电机每相绕组 6 条并联支路。

该电机 8100r/min 空载与满载时电机内部的磁通密度云图如图 12-12 和图 12-13 所示，4000r/min 满载时电机内部的磁通密度云图如图 12-14 所示。

在进行应力与形变分析时，电机转速设置为 8100r/min，磁钢外缘和硅钢片开窗紧密贴合，其余地方认为不接触。

硅钢片的材料参数如表 12-1 所示。

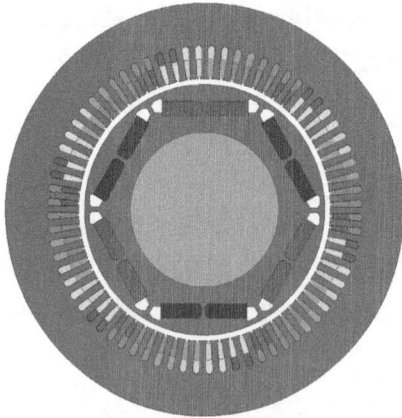

图 12-10 永磁同步电机仿真模型横截面示意图

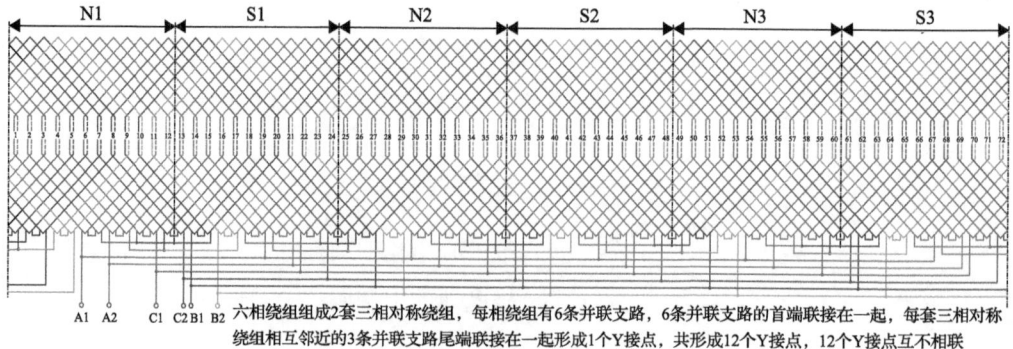

六相绕组组成2套三相对称绕组，每相绕组有6条并联支路，6条并联支路的首端联接在一起，每套三相对称绕组相互邻近的3条并联支路尾端联接在一起形成1个Y接点，共形成12个Y接点，12个Y接点互不相联

图 12-11 500kW 永磁同步电机定子绕组展开图

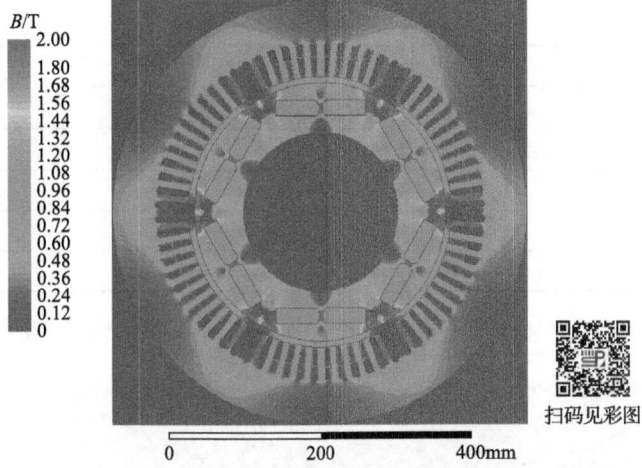

图 12-12　500kW 永磁同步电机 8100r/min 空载磁通密度云图

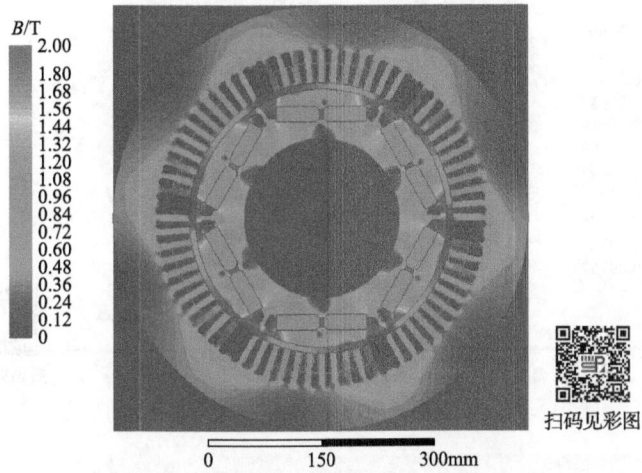

图 12-13　500kW 永磁同步电机 8100r/min 满载磁通密度云图

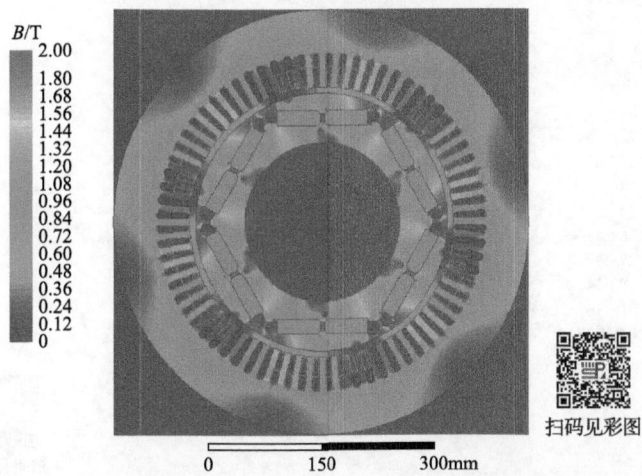

图 12-14　500kW 永磁同步电机 4000r/min 满载磁通密度云图

**表 12-1 硅钢片基本材料参数**

| 项目 | 符号 | 数值 | 单位 |
|------|------|------|------|
| 抗拉强度 | $\sigma_b$ | ≥450 | MPa |
| 断裂伸长率 | $\delta_1$ | ≥10 | % |
| 模量 | $E$ | 200 | GPa |
| 密度 | $\rho$ | ≈7810 | kg/m³ |
| 泊松比 | $\nu$ | 0.26 | — |

磁钢嵌入硅钢片、外围无强化护套时形变和应力如图 12-15 和图 12-16 所示，最大

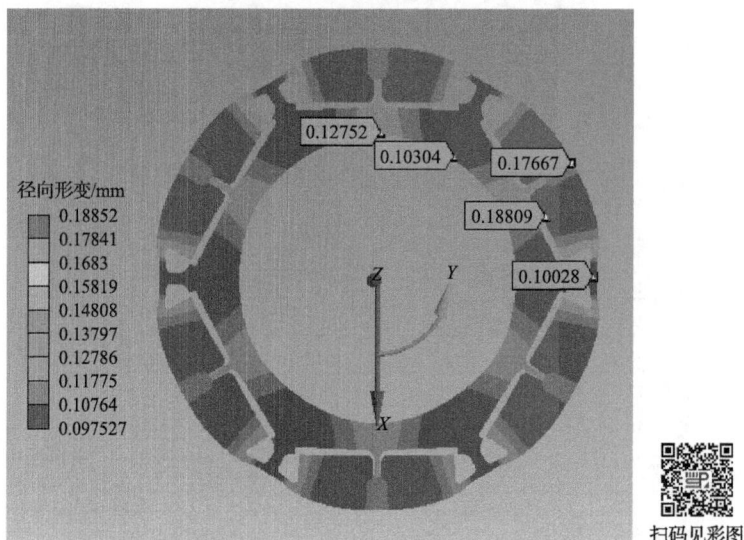

图 12-15  500kW 永磁同步电机无护套转子径向形变

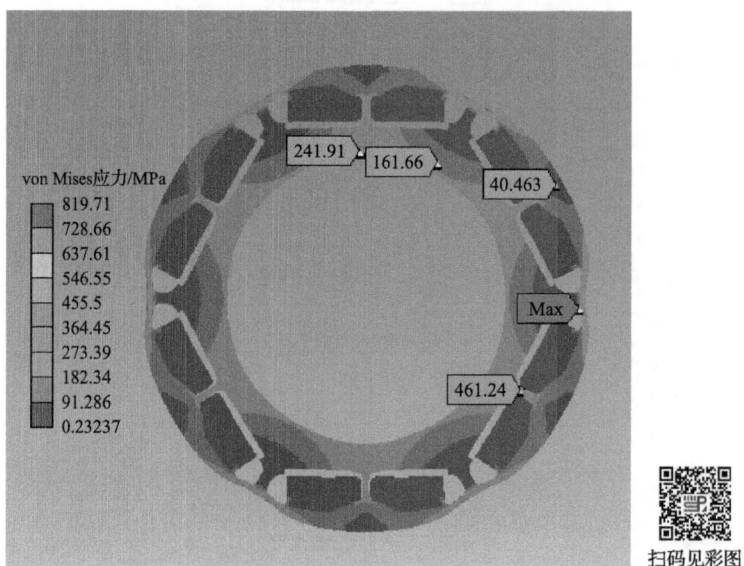

图 12-16  500kW 永磁同步电机无护套转子 von Mises 应力分布

径向形变 0.19mm，最大应力 820MPa，但是最大应力区域面积较小。为了减小局部应力，可以采用在硅钢片外缠绕碳纤维保护套的方式，本节简要分析缠绕碳纤维保护套后硅钢片的应力变化情况。

硅钢片外加碳纤维强化护套时应力如图 12-17 所示，最大应力为 664MPa，相较于不缠绕碳纤维保护套时最大应力值显著降低，最大应力区域面积较小，实际运行时会通过塑性形变释放到周边区域，使得实际应力低于计算值。但从提高可靠性的角度考虑，还是应该适当降低转速，以降低局部应力水平。另一种方案是通过调整硅钢片开孔角度来降低硅钢片应力水平，图 12-18 给出了调整开孔角度后的应力水平。可以看出，该方法可以使应力水平显著降低。当然，此时还需要确保电磁性能达到设计要求。

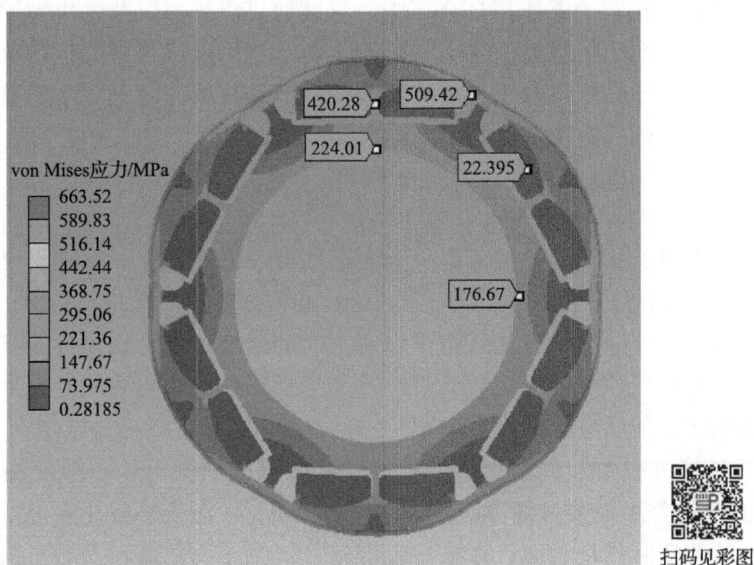

扫码见彩图

图 12-17　500kW 永磁同步电机有护套转子 von Mises 应力分布

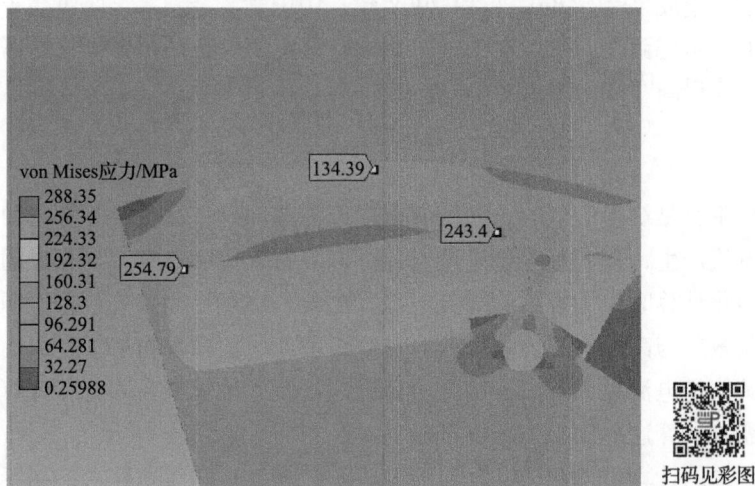

扫码见彩图

图 12-18　调整硅钢片开孔角度后 von Mises 应力分布

# 12.3　飞轮电机损耗

### 12.3.1　损耗特性

飞轮电机的摩擦损耗包括风磨损耗和轴承摩擦损耗，飞轮电机转子在真空中旋转，减少了风磨损耗，并且广泛使用非接触的磁轴承而大幅度减少轴承损耗。因此，在飞轮储能系统电机的运行过程中，主要的损耗来源于电机定子的铜损和铁损，以及转子的铁损和永磁体的涡流损耗（针对永磁电机）。

由于结构的原因，为电机定子提供冷却往往较为容易，而高速旋转的转子的散热往往难以实现。飞轮电机转子工作在真空室中，只能通过热辐射以及电机轴导热，很容易导致温度持续上升，对电机运行产生不利影响，对于永磁电机还可能会导致永磁体永久退磁。因此，控制转子铁损以及永磁体的涡流损耗，并且解决随之而来的散热问题，成为飞轮储能电机设计的关键环节。

#### 1. 铁损

电机的铁损即铁心损耗，一般可以分为涡流损耗、磁滞损耗和附加涡流损耗，在计算精度要求不大的情况下，可以按照经典的 Bertotti 铁损分离模型进行计算。转子涡流损耗的来源一般认为主要有三个方面：定子电流的时间谐波、定子磁动势的空间谐波以及由定子槽开口引起的气隙磁导不均匀[19]。在高频电机中，使用更薄的硅钢片，并用绝缘漆在层间保持绝缘，能够有效地降低硅钢片中的涡流损耗。

在铁损的计算过程中，在对其精度没有过高要求的前提下，一般使用意大利学者 Bertotti 提出的铁损分离模型对各类铁损分别进行计算[20]。但是该方法未考虑旋转磁化所带来的影响，故与实际损耗相比，存在一定误差[21]。为了简化旋转磁场对损耗影响的计算，日本岐阜大学教授 Mori 等在 2005 年引入二维正交磁场来代替旋转磁场进行计算分析，并取得了一定成果[22]。2007 年和 2008 年，中国学者余莉等、张洪亮等在正交磁场分析的基础上，考虑到谐波磁场对铁损的影响，通过实验数据拟合计算所需系数，使得计算精度进一步提高[23,24]。

#### 2. 铜损

电机铜损主要是绕组产生的。电机的铜损分为两部分，最主要的部分由定子绕组电阻和流经的电流产生，其大小等于流过导线的电流有效值的二次方与相电阻及相数的乘积，这也是简化计算时往往采用的部分；除此之外，还有一小部分铜损来源于电机中交变磁场的趋肤效应与高频电流的临近效应在绕组中产生的高频附加损耗，由于高速电机转速较高，其绕组电流频率较高，绕组所处的磁场频率也较高，因此在计算高速电机铜损时有时也需要计算这部分。

在一般铜损的计算过程中，可以利用 Dowell[25] 在 1966 年所建立的用于计算绕组损耗的一维模型。近年来，随着计算机技术的发展，美国威斯康星大学学者提出使用有限元方法来计算具有趋肤效应和邻近效应的高速永磁电机的绕组铜损。结果表明，该方法具有较高的准确性，已逐渐成为广泛应用的主流方法[26]。

### 3. 永磁体损耗

永磁同步电机永磁体上的涡流损耗问题一直是国内外学者所关注的重点问题之一，特别是对表贴式永磁同步电机，其磁钢暴露在气隙磁场下，损耗尤其严重。由于转子与基波磁场同步旋转，单纯的基波磁场并不能在永磁体内产生损耗，然而由于定子电流的时间谐波、定子绕组分布不均导致的空间谐波、定子开槽导致的磁导谐波等同样存在于气隙内，谐波磁场扫过磁钢会在磁钢内产生涡流并引起损耗。永磁体内的涡流损耗所产生的热量由于转子散热能力有限无法及时散出，其逐渐积累会导致永磁体升到较高温度，而高温会使永磁体面临退磁的风险[27]。

文献[28]～[32]则从控制器侧对永磁体涡流损耗产生的原因进行分析，分析了非正弦电流及不同脉宽调制方式与电机磁钢内产生涡流大小的关系。Wu 与其团队使用有限元的方式，分析计算了涡流损耗在磁钢内的分布规律，并通过实验的方法验证其仿真内容，证明了其仿真的正确性[33]。

### 12.3.2　散热方式

热量传递主要有三种基本形式：热传导、热对流和热辐射[34]。

飞轮储能电机在能量转换过程中会不可避免产生损耗，损耗一方面直接影响电机的效率和运行的经济性，另一方面损耗最终转化为热量，使电机各部分温度升高，这将影响电机内绝缘材料和磁性材料的使用寿命。良好的电机设计一方面要合理减小电机损耗，另一方面要强化散热能力，使电机产生的热量高效快速散发到外界。飞轮储能电机大多使用 E 级和 B 级绝缘材料，所以一般工作温度要求低于 120℃。针对电机散热，主要是对电机的定子和转子散热，其难点在于转子散热。

### 1. 定子散热

电机定子散热（冷却）手段主要包括风冷、水冷、油冷、热管冷却和相变冷却等。Bellettre等[35]采用节点法模拟了同步电机非稳态运行，并采用固-液相变材料对电机定子进行冷却，通过模拟和实验结果对比，确定了特定的参数，获得了良好的模拟精度。如图 12-19 所示，Wang 等[36]通过在电机外壳中添加石蜡相变材料，可以延长电机运行时间，降低电机工作周期内的温度峰值。Putra 等[37]采用风冷与热管冷却相结合的方法，对电机定子部分进行冷却（图 12-20）。大量文献[38-44]研究了电机定子水套冷却的流动换热性能及结构优化，大多采用有限元方法进行模拟研究，包括对水套流道尺寸、布置结构的优化研究以及冷却水工作参数的优化研究。也有文献[45,46]提出采用浸润式油冷的方式对电机进行冷却，但在真空环境下运行的飞轮储能系统中则需要采用不挥发的真空油，且应对冷却流道进行相应的优化设计，应避免真空油在定子和转子动静部件间流动。不同冷却手段的采用需要考虑真空的要求，这对冷却结构密封提出了较高要求。

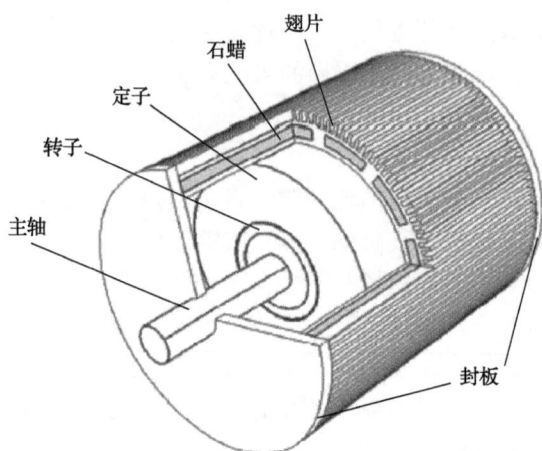

图 12-19　电机定子相变冷却结构示意图

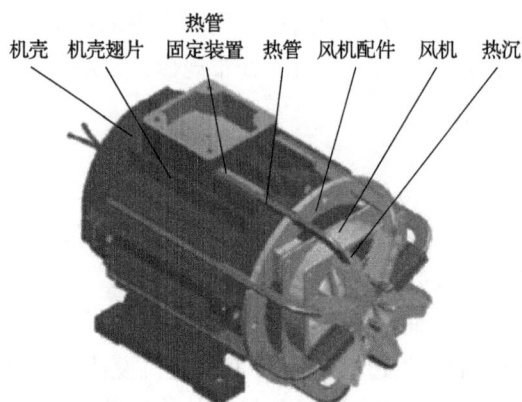

图 12-20　电机定子热管冷却示意图

## 2. 转子散热

电机转子冷却方式主要包括轴孔内油冷、填充惰性低分子质量冷却气体以及强化辐射换热等。针对飞轮储能系统电机转子，Jung 等[47]提出了轴心内热虹吸冷却结构(图 12-21)，通过在电机和磁轴承发热部位布置储液槽的方式，可同时对电机和磁轴承转子进行冷却。Li等[48]采用数值模拟的方法研究了飞轮储能系统转子单回路热虹吸冷却结构，如图 12-22 所示，该冷却方法是将飞轮转子旋转过程中产生的离心力作为热虹吸回路中冷却流体的驱动力，通过冷却介质将转子发热部位的热量迅速传导至转轴冷端进行冷却。结果表明，单热虹吸回路更适用于电机转子冷却。文献[49]和[50]研究了电机定子和转子热管冷却方式，由热管将电机热量传导至冷却室内，如图 12-23 和图 12-24 所示，通过冷却流体带走热量。专利[51]～[53]提出了飞轮储能系统转子轴孔冷却方式，分为主动式和自吸式冷却方案，如图 12-25 和图 12-26 所示，通过在转子轴心开孔，并导入冷却气体或液体，带走系统热量。专利[54]提出飞轮高速运行过程中采用油泵冷却可能会造成转子失稳，因此应根据飞轮的旋转速度在较低转速下进行喷油控制，间歇冷却转子。

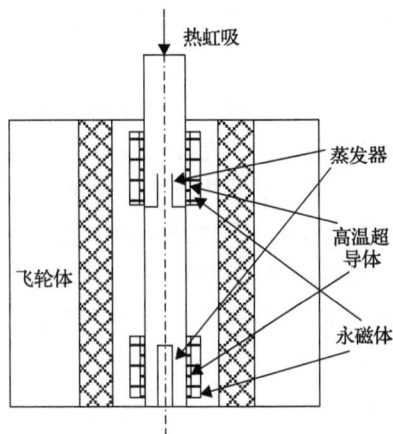

图 12-21 飞轮储能系统热虹吸冷却结构

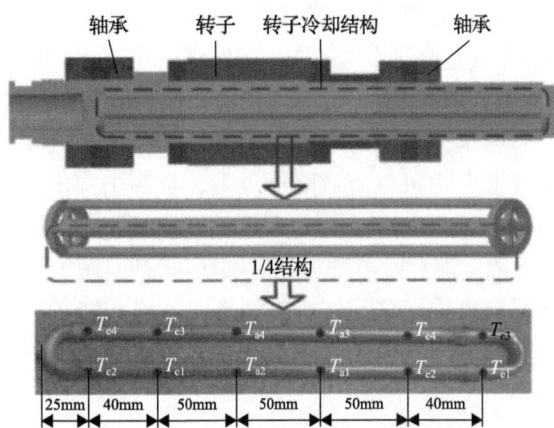

图 12-22 飞轮储能系统转子冷却结构

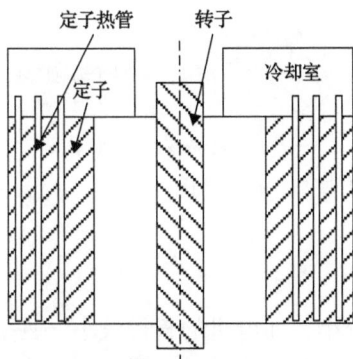

图 12-23 电机定子热管冷却布局

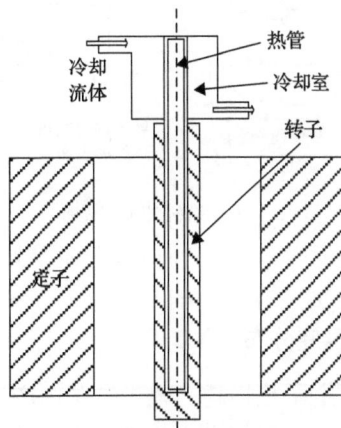

图 12-24 电机转子热管冷却布局

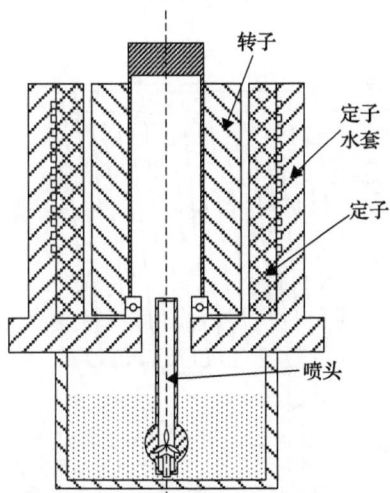

图 12-25 主动式飞轮转子轴孔冷却图

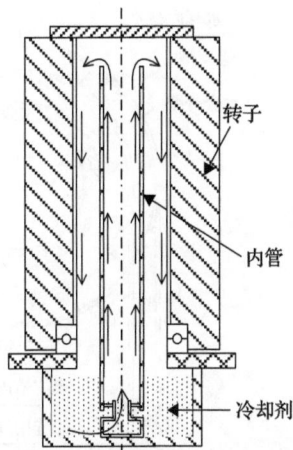

图 12-26 自吸式飞轮转子轴孔冷却图

值得注意的是，在真空条件下冷却系统内冷却流体的挥发、密封及腐蚀问题需要考虑。同时，需要考虑流体随转子旋转过程中的发热、动能损失以及流体对转子动平衡的影响（尤其是高速状态下）。在保证一定真空度的情况下，可向真空室内填充氦气和空气混合物，以增强转子流动换热能力。Suzuki 等[55]和 Ajisman 等[56]研究了在飞轮储能系统真空室内填充氦气对系统风阻的影响。结果表明，与纯空气相比，在真空室内填充氦气和空气混合物可以有效降低风阻，提高击穿电压，同时增强转子散热能力。专利[57]提出了非接触式飞轮转子辐射换热强化手段，即在转子发热位置增加径向或轴向扩展表面，同时在固定端（冷端）增加相对的换热表面（图 12-27），以增强转子辐射换热能力。专利[58]和[59]提出采用磁流体密封将真空环境和转子冷却部分分离，气-液相变工质将热量从转子发热段取出，采用常规对流方式对气-液相变工质进行冷却。

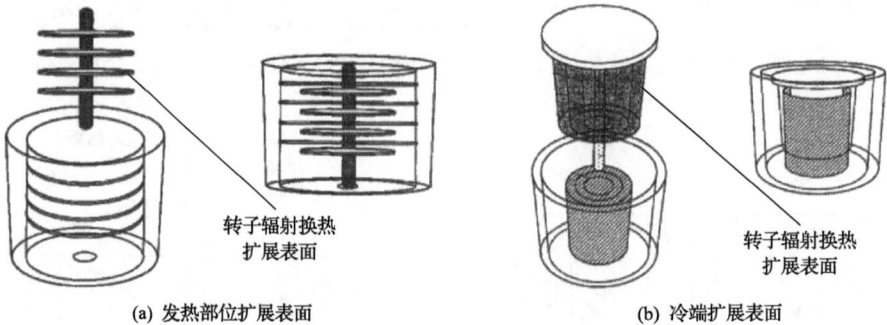

(a) 发热部位扩展表面　　　　　　　　　　　(b) 冷端扩展表面

图 12-27　扩展表面强化转子辐射换热结构示意图

### 12.3.3　温度分布

相较定子热损耗，电机转子内产生的损耗量较小，而电机的直径较小，真空条件下风损量极小，目前中小功率电机对转子散热不采用强化散热措施，因此更关注电机定子的温度分布。当前对电机定子散热多采用在外壁布置螺旋水套结构散热，如图 12-28 所

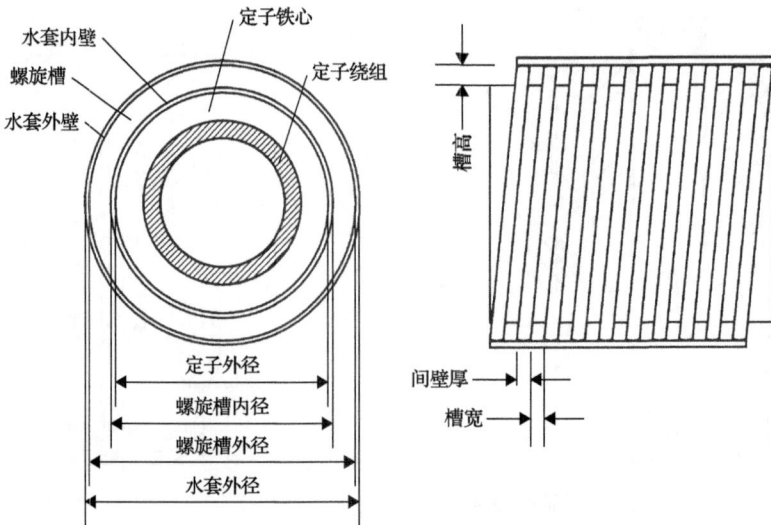

图 12-28　螺旋水套冷却示意图

示，以槽高、间壁厚和槽宽为水套的特征参数。其中，电机定子、定子绕组的损耗以热传导形式传递到外壳，然后大部分热量被冷却液所吸收。少量热量以自然对流的方式散发到周围的空气中，电机转子和永磁体损耗转化的热量则以热传导方式被电机轴、飞轮吸收后辐射给飞轮电机的定子及机组壳体。

### 1. 等效复合换热模型

通过分析可建立等效复合换热模型，包括绕组发热与传热、硅钢片的发热与传热、水套模型的简化，具体传热的计算过程如下：

$$\Phi = mc_p\Delta T \tag{12-11}$$

式中，$m$ 为冷却流体质量流量；$\Delta T$ 为冷却流体的温度变化；$c_p$ 为冷却流体的比热容。根据已知工况热负荷 $\Phi$，由式(12-11)可以计算得到所需冷却流体质量流量 $m$。

冷却流体入口流速为

$$v = \frac{q_v}{A} \tag{12-12}$$

式中，$q_v$ 为体积流量；$A$ 为入口截面积。

进而计算得到雷诺数 $Re = \dfrac{\rho v d}{\mu}$，$d$ 为当量直径，$v$ 为流速，$\mu$ 为流体动力黏度。然后根据相关换热经验关系式[34]计算得到以下结论。

当 $Re > 10000$ 时，采用迪图斯-贝尔特经验公式计算管内湍流强制对流换热：

$$Nu = 0.023Re^{0.8}Pr^{0.4} \tag{12-13}$$

当 $Re < 2200$ 时，采用齐德-泰特经验公式计算长为 $L$ 的管道的平均努塞尔数[34]：

$$Nu = 1.86Re^{\frac{1}{3}}Pr^{\frac{1}{3}}\left(\frac{d}{L}\right)^{\frac{1}{3}}\left(\frac{\mu}{\mu_w}\right)^{0.14} \tag{12-14}$$

式中，$Pr$ 为普朗特数；$L$ 为管长；$\mu_w$ 为由壁面温度计算的动力黏度。由式(12-13)和式(12-14)可计算得到努塞尔数 $Nu$。

为了强化换热，水套采用螺旋结构，如图 12-28 所示。由于螺旋管内流体在向前运动的过程中连续改变方向，会在横截面上引起二次环流而强化换热。工程上一般采用努塞尔数 $Nu$ 乘以一个螺旋管修正系数 $C_r$ 来计算实际努塞尔数[34]。

对于液体：

$$C_r = 1 + 10.3\left(\frac{d}{R}\right)^3 \tag{12-15}$$

式中，$R$ 为水套螺旋半径，那么修正后的努塞尔数为

$$Nu' = C_rNu \tag{12-16}$$

根据努塞尔数的定义可以计算得到

$$Nu' = \frac{hd}{\lambda} \tag{12-17}$$

式中，$h$ 为对流换热系数；$\lambda$ 为流体导热系数。

由式(12-15)~式(12-17)可以得到水套对流换热系数 $h$。在保证热负荷 $\Phi$ 不变的情况下，通过对比模型水套换热面积与实际水套换热面积，可以计算得到等效对流换热系数 $h'$，用等效复合换热模型开展数值计算。

### 2. 数值计算模型和温度分布

在数值计算过程中，当冷却液入口温度和冷却液温升不变时，不同槽道尺寸对应等效对流换热系数相等，那么数值计算获得的温度场一致。

模拟计算采用如图 12-29 所示的计算模型，进行如下假设。

(1)以其中一个定子槽楔作为计算对象来代表整个电机定子的研究对象。

(2)水套的对流换热折合成等效换热面积上的对流换热，以对流壁面边界条件处理，只需提供传热流体的平均温度和对流换热系数。

(3)定子铁损和铜损通过分别在绕组、不同位置的硅钢片设置内热源的方式考虑。

(4)使用三维模型稳态计算定子内部的温度分布。

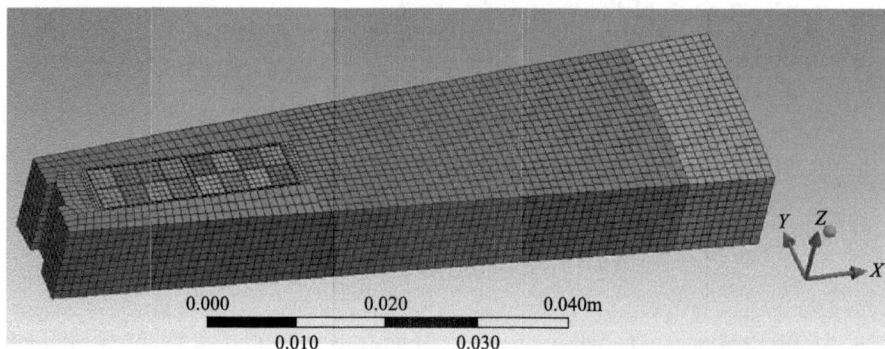

图 12-29　定子计算模型和网格划分

边界条件如图 12-30 所示，考虑了绕组的具体结构，绕组内设置体热源 1，绕组旁边的硅钢片设置体热源 2，靠近水套位置的硅钢片设置体热源 3，在最外侧设置对流边界条件，在上下两个侧面设置对称边界条件。

根据相关假设，建立柱坐标下的控制方程如下。

质量守恒方程：

$$\frac{\partial(\rho u_R)}{\partial R} + \frac{1}{R}\frac{\partial(\rho u_\theta)}{\partial \theta} + \frac{\partial(\rho u_z)}{\partial z} = 0 \tag{12-18}$$

式中，$u_R$ 和 $u_\theta$ 和 $u_z$ 分别为 $R$ 方向、$\theta$ 方向和 $z$ 方向上的速度。

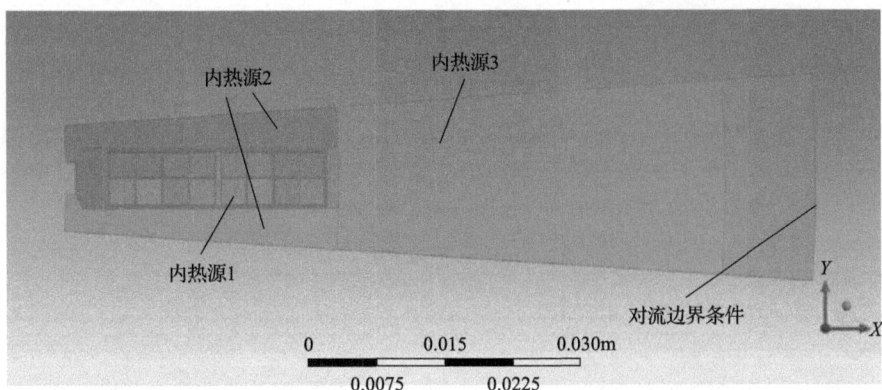

图 12-30　主要边界条件设置

能量守恒方程：

$$\frac{1}{R}\frac{\partial}{\partial R}\left(\frac{k}{\rho c_p}\frac{\partial T}{\partial R}\right) + \frac{1}{R^2}\frac{\partial}{\partial \theta}\left(\frac{k}{\rho c_p}\frac{\partial T}{\partial \theta}\right) + \frac{\partial}{\partial z}\left(\frac{k}{\rho c_p}\frac{\partial T}{\partial z}\right) + \frac{\dot{\Phi}}{\rho c_p} = 0 \qquad (12\text{-}19)$$

初始条件如下：

$$h\left(T_{\mathrm{w}} - T_{\mathrm{f}}\right) = k\frac{\partial T}{\partial r}, \quad R = R_{\mathrm{o}}$$

式中，$R_{\mathrm{o}}$ 为添加水套之后的定子外半径；$T_{\mathrm{w}}$ 为壁面的温度；$T_{\mathrm{f}}$ 为流体的温度，其他边界为绝热边界条件。

根据上述物理模型和数学模型，采用数值方法可获得定子的温度分布。图 12-31 为某电机在一定冷却液入口条件下的定子温度分布，沿着径向方向，定子的温度越来越低，热量被最外侧的冷却液带走，在更靠近转子的定子绕组处取得最高温度 82.5℃。

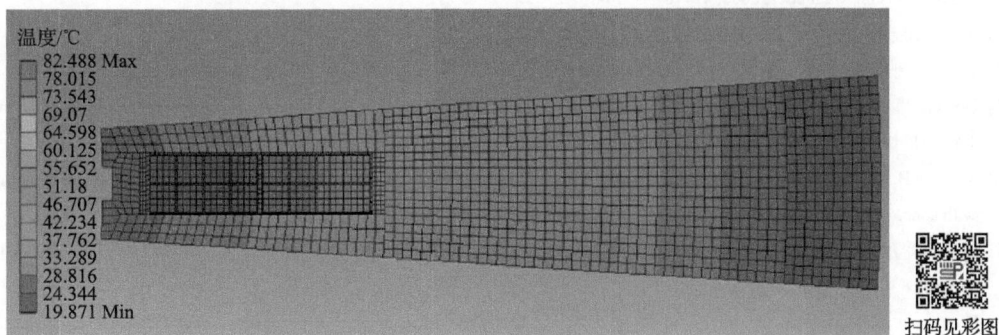

扫码见彩图

图 12-31　定子内部温度分布

## 参 考 文 献

[1] 秦庆雷. 飞轮储能用高速永磁电机损耗分析. 天津: 天津大学, 2016.

[2] 班东坡, 李红梅, 刘立文. 高效异步电机设计综述. 微电机, 2018, 51(4): 62-68.

[3] Mcclay C I, Williamson S. Influence of rotor skew on cage motor losses. IEE Proceedings-Electric Power Applications, 1998, 145(5): 414-422.

[4] Zhao H S, Liu X F, Luo Y L, et al. Time-stepping finite element analysis on the influence of skewed rotors and different skew angles on the losses of squirrel cage asynchronous motors. Science China-Technological Sciences, 2011, 54(9): 2511-2519.

[5] 汤蕴璆. 电机学. 4 版. 北京: 机械工业出版社, 1998.

[6] 周涛. 电动车辆再生制动用飞轮储能电机的研究. 南京: 东南大学, 2015.

[7] 刘凯. 小型直流微网用飞轮储能系统的研究. 哈尔滨: 哈尔滨工业大学, 2015.

[8] 赵争鸣. 新型同步磁阻永磁电机发展及现状. 电工电能新技术, 1998, (3): 24-27, 75.

[9] Lawrenson P J, Gupta S K. Developments in performance and theory of segmental-rotor reluctance motors. Proceedings of the Institution of Electrical Engineers-London, 1967, 114(5): 645-653.

[10] Kolehmainen J. Synchronous reluctance motor with form blocked rotor. IEEE Transactions on Energy Conversion, 2010, 25(2): 450-456.

[11] 蔡顺. 同步磁阻电机性能分析与结构优化. 杭州: 浙江大学, 2017.

[12] Bolund B, Bernhoff H, Leijon M. Flywheel energy and power storage systems. Renewable & Sustainable Energy Reviews, 2007, 11(2): 235-258.

[13] Jang S M, Jeong S S, Ryu D W, et al. Comparison of three types of PM brushless machines for an electro-mechanical battery. IEEE Transactions on Magnetics, 2000, 36(5): 3540-3543.

[14] Pyrhonen J, Jokinen T, Hrabovcova V, et al. 旋转电机设计. 2 版. 柴凤, 裴宇龙, 于艳君, 等译. 北京: 机械工业出版社, 2018.

[15] 杜林奎. 飞轮储能用高速永磁电机温度场及系统放电过程的研究. 北京: 北京交通大学, 2017.

[16] 苏绍禹. 永磁电动机机理、设计及应用. 2 版. 北京: 机械工业出版社, 2019.

[17] 徐登辉. 飞轮储能系统电机与轴系设计. 杭州: 浙江大学, 2016.

[18] 陈世坤. 电机设计. 2 版. 北京: 机械工业出版社, 2013.

[19] 周凤争, 沈建新, 王凯. 转子结构对高速无刷电机转子涡流损耗的影响. 浙江大学学报(工学版), 2008, (9): 1587-1590.

[20] Bertotti G. General-properties of power losses in soft ferromagnetic materials. IEEE Transactions on Magnetics, 1988, 24(1): 621-630.

[21] 孔晓光, 王凤翔, 徐云龙, 等. 高速永磁电机铁耗的分析和计算. 电机与控制学报, 2010, 14(9): 26-30.

[22] Mori K, Yanase S, Okazaki Y, et al. 2-D magnetic rotational loss of electrical steel at high magnetic flux density. IEEE Transactions on Magnetics, 2005, 41(10): 3310-3312.

[23] 余莉, 胡虔生, 易龙芳, 等. 高速永磁无刷直流电机铁耗的分析和计算. 电机与控制应用, 2007, (4): 10-14, 32.

[24] 张洪亮, 邹继斌, 陈霞, 等. PMSM 定子铁耗与磁极涡流损耗计算及其对温度场的影响. 微特电机, 2008, (5): 1-4, 39.

[25] Dowell P L. Effects of eddy currents in transformer windings. Proceedings of the Institution of Electrical Engineers-London, 1966, 113(8): 1387-1394.

[26] Reddy P B, Jahns T M, Bohn T P. Modeling and analysis of proximity losses in high-speed surface permanent magnet machines with concentrated windings//IEEE Energy Conversion Congress and Exposition(ECCE), Atlanta, 2010.

[27] 张晓晨, 李伟力, 邱洪波, 等. 超高速永磁同步发电机的多复合结构电磁场及温度场计算. 中国电机工程学报, 2011, 31(30): 85-92.

[28] Bottauscio O, Pellegrino G, Guglielmi P, et al. Rotor loss estimation in permanent magnet machines with concentrated windings. IEEE Transactions on Magnetics, 2005, 41(10): 3913-3915.

[29] Deng F. Commutation-caused eddy-current losses in permanent-magnet brushless DC motors. IEEE Transactions on Magnetics, 1997, 33(5): 4310-4318.

[30] Deng F, Nehl T W. Analytical modeling of eddy-current losses caused by pulse-width-modulation switching in permanent-magnet brushless direct-current motors. IEEE Transactions on Magnetics, 1998, 34(5): 3728-3736.

[31] Fu W N, Liu Z J. Estimation of eddy-current loss in permanent magnets of electric motors using network-field coupled

multislice time-stepping finite-element method. IEEE Transactions on Magnetics, 2002, 38(2): 1225-1228.

[32] Zhong D H, Hofmann H. Steady-state finite-element solver for rotor eddy currents in permanent-magnet machines using a shooting-Newton/GMRES approach. IEEE Transactions on Magnetics, 2004, 40(5): 3249-3253.

[33] Wu L J, Zhu Z Q, Staton D, et al. Analytical modeling and analysis of open-circuit magnet loss in surface-mounted permanent-magnet machines. IEEE Transactions on Magnetics, 2012, 48(3): 1234-1247.

[34] 杨世铭, 陶文铨. 传热学. 北京: 高等教育出版社, 2019.

[35] Bellettre J, Sartre V, Biais F, et al. Transient state study of electric motor heating and phase change solid-liquid cooling. Applied Thermal Engineering, 1997, 17(1): 17-31.

[36] Wang S, Li Y, Li Y Z, et al. Transient cooling effect analyses for a permanent-magnet synchronous motor with phase-change-material packaging. Applied Thermal Engineering, 2016, 109: 251-260.

[37] Putra N, Ariantara B. Electric motor thermal management system using L-shaped flat heat pipes. Applied Thermal Engineering, 2017, 126: 1156-1163.

[38] 王晓远, 杜静娟. CFD 分析车用电机螺旋水路的散热特性. 电工技术学报, 2018, 33(4): 955-963.

[39] Chiu H C, Jang J H, Yan W M, et al. Thermal performance analysis of a 30kW switched reluctance motor. International Journal of Heat and Mass Transfer, 2017, 114: 145-154.

[40] 王淑旺, 高月仙, 谭立真. 永磁同步电机温度场分析与水道结构优化. 电机与控制应用, 2016, 43(7): 51-56.

[41] 丁杰, 张平. 永磁同步电机的冷却结构优化设计及温度场仿真. 微特电机, 2016, 44(6): 31-34.

[42] 佟文明, 程雪斌. 高速水冷永磁电机冷却系统分析. 电机与控制应用, 2016, (3): 16-21.

[43] Lee K H, Cha H R, Kim Y B. Development of an interior permanent magnet motor through rotor cooling for electric vehicles. Applied Thermal Engineering, 2016, 95: 348-356.

[44] 杨学威, 张小发. 电机壳体 Z 字型冷却水道设计. 电机与控制应用, 2016, 43(9): 62-65.

[45] Lim D H, Kim S C. Thermal performance of oil spray cooling system for in-wheel motor in electric vehicles. Applied Thermal Engineering, 2014, 63(2): 577-587.

[46] Davin T, Pellé J, Harmand S, et al. Experimental study of oil cooling systems for electric motors. Applied Thermal Engineering, 2015, 75: 1-13.

[47] Jung S, Lee J, Park B, et al. Double-evaporator thermosiphon for cooling 100kWh class superconductor flywheel energy storage system bearings. IEEE Transactions on Applied Superconductivity, 2009, 19(3): 2103-2106.

[48] Li F, Gao J, Shi X, et al. Experimental investigation of single loop thermosyphons utilized in motorized spindle shaft cooling. Applied Thermal Engineering, 2018, 134: 229-237.

[49] Hassett T, Hodowanec M. Electric motor with heat pipes: US, 20090533236. 2012-10-09.

[50] Fedoseyev L, Pearce E M. Rotor assembly with heat pipe cooling system: US, 13/917545. 2016-05-03.

[51] Veltri J A, MacNeil C, Lampe A. Cooled flywheel apparatus: US, 201314072462. 2014-05-08.

[52] Arseneaux J, Ansbigian D, DeSantis D, et al. Self-pumping flywheel cooling system: US, 14/794535. 2018-01-02.

[53] 戴兴建, 张凯, 徐旸. 电机转子中空轴内导热油冷却装置及飞轮储能电机: 中国, CN201910530145.5. 2020-12-15.

[54] 戴兴建, 胡东旭, 王艺斐, 等. 一种飞轮电机的可调控泵油冷却方法: 中国, CN202110682626.5. 2021-11-09.

[55] Suzuki Y, Koyanagi A, Kobayashi M, et al. Novel applications of the flywheel energy storage system. Energy, 2005, 30(11-12): 2128-2143.

[56] Ajisman A, Yamagata K, Kobuchi J, et al. Study of cooling gases for windage loss reduction. IEEJ Transactions on Power and Energy, 2000, 120(3): 478-483.

[57] Yuki A, Masaru N, Hiyoshi H, et al. Non-contact unit cooling device by radiation of flywheel for power storage: JP20100037110. 2011-08-09.

[58] 王艺斐, 王亮, 戴兴建, 等. 一种飞轮储能转子散热系统: 中国, CN202011428489.4. 2021-03-19.

[59] 王艺斐, 王亮, 戴兴建, 等. 一种飞轮储能转子散热系统: 中国, CN202011427891.0. 2022-04-19.

# 第 13 章

# 轴承及飞轮电机轴系转子动力学

飞轮轴系使用的轴承包括滚动轴承、流体动压轴承、永磁轴承、电磁轴承和高温超导磁悬浮轴承。轴承的研发目标主要为提高可靠性、降低损耗和延长使用寿命。飞轮电机转子轴承是飞轮储能装置核心组件，轴系的平稳升速、降速是充电、放电基本条件，评价飞轮电机转子动力学性能的指标参数包括临界转速、失衡量、不平衡响应、稳定性等。本章将围绕国内外飞轮储能装置轴承技术现状、主动磁轴承的设计方法、主动控制算法、转子动力学理论、轴系模态分析和转子动力学分析实例等方面展开介绍。

## 13.1 飞轮轴承主要类型

飞轮轴承结构可以分为接触式和非接触式两大类[1,2]。接触式轴承是指机械轴承，其结构简单、技术成熟、成本低，但在高速重载条件下，其摩擦损耗较高，降低了飞轮储能的充放电效率，因此不适合单独作为飞轮储能装置的支承。非接触式轴承指磁轴承，磁轴承一般由转子和定子组成，磁轴承的工作原理是利用磁场力将转子悬浮在确定位置，起到支承飞轮、减少摩擦和控制飞轮稳定旋转的作用。

### 13.1.1 机械轴承

机械轴承的优点是稳定性好、控制简单，缺点是寿命短、噪声高和摩擦损耗大。冯奕等[3]设计并制作了一套基于机械轴承的飞轮储能系统，采用深沟球滚动轴承支承转子系统，通过对系统的损耗与转速的关系进行测量与分析发现，当转速为 10000r/min 时，风损与机械轴承损耗相当，在转速小于 10000r/min 时，风损与机械轴承损耗约占系统总损耗的 85%，直接影响了储能效率。日本长冈技术科技大学设计了一种采用角接触球轴承提供径向与轴向支承的飞轮，最高转速为 3315r/min[4]；董志勇等[5]设计了一种永磁轴承与小型螺旋槽流体动压锥轴承混合支承的飞轮系统。通过研究发现，适当减小锥顶半径、降低螺旋槽轴承承载力可以有效减小轴承摩擦损耗。

机械轴承不适合单独作为飞轮储能装置的支承，往往与永磁轴承或主动磁轴承配合使用。同时，机械轴承通常作为保护轴承避免磁悬浮系统失效造成转子跌落发生强烈的碰撞反应，目前的磁悬浮轴承系统中保护轴承多用角接触球轴承，且一般只能承受 1 次或 2 次转子跌落即损坏，需要多次更换设备中的保护轴承以免转子烧伤[6]。此外，也有研究将深沟球滚动轴承、滑动轴承、自消除间隙轴承、双层保护轴承、圆柱滚子轴承等类型的轴承作为保护轴承，抗冲击性能良好的保护轴承具有重要的研究价值[7]。图 13-1

给出了主动磁轴承系统中保护轴承与转子装配示意图。

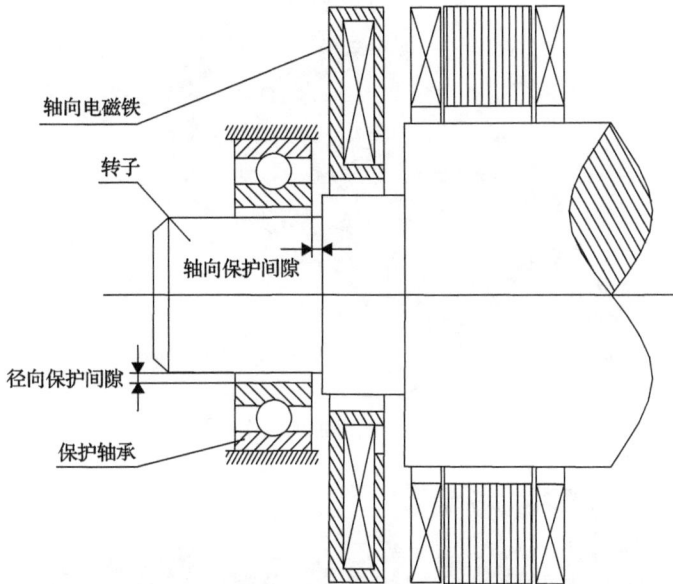

图 13-1　主动磁轴承系统中的保护轴承[8]

### 13.1.2　磁轴承

　　磁轴承相较于机械轴承具有转子和轴承无接触、摩擦损耗小、充放电效率高和转速上限高的优点，延长了轴承的使用寿命，使其成为飞轮储能装置的理想支承方式。此外磁轴承的刚度和阻尼都可以通过调节电磁力的输出来实现灵活调节，使得转子跨越临界转速的能力和安全性得到明显的提高。磁悬浮轴承可进一步细分为主动磁轴承(active magnetic bearing，AMB)、永磁轴承(permanent magnetic bearing，PMB)、超导磁轴承(super conducting magnetic bearing，SMB)[9]。

　　1. 主动磁轴承

　　主动磁轴承采用反馈控制技术，根据转子的位置调节电磁铁的励磁电流，以调节对转子的电磁吸力，从而将转子控制在合适的位置上[10]，其系统结构如图 13-2 和图 13-3 所示。

　　从 20 世纪 60 年代开始，发达国家开始进行磁轴承飞轮的理论与实验研究工作，积极进行空间环境及飞行器实验研究，取得了很大的进展[11,12]。随着对磁悬浮技术研究的深入，磁轴承技术逐渐成为悬浮动量飞轮的核心技术，近 20 年来，美国、俄罗斯、欧洲、日本等航天发达国家和地区开展了不同应用领域的研制工作。主要的研究机构(不包括商业公司)及其项目主要应用领域如表 13-1[13]所示。

　　1969 年，法国军部科研实验室开始磁轴承研究[14]，法国人 Studer[15]、Robinson[16]等相继开展了主动磁轴承动量轮的研究工作。1986 年法国发射 SPOT 地球资源卫星，这是第一个磁轴承用于通信卫星导向器飞轮的支承，通过磁轴承飞轮的姿态控制获得良好

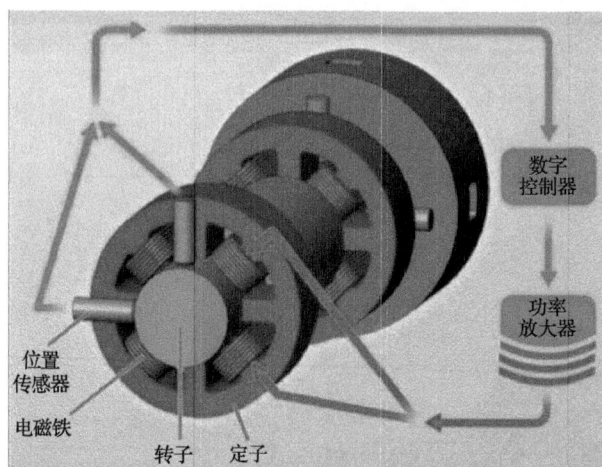

图 13-2　主动磁轴承工作原理

图 13-3　磁轴承零部件

表 13-1　主动磁轴承飞轮主要研究机构及其项目主要应用领域[13]

| 机构 | 应用领域 |
| --- | --- |
| 得克萨斯大学(美国) | 公共汽车、港口起重机 |
| 得克萨斯 A&M 大学(美国) | 航天飞轮 |
| 比亚威斯托克技术大学(波兰) | 不明确 |
| 千叶大学(日本) | 电动汽车 |
| 忠南国立大学(韩国) | 电网 |
| 达姆施塔特工业大学(德国) | 航天飞轮 |
| 开姆尼茨工业大学(德国) | 车载飞轮 |
| 都灵理工大学(意大利) | 不明确 |
| 乌普萨拉大学(瑞典) | 汽车、缆车飞轮 |

续表

| 机构 | 应用领域 |
|---|---|
| 弗吉尼亚大学(美国) | 通用 |
| 维也纳技术大学(奥地利) | 通用 |
| 苏黎世联邦理工学院(瑞士) | 自动焊机 |
| 清华大学(中国) | 航天飞轮 |
| 北京航空航天大学(中国) | 航天飞轮 |
| 国防科技大学(中国) | 航天飞轮 |
| 浙江大学(中国) | 储能飞轮 |

的指向精度和长期的稳定性，该卫星上有 3 个反作用飞轮，每个角动量为 15N·m·s，力矩为 0.2N·m，转速为 2400r/min。

苏联在"礼炮号"和"和平号"空间站都采用了磁悬浮支承系统，是空间站主要的姿态控制机构[12]。美国在 20 世纪 80 年代前认为磁轴承飞轮相对于传统机械轴承质量与体积过大、功耗高、系统较为复杂，不具备明显优势，因此没有发展航天飞轮，转而开始研究磁轴承飞轮储能技术，80 年代后，美国又开始重新展开对航天飞轮的研究。美国得克萨斯大学、得克萨斯 A&M 大学、弗吉尼亚大学、马里兰大学等[17-19]均开展过相关研究，得克萨斯大学、得克萨斯 A&M 大学[20,21]都曾发布过一系列主动磁轴承飞轮领域世界一流的研究成果[13]。

美国的主动磁轴承储能飞轮产业化也走在世界前列，Beacon Power 公司首先将飞轮储能在电网工程中应用[22]，推出了 100kW/25kW·h、160kW/30kW·h、360kW/36kW·h 等产品，在爱尔兰等地得到小规模应用，其飞轮转子采用复合材料转子，轴向支承采用电磁轴承与永磁轴承混合支承的方案，飞轮转速为 8000～20000r/min[4]。Vycon 公司推出 300kW 主动磁轴承储能飞轮产品，其工作转速达到 36000r/min，已经成功应用于不间断电源、牵引电源、风电、移动电源、船厂移动式起重机、智能电网储能等领域。Active Power 公司在原有的 250kW 飞轮基础上推出 300kW 和 625kW 两种不间断电源飞轮，该飞轮采用轴向电磁轴承、径向机械轴承的结构，300kW 飞轮最高转速达到 10000r/min[23]。Amber Kinetic 公司的飞轮特点为小功率大容量，采用径向机械轴承和轴向电磁轴承结构，最高转速为 8500r/min[24]。Powerthru 公司的飞轮主要用于不间断电源，该飞轮在轴向和径向均采用电磁轴承[25]。

德国 Teldix 公司研制的 MWX 万向低噪声磁悬浮飞轮转速为 6000～10000r/min，并推出 MWI 系列空间力矩陀螺与反作用飞轮[26]；Stornetic 公司的 80kW/3.6kW·h 飞轮采用复合材料转子和电磁轴承，最高转速达到 45000r/min，其产品在法国、德国、日本等地均有应用；Adaptive Balancing Power 公司设计 500kW/10kW·h 的磁悬浮飞轮成功与 2MW 钛酸锂电池储能集成应用[27]。

日本国家宇航实验室研制的磁轴承飞轮在 MABES 卫星上进行了搭载实验[28]，日本铁路技术研究所设计的飞轮储能装置，采用径向电磁轴承、轴向超导轴承的方案，该飞轮采用复合材料和金属材料分别制作了轮体，转子质量分别为 3.2t 与 4t，最高转速为 3000r/min。日本研究人员也积极将储能飞轮应用在电动汽车与光伏电站领域[29]。

我国磁轴承研究起步较晚，20 世纪 70 年代末国内的一些科研单位才展开磁轴承的研究工作，主动磁轴承飞轮直至 2000 年左右才真正起步[13]。清华大学与北京航空航天大学率先开展了主动磁轴承在航天飞轮上的应用，清华大学张凯等[30,31]解决了强陀螺效应转子的磁轴承控制稳定性问题。白金刚等[32]和戴兴建等[33]研制了支承高速转子的电磁轴承，并在磁轴承的功率放大器设计和参数辨识等方面展开了工作；杨春帆等[34]研制的磁悬浮姿控/储能飞轮原理样机，设计转速可以达到 42000r/min，5 个自由度全部采用主动电磁控制。

张绍武等[35]研制的飞轮样机，轴向和径向均采用主动电磁轴承实现转子的稳定悬浮，设计最高转速为 16000r/min；吴刚等[36]提出通过主动电磁控制与永磁被动控制相结合，实现飞轮的结构简化和功耗降低，适用于空间环境；南京航空航天大学谢振宇研制的储能飞轮径向与轴向均采用主动磁轴承，最高转速为 12000r/min。

### 2. 永磁轴承

永磁轴承的结构型式有很多。按照永磁轴承的功能来划分，主要可以分为径向永磁轴承和轴向永磁轴承。其中，径向永磁轴承主要可以根据力的类型分为吸力型和斥力型。在实际生产应用中，由于磁环径向磁化的难度相对较大，现在一般主要采用轴向磁化的方式对磁环进行磁化，并利用这种磁环来组建永磁轴承[37]。随着永磁材料的发展，永磁轴承的承载能力也在不断提高[38]。永磁轴承通过永磁体之间的吸引力或排斥力工作，磁体无需电源、结构简单、能耗低，能提供大的卸载力。但由于磁极在永磁体产生的空间磁场中不能实现静态稳定，要想单独使用永磁轴承实现稳定悬浮是不可能的，通常将永磁轴承和其他轴承混合使用，如图 13-4 所示。

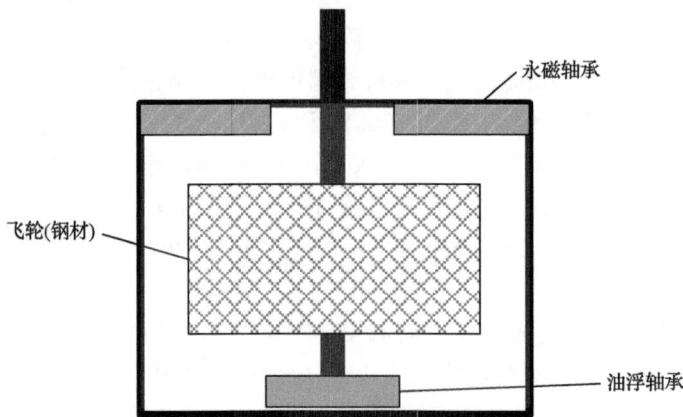

图 13-4  永磁轴承与油浮轴承混合支承[39]

随着永磁材料的技术进步，实用化的永磁偏置轴承开始出现，1978 年，Sarma 等提出利用钐钴永磁体作为偏置磁场源的磁轴承[40]，1990 年 Sortore 等[41]研究发现，永磁偏置磁轴承在系统功耗方面具有优势。美国宇航局将磁轴承姿态控制与飞轮储能进行集成[42]，格伦研究中心研制出了超 40000r/min 的低功耗 G2 磁轴承姿态控制/储能飞轮[43]，该飞轮磁轴承结构型式为轴向-径向一体化的五自由度永磁偏置混合轴承；美国 Beacon Power 公司推出了 160kW/30kW·h、360kW/36kW·h 等产品轴向采用永磁卸载轴承与电磁轴承方案。

成立于 2004 年的法国 Levisys 公司推出的 40kW/10kW·h 飞轮装置采用永磁轴承结构，丹麦技术大学推出的汽车采用飞轮装置，采用径向电磁轴承和轴向永磁轴承的支承方式，转速可以达到 30500r/min[44]。瑞士 ETH 在永磁偏置轴承的电磁设计、数学模型以及控制方法等领域具有优势[45]。Han 等[46]设计的飞轮样机轴向采用永磁偏置轴承、径向采用超导轴承和电磁轴承的方案，工作转速达到 4000r/min。

国内对于永磁轴承利用在飞轮上开始于 20 世纪 90 年代，清华大学利用轴向卸载永磁轴承、径向油膜轴承方案制作的小型飞轮储能实验系统在 1998 年成功运转到 48000r/min；在研制 10kg 飞轮电磁悬浮储能实验系统中，稳定运行转速达到了 28500r/min。采用永磁、滚动轴承混合支承方式，可实现 100kg 转子 16500r/min 的稳定运行；2012 年清华大学研制 100kW 电动/500kW 发电的储能工程样机，采用重型永磁吸力轴承进行卸载，承担飞轮轴系重量的 95%，工作转速为 1800～3600r/min。

北京航空航天大学主要围绕低功耗永磁偏置轴承展开研究，提出了多种拓扑结构的永磁偏置轴承[47-49]。国防科技大学重点研究了一种永磁轴承与电磁轴承混用支承转子的航天飞轮系统，由永磁铁实现转子某几个自由度的被动稳定，通过电磁悬浮与永磁悬浮结合，提高飞轮可靠性[36]。汤双清等[50]研究的飞轮采用轴向永磁轴承与径向电磁轴承结合的支承方式，从电动磁轴承的机理上导出稳定运转条件。张建成[39,51]设计的储能飞轮系统支承结构采用永磁吸力轴承和油浮轴承组成的混合轴承，其最高转速为 6000r/min。

### 3. 超导磁轴承

超导磁轴承利用迈斯纳效应(Meissner effect)，基于超导体的抗磁性，可以获得具有足够大磁场力的转子磁悬浮。超导悬浮既可采用永磁体与超导块材磁通钉扎方式，又可采用超导体与超导线圈的磁通排斥方式。高温超导轴承通常使用永磁体和超导体的磁通钉扎方式工作，转子为永磁体，超导体定子通过迈斯纳效应提供本征磁悬浮力，借助磁通钉扎效应保证转子悬浮稳定性，具有不需要外部闭环反馈控制就能实现悬浮自稳定的优点[52]。图 13-5[53]为一种超导电磁混合轴承结构。

超导效应需要在极低温环境下产生，所需低温恒温系统构成复杂，成本高，自身有维持能耗。此外，相较于主动磁轴承，超导磁轴承还有承载刚度和阻尼较小，存在悬浮力衰减等问题，限制了其应用[54]。

在高温超导飞轮储能系统的研制方面，美国的波音、德国的 ATZ 等公司处在世界前列[55]。波音公司研制的高温超导轴承是轴向型高温超导轴承的典型代表。高温超导轴承的永磁转子由 3 个径向充磁的同心永磁环组成，永磁环由多弧段拼接而成，该飞轮系统最高转速为 23675r/min，整个系统的损耗低于总储能的 1%[56]。2009 年波音公司研制的 3kW/5kW·h 超导飞轮，采用制冷机冷却超导材料，大幅提高了悬浮特性，减少了能量损耗[52,56]。

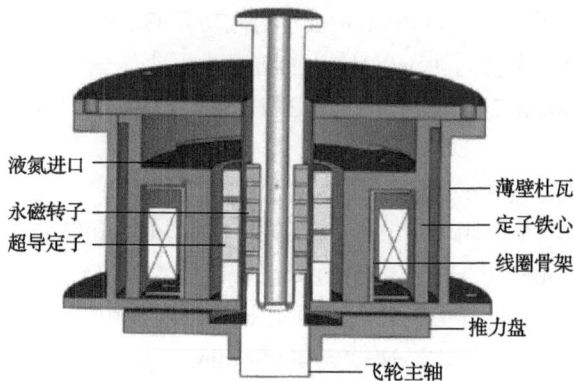

图 13-5 超导电磁混合轴承结构[53]

德国 ATZ 公司从 2005 年开始相继研发了一系列高温超导飞轮储能系统，其设计制造的径向型高温超导轴承具有占用空间小、轴向悬浮力和径向控制刚度大、损耗小等优点[52]。

2010 年韩国电力研究院研制的 10kW·h 飞轮储能系统支承采用两个径向超导轴承，其设计最高转速为 67000r/min[57]，该研究院还在优化高温超导轴承的气隙磁通密度分布、100kW 级冷却轴承技术方面做了深入研究[58]。日本超导工学研究所采用复合轴承，在制造超导磁悬浮飞轮时，除超导轴承外，还增设了电磁轴承控制振动[59]。

在高温超导磁悬浮领域，国内起步较晚，技术力量较为薄弱，主要研究机构有中国科学院电工研究所、西南交通大学、上海大学等[60]。2000 年，中国科学院电工研究所提出基于高温超导混合轴承的飞轮储能系统方案[61]，次年成功实现了高温超导混合磁悬浮轴承高速运转，最高运行转速为 9600r/min，具有大范围稳定性[62]。中国科学院电工研究所李万杰等[63]提出一种超导电磁混合磁悬浮轴承设计方案，试制了样机并对仿真及实验结果进行了对比分析，验证了可行性。2009 年，西南交通大学设计制造了一台采用上下两个轴向型高温超导磁悬浮轴承，用于悬浮和稳定飞轮转轴，最高可实现 13000r/min 的转速[64]。中国科学院长春光学精密机械与物理研究所研制的小型飞轮样机转速可达 33000r/min，该飞轮采用单个超导轴承同时作为轴向支承和径向支承，飞轮转子为无轴盘式结构[65]。成都理工大学研制的飞轮样机的支承系统采用上部径向永磁轴承，下部径向超导磁轴承的结构，设计理论转速为 15000r/min[66]。

在飞轮储能系统整机测试时，通常会遇到振动过大或稳定性不足的难题，往往达不到设计最高运行转速，这体现了飞轮轴承系统的高技术门槛特点。

# 13.2 主动磁轴承设计

## 13.2.1 磁轴承磁铁及电磁力模型

径向主动磁轴承的硬件组成，包括定子电磁铁、转子、非接触位移传感器、控制器、功率放大器等。磁轴承的本质是通过对电磁铁线圈中的电流进行实时动态控制，使电磁铁定子产生动态变化的电磁吸力，吸力的大小由线圈电流大小决定[11]。

位移传感器检测转子外表面相对于理想工作位置的偏移量 $\Delta y$，控制器根据此偏移量给出控制信号，经功率放大器后，成为控制电流 $i$。$i$ 在电磁铁执行器中形成相应强度的电磁场，产生可控的电磁吸力，将转子吸附在理想工作位置上，实现对转子的支撑作用，整个过程是一个闭环往复的过程[11]。

电磁铁以差动方式工作才能实现在某个方向的主动控制。图 13-6 为两自由度磁轴承结构示意图，在 $y$ 方向上有两个电磁铁，当转子发生偏转时，上下两个电磁铁的气隙发生变化，为了使转子恢复平衡状态，对线圈 2 和 4 施加工作电流，此时线圈 2 的电流为偏置电流和工作电流之和，线圈 4 的电流为偏置电流和工作电流之差，从而改变磁路的上下吸力，使转子回到平衡位置。整个磁轴承通过控制线圈 1 与线圈 3 的电流产生所需 $x$ 方向电磁力，通过控制线圈 2 与线圈 4 的电流产生所需 $y$ 方向电磁力。

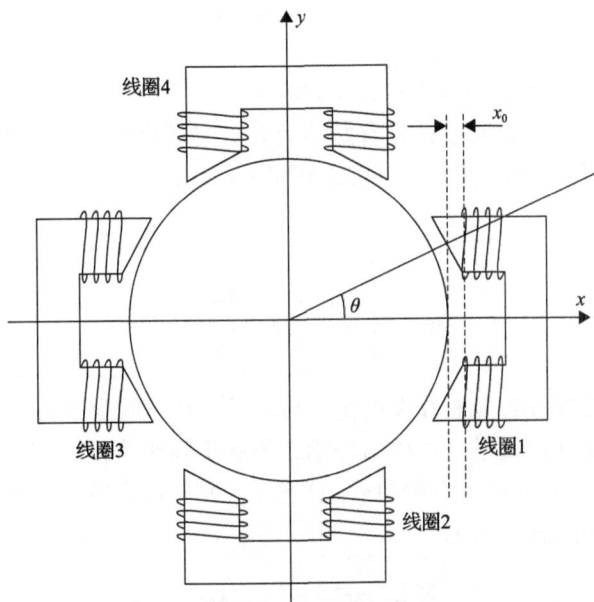

图 13-6　两自由度磁轴承结构示意图[67]

在一个转子轴的前后端各安装这样一套磁轴承，其四自由度的刚体运动可以得到悬浮控制；再加上一套轴向磁轴承，则可以实现转子轴向磁悬浮。

对于单电磁铁，气隙中的磁阻远大于铁心磁阻，因此可以忽略定子和转子中的磁势降。根据磁路定理，闭合回路中的磁动势等于各段磁路上的磁势降的代数和。则磁铁产生的磁动势为

$$F = 2\Phi R_A = NI \tag{13-1}$$

式中，$\Phi$ 为回路中的磁通量；$R_A$ 为气隙磁阻；$N$ 为两边齿部的总绕组匝数；$I$ 为通入电流。当磁路中的横截面积为 $A$ 时，有

$$NI = 2\Phi R_{\mathrm{A}} = 2BA\frac{s_{\mathrm{m}}}{\mu_0 A} \tag{13-2}$$

其中，$B$ 为气隙磁通密度，T；$\mu_0$ 为真空中的磁导率。因此，气隙磁通密度可以表示为

$$B = \frac{\Phi}{A} = \frac{\mu_0 NI}{2s_{\mathrm{m}}} \tag{13-3}$$

式中，$s_{\mathrm{m}}$ 为气隙大小。

由 Maxwell 力公式，定子和转子之间产生的电磁力为

$$f = k\frac{i_{\mathrm{m}}^2}{s_{\mathrm{m}}^2} \tag{13-4}$$

$$k = \frac{1}{4}\mu_0 n^2 A\cos\theta \tag{13-5}$$

式中，$i_{\mathrm{m}}$ 为线圈电流；$\theta$ 为磁极夹角；$n$ 为转速。

电磁铁差动工作时，为使系统具有好的动力学控制特性，两个电磁铁线圈中会通偏置电流 $i_0$；在 $i_0$ 上再叠加控制电流 $i$，假定转子平衡间隙为 $s_0$，位移偏移量为 $s$，则电磁力合力为

$$f_{\mathrm{AMB}} = k\left[\frac{(i_0 + i)^2}{(s_0 - s)^2} - \frac{(i_0 - i)^2}{(s_0 + s)^2}\right] \tag{13-6}$$

式 (13-6) 中电磁力与电流平方成正比，与定子和转子间隙平方成反比，这是一个非线性模型。基于非线性模型进行电磁力控制，不利于问题简化。实际工作中，往往会对其进行线性化。在 $y = 0$ 处进行泰勒 (Taylor) 展开，并忽略高阶项，则得到线性化后的磁场拉力合力方程，即磁悬浮力为

$$f = \frac{\mu_0 A N^2 i_0^2}{s_0^3}x + \frac{\mu_0 A N^2 i_0}{s_0^2}i \tag{13-7}$$

则一对差动电磁铁电磁力线性化模型为

$$f(x, i) = 4k\frac{i_0}{s_0^2}i + 4k\frac{i_0^2}{s_0^3}x = k_{\mathrm{i}}i + k_{\mathrm{x}}x \tag{13-8}$$

式中，$k_{\mathrm{i}}$ 称为磁轴承的力电流系数；$k_{\mathrm{x}}$ 称为磁轴承的力位移系数。

### 13.2.2　径向磁轴承定子和转子设计

径向磁轴承磁极数直接影响承载力和体积，并影响系统损耗。磁极数的设计原则是使磁轴承具有良好的电器性能、较低的功耗和简单的制造工艺等。对于一般的应用，磁

轴承定子通常设计为经典的八磁极结构，如图 13-7 所示。电磁铁共有 8 个磁极，其中磁极 1-2 和 5-6 为垂直方向的一对磁铁，磁极 3-4 和 7-8 为水平方向的一对磁铁。在相邻磁极之间开有线槽，用于线圈绕线。为降低损耗、保障带宽，径向轴承定子一般采用叠片结构。叠片通常为硅钢片，如果导磁性能要求较高，也可采用非晶合金薄片等。

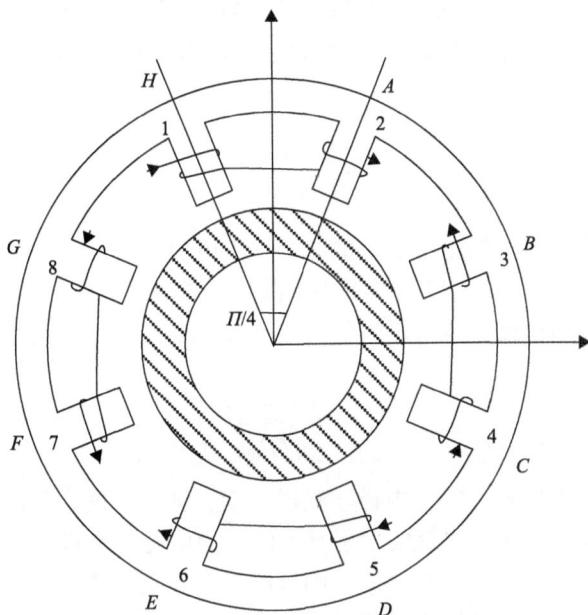

图 13-7　八磁极径向磁轴承定子结构[67]

电磁力的大小受气隙的影响非常大，因此定子结构的设计一般以气隙的大小和径向转子的外径大小为基础，然后再确定其余结构参数。转子直径小于 100mm，气隙通常为 0.3～0.6mm，转子直径为 100～1000mm 时，气隙通常选用 0.6～1.0mm[11]。

从工程经验来看，磁极宽度与线槽宽度可以设计为相等，即磁极占周向面积的比例（简称占空比）为 0.5，则磁极面积为

$$A = \frac{\pi d l}{16} \tag{13-9}$$

式中，$d$ 为磁轴承定子内径；$l$ 为定子轴向长度。则可根据式（13-10）计算单个磁铁的最大电磁力，即估算磁轴承的最大承载。

$$f_{max} = \frac{B_m^2 A}{\mu_0} \cos 22.5° \tag{13-10}$$

式中，$B_m$ 为磁铁最大工作磁通密度，应小于饱和磁感应强度 $B_s$，对于硅钢片可以取 $B_m$=1.5T。基于同样的假设，可以获得经验公式（13-11）：

$$f_{max} = 32 d l (\text{N}) \tag{13-11}$$

式中，$dl$ 为磁轴承转子轴向剖面的面积，$\text{cm}^2$。

当转子外径（可近似视为定子内径）确定下来后，根据磁轴承所需载荷上限，利用式(13-11)可确定径向轴承硅钢片轴向长度，从而确定整个径向磁轴承尺寸。载荷与具体应用需求相关，转子外径的确定还需要考虑动力学、材料强度等因素的影响，令 $d=l$ 是一个可行设计出发点[67]。

基本几何尺寸确定下来以后，还要考虑线圈参数，这又与电流功率放大器参数及磁轴承定子和转子间隙有关。当定子和转子间隙为 $s_0$、功率放大器最大输出电流为 $i_{max}$ 时，线圈匝数 $n$ 为

$$n = \frac{2B_m s_0}{\mu_0 i_{max}} \tag{13-12}$$

导线的直径取决于流过的电流有效值，当最大电流 $i_{max}$ 确定后，线圈漆包线线径与容许的电流密度有关，而电流密度又与磁轴承散热条件有关；假定最大电流密度为 $\rho_{max}$，电磁轴承最大持续输出电流为峰值电流的一半，即 $0.5i_{max}$，则漆包线线径为

$$d_{coil} = \frac{2\sqrt{0.5i_{max}}}{\sqrt{\pi \rho_{max}}} \tag{13-13}$$

至此，磁轴承磁极形式、定子内径、磁极宽度、轴向长度、线圈匝数、漆包线线径等基本参数均可以确定下来，也就实现了基本的径向电磁轴承设计方案。

若对电磁力设计精确性有更高要求，则可以借助有限元方法进行电磁铁建模，通过静态电磁场分析获得更精确的轴承承载设计结果，图 13-8 为某 12 磁极轴承的电磁有限元仿真模型。

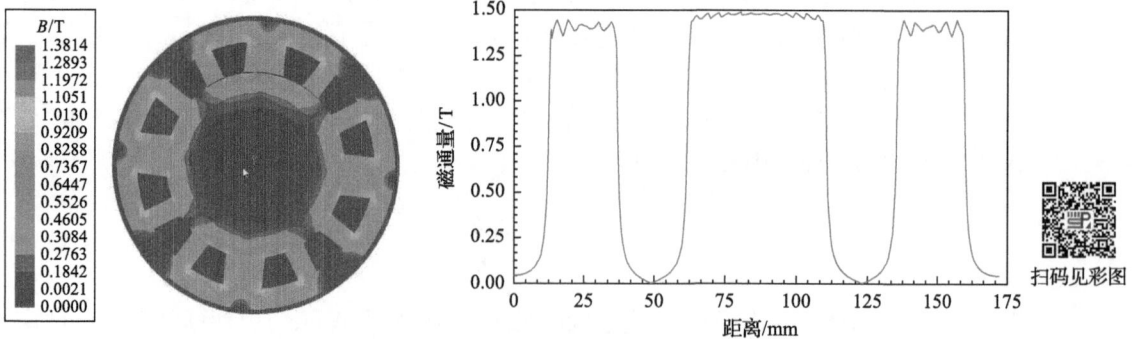

图 13-8　12 磁极径向磁轴承有限元仿真模型

### 13.2.3　轴向电磁轴承定子和转子设计

典型轴向电磁铁结构如图 13-9 所示。推力盘左、右两边各有一个轴向盘定子，剖面为 U 形，由内环和外环构成；线圈通电时，磁力线经内环、推力盘到达外环，再经磁轭回到内环。内环和外环面向推力盘的面积要相等，且推力盘厚度要超过内环宽度。考虑强度要求，推力盘与定子磁钢均采用实心钢结构；推力盘通常使用高强度导磁钢，定子磁钢可以使用导磁性能优良的电工钢。

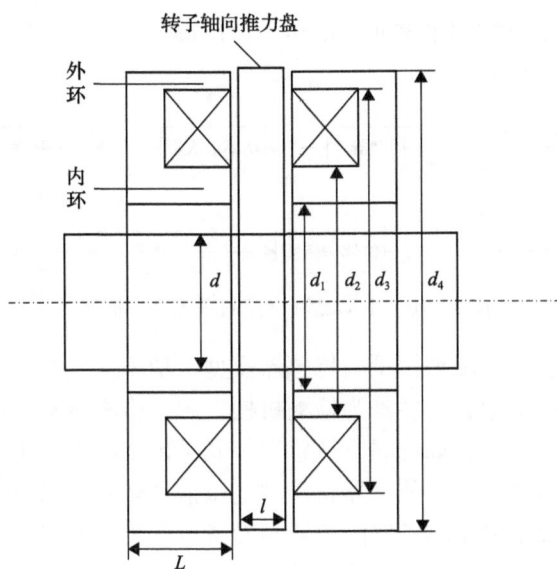

图 13-9 轴向电磁铁结构

推力盘最大承载与内、外环面积，即推力面积 $A$ 的关系为

$$f_{\max} = \frac{B_{\mathrm{m}}^2 A}{\mu_0} \tag{13-14}$$

根据式 (13-14) 确定推力面积 $A$，内外环磁极回路面向推力盘的面积应相等，则

$$A = A_{外} = A_{内} = \frac{\pi\left(d_4^2 - d_3^2\right)}{4} + \frac{\pi\left(d_2^2 - d_1^2\right)}{4} \tag{13-15}$$

由转子芯轴外径 $d$ 可初步确定 $d_1$（为避免严重漏磁，气隙 $s$ 取 $8\sim10\mathrm{mm}$），根据式 (13-16)，结合 $A$ 与 $d_1$ 可确定 $d_2$，也就同时确定了线圈绕线窗口径向宽度 $(d_3\!-\!d_2)/2$。

$$d_2 = \sqrt{\frac{4A}{\pi} + d_1^2} \tag{13-16}$$

与径向轴承类似，利用式 (13-12) 和式 (13-13)，根据定子和转子间隙确定线圈匝数；根据匝数、许用电流密度、绕线槽满率等参数可确定绕线窗口面积，结合绕线窗口径向宽度可估算绕线窗口轴向长度，此长度加上定子盘内环厚度即可得到定子盘轴向总长度 $L$。

## 13.3 主动磁轴承控制系统设计

### 13.3.1 主动磁轴承控制系统基本框架

主动磁轴承控制系统本身是开环不稳定的，必须与控制系统结合，组成稳定的闭环系统，一套完整的磁轴承控制系统通常由转子、位移传感器、控制器、功率放大器和电磁铁组成，如图 13-10 所示。

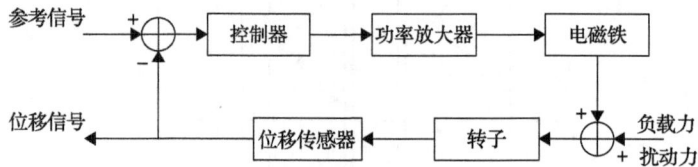

图 13-10　主动磁轴承控制系统基本框架

该系统结构主要包括电磁铁模型、传感器模型、功率放大器模型、控制器、转子模型等。其中转子为被控对象；传感器为检测机构，用于检测转子位移并输出相应的电压信号，一般为非接触传感器，如电涡流传感器、光学传感器等；功率放大器和电磁铁通常统称为系统的执行机构，功率放大器将控制电压信号转换为相应控制电流输入电磁铁中，生成控制力；控制器基于转子实际位置与参考位置之间的偏差，按照一定的控制规律输出控制电流信号，是磁轴承控制系统的核心。

### 13.3.2　磁轴承位移传感器

磁轴承转子通常为高速转子，位移传感器要求为非接触式，能真实地反映转子中心位移变化，具有高的灵敏度、信噪比、线性度、温度稳定性、抗干扰能力以及精确的重复性，同时也要求有与转子的动力学控制需求相适应的测量带宽。

目前在电磁轴承系统中主要使用电涡流传感器、电感传感器、电容传感器、霍尔传感器、光学传感器等。这些传感器应用于磁轴承时，其优缺点如表 13-2 所示。

表 13-2　各类传感器优缺点表

| 传感器种类 | 优点 | 缺点 |
|---|---|---|
| 电涡流传感器 | 灵敏度和分辨率高，响应快，体积小，可靠性高，安装方便，性能价格比高 | 非线性和温漂较高 |
| 电感传感器 | 线性好，抗干扰能力强，灵敏度较高，带宽较高，应用温度范围宽，成本较低，结构简单，安装方便 | 频率响应不高，不适于快速动态测量，分辨力受测量范围限制 |
| 电容传感器 | 体积小，温漂小，灵敏度高 | 抗污染能力和高频响应特性差（2500Hz 时的典型相移为 50°） |
| 霍尔传感器 | 体积小，灵敏度高，成本低 | 温度稳定性差 |
| 光学传感器 | 线性度高、测量范围宽、带宽高（＞10kHz）、对电磁噪声不敏感 | 体积大，对灰尘非常敏感，分辨率受衍射效应限制 |

### 13.3.3　磁轴承电流功率放大器

功率放大器的功能是将控制器输出的控制电压信号转换为线圈中的控制电流，驱动电磁铁产生电磁力[68]。电磁轴承系统中，除了磁铁上的涡流、磁滞等损耗，功率放大器损耗占了系统损耗的很大一部分。

磁轴承系统中常用的全桥式开关功率放大器（以下简称开关功放）主电路拓扑见

图 13-11[69]，由 $Q_1$、$Q_2$、$Q_3$、$Q_4$ 组成 H 桥，$L$ 为磁轴承电磁铁线圈的等效电感(等效电阻通常很小，在简化模型中可以忽略)，母线电源为 $U$，并联在母线电压上的电容为 $C$。定义图中从 $A$ 点到 $B$ 点电流为正，记为 $i_{AB}$，$A$ 和 $B$ 两点之间的电压为 $u_{AB}$。通过控制 $Q_1$、$Q_2$、$Q_3$、$Q_4$ 通断，可使加载到电磁铁线圈两端的电压发生变化，进而控制通过线圈的电流。

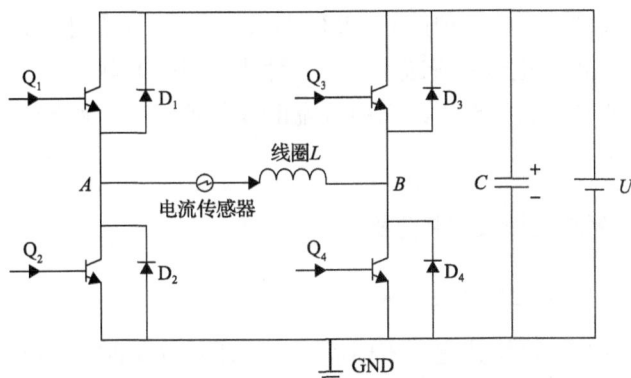

图 13-11　全桥式开关功率放大器的主电路拓扑

磁轴承功率放大器的核心工作便在于控制全桥上四个开关，通过高频次的开关动作改变施加在线圈两端的等效电压，达到增加或减小线圈电流的目的，最终令线圈电流与电流指令一致。

通过控制开关管的导通和关断，加载到线圈上的电压共有 $U$、$-U$、$0$ 三种状态，因此通过这种调制方式工作的开关功放称为三态开关功放，又称三电平功放。在三态开关功放理论下，至今已有多种三态开关功放实现方式。如三态脉宽调制、三态滞环比较、三态采样-保持等。实现方式不同，其电路拓扑结构相似，如图 13-12[70]所示，而控制信号的产生机制则有所差异。

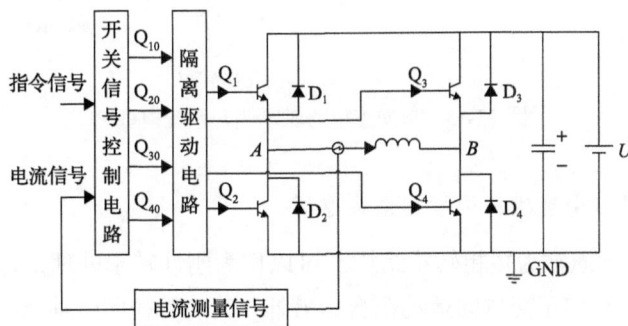

图 13-12　三态开关功放电路结构图

三电平调制下的开关功放工作状态包括电流增加、电流续流、电流减小三种状态，也是通过控制开关管开关组合实现的，具体过程如下。

(1)电流增加。

使 $Q_1$ 和 $Q_4$ 导通，$Q_2$ 和 $Q_3$ 截止，此时直流母线电源 $U$ 通过 $Q_1$ 和 $Q_4$ 加载到线圈两端给线圈充电，线圈中电流快速增加，忽略管压降，加载到线圈上的电压 $u_{AB}=U$。

（2）电流减小。

使 $Q_1$ 和 $Q_4$ 截止，$Q_2$ 和 $Q_3$ 导通，此时直流母线电源 $U$ 通过 $Q_2$ 和 $Q_3$ 加载到线圈两端，给线圈反向充电，线圈中电流快速减小，忽略管压降，加载到线圈上的电压 $u_{AB}=-U$。

（3）电流续流。

该状态有两种实现方式，一种使 $Q_1$ 和 $Q_2$ 导通，$Q_3$ 和 $Q_4$ 截止，此时线圈通过 $Q_1$ 和 $Q_2$ 形成续流回路，线圈中电流缓慢减小；另一种使 $Q_1$ 和 $Q_2$ 截止，$Q_3$ 和 $Q_4$ 导通，此时线圈通过 $Q_3$ 和 $Q_4$ 形成续流回路，线圈中电流也缓慢减小；在续流状态下，认为加载到线圈两端的电压为 $u_{AB} \approx 0$。

### 13.3.4　磁轴承控制系统建模及控制分析

#### 1. 单自由度电磁轴承控制系统建模

有了各子系统模型，可构建完整闭环系统，并开展仿真研究。最简单的磁轴承控制系统为单自由度悬浮系统，假定子和转子为单质点，可建立如图 13-13 所示单质点电磁轴承闭环系统模型。

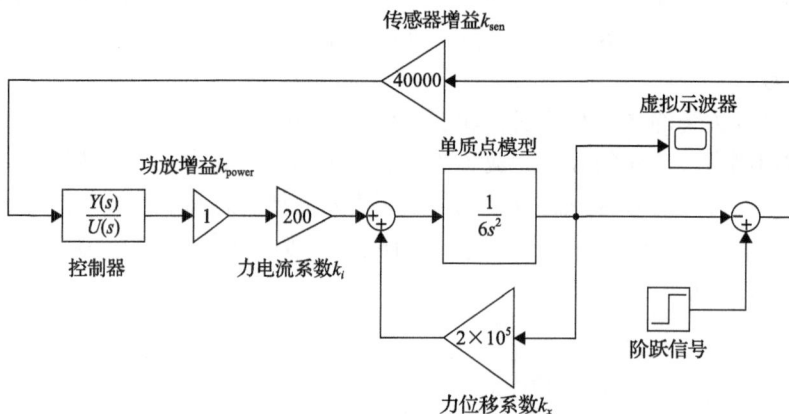

图 13-13　单质点电磁轴承闭环系统模型

#### 2. 刚性转子多自由度磁轴承控制系统建模

磁轴承飞轮转子通常为短粗转子结构，可以作为刚性转子处理，盘式飞轮陀螺效应很明显，造成 $x$、$y$ 径向正交方向运动耦合；另外，其前后径向磁轴承间距较小，即便转子不旋转，前后轴承平面的运动耦合也比较强。对于这样的强耦合转子对象，简单地按各自由度解耦处理是不合适的，很容易造成转子运行时动力学失稳。

飞轮转子建模应充分考虑各自由度的运动耦合。主动磁轴承支承的典型飞轮转子的受力模型如图 13-14[70]所示，施加在转子上的力包括右（上）径向磁轴承 MB1、左（下）径向磁轴承 MB2 和轴向磁轴承 MB3 的电磁力（假定轴向转子与飞轮轮体为一体）。

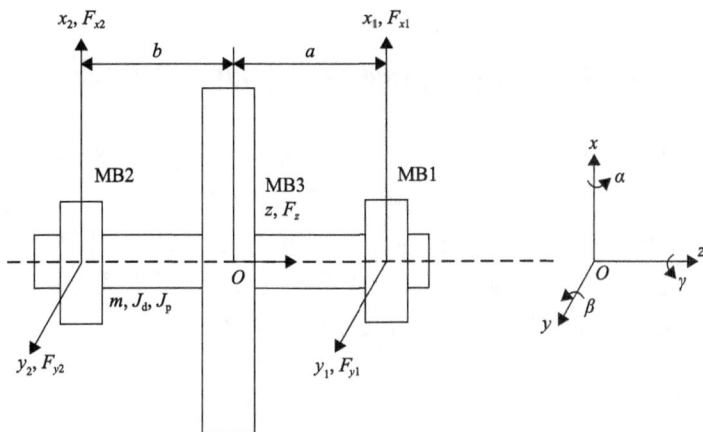

图 13-14　主动磁轴承支承的典型飞轮转子受力模型

## 3. 磁轴承控制分析

在磁轴承领域，比例积分微分（proportional integral derivative，PID）控制器设计技术很成熟，作为一种分散控制器，具有设计简单、调试方便的优点。设计者可以将其作为系统控制器设计的基础，用于实现转子的初步悬浮，然后根据实际悬浮效果或系统辨识结果，设计性能更优良的控制器，获得好的系统性能。

经过合理设计的 PID 控制器在仿真与实验中均能实现飞轮转子的静态稳定悬浮。但转子高速运行时，PID 控制器有其局限性。

图 13-15 为使用 PID 控制器的飞轮磁轴承系统闭环系统仿真模型，仿真使用的是 Simulink 软件，模型为四自由度转子模型，忽略了轴向自由度。

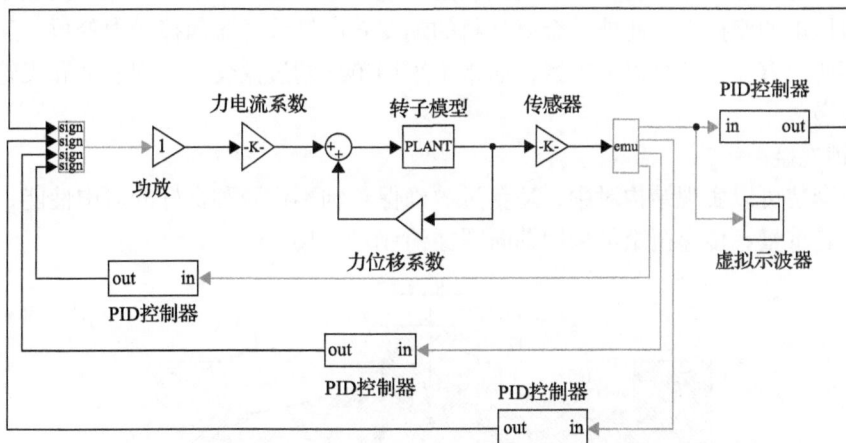

图 13-15　使用 PID 控制器时飞轮磁轴承四自由度闭环系统仿真模型

对于陀螺效应明显的飞轮转子，即便模型中仅考虑简单的刚性转子动力学行为，高速下章动与进动也可能引起系统失稳。磁轴承飞轮要实现高速稳定运行，需要引入更有效的章动、进动抑制方法。

# 13.4　飞轮电机轴系转子动力学设计

飞轮储能机组是典型的旋转机械，飞轮电机轴系是动能-电能转换的核心部件，飞轮电机转子动力学特性是保证飞轮平稳升速、降速的关键技术基础。飞轮电机轴系转子动力学研究内容主要包括临界转速、失衡量、不平衡响应以及稳定性等。飞轮、电机、轴承部件方案设计之后，分析评估旋转部件组成飞轮电机转子轴承系统的转子动力学特性，提出飞轮、电机和轴承结构迭代方案，可实现最终优化。

## 13.4.1　飞轮电机轴系

### 1. 轴系结构类型

1) 合金飞轮轴系结构设计

(1) 轮轴过盈配合。

飞轮芯轴将飞轮、电机转子和磁轴承转子串联成轴系，同时承担部件转移的重量，并传递给上、下轴承。芯轴设计成两端细、中间粗的阶梯轴。芯轴与飞轮的装配需要依托改进的套装工艺，并搭配恰当的键或销传递升降速扭矩。

套装以及过盈套装工艺可以充分保证轮轴装配的对中性。阶梯轴的轴肩结构提供准确轴向定位，同时承载飞轮转移的重力。装配过盈量按照轴孔中段变形设置，大过盈装配保证了额定转速下整体不松脱，却增加了装配难度。而如果过盈量按照轴孔两端变形设置，小过盈装配有利于套装操作，却容易导致高转速下接触压力不够，摩擦力减小，轮轴松脱。

额定转速附近，保证轮轴不松脱仅仅是基本要求，还需要维持一定的接触正应力，提供传递扭矩的摩擦力。此外，金属材料的蠕变效应导致过盈面接触力释放，又影响飞轮的长期使用寿命。综合以上因素，通常不采用单纯的过盈套装实现芯轴和飞轮的装配及扭矩传递。

(2) 销连接。

过盈套装可以实现结构对中，适量过盈确保轮轴不松脱和良好的对中性能，轴肩用来承载飞轮重量，传递扭矩可采用轴向圆柱销(图 13-16)。

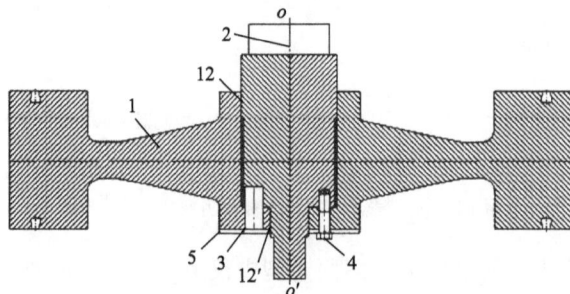

图 13-16　过盈配合和销连接

1. 飞轮；2. 芯轴；3. 圆柱销；4. 螺栓；5. 挡板；12. 上过盈面；12′. 下过盈面

2）复合材料飞轮轴系结构设计

因缠绕复合材料飞轮径向厚度受限，其内圆不能做到与轴直接连接。因为实心轴的变形量很小，复合材料飞轮轮缘内圆的变形量较大，需要在芯轴与轮缘之间设计轮毂，实现变形协调和扭矩传递[71]。图 13-17 和图 13-18 所示两种轮毂结构可实现芯轴与复合材料轮缘之间的变形协调。

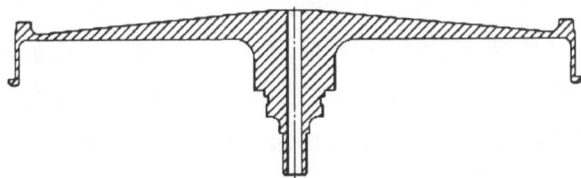

图 13-17　圆环板补偿轮毂

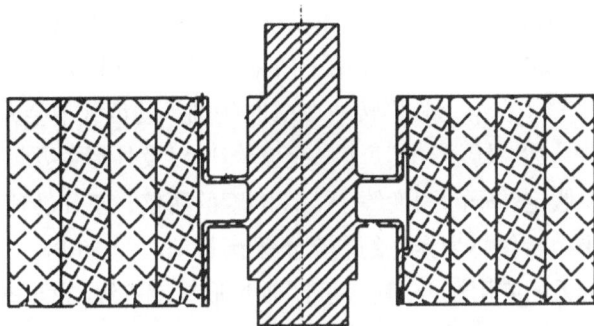

图 13-18　环壳-圆环板-芯轴一体轮毂

## 2. 轴强度设计

芯轴作为旋转机械重要的组成部件，飞轮中回转运动的电机转子以及飞轮本体都安装在轴上。由于采用了立式结构，理想状态下，轴不应该承受弯矩，但受到工艺精度的限制，必然会带来质心的偏心，在高速旋转下也会承受一定的弯矩。同时，作为传动的载体，能量的输出输入都要依靠轴进行传输。故要根据轴的具体受载采用相应的校核方法对轴进行强度校核。

轴承受的转矩计算为

$$T = \frac{P}{\omega} = \frac{30P}{n\pi} \tag{13-17}$$

式中，$T$ 为轴所受到的转矩；$P$ 为轴的传递功率；$\omega$ 为轴的转动角速度；$n$ 为轴的转速。

由于公差、磨耗、结构运动变形等原因，转子存在残余不平衡量。残余不平衡量的大小依据机械的形态以及平衡作业的成本而定。在高速旋转下，立式飞轮的不平衡量对飞轮轴系产生一个弯矩。要预估弯矩的大小，首先要预估残余不平衡量。目前，国际通用的准则为 ISO 1940-1:2003，这是专门针对转子平衡精度要求做出的规范。

国际标准 ISO 1940-1:2003 中指出，对转子来说，根据转子在工作转速范围以及升速过程中是否出现不允许转子弯曲变形而造成超过动平衡允许误差的不平衡量为界限，区分刚性转子与挠性转子，即以工作转速是否在一阶弯曲振动模态对应的临界转速之下进行区分，低于一阶弯曲振动临界转速 80%，称为刚性转轴，否则称为挠性转轴。

高速飞轮储能系统为了减小高速下的磨损，保证储能效率，支撑系统大多采用电磁轴承，相较于直接接触的普通轴承来说，电磁轴承的刚度要小得多。同时，由于采用的机构是电机与飞轮同轴结构，为了防止过约束而造成轴的应力过大，只在轴系的上下两端采用径向支撑。这样的轴长度就会变得很长，导致轴的整体刚度下降，设计的轴可以挠性轴的标准确定转子的不平衡量。

对于挠性转子，按 ISO 1940-1:2003 标准，刚性转子可以运转至第一临界转速的 80%，对于具体的挠性转子，在确定其允许原始不平衡量之前，可以先考虑一个当量的"刚性"转子，称此为"基准"转子。"基准"转子的平衡品质是达到 ISO 1940-1:2003 所要求的品级。这样，"基准"转子在第一临界转速 80%时的轴承动负载不会大于"基准"转子的轴承动载荷。对于"基准"转子，其重量、运行转速以及外形主要尺寸和平衡级都与原来转子相同。另外，假定转子的刚度等于支撑刚度的两倍，工作转速作为第一临界转速的 80%，而原始不平衡量偏心为允许的剩余不平衡量偏心的 10 倍。

根据飞轮储能轴系的应用场合，其"基准"轴选取精度等级 G2.5，转速 $n=3000\text{r/min}$，基准轴的允许剩余不平衡偏心距 $\varepsilon'_{\text{per}} = 0.8\text{g} \cdot \dfrac{\text{mm}}{\text{kg}}$。实际中的挠性转子的原始不平衡量偏心为刚性"基准"转轴允许的剩余不平衡量偏心的 10 倍，故取允许剩余不平衡偏心[72] $\varepsilon_{\text{per}} = 0.8\text{g} \cdot \dfrac{\text{mm}}{\text{kg}} \times 10 = 8\text{g} \cdot \dfrac{\text{mm}}{\text{kg}}$。

按照动平衡校准后的剩余不平衡偏心距计算，轴系重心处受到的径向拉力为

$$F = m\varepsilon_{\text{per}}\omega^2 \tag{13-18}$$

式中，$F$、$m$、$\omega$ 分别表示轴系质心处受径向拉力、轴系质量、旋转角速度。

将飞轮受力模型简化，进行力学分析，得到剪力图和力矩图(图 13-19)：

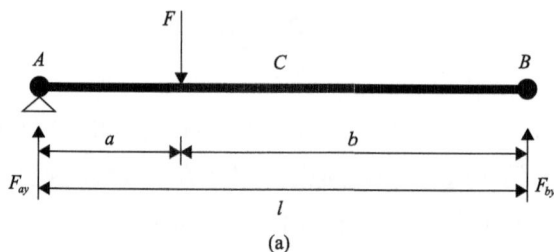

(a)

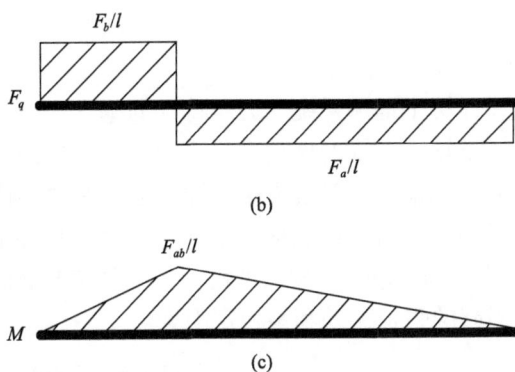

图 13-19　飞轮简化模型的受力分析(a)、剪力图(b)和力矩图(c)

支撑处的约束反力为

$$F_{ay} = \frac{F_b}{l}, \quad F_{by} = \frac{F_a}{l} \tag{13-19}$$

剪切力方程为

$$\begin{cases} F_q(x) = F_{ay} = \dfrac{F_b}{l}, & 0 \leqslant x < a \\ F_q(x) = F_{ay} - F = \dfrac{F_a}{l}, & a \leqslant x < l \end{cases} \tag{13-20}$$

轴承受到的弯矩为

$$M(x) = \begin{cases} F_{ay}x = \dfrac{F_b}{l}x, & 0 \leqslant x < a \\ F_{ay}x - F(x-a) = \dfrac{F_a}{l}(l-x), & a \leqslant x < l \end{cases} \tag{13-21}$$

按许用弯曲应力计算进行校核：

$$\sigma_{ca} = \frac{M_{ca}}{W} = \frac{\sqrt{M^2 + (\alpha T)^2}}{W} \leqslant [\sigma_{-1}]_b \tag{13-22}$$

式中，$\sigma_{ca}$ 为当量弯曲应力；$M_{ca}$ 为当量弯矩；$W$ 为形状系数，对实心圆柱来说，$W = \dfrac{\pi D^3}{32}$；$\alpha$ 为折算系数，按脉动循环应力计算取值为 1；$[\sigma_{-1}]_b$ 为对称循环许用应力。

### 13.4.2　转子动力学分析

单自由度、多自由度动力学分析为转子结构设计提供方案论证设计的初始依据，然后采用传递矩阵或有限元转子动力学软件进行详细分析，研判飞轮电机轴承系统动力学特性并优化设计。

### 1. 转子动力学理论

转子动力学是研究设计转子轴承系统动力学特性的基本理论，可以依据转子结构、材料的力学参数，建立转子轴承系统的振动微分方程，计算得到转子轴承系统的临界转速、不平衡响应、瞬态响应和稳定性等动力学特性；通过调整结构参数，获得动力学特性良好的设计方案。转子动力学研究还包括基于振动理论，开展振动测试，以及动平衡和动平衡诊断的实验研究。飞轮储能系统中，飞轮转子一般与电动机或发电机的转子做成一体，还要考虑电磁力引起的强迫振动和不稳定因素。

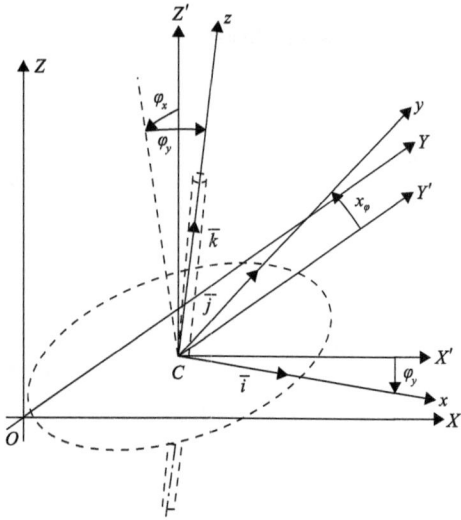

图 13-20　转子动力学坐标系

#### 1）刚体模型理论

飞轮电机轴系的支承方式大多为上、下两个轴承，轴承中间分布飞轮和电机转子。

考虑到轴承的刚度特性以及飞轮转子的陀螺效应，通常需要求解飞轮转轴系统的涡动行为。首先建立如图 13-20 所示的坐标系。

以飞轮转子质心 $C$ 为考察点，分析飞轮转子的角速度矢量、转子的动能，通过拉格朗日方法得到飞轮转子运动平衡方程为[67]

$$\begin{cases} m\ddot{X}_C - F_x = 0 \\ m\ddot{X}_C - F_y = 0 \\ J_t\ddot{\varphi}_x + \omega J_p\ddot{\varphi}_y - M_x = 0 \\ J_t\ddot{\varphi}_y + \omega J_p\ddot{\varphi}_x M_x = 0 \end{cases} \tag{13-23}$$

式中

$$\begin{Bmatrix} F_x \\ M_y \end{Bmatrix} = -\begin{bmatrix} k_{11} & k_{12} \\ k_{21} & k_{22} \end{bmatrix}\begin{Bmatrix} X_C \\ \varphi_y \end{Bmatrix} \qquad \begin{Bmatrix} F_y \\ M_x \end{Bmatrix} = -\begin{bmatrix} k_{11} & -k_{12} \\ -k_{21} & k_{22} \end{bmatrix}\begin{Bmatrix} Y_C \\ \varphi_x \end{Bmatrix} \tag{13-24}$$

其中，$J_t$ 为直径转动惯量；$J_p$ 为极转动惯量。

平衡方程对应的特征根代数方程为

$$s^4 - \omega\frac{J_p}{J_t}s^3 - \left(\frac{k_{11}}{m} + \frac{k_{22}}{J_t}\right)s^2 + \omega\frac{J_p}{mJ_t}k_{11}s + \frac{k_{11}k_{22} - k_{12}^2}{mJ_t} = 0 \tag{13-25}$$

引入特征角频率（$s$）与旋转角速度（$\omega$）一致，$s = \omega$，则得到临界角速度方程为

$$\left(\frac{J_p}{J_t} - 1\right)\omega^4 + \left[\frac{k_{11}}{m}\left(1 - \frac{J_p}{J_t}\right) + \frac{k_{22}}{J_t}\right]\omega^2 - \frac{k_{11}k_{22} - k_{12}^2}{mJ_t} = 0 \tag{13-26}$$

飞轮转子具有残余不平衡量 $u$，不平衡激励下的强迫振动幅值分别为

$$\begin{cases} z_0 = \dfrac{mu\omega^2\left[\left(J_p - J_t\right)\omega + k_{22}\right]}{\Delta} \\[4mm] \varphi_0 = -\dfrac{mu\omega^2 k_{21}}{\Delta} \end{cases} \tag{13-27}$$

$$\begin{cases} z_0 = \dfrac{\chi\omega^2\left[\left(J_p - J_t\right)k_{12}\right]}{\Delta} \\[4mm] \varphi_0 = -\dfrac{\chi\omega^2\left(J_p - J_t\right)\left(m\omega^2 - k_{11}\right)}{\Delta} \end{cases} \tag{13-28}$$

式中，$z_0$ 为振动幅值；$\varphi_0$ 为相位角；$\chi$ 为动态不平衡激励参数。

$$\Delta = -m\left(J_p - J_t\right)\omega^4 + \left[k_{11}\left(J_p - J_t\right) - mk_{22}\right]\omega^2 + k_{11}k_{22} - k_{12}^2 \tag{13-29}$$

**2) 传递矩阵理论方法**

考虑水平方向和垂直方向的振动耦合，振动状态矢量应该包括水平和垂直两个方向的状态参数[67]。参考图 13-21，将状态矢量设为

$$\boldsymbol{s} = \{x \quad \theta \quad M \quad V \quad y \quad \varphi \quad N \quad W\} \tag{13-30}$$

式中，$N$ 为力；$W$ 为振幅。

$$\begin{bmatrix} \boldsymbol{L} & 0 \\ 0 & \boldsymbol{L} \end{bmatrix} \tag{13-31}$$

式中，$\boldsymbol{L}$ 是在棱柱体单元的 $4\times 4$ 场矩阵，包含 Timoshenko 剪切项：

$$\left(l_{14}\right)_s = l_{14} - \frac{\kappa L_i}{AG} \tag{13-32}$$

其中，$\kappa$ 为截面剪切系数，圆截面为 1.33；$L_i$ 为单元长度；$A$ 为单元截面；$G$ 为单元剪切模量。

轴承反力[67]为

$$-F_x = K_{xx}x + K_{xy}y + C_{xx}\dot{x} + C_{xy}\dot{y} \tag{13-33a}$$

$$-F_y = K_{yx}x + K_{yy}y + C_{yx}\dot{x} + C_{xy}\dot{y}$$

$$D(\omega) = \begin{vmatrix} D_x(\omega) & 0 \\ 0 & D_x(\omega) \end{vmatrix} = \left|D_x(\omega)\right|^2 = 0 \tag{13-33b}$$

$$\boldsymbol{s} = \{x \quad \theta \quad M \quad V \quad y \quad \varphi \quad N \quad W\}$$

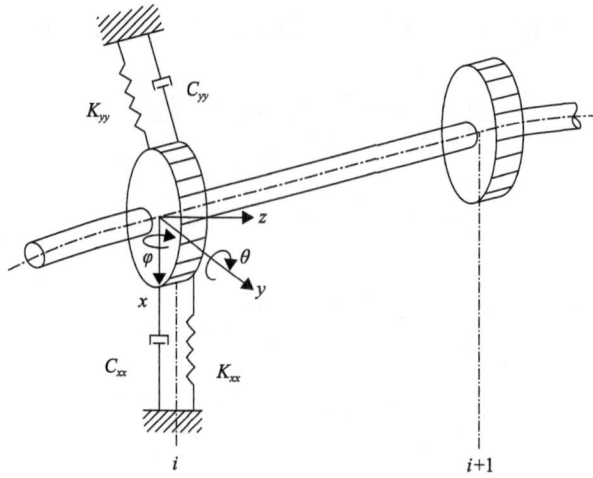

图 13-21 一般转子节点传递单元模型

自由振动分析中通常不考虑阻尼，因此阻尼项可以忽略不计。对于质量为 $m$、转动惯量为 $J$、陀螺效应的极惯性矩为 $J_\mathrm{p}$、转速为 $\Omega$、刚度参量为 $K_{xx}$ 和 $K_{yy}$ 的线性轴承，其用转速 $\Omega$ 表示的点或集中矩阵的形式如下：

$$
\boldsymbol{p}_{jxy} = \begin{bmatrix}
1 & 0 & 0 & 0 & 0 & 0 & 0 & 0 & 0 \\
0 & 1 & 0 & 0 & 0 & 0 & 0 & 0 & 0 \\
0 & -J_\mathrm{p}\Omega^2 + J\Omega^2 & 1 & 0 & 0 & 0 & 0 & 0 & T_x \\
\begin{matrix}-K_{xx}+m\Omega \\ -\mathrm{i}C_{xx}\Omega\end{matrix} & 0 & 0 & 1 & \begin{matrix}-K_{yx} \\ -\mathrm{i}C_{yx}\Omega\end{matrix} & 0 & 0 & 0 & F_x \\
0 & 0 & 0 & 0 & 1 & 0 & 0 & 0 & 0 \\
0 & 0 & 0 & 0 & 0 & 1 & 0 & 0 & 0 \\
0 & 0 & 0 & 0 & 0 & -J_\mathrm{p}\Omega^2 + J\Omega^2 & 1 & 0 & T_y \\
\begin{matrix}-K_{xy} \\ -\mathrm{i}C_{xx}\Omega\end{matrix} & 0 & 0 & 0 & \begin{matrix}-K_{xx}+m\Omega^2 \\ -\mathrm{i}C_{xx}\Omega\end{matrix} & 0 & 0 & 1 & F_y \\
0 & 0 & 0 & 0 & 0 & 0 & 0 & 0 & 1
\end{bmatrix}
$$

$$(13\text{-}34)$$

式中，$C$ 为阻尼。

轴承的刚度参量 $K_{xx}$、$K_{xy}$、$K_{yx}$、$K_{yy}$ 可能是常数，也可以是转速 $\Omega$ 的相关函数。利用关系 $\Omega = \omega$，可以在轴承弹簧常数表达式中求解得到 $\omega$ 作为临界转速：

$$
D(\omega) = \begin{vmatrix} D_x(\omega) & 0 \\ 0 & D_x(\omega) \end{vmatrix} = \left| D_x(\omega) \right|^2 = 0 \tag{13-35}
$$

假定简谐力和力矩在节点 $j$ 处为 $F_j\mathrm{e}^{\mathrm{i}\Omega t}$ 和 $T_j\mathrm{e}^{\mathrm{i}\Omega t}$ 之和，其中 $F_j$ 和 $T_j$ 为复振幅。双平面系统的运动可以用以下表达式表示：

$$s = \{x \quad \theta \quad M \quad V \quad y \quad \varphi \quad N \quad W\} \tag{13-36}$$

**2. 轴系模态分析**

下面可以从两个角度入手解决工作转速与临界转速过近导致的振动问题。

（1）设计轴系的临界转速高于转轴的工作转速，即

$$nN_{max} < 0.7n_1 \tag{13-37}$$

式中，$nN_{max}$ 为工作中的最高转速，$N_{max}$ 为最大额定（功率）/工作转速；$n_1$ 为轴系的第一临界转速，这样的轴称为刚性轴。

（2）设计轴系的工作转速处于两个轴系相邻的临界转速之间。即要求

$$1.4n_i < nN_{max}, \quad nN_{max} < 0.7n_{i+1} \tag{13-38}$$

式中，$n_i$ 为轴系的某一阶临界转速；$n_{i+1}$ 为比 $n_i$ 高一阶的临界转速。这样的轴称为挠性轴。

对柔性轴来说，在启动或者停止过程中，必然要经过临界转速，这时的振动肯定是要加剧的，但只要迅速通过，由于轴系阻尼的存在，不会造成轴的破坏。

临界转速的计算方法有很多，发展过程也经历了初期对模型近似考虑比较多的人工计算法，如经典理论法、能量法、分解迭代法等，到更贴近实际模型的计算机算法，如传递矩阵法以及有限元分析法[72]。

**3. 转子动力学分析实例**

**1）轴系建模**

对某 500kW/50kW·h 飞轮轴系结构进行建模，设计轴系最高转速为 8100r/min。建模时，电磁轴承或者电机转子外套件部分均按照不提供刚度处理，将这些部分材料的弹性模量和剪切模量设置为极小值，力求与真实情况相符，其他部分依据转子真实材料属性建模，轴系建模如图 13-22 所示。实际运行中，转子为竖直状态，上端对应建模图形左端，

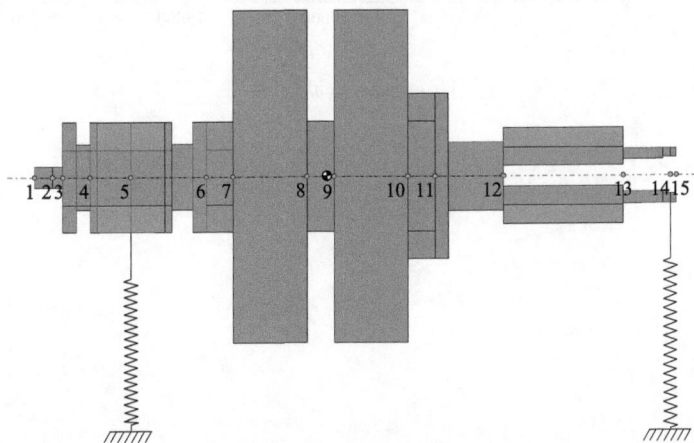

图 13-22　轴系建模

下端对应建模图形右端。

2) 转子动力学特性分析

图 13-23 为转子的临界转速图谱，横坐标单位为 N/mm。通常，电磁轴承的支撑刚度范围为 $10^3 \sim 10^4$N/mm，从临界转速图谱可以看出，该轴系在电磁轴承刚度的支撑范围内，在转速 2000r/min 以下存在平动和锥动两种振型。

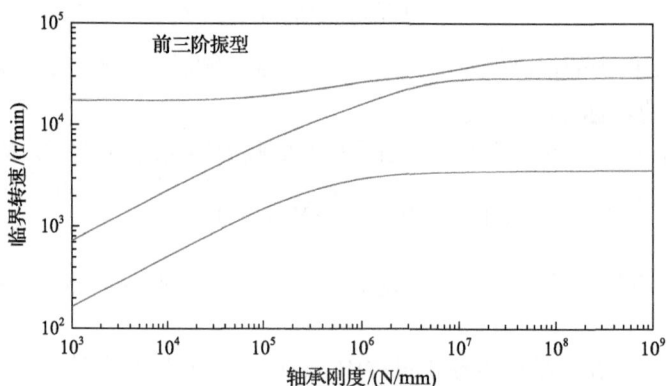

图 13-23　转子的临界转速图谱

将磁轴承刚度设为 $5 \times 10^3$N/mm，分别获得了轴系坎贝尔图、前 6 阶振型及不同激励条件下转子的振动响应(图 13-24~图 13-27)。根据坎贝尔图 13-24，在 0~10000r/min

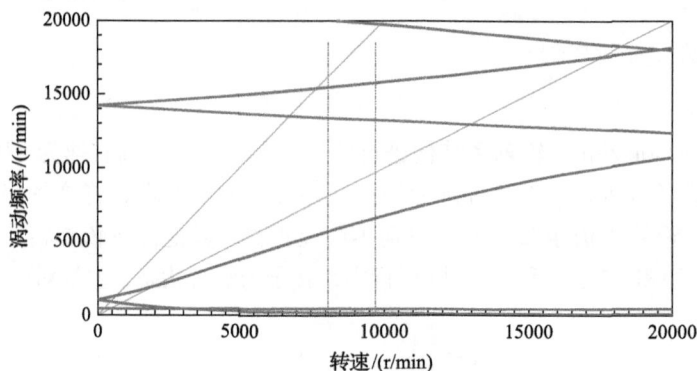

图 13-24　坎贝尔图

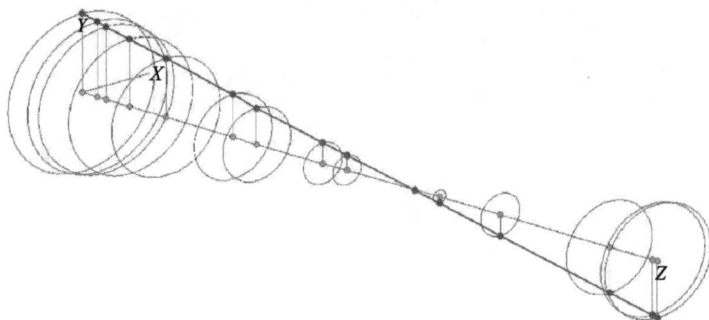

(a) 反进动振型，转子转速8100r/min，1阶振型，涡动转速11r/min，对数衰减率0.1494

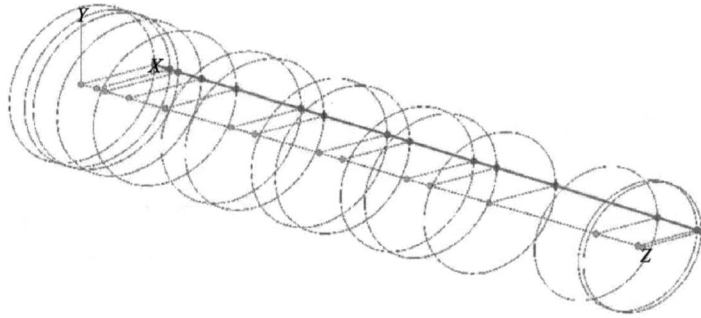

(b) 正进动振型，转子转速8100r/min，2阶振型，涡动转速374r/min，对数衰减率0.2411

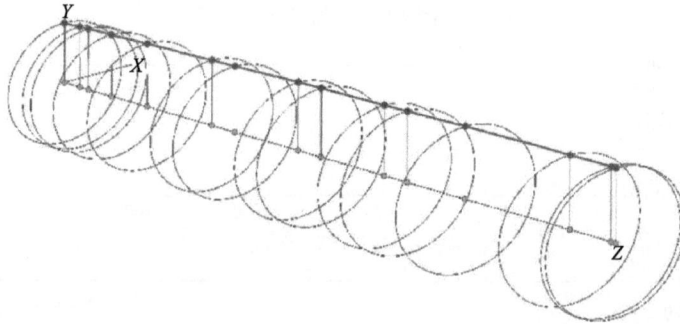

(c) 反进动振型，转子转速8100r/min，3阶振型，涡动转速383r/min，对数衰减率0.2514

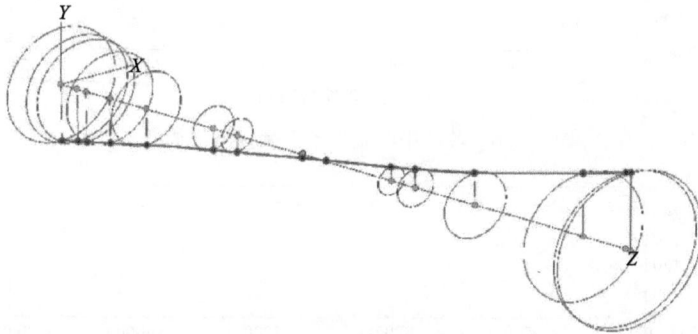

(d) 正进动振型，转子转速8100r/min，4阶振型，涡动转速5621r/min，对数衰减率0.2183

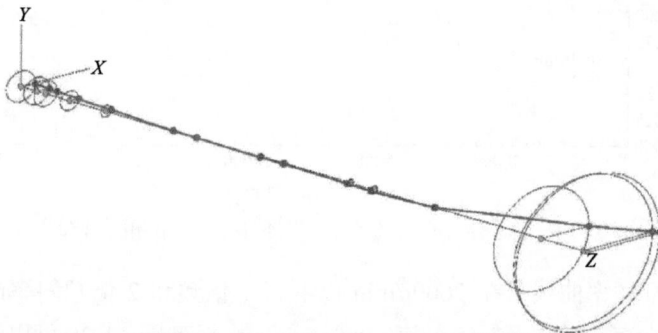

(e) 反进动振型，转子转速8100r/min，5阶振型，涡动转速13389r/min，对数衰减率0.2527

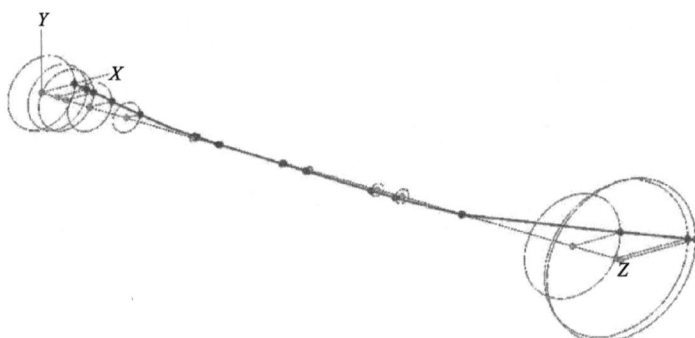

(f) 正进动振型，转子转速8100r/min，6阶振型，涡动转速15429r/min，对数衰减率0.1862

图 13-25　振型图

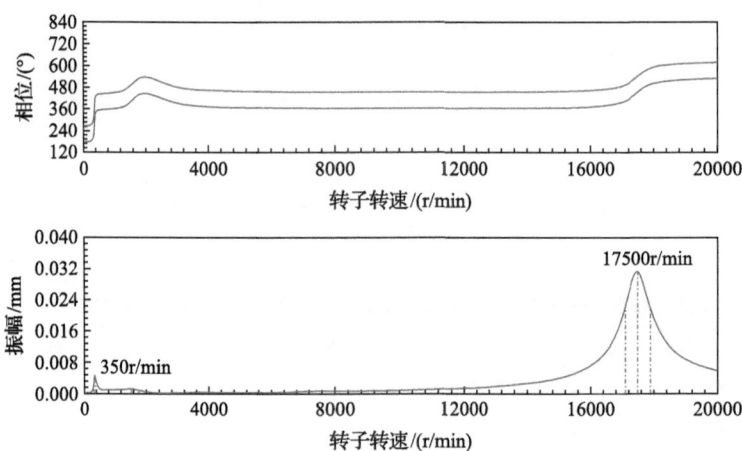

图 13-26　转子中心施加不平衡量时伯德图

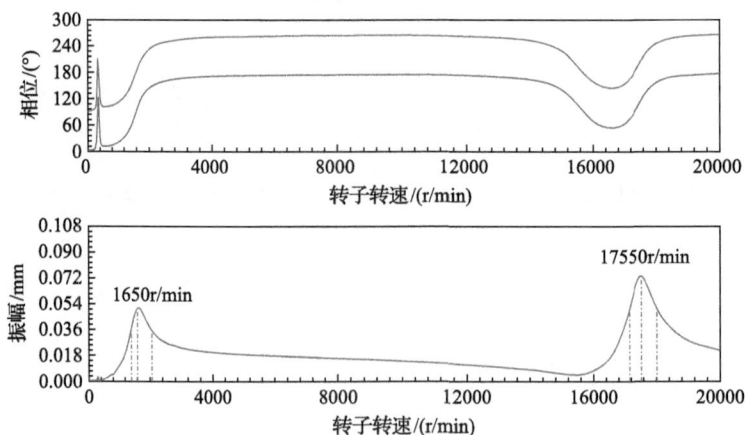

图 13-27　转子两端施加不平衡量时伯德图（相位相差 180°）

范围内，转子涡动频率曲线只在 2000r/min 以下与 1 倍频和 2 倍频斜率曲线存在交点，表明该转速范围内存在的临界转速低于 2000r/min。由振型图 13-25 可以进一步确认，在最高转速 8100r/min 下存在锥动和平动两种振形。为进一步分析转子的动力学特性，根据不同振型分别以不同方式施加不平衡量，以验证转子的稳定性。结果表明，转子在350r/min、1650r/min 和 17550r/min 左右存在振动峰值，与飞轮转子工作转速范围（4000～8100r/min）的隔离裕度达到了 50%以上，无共振风险。

图 13-26 和图 13-27 分别给出了不同不平衡量情况下的振动峰值。因为实际轴系的不平衡量大小、位置以及外部激励等影响振幅的因素与理论计算存在差异，所以伯德图中临界转速的准确性往往高于振幅的准确性。

（1）转子中心施加不平衡量。

图 13-26 给出了在转子中心施加不平衡量时转子的振动伯德图。结果表明，转子在350r/min 和 17500～17550r/min 存在振动峰值。

（2）转子两端施加不平衡量（相位相差 180°）。

图 13-27 给出了在转子两端施加不平衡量（相位相差 180°）时，转子振动的伯德图。结果表明，转子在 300～400r/min，1650r/min 和 17400～17550r/min 存在振动峰值。

## 参 考 文 献

[1] 戴兴建, 魏鲲鹏, 张小章, 等. 飞轮储能技术研究五十年评述. 储能科学与技术, 2018, 7(5): 765-782.

[2] 于苏杭, 郭文勇, 滕玉平, 等. 飞轮储能轴承结构和控制策略研究综述. 储能科学与技术, 2021, 10(5): 1631-1642.

[3] 冯奕, 林鹤云, 颜建虎, 等. 基于机械轴承飞轮储能系统损耗的构成分析. 东南大学学报(自然科学版), 2013, 43(1): 71-75.

[4] 涂伟超. 储能飞轮混合支承系统研究. 北京: 华北电力大学(北京), 2021.

[5] 董志勇, 戴兴建, 李奕良. 采用螺旋槽锥轴承的飞轮储能系统空载损耗研究. 机械科学与技术, 2006, (12): 1434-1437.

[6] 魏鹏. 高速转子跌落在保护轴承上的碰撞力研究. 南京: 南京航空航天大学, 2012.

[7] 孔亚楠. 立式磁悬浮轴承系统中保护轴承的选型及碰撞特性分析. 洛阳: 河南科技大学, 2020.

[8] 李国畅. 自消除间隙保护轴承支承特性研究. 南京: 南京航空航天大学, 2019.

[9] Schweitzer G, Bleuler H, Traxler A. Active Magnetic Bearings : Basics, Properties and Applications of Active Magnetic Bearings. Zürich: vdf Hochschulverlag, 1994.

[10] 王健, 戴兴建, 李奕良. 飞轮储能系统轴承技术研究新进展. 机械工程师, 2008, (4): 3.

[11] 汤银龙. 600Wh 飞轮储能系统的电磁轴承结构设计. 哈尔滨: 哈尔滨工程大学, 2013.

[12] 吴刚, 刘昆, 张育林. 磁悬浮飞轮技术及其应用研究. 宇航学报, 2005, (3): 385-390.

[13] 张凯, 徐旸, 董金平, 等. 储能飞轮中的主动磁轴承技术. 储能科学与技术, 2018, 7(5): 783-793.

[14] 施阳, 周凯, 严卫生, 等. 主动磁悬浮轴承控制技术综述. 机械科学与技术(西安), 1998, (4): 68-70, 88.

[15] Studer P A. Magnetic bearings for instruments in the space environment. Greenbelt: NASA Goddard Space Flight Center, 1978.

[16] Robinson A A. A lightweight, low-cost, magnetic-bearing reaction wheel for satellite attitude-control applications. ESA Journal, 1982, 6(4): 397-406.

[17] Kirk J, Anand D. Overview of a flywheel stack energy storage system//Proceedings of the Twenty-third Intersociety Energy Conversion Engineering Conference, ASME, Denver, 1988.

[18] Wilson B C, Tsiotras P, Heck-Ferri B. Control designs for low-loss active magnetic bearing: Theory and implementation: Advanced intelligent mechatronics//Proceedings, 2005 IEEE/ASME International Conference on Advanced Intelligent Mechatronics, Monterey, 2005.

[19] McLallin K L, Jensen R H, Fausz J, et al. Aerospace flywheel technology development for IPACS applications. Washington, DC: National Aeronautics and Space Administration, 2002.

[20] Matthew T, Brian T, John D. Spin commissioning and drop tests of a 130 kW-hr composite flywheel//Proceedings of the 9th

International Symposium on Magnetic Bearings, Lexington, 2004.

[21] Kim Y. Integrated power and attitude control of a rigid satellite with onboard magnetic bearing suspended rigid flywheels. College Station: Texas A&M University, 2003.

[22] Fairley P. Flywheels get their spin back with Beacon Power's rebound. (2014-12-24)[2018-08-30]. https://spectrum.IEEE.org/flywheels-get-their-spin-back-with-beacon-powers-rebound.

[23] Rashid M H. Power Electronics Handbook: Devices, Circuits, and Applications. 4th ed. Oxford: Butterworth-Heinemann, 2014.

[24] Eugene A E, Castro M, Buendia R, et al. Long-discharge flywheel versus battery energy storage for microgrids: A techno-economic comparison. Chemical Engineering Transactions, 2019, 76: 949-954.

[25] Podgornovs A A S A. Electromechanical battery, electrical machines mass functions analysis. Scientific Journal of Riga Technical University. Power and Electrical Engineering, 2011, (28): 53-57.

[26] Auer, W. Ball bearing versus magnetic bearing reaction and momentum wheels as momentum actuators. AIAA Journal, 1980. https://doi.org/10.2514/6.1980-911.

[27] Hutchinson A, Gladwin D T. Optimisation of a wind power site through utilisation of flywheel energy storage technology. Energy Reports, 2020, 6: 194-204.

[28] Murakami C, Ohkami Y, Okamoto O, et al. A new type of magnetic gimballed momentum wheel and its application to attitude control in space. Acta Astronautica, 1984, 11(9): 613-619.

[29] HE Y N K S F. A method of simple adaptive control for MIMO nonlinear AMB-flywheel levitation system//Proceedings of the 14th International Symposium on Magnetic Bearings, Linz, 2014.

[30] 张剀, 赵雷, 赵鸿宾. 磁轴承飞轮控制系统设计中 LQR 方法的应用研究. 机械工程学报, 2004, 40(2): 6.

[31] 张剀, 张小章, 赵雷, 等. 磁悬浮飞轮陀螺力学与控制原理. 机械工程学报, 2007, 43(3): 6.

[32] 白金刚, 张小章, 张剀, 等. 磁悬浮储能飞轮系统中的磁轴承参数辨识. 清华大学学报(自然科学版), 2008, 48(3): 382-385, 390.

[33] 戴兴建, 于涵, 李奕良. 飞轮储能系统充放电效率实验研究. 电工技术学报, 2009, (3): 20-24.

[34] 杨春帆, 刘刚, 张庆荣, 等. 磁悬浮姿控/储能飞轮能量转换控制系统设计与实验研究. 航天控制, 2007, 25(3): 91-96.

[35] 张绍武, 任正义, 黄同, 等. 刚性飞轮转子临界转速下的振幅分析. 机械设计与制造, 2020, (12): 5-8, 14.

[36] 吴刚, 刘昆, 张育林, 等. 磁悬浮动量轮设计与实验研究. 轴承, 2005, (8): 4-7.

[37] 杨乐鑫, 周瑾, 张昕烨. 飞轮储能系统中径向永磁轴承的设计研究. 机械与电子, 2013, (11): 23-26.

[38] 张新宾, 储江伟, 李洪亮, 等. 飞轮储能系统关键技术及其研究现状. 储能科学与技术, 2015, 4(1): 55-60.

[39] 张建成. 用于配电网的飞轮储能系统设计. 华北电力大学学报(自然科学版), 2005, 32(B12): 38-40.

[40] Sarma M, Yamamura A. Computer-aided analysis of magnetic fields in nonlinear magnetic bearings. IEEE Transactions on Magnetics, 1978, 14(5): 551-553.

[41] Sortore C K, Allaire P E, Maslen E H, et al. Permanent magnet biased magnetic bearings-design, construction and testing//Proceedings of the 2nd International Symposium on Magnetic Bearings, Tokyo, 1990: 89-98.

[42] Christopher D, Beach R. Flywheel technology development program for aerospace applications. IEEE Aerospace & Electronic Systems Magazine, 2002, 13(6): 9-14.

[43] Jansen R H. Integrated power and attitude control system demonstrated with flywheels G2 and D1. NASA Technical Memorandum NASA/TM-2005-213400. Cleveland: NASA Glenn Research Center, 2005.

[44] Dagnaes-Hansen N A, Santos I F. Magnetically suspended flywheel in gimbal mount—Test bench design and experimental validation. Journal of Sound and Vibration, 2019, 459: 114380.

[45] Imoberdorf P, Zwyssig C, Round S D, et al. Combined radial-axial magnetic bearing for a 1kW, 500,000rpm permanent magnet machine//APEC 07-Twenty-Second Annual IEEE Applied Power Electronics Conference and Exposition, Anaheim, 2007.

[46] Han Y H, Park B J, Jung S Y, et al. Study of superconductor bearings for a 35kWh superconductor flywheel energy storage system. Physica C: Superconductivity, 2012, 482(1): 150-155.

[47] Fang J, Wang C, Wen T. Design and optimization of a radial hybrid magnetic bearing with separate poles for magnetically

suspended inertially stabilized platform. IEEE Transactions on Magnetics, 2014, 50(5): 1-11.

[48] Xu S L, Fang J C. A novel conical active magnetic bearing with claw structure. IEEE Transactions on Magnetics, 2014, 50(11): 1-4.

[49] Fang J C, Sun J J, Liu H, et al. A novel 3-DOF axial hybrid magnetic bearing. IEEE Transactions on Magnetics, 2010, 46(12): 4034-4045.

[50] 汤双清, 蔡敢为, 杨家军, 等. 用于飞轮电池的电动磁力轴承的研究. 华中科技大学学报(自然科学版), 2003, 31(4): 9-11.

[51] Zhang J C. Research on flywheel energy storage system using in power network//International Conference on Power Electronics & Drives Systems, New Delhi, 2006.

[52] 余志强, 张国民, 邱清泉, 等. 高温超导飞轮储能系统的发展现状. 电工技术学报, 2013, 28(12): 109-118.

[53] 李万杰, 张国民, 王新文, 等. 飞轮储能系统用超导电磁混合磁悬浮轴承设计. 电工技术学报, 2020, 35(S1): 10-18.

[54] Ogata M, Matsue H, Yamashita T, et al. Test equipment for a flywheel energy storage system using a magnetic bearing composed of superconducting coils and superconducting bulks. Superconductor Science & Technology, 2016, 29(5): 54002.

[55] Miyazaki Y, Mizuno K, Yamashita T, et al. Development of superconducting magnetic bearing for flywheel energy storage system. Cryogenics, 2016, 80(2): 234-237.

[56] Strasik M, Hull J R, Mittleider J A, et al. An overview of Boeing flywheel energy storage systems with high-temperature superconducting bearings. Superconductor Science & Technology, 2010, 23(3): 34021.

[57] Park B J, Han Y H, Jung S Y, et al. Static properties of high temperature superconductor bearings for a 10kW·h class superconductor flywheel energy storage system. Physica C: Superconductivity and Its Applications, 2010, 470(20): 1772-1776.

[58] Choi H S, Park H M, Lee J H, et al. The optimum design for magnetic flux distribution of a superconducting flywheel energy storage system. IEEE Transactions on Applied Superconductivity, 2009, 19(3): 2116-2119.

[59] Koshizuka N. R&D of superconducting bearing technologies for flywheel energy storage systems. Physica C: Superconductivity and Its Applications, 2006, 445-448: 1103-1108.

[60] 王新文, 邱清泉, 宋乃浩, 等. 飞轮储能用磁悬浮轴承研究进展. 低温与超导, 2018, 46(11): 41-46, 51.

[61] 方家荣, 林良真, 夏平畴, 等. 超导混合磁力轴承的发展现状和前景. 电工电能新技术, 2000, 19(1): 27-31.

[62] Fang J R, Lin L Z, Yan L G, et al. A new flywheel energy storage system using hybrid superconducting magnetic bearings. IEEE Transactions on Applied Superconductivity, 2001, 11(1): 1657-1660.

[63] 李万杰, 张国民, 艾丽旺, 等. 高温超导飞轮储能系统研究现状. 电工电能新技术, 2017, 36(10): 19-31.

[64] 邓自刚, 林群煦, 王家素, 等. 高温超导磁悬浮飞轮储能系统样机. 低温物理学报, 2009, 31(4): 311-314.

[65] 程千兵, 宣明, 武俊峰, 等. 超导磁悬浮微飞轮系统设计与功耗分析. 工程设计学报, 2012, 19(1): 61-66.

[66] 孙成林, 任晓晨, 杨时红, 等. 2kWh/100kW 超导飞轮转子动态悬浮耦合特性研究. 低温与超导, 2019, 47(8): 33-38.

[67] 戴兴建, 姜新建, 张剀. 飞轮储能系统技术与工程应用. 北京: 化学工业出版社, 2021.

[68] 张剀, 董金平, 戴兴建. AD698 解调的电感位移传感器性能提升. 仪表技术与传感器, 2010, (9): 10-12

[69] 陈立群. 电磁轴承精度控制及其应用研究. 西安: 西安交通大学, 1999: 97-112.

[70] 祁庆中, 赵鸿宾. 电磁轴承控制系统的研究与探讨. 应用科学学报, 1997, 15(2): 179-185.

[71] 孙启航. 飞轮储能转子系统的动力学分析及优化. 北京: 华北电力大学, 2022.

[72] 徐登辉. 飞轮储能系统电机与轴系设计. 杭州: 浙江大学, 2016.

# 第 14 章

# 变　流　器

飞轮储能系统的主要功能是通过控制飞轮电机转子的速度变化实现外部电源和负载的电能与飞轮转子的动能进行相互转换。本章主要介绍飞轮储能系统的电力变换主电路结构，储能变流器和电机变流器的拓扑结构和主要控制方法，讨论飞轮阵列系统的构成与控制策略。

## 14.1　飞轮储能系统拓扑结构

飞轮储能系统可以应用于不同的场合：应用于不间断电源、电网调频调峰时，飞轮储能系统通过储能变流器并入交流电网；应用于城市轨道交通能量回收时，飞轮储能系统取消储能变流器直接接入直流电网。图14-1所示为常用的飞轮储能系统电气拓扑结构。通过增加机侧滤波器，降低电机电流的谐波含量从而减小电机的发热量。当飞轮储能系统连接交流电网时，为满足并网需求一般需要加网侧滤波器以对注入电网的电流进行滤波。飞轮储能系统需要同时满足充电和放电等需求，因此储能变流器和电机变流器需要具备能量双向流动的功能[1]。

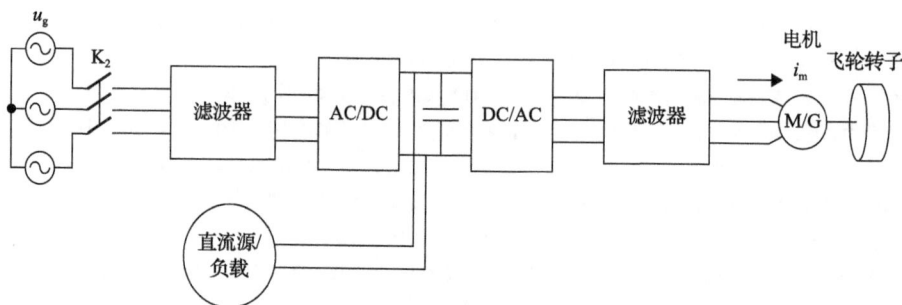

图 14-1　飞轮储能系统图

## 14.2　储能变流器拓扑与控制原理

飞轮储能系统的储能变流器目前大都采用能量可双向流动的脉宽调制(pulse width modulation，PWM)整流器，不仅具有 AC/DC 的变流特性(可控整流功能)，还有 DC/AC 的变流特性(有源逆变)，因此称为可逆 PWM 整流器或双向变流器。

20 世纪 80 年代以来，国内外对可逆 PWM 整流器，即双向变流器技术做了深入而全面的研究。1982 年，Busse 等[2]首先提出了基于可关断器件的三相全桥 PWM 整流器拓扑结构及其网侧电流幅相控制策略，并实现了电流型 PWM 整流器网侧功率因数正弦波电流控制。1984 年，Akagi 等[3]提出了基于 PWM 整流器拓扑结构的无功补偿控制策略[3]，即电压型 PWM 整流器的最初设计。80 年代末，Green 等[4]提出了基于坐标变换的 PWM 整流器连续、离散动态数学模型及控制策略。

经过 40 多年的发展，双向变流器技术日趋成熟，拓扑结构有以下几种分类。按直流储能形式分为电压型和电流型；按电网相数分为单相、三相、多相电路；按 PWM 开关调制可分为硬开关调制和软开关调制；按桥路结构分为半桥电路和全桥电路；按调制电平可分为两电平、三电平、多电平电路，如图 14-2 和图 14-3 所示[5]。双向变流器主电路所用大功率器件有门极关断晶闸管（gate turn-off thyristor，GTO）、集成门极换流晶闸管（integrated gate-commutated thyristor，IGCT）、IGBT 等，目前采用 IGBT 功率器件的变流器较为常见。

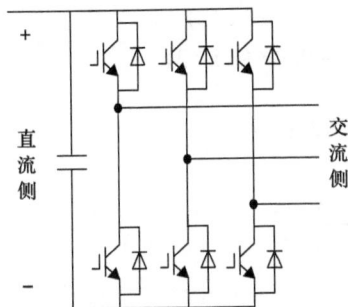

图 14-2　两电平变流器拓扑结构

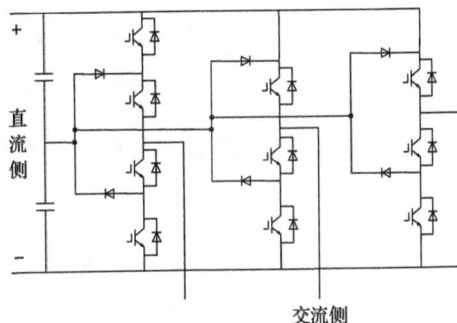

图 14-3　三电平变流器拓扑结构

### 14.2.1　储能变流器的拓扑结构

本节主要介绍目前应用最广的三相全桥逆变电路拓扑结构。变流器是在脉宽调制技术的基础上发展而来的一种功率变换装置，其主电路构成可以看成一台三相逆变桥加上一个交流滤波电感，如图 14-4 所示[5]。

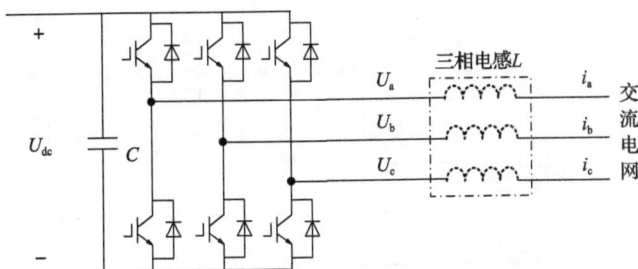

图 14-4　变流器主电路原理图

### 14.2.2　储能变流器的 *d-q* 模型

由于网侧电源为时变交流量，不利于控制系统的设计。可以通过坐标变换将三相对称静止坐标系转换为以电网基波频率同步旋转的$(d,q)$坐标系。经过坐标旋转之后，三相对称静止坐标系中的基波正弦变量被转化为同步旋转坐标系中的直流变量，从而简化控制系统的设计。下面给出三种坐标系和对应的坐标变换方程[6]。

$$C_{abc/\alpha\beta} = \frac{2}{3}\begin{bmatrix} 1 & -\dfrac{1}{2} & -\dfrac{1}{2} \\[2mm] 0 & \dfrac{\sqrt{3}}{2} & -\dfrac{\sqrt{3}}{2} \\[2mm] \dfrac{\sqrt{2}}{2} & \dfrac{\sqrt{2}}{2} & \dfrac{\sqrt{2}}{2} \end{bmatrix} \tag{14-1}$$

$$C_{\alpha\beta/dq} = \begin{bmatrix} \cos\theta & \sin\theta \\ -\sin\theta & \cos\theta \end{bmatrix} \tag{14-2}$$

$$C_{abc/dq} = \frac{2}{3}\begin{bmatrix} \cos\theta & \cos(\theta-2\pi/3) & \cos(\theta+2\pi/3) \\ -\sin\theta & -\sin(\theta-2\pi/3) & -\sin(\theta+2\pi/3) \end{bmatrix} \tag{14-3}$$

可以得到变流器在两相同步旋转坐标系中的数学模型：

$$\begin{cases} \dfrac{\mathrm{d}v_{\mathrm{dc}}^2}{\mathrm{d}t} = -\dfrac{2}{R_{\mathrm{L}}C}v_{\mathrm{dc}}^2 + \dfrac{3}{C}e_q i_d + \dfrac{3}{C}e_q i_q \\[3mm] \dfrac{\mathrm{d}i_d}{\mathrm{d}t} = -\dfrac{R}{L}i_d + \omega i_q + \dfrac{1}{L}u_d \\[3mm] \dfrac{\mathrm{d}i_q}{\mathrm{d}t} = -\omega i_q - \dfrac{R}{L}i_q + \dfrac{1}{L}u_q \end{cases} \tag{14-4}$$

式中，$R_{\mathrm{L}}$ 为直流侧负载电阻；$L$ 为网侧滤波电感；$v_{\mathrm{dc}}$ 为变流器直流母线电压。

其模型结构如图 14-5 所示。

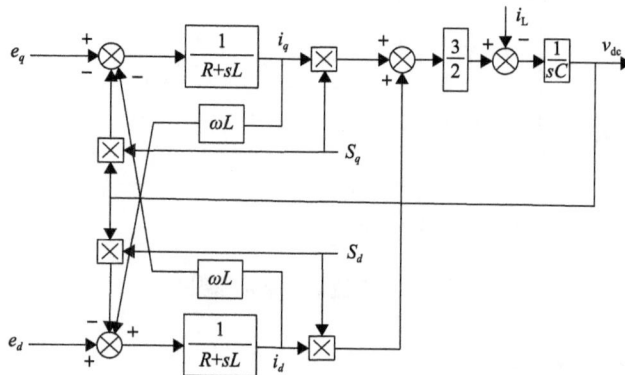

图 14-5　两相旋转坐标系$(d,q)$中变流器模型结构

### 14.2.3　储能变流器的并网控制原理

针对变流器的并网控制，Zmood 等[7]在 2001 年提出了基于 $d$-$q$ 轴同步旋转坐标系的电压矢量控制方案，但该方案在电网电压含有谐波时，会直接影响矢量的准确性和控制性能。Noguchi 等[8]提出了基于电压定向的直接功率控制，变流器采用脉宽调制技术，能够在其交流侧输出幅值和相位可控的三相交流电。而交流电感在变流器与电网之间起缓冲作用，能够减少电网电压与变流器输出电压的电压差降落在电感上形成的电压谐波和电流谐波，并决定交流电流的大小。变流器单相等效电路如图 14-6 所示[5]。

图 14-6 所示单相等效电路的数学表达式如下[5]：

$$e_a - U_a = L\frac{di_a}{dt} \tag{14-5}$$

如上所述，在电网电压 $e_a$ 和交流电感 $L$ 一定的情况下，通过控制 $U_a$ 的大小和相位，就可以控制电流 $i_a$ 的大小和相位，从而控制变流器传输功率大小和功率因数。

图 14-7 为变流器工作在单位功率因数下的相量图[7]，控制电压 $U_a$ 在图中移动，保证变流器电网侧功率因数为 1 或–1 且电流大小任意可控。功率因数为 1 时，飞轮储能系统工作在充电模式，电能从交流电网流向飞轮电机；功率因数为–1 时，飞轮储能系统工作在放电模式，电能从飞轮电机流向交流电网。

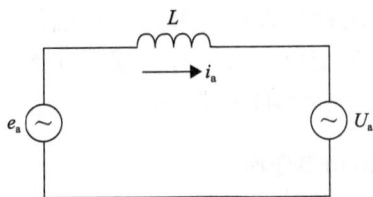

图 14-6　变流器单相等效电路　　　图 14-7　变流器功率因数为–1 时相量图

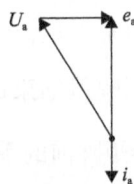

图 14-8 为飞轮储能系统充电模式下储能变流器的工作流程示意图。具体如下：飞轮电机加速，电能转换为机械能，储能变流器检测到的直流网压 $U_{dc}$ 下降，计算需要从电网侧获取的整流功率 $P$，再根据 $P$ 计算三相逆变桥输出的交流电压 $U_a$、$U_b$、$U_c$。

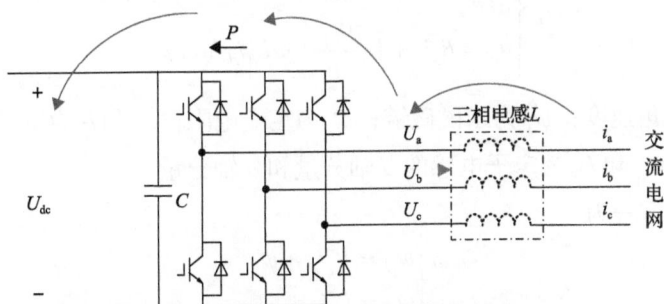

图 14-8　飞轮充电工作流程示意图

飞轮储能系统放电模式是完全相反的过程，飞轮电机降速，机械能转换为电能，储能变流器检测到的直流网压 $U_\text{dc}$ 上升，计算需要向电网侧回馈的逆变功率 $P$，再根据 $P$ 计算三相逆变桥输出的交流电压 $U_\text{a}$、$U_\text{b}$、$U_\text{c}$。

## 14.3　电机变流器拓扑与控制原理

矢量控制具有转矩和磁链的解耦，研究最成熟、工业应用最多，具有很好的稳态性能等优点，在交流调速系统中应用广泛。因此，在飞轮储能系统中，对飞轮电机变流器的控制通常采用转子磁场定向的矢量控制方法。本节以永磁同步电机为例讨论飞轮电机及其变流器系统的控制策略。

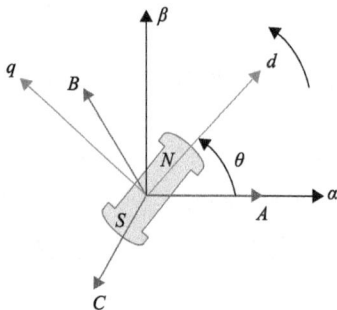

图 14-9　两相旋转坐标系 $(d, q)$、两相静止坐标系 $(\alpha, \beta)$ 以及三相静止坐标系 $(A, B, C)$

矢量控制的基本思想为利用坐标变换将交流电机的控制转换为与直流电机类似的方式，优化交流电机的控制性能。该坐标变换的基本原则为：保持不同坐标系下绕组的合成磁动势相同。常用的三种坐标系有两相 $d$-$q$ 旋转坐标系、两相 $\alpha$-$\beta$ 静止坐标系与三相静止坐标系，定义如图 14-9 所示，其中 $d$ 轴表示转子磁链轴，$q$ 轴沿转动方向超前 $d$ 轴 90°。常用的变换有两种形式：一种为根据幅值不变得到的恒幅值变换；另一种为根据功率不变得到的恒功率变换。按恒幅值约束的坐标变换方程如式(14-1)～式(14-3)所示。

将恒幅值变换矩阵前的系数改为 $\sqrt{\dfrac{2}{3}}$，即恒功率变换。

使用恒幅值变换对永磁同步电机的数学模型进行坐标变换得到电机在 $d$-$q$ 坐标系下的数学模型，如式(14-6)～式(14-8)所示[9]。

定子绕组电压方程：

$$\begin{cases} u_d = R_\text{s} i_d + L_d \dfrac{\text{d}i_d}{\text{d}t} - \omega L_q i_q \\[2mm] u_q = R_\text{s} i_q + L_q \dfrac{\text{d}i_q}{\text{d}t} + \omega L_d i_d + \omega \psi_\text{r} \end{cases} \tag{14-6}$$

式中，$\omega$ 为电机角速度；$\psi_\text{r}$ 为永磁磁链；$R_\text{s}$ 为定子电阻；$i_d$ 和 $i_q$ 为定子电流的 $d$ 轴分量和 $q$ 轴分量；$L_d$ 和 $L_q$ 为定子电感的 $d$ 轴分量和 $q$ 轴分量。

定子侧磁链方程为

$$\begin{cases} \psi_d = L_d i_d + \psi_\text{r} \\ \psi_q = L_q i_q \end{cases} \tag{14-7}$$

式中，$\psi_d$ 为 $d$ 轴定子磁链；$\psi_q$ 为 $q$ 轴定子磁链。

电磁转矩方程为

$$T_e = \frac{3}{2} p_n \left[ \psi_r + \left( L_d - L_q \right) i_d \right] i_q \tag{14-8}$$

式中，$p_n$ 为电机的极对数。

由式(14-6)～式(14-8)可见，电机的基本电气量从交流量变成了直流量，并且定子电流被分为转矩分量（$q$ 轴分量 $i_q$）和励磁分量（$d$ 轴分量 $i_d$）。从式(14-8)可以看出，当一台电机的极对数、电感、永磁磁链等参数固定时，电磁转矩的大小由 $i_d$ 和 $i_q$ 决定，因此对永磁同步电机的控制相当于对 $i_d$ 和 $i_q$ 的控制。

根据式(14-8)，在转矩一定的情况下，不同的 $i_d$ 和 $i_q$ 组合可以产生不同的永磁同步电机控制方式。主要分为四种：$i_d$=0 控制、单位功率因数控制、最大转矩电流比控制以及弱磁控制等[9]。

1) $i_d$=0 控制

当 $i_d$=0 时，式(14-8)变为

$$Te = \frac{3}{2} n_p \psi_r i_q \tag{14-9}$$

此时，转矩只与 $i_q$ 成正比，因此这种控制方式最简单。

2) 单位功率因数控制

单位功率因数控制需要满足关系式(14-10)：

$$\frac{U_d}{U_q} = \frac{i_d}{i_q} \tag{14-10}$$

因而可以得到

$$i_d = \frac{-\psi_r + \sqrt{\psi_r^2 - 4 L_d L_q i_q^2}}{2 L_d} \tag{14-11}$$

3) 最大转矩电流比控制

在永磁同步电机的输出转矩一定的情况下，合理选择 $i_d$ 和 $i_q$ 的组合，使永磁同步电机定子电流最小，即最大转矩电流比控制。这方面的研究已很成熟，此处不再赘述。

4) 弱磁控制

永磁同步电机的弱磁控制是类比于他励直流电机的弱磁升速而提出的。虽然永磁体磁链不能改变，但可以通过施加一个负值的 $d$ 轴电流来实现电机高速运行时的电压平衡，实现更宽范围内的恒功率运行，具体的 $d$ 轴电流根据实际需要来选择[10]。

### 14.3.1　空间矢量脉宽调制技术

空间矢量脉宽调制技术（space vector pulse width modulation，SVPWM）基本思想是，通过控制开关器件的开通和关断，改变电机的端电压，使电机内部形成的磁链轨迹跟踪理想三相正弦波电压供电时的理想磁链圆。与正弦脉宽调制 SPWM 相比，SVPWM可以减小输出电压和电流中的谐波含量，提高直流母线电压的利用率，在现在的变流

器脉宽调制中得到了广泛的应用。下面简要介绍其在三相两电平桥式变流器中的基本原理[11]。

此时变流器共有八种开关状态,分别定义为八个空间电压矢量,如图 14-10 所示[12]。

首先,确定参考电压矢量 $U_{ref}$ 所在扇区,从而选出与其相近的两个空间电压矢量来合成该参考矢量。如 $U_{ref}$ 相邻的两个空间电压矢量为 $U_m$ 和 $U_n$,两者在一个开关周期 $T_s$ 内的作用时间分别用 $T_m$、$T_n$ 表示,则可得空间电压矢量的合成公式如式(14-12)所示[12]:

$$U_{ref}T_s = U_m T_m + U_n T_n \tag{14-12}$$

合成示意图如图 14-11 所示。

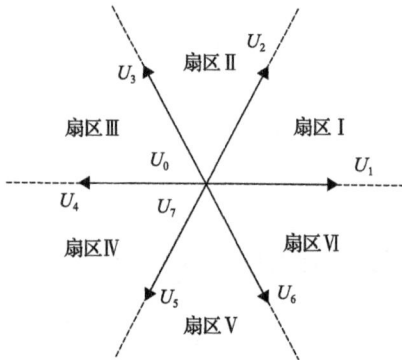

图 14-10 空间电压矢量定义

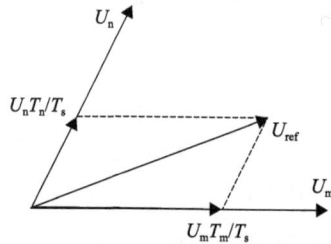

图 14-11 空间电压矢量图

根据图 14-11,利用矢量的合成与分解,即可得到此时两个空间电压矢量的分别作用时间 $T_m$ 及 $T_n$,进而得到零矢量的作用时间 $T_0$ 为

$$T_0 = T_s - T_m - T_n \tag{14-13}$$

为增加磁链圆的逼近程度,可以进一步将上述空间电压矢量的作用时间进行细分,如使用两个零矢量和对称的序列。以第一扇区为例,选择 $U_1$ 为 $U_m$,$U_2$ 为 $U_n$,其作用时间分别用 $T_1$、$T_2$ 表示,最终的 SVPWM 序列如图 14-12 所示[12]。

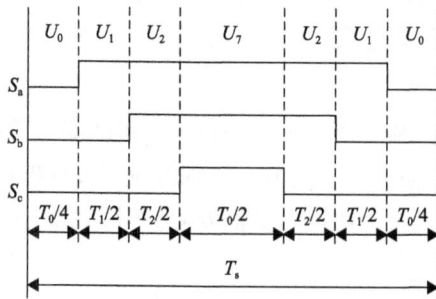

图 14-12 第一扇区内的 SVPWM 序列示意图

### 14.3.2 电机系统充电控制策略及其仿真

采用转速、电流双闭环的控制策略的框图如图 14-13 所示[13]。为了确定充电过程的

具体控制策略，首先分析飞轮加速过程中的功率变化情况，永磁同步电机的功率使用转矩和转速表示为式 (14-14)：

$$P = T\omega_{\mathrm{m}} \tag{14-14}$$

式中，$P$ 为飞轮电机的功率；$T$ 为飞轮电机的转矩；$\omega_{\mathrm{m}}$ 为飞轮电机的机械角速度。

飞轮电机系统在充电时一般要求尽量缩短充电时间，因此一般优先采用恒功率控制。但如果在飞轮储能系统的整个充电过程中均采用恒功率控制，由式 (14-14) 可知，在飞轮转速较低的阶段，电机的转矩要很大，同时由式 (14-9) 可知，这时需要增大定子电流，而定子电流的最大值一般受到飞轮储能系统控制器允许通过的电流最大值的限制，因而在低速阶段不采用恒功率控制，而采用恒转矩控制，在防止电机电流过大的同时，还要均匀地提升电机的转速。这也是本节开头将电机的升速过程分为启动和充电储能两个阶段的原因。区分这两个阶段的转速即为最低工作转速 $\omega_{\mathrm{min}}$。

飞轮储能系统的完整充电过程，包括启动和充电储能两个阶段。在第一个阶段，飞轮转速较低，因此采用恒转矩控制，转矩大小按照飞轮储能控制器的电流最大值来设置，这一阶段转速还比较低，因此功率不会太大，一般的供电电源都能够满足其要求。飞轮转速升高至 $\omega_{\mathrm{min}}$ 时，进入恒功率模式，使飞轮储能系统在最短的时间内完成充电过程。

上述控制的原理如图 14-13 所示[13]。在飞轮储能系统中常用的定子 $d$-$q$ 轴电流参考值的获取方法有两种：一种为 $i_d$=0 的方法，这种方法比较简便，外环得到的定子电流的参考值即为转矩分量 $i_q$ 的参考值；另一种为弱磁控制，在转速较高时，为了降低反电势，可以采用这种方法。

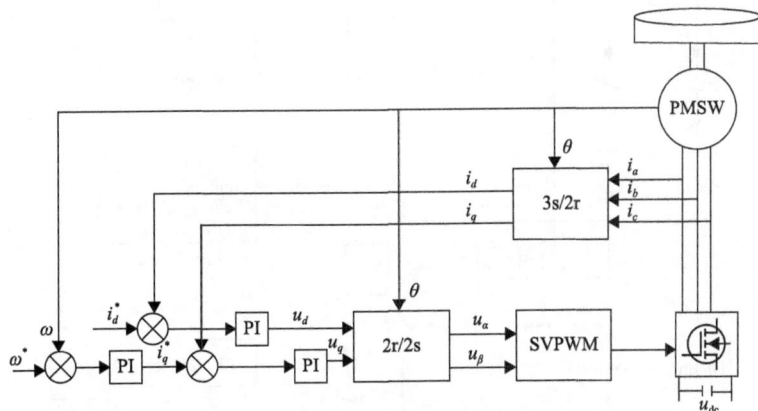

图 14-13 飞轮储能系统的充电控制原理图
3s/2r 表示三相静止坐标系到两相旋转坐标系的变换；PMSW 为永磁同步电机

为验证所提出方案的有效性，实验借助计算机辅助软件来建立可靠的仿真模型并完成分析与验证工作。Simulink 是 MATLAB 软件中一种功能强大的图形化仿真工具，能够同时为研究学者提供动态系统建模与仿真分析环境，具有适用领域广、仿真模型精确、运行效率高以及建模灵活方便等特点，目前已广泛应用于机械设计、自动化控制以及航空航天等领域的仿真分析中。本节借助 MATLAB/Simulink 仿真软件，建立了飞轮储能能量转换系统的仿真模型并对其进行仿真分析，验证分析了该飞轮储能系统充放能控制方法的有效性。

图 14-14 为 Simulink 中自带的变流器模块,该模块可实现电力电子设备的桥接工作。模块设置桥臂数量为 3, 缓冲器电阻 $R_s$ 设置为 $10^5\Omega$、缓冲电容 $C_s$ 为 $10^{-6}$F, 变流器中电力电子器件采用 IGBT, 正向电压的装置 $V_f$、二极管 $V_{fd}$ 分别设置为 0 即可。图 14-15 为仿真中采用的电机模型,电机类型采用三相永磁同步电机。定子绕组以 Y 形连接至内部中性点,三相电机波形选择为正弦波形。

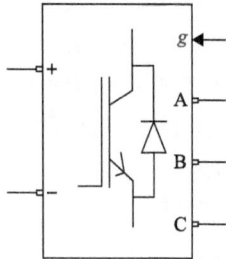

图 14-14　变流器模块　　　　　图 14-15　电机模型

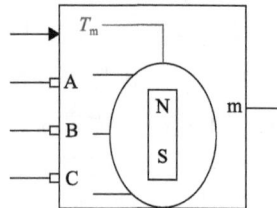

单个飞轮充电的 Simulink 仿真模型总框架如图 14-16 所示,控制方式采用电机的双闭环控制。

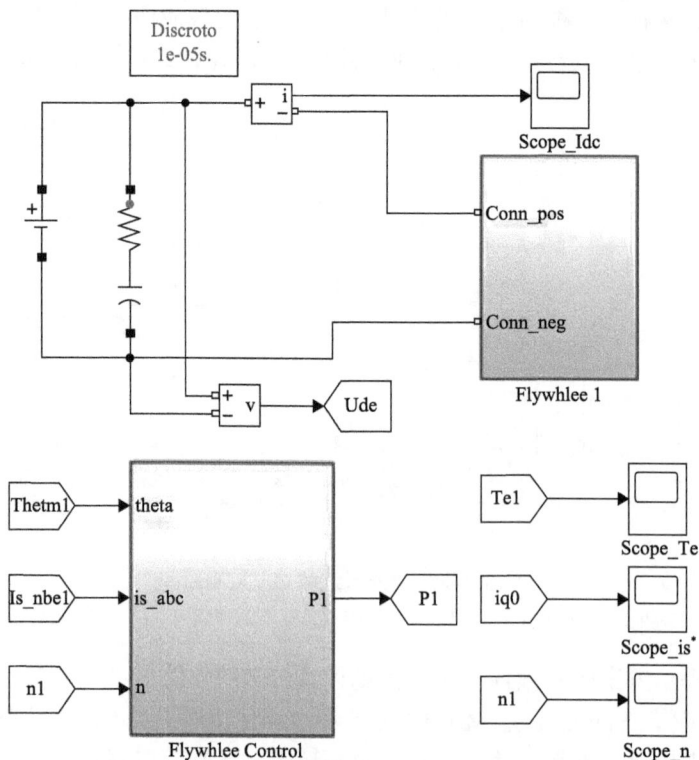

图 14-16　飞轮控制 Simulink 仿真模型总框架

如图 14-16 为单个飞轮的充放能 Simulink 仿真模型总框架, 图 14-17 为电机的速度

外环控制单元，图 14-18 为电机内环控制单元，本实验电流内环采用最大转矩每安培
(maximum torque per Ampere, MTPA) 控制，即通过对电动机的电流和电压的有效控制，
以实现电机最大转矩和功率的电机控制方式。

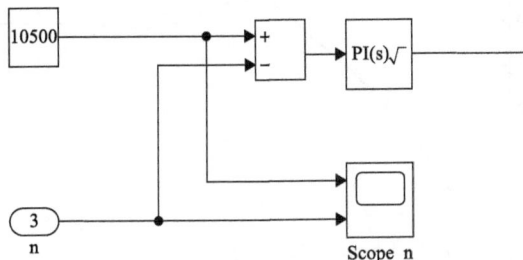

图 14-17　电机外环(速度环)控制单元

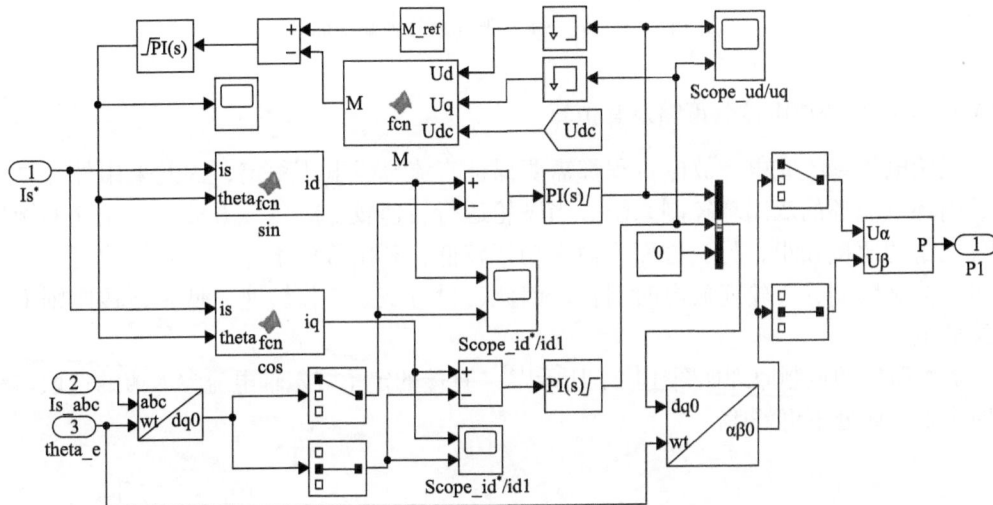

图 14-18　电机内环(电流环)控制单元

在单个飞轮充电控制仿真中，实验将电机的初始转速定为 9000r/min，设定目标转速
为 9050r/min，仿真得到单个飞轮仿真扭矩响应曲线(图 14-19)与单个飞轮仿真转速响应

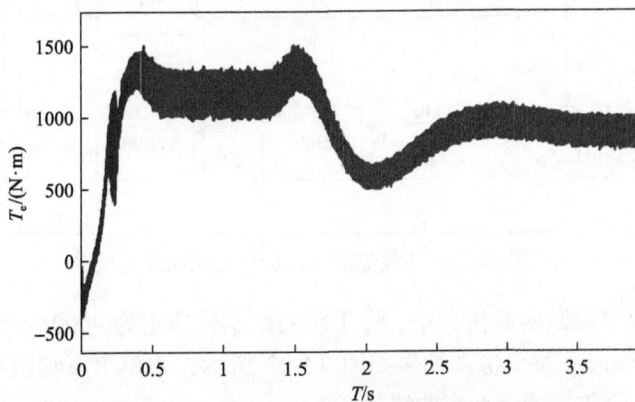

图 14-19　飞轮充电控制仿真扭矩响应曲线

曲线(图 14-20)。可以看出,经过约 2s,电机转速达到目标转速,即在短时间内实现了飞轮的充电实验。

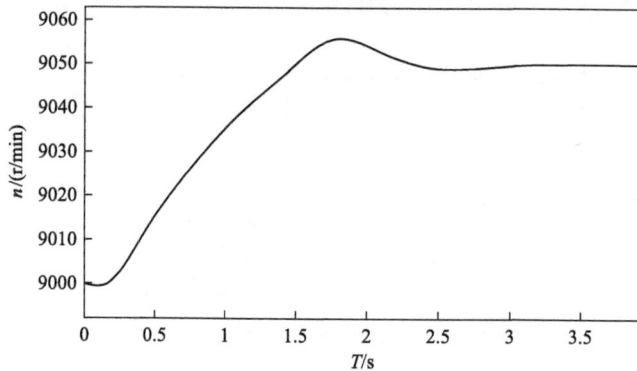

图 14-20　飞轮充电控制仿真转速响应曲线

### 14.3.3　电机系统放电控制策略及其仿真

飞轮电机系统充电、放电过程都需要保证直流母线电压稳定,因此采用外环电压环、内环电流环的双闭环控制系统。当飞轮运行转速较低时,一方面飞轮储存的能量占总能量的比例较小;另一方面,输出功率较低,利用价值不大;再者,此时充电功率也会受到限制,飞轮充放电时间长。因此,设置最小工作转速,低于该转速则不再继续放电。

放电阶段的控制原理如图 14-21 所示[13]。具体的定子 $d$-$q$ 轴电流参考值的选取与充电时类似,此处不再赘述。

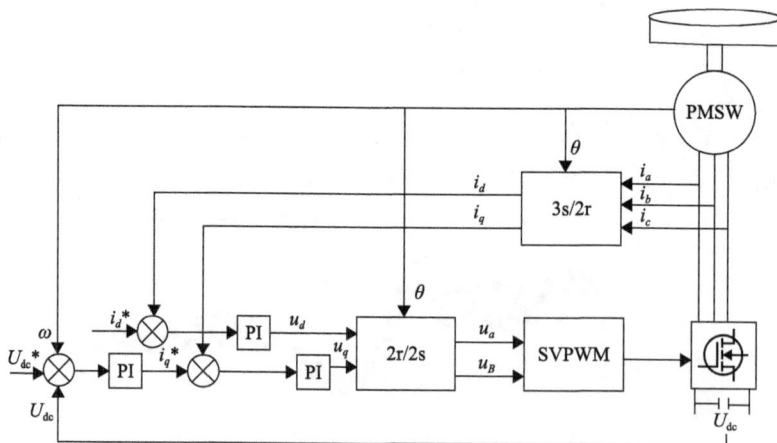

图 14-21　飞轮储能系统放电控制原理图

在单个飞轮放电控制实验仿真中,将飞轮的初始转速定为 9000r/min,直到飞轮放电到最终转速 8500r/min,整个仿真结果如图 14-22 所示,为单个飞轮仿真扭矩响应曲线,图 14-23 为单个飞轮仿真转速响应曲线。

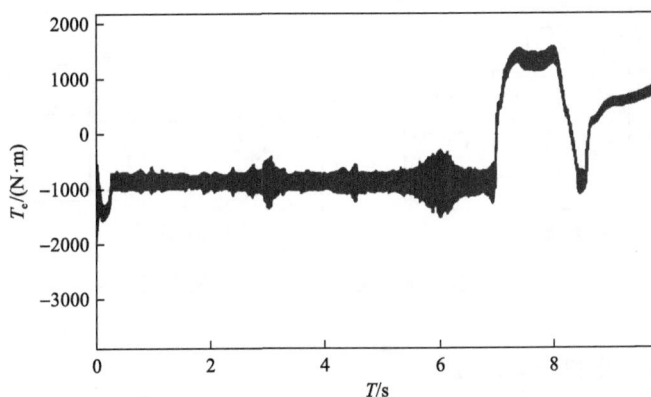

图 14-22 飞轮放电控制仿真扭矩响应曲线

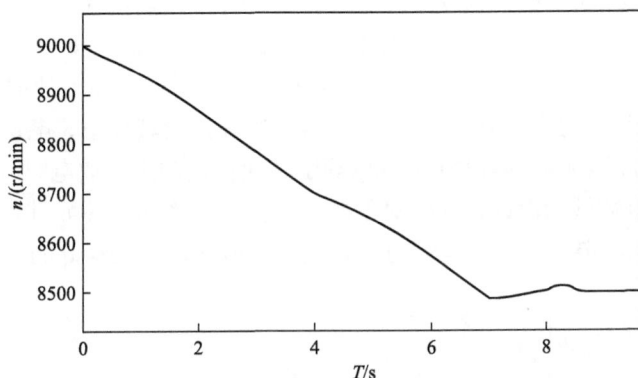

图 14-23 飞轮放电控制仿真转速响应曲线

# 14.4 飞轮变流器设计实例

本节介绍一个 500kW 的飞轮变流器的设计方案。

### 14.4.1 500kW 飞轮储能系统架构

500kW 飞轮储能系统变流器主要实现电网侧和飞轮电机的电能变换及控制，系统架构如图 14-24 所示，其中飞轮本体为大容量六相永磁同步电机，电机变流器为两组单元，储能变流器为内部并联一组单元。储能变流器和电机变流器采用背靠背结构，共用直流母线。当系统接收指令进行充电时，储能变流器从电网吸收电能，对直流母线进行充电，电机变流器对直流母线电压进行逆变，输出加速转矩，使得飞轮加速，提升飞轮的能量进行充电；当系统接收到放电指令时，储能变流器从直流母线取能，向电网进行逆变功率输出，电机变流器输出制动转矩，使得飞轮降速，释放飞轮的机械能，向直流母线充电，补充储能变流器提取的能量，通过功率和能量控制策略，使得网侧和机侧功率平衡，能量流动控制协调。

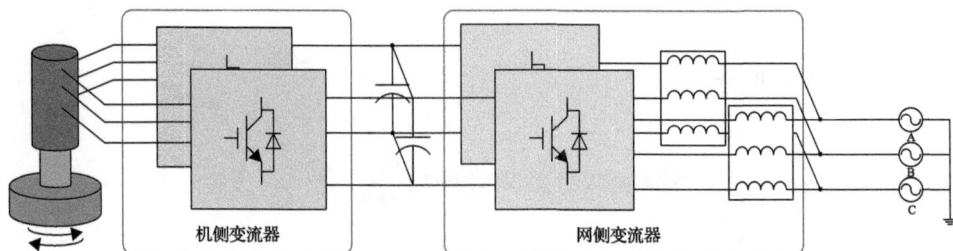

图 14-24  大容量飞轮储能系统架构图

### 14.4.2  500kW 飞轮电机变流器设计

考虑到 500kW 为较大容量,对电机的电压等级进行设计时,图 14-25 给出了电机分别在额定转速(最高转速)和 50%额定转速情况下,电机反电势不同等级下功率为 500kW 时,发电(电动)情况(忽略电机损耗)电机的电流。可以看出,如果采用额定反电势设计为 400V,最高转速时,电机电流为 720A 左右,在一半额定转速时,电机电流约为 1440A,如果电机反电势提高到额定转速 700V,则在额定转速下,电机按照额定功率充放电,电机电流约为 400A,而电机在 50%额定转速额定功率充放电时,电机电流也只有 720A,远小于反电势低的设计,此时对于驱动电流的功率半导体元件选择较为合理,因此本方案选择电机额定转速时反电势为 700V(有效值(root-mean-square value,rms))。

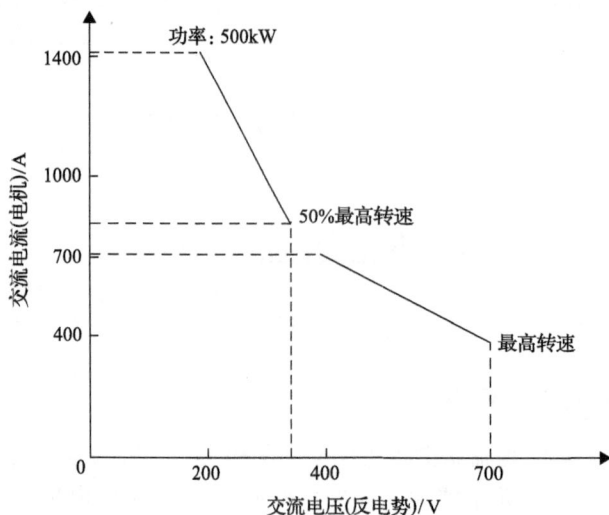

图 14-25  飞轮电机电流与反电势关系

对于电机最高反电势为 700V 的情况,系统的功率运行特性如图 14-26 所示。

变流器母线电压为直流 1100V,当直流母线电压利用率为 0.866 时,交流侧可以逆变出的交流电压为 673V。因此,需要采用 SVPWM 技术提高母线电压利用率,输出交流电压理论上可以达到 770V;为了能够可靠控制,需要在高速工况下做弱磁控制,弱磁策略可以根据转速来调节,最大弱磁电流可为 400A,最终高转速段(90%~100%)电流可以为 600A;电机电抗考虑到交轴电抗的压降和弱磁作用相互抵消,直流母线电压

1100V 应当能满足要求。因此，电机变流器为 50%额定转速时，额定功率输出的情况下产生的电流在 830A 左右。

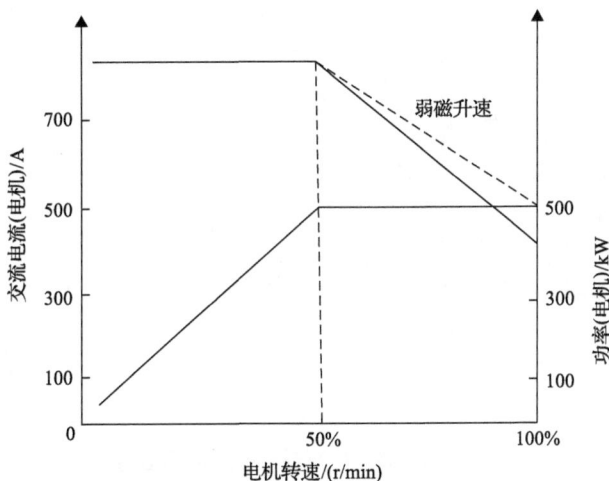

图 14-26　飞轮电机运行特性

综合考虑直流母线电压和系统电流，变流器采用有源箝位三电平电路，如图 14-27 所示。

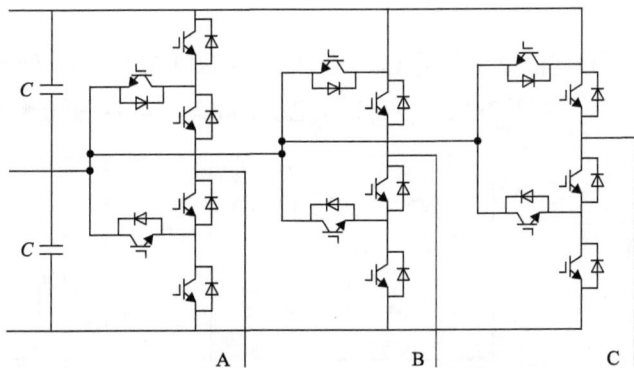

图 14-27　机侧中点箝位三电平变流器拓扑

采用三电平电路后，可以显著降低交流输出的谐波含量，等效开关频率为单管开关频率的两倍，每相竖管两管开关频率为基频，有利于降低开关损耗。与二极管箝位三电平相比，输出三电平不受调制比影响，始终为三电平波形，因此等效开关频率不会因为调制比的降低而降低。

其中，电机变流器为 900A 设计，一侧单元的 IGBT 模块额定电流选择为 800A 左右，双单元为 1600A，系统最大电流交流有效值运行为 830A，短时允许 920A。系统散热功率为 12kW 左右。

### 14.4.3　500kW 储能变流器设计

考虑到储能变流器基本运行在交流电压恒定状态，因此选择 690V 交流电压等级。

考虑直流母线电压较高，网侧为 0.4kV 电压等级，系统绝缘安全要求不同，因此在电网和储能变流器之间增加隔离升压变压器，将 0.4kV 电压升至 0.69kV。储能变流器主电路拓扑结构如图 14-28 所示。

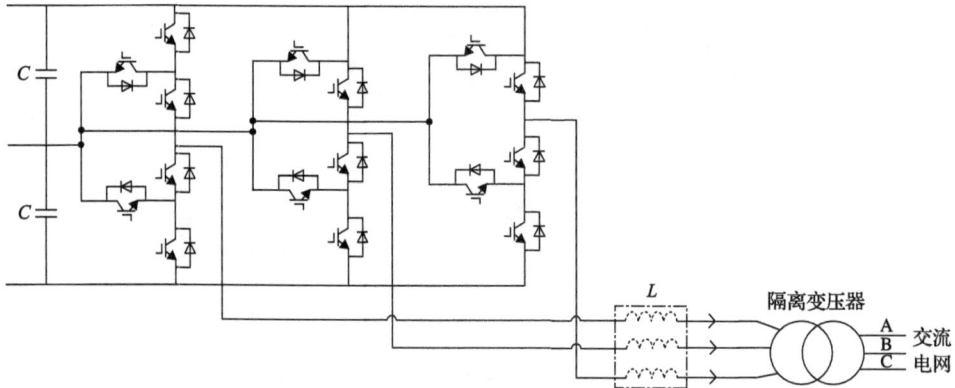

图 14-28　储能变流器主电路拓扑结构

储能变流器最大电流为 420A，考虑到裕量与效率折算，设计为电机变流器电流容量一半，短时耐受−500～450A；网侧电抗器选择为 0.2mH 左右。交流调制采用 SVPWM，提高直流母线电压利用率[14]。储能变流器开关频率为 3～4kHz，等效开关频率为 6～8kHz。

储能变流器主回路滤波电路采用 LC 滤波电路（图 14-29），加上网侧等效电感，构成 LCL 滤波电路，滤波器参数基本设计为 0.2μH 电抗，68μF 的电容，截止频率在 2kHz 以内。

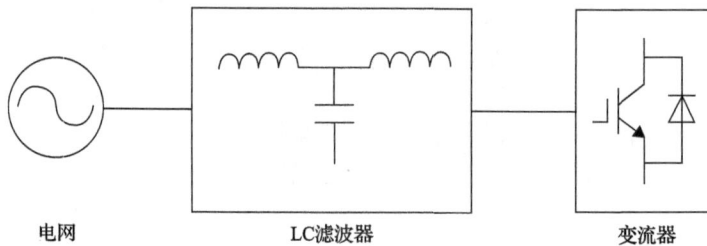

图 14-29　储能变流器主回路滤波电路

### 14.4.4　三电平变流器调制方式设计

采用有源箝位三电平拓扑结构后，每相逆变桥臂一共有 6 个开关，需要进行输出电压逻辑判断。这 6 只开关的调制逻辑为 S1 和 S2 互锁，S3 为调制波基频调制，由相电压正负极性来决定；S4 和 S6 逻辑互锁，S5 为调制波基频调制，由相电压正负极性来决定。在本系统中，希望通过较低的开关频率来实现较高的等效开关频率，因此采用分层载波调制方式。如图 14-30 所示，其中载波频率设定为 800Hz，调制波频率为 50Hz，在电压正半周，S1 和 S2 以开关频率动作；S3 开通，S4～S6 保持关断；在电压负半周，S1～S3 保持关断；S4 保持开通，S5 和 S6 以开关频率动作。

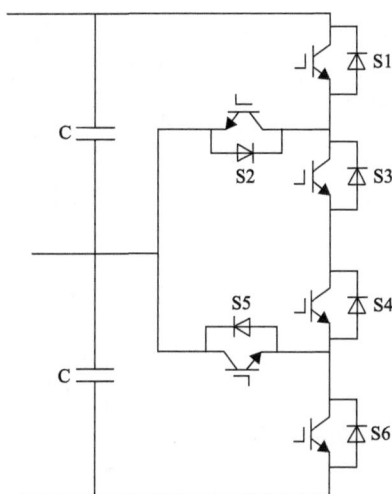

图 14-30 三电平电路桥臂开关顺序

# 14.5 飞 轮 阵 列

由于单体飞轮储能单元的容量有限，为了获得更大的储能量、更高的功率及更长的后备时间，可以研制大容量的飞轮储能单元，也可以将多台模块化的飞轮储能单元并联组成飞轮阵列储能系统 (flywheel array energy storage system, FAESS)。本节主要介绍飞轮阵列的研究现状、协调控制策略和仿真模型。

## 14.5.1 飞轮阵列的发展现状

美国 Active Power 公司的双飞轮系统模块 CSDC-500 可替代蓄电池组，主要用于电能质量改善、连续电源(为备用发电机提供过渡时间)及延长蓄电池寿命。CSDC-500 包括两个飞轮，以 500kW 的功率可放电 14.8s，储能量约 2kW·h。Active Power 公司最多可支持 4 台 CSDC-500 并联，相当于 8 个飞轮并联，该并联结构以 2MW 的功率可放电 14.8s，总储能量约 8kW·h，主要用于电能质量提高。Active Power 公司的 CleanSource 不间断电源中 1500iC 系列不间断电源的单机容量是 250kW，最大支持 6 台并联，总容量达 1.5MW。

美国 Beacon Power 公司的飞轮储能单元由能量存储模块 (energy storage module, ESM) 和能量转换模块 (energy conversion module, ECM) 组成。其中，ESM 包含飞轮转子和电机，ECM 包含储能变流器和电机变流器。飞轮储能单元最大输出功率为 250kW，在 100kW 下可放电 900s，储能量约 25kW·h。经过直流母线并联可组成车载式飞轮储能系统矩阵和室内固定式飞轮储能系统矩阵两种阵列。车载式飞轮储能系统矩阵含有 10 个飞轮，最大输出功率为 2.5MW，总储能量约 250kW·h。室内固定式飞轮储能系统矩阵含 54 个飞轮，最大输出功率为 13.5MW，总储能量约为 1.35MW·h。两个阵列的直流输出接口均通过储能变流器变为交流输出，再通过升压变压器与交流电网互联[15]。Beacon Power 公司在纽约州史蒂芬镇修建的 20MW 飞轮储能调频电厂由 20 个车载式飞轮储能系统矩阵共 200 个飞轮组成，可以 20MW 放电 900s，总储能量约 5MW·h[16]。

随着飞轮阵列中的单机越来越多，飞轮阵列协调控制策略更为重要。飞轮阵列协调控制策略可将调度系统下发的飞轮阵列并网点总功率指令值分解为阵列中各飞轮单体功率指令值并发送给各飞轮单体，通过对飞轮单体功率的分配，在保证阵列总功率跟随调度系统指令值的同时，维持飞轮阵列的良好运行状态，如图 14-31 所示。

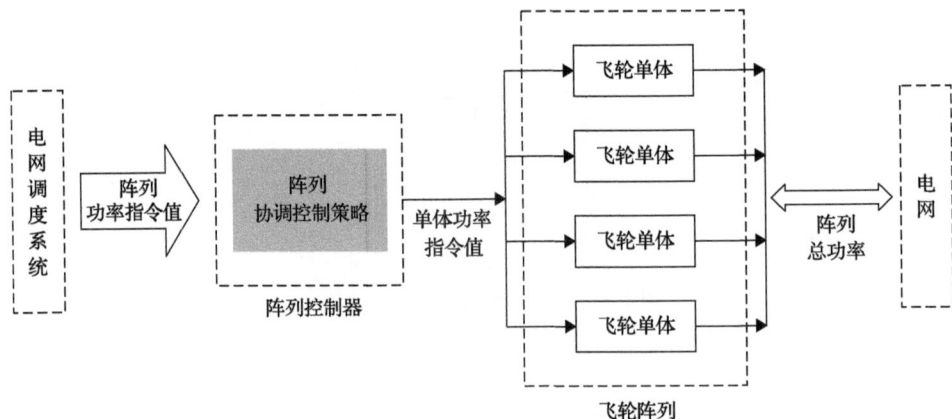

图 14-31　飞轮阵列协调控制策略原理图

### 14.5.2　飞轮阵列的仿真

使用 MATLAB/Simulink 仿真软件搭建飞轮阵列系统仿真模型，采用四个相同参数的飞轮电机，将四个飞轮电机的初始转速（即飞轮的剩余容量）设置成不同数值，进而展开不同的工况模拟。在该仿真中，四个飞轮电机分别有各自对应的飞轮控制器，即每个控制器可以单独控制对应飞轮电机的充电和放电，比较分析等转矩分配、等功率分配、按剩余容量分配的三种不同控制策略对飞轮阵列系统的充放能的影响。

(1)等转矩分配阵列算法模型仿真如图 14-32 所示。

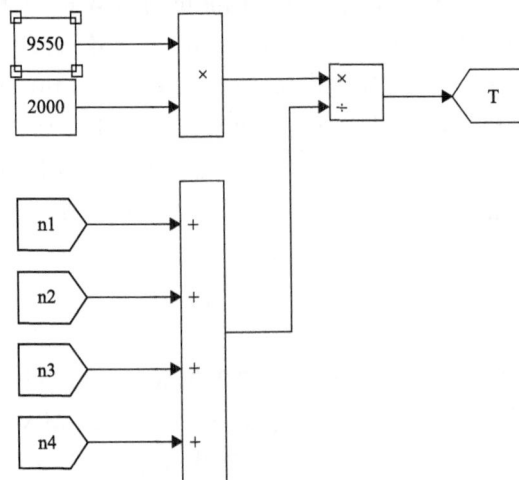

图 14-32　等转矩分配阵列算法模型框图

等转矩分配陈列算法策略是将根据给定功率和四个飞轮的转速计算出一个转矩值，作为四个飞轮电机的给定转矩值，控制电机的变流器输出对应的转矩。

图 14-33 为等转矩仿真扭矩响应曲线，图 14-34 为等转矩仿真转速响应曲线。从算法结构以及仿真结果可以看出，按转矩平均分配策略，控制系统简单易操作。

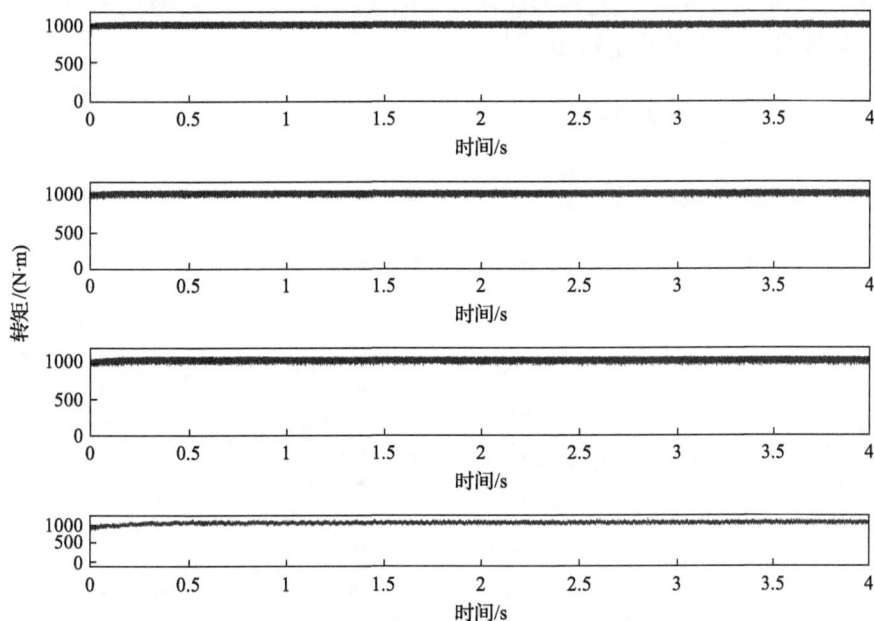

图 14-33 等转矩仿真扭矩响应曲线

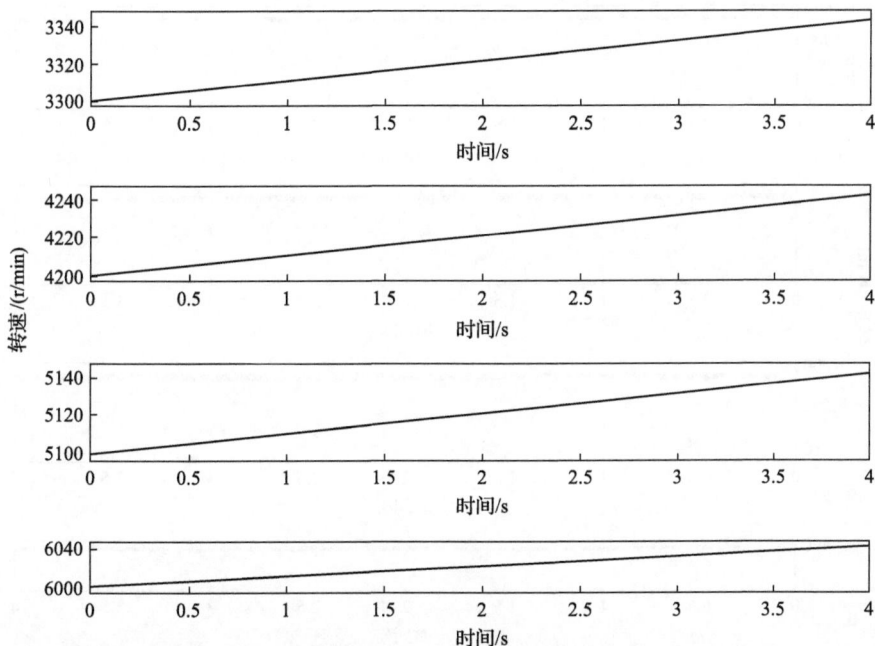

图 14-34 等转矩仿真转速响应曲线

(2)等功率分配阵列算法模型仿真。

图 14-35 为等功率分配阵列算法模型框图，当总给定功率为 2000kW 时，四个飞轮平均分配功率，每个飞轮的给定功率为 500kW，每个飞轮的给定功率除以对应飞轮的当前转速值得到转矩给定值，以此作为每个控制器的输入值。图 14-36 为四个飞轮转矩响应曲线，图 14-37 为四个飞轮模型转速响应曲线。可以看出，转速最大的飞轮给定转矩最小，转速最小的飞轮给定转矩最大。

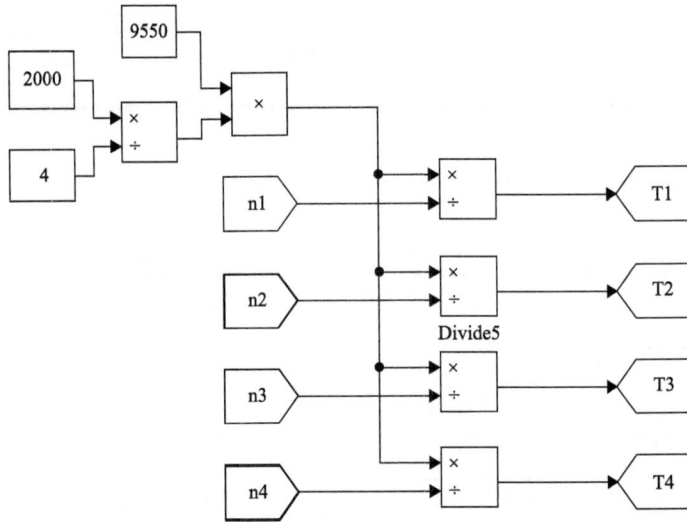

图 14-35　等功率分配阵列算法模型框图

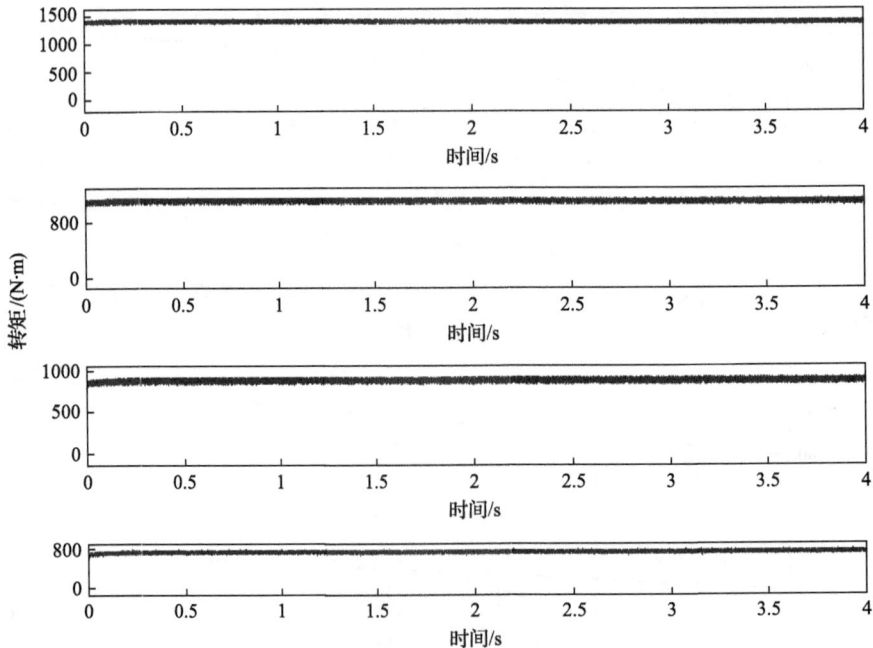

图 14-36　等功率分配阵列算法转矩响应曲线

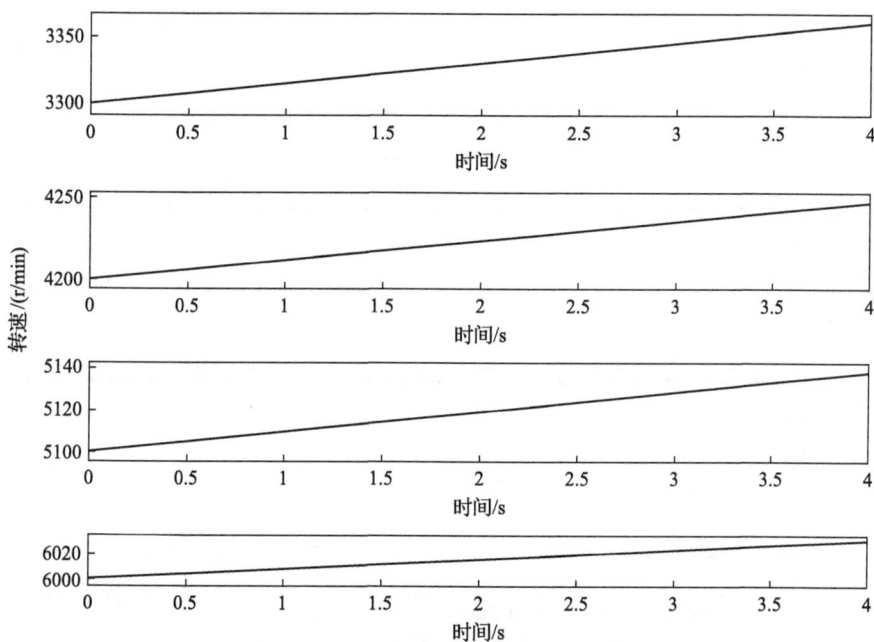

图 14-37　等功率分配阵列算法转速响应曲线

（3）按剩余容量分配阵列算法模型仿真。

按剩余容量分配策略令单体输入输出功率与剩余电量（state of charge，SOC）成正比来进行充放电，通过总给定功率和每个飞轮剩余容量来计算每个飞轮的输出功率。这样，当剩余容量释放完时自动停止放电，而充电到接近额定转速时自动停止充电。图 14-38 为按剩余容量分配的算法模型框图，图 14-39 为按剩余容量分配转矩响应曲线，图 14-40 为其转速响应曲线，按当前飞轮还能通过存储能量与总能量的比例决定对其充电量与充电速度。可以看出，与 3000r/min 的飞轮相比，初始转速为 6000r/min 充能速度显著减缓，

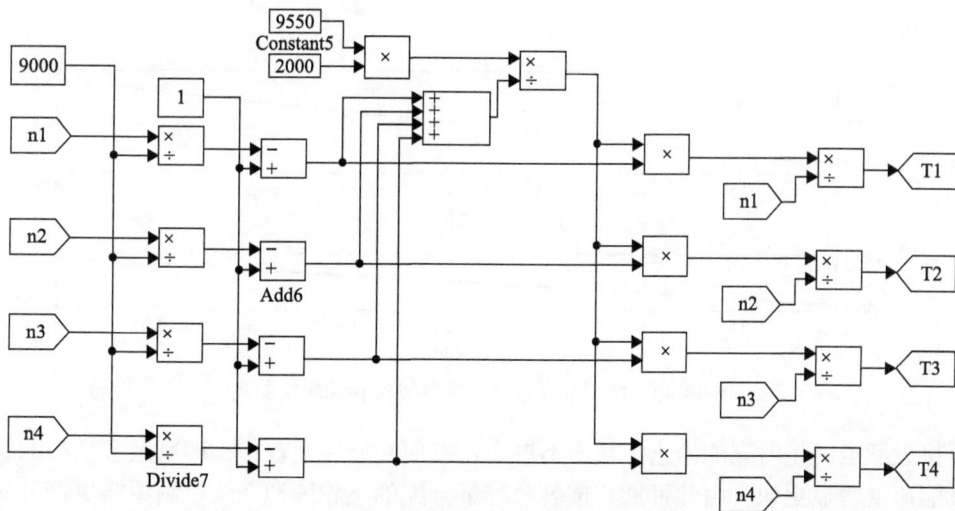

图 14-38　按剩余容量分配阵列算法模型框图

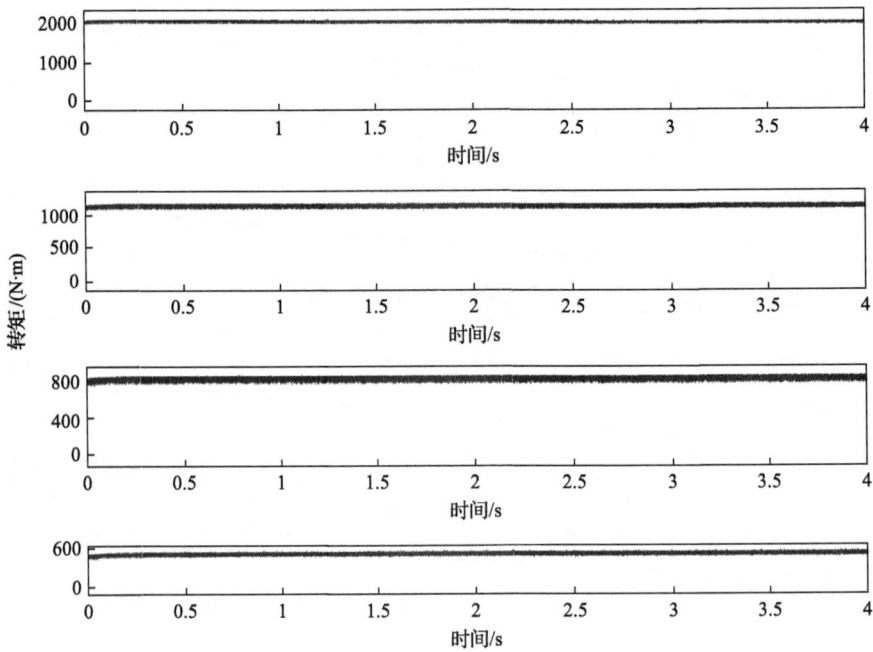

图 14-39　按剩余容量分配阵列算法转矩响应曲线

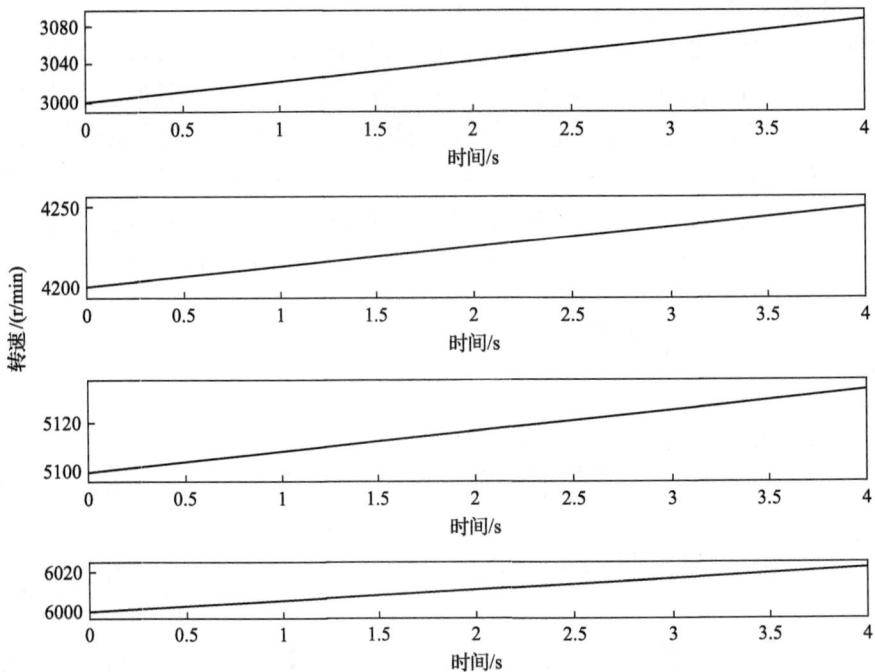

图 14-40　按剩余容量分配阵列算法转速响应曲线

直至接近额定容量时充能停止，转速不再变化，而初始转速较小，即剩余容量小的飞轮
其充能速度明显更快。由此可见，按剩余容量分配的飞轮阵列系统控制策略更符合实际
需求，可以获得更长的充放电时间。

# 参 考 文 献

[1] 戴兴建, 姜新建, 张剀. 飞轮储能系统技术与工程应用. 北京: 化学工业出版社, 2021.

[2] Busse A, Holtz J. Multiloop control of a unity power factor fast switching AC to DC converter//1982 IEEE Power Electronics Specialists Conference, Cambridge, 1982: 171-179.

[3] Akagi H, Kanazawa Y, Nabae A. Instantaneous reactive power compensators comprising switching devices without energy storage components. IEEE Transactions on Industry Applications, 1984, 20(1): 625-630.

[4] Green A W, Boys J T, Gates G F. 3-phase voltage sourced reversible rectifier. IEE Proceedings B: Electric Power Applications, 1988, 135(6): 362-370.

[5] 张兴, 张崇. PWM 整流器及其控制. 北京: 机械工业出版社, 2012.

[6] Ye Y, Kazerani M, Quintana V H. A novel modeling and control method for three-phase PWM converters//IEEE Power Electronics Specialists Conference, IEEE, Vancouver, 2001. DOI:10.1109/PESC.2001.954002.

[7] Zmood D N, Bode G H. Frequency-domain analysis of three-phase linear current regulators. IEEE Transactions on Industry Applications, 2001, 37(2): 601-610.

[8] Noguchi T, Tomiki H, Kondo S, et al. Direct power control of PWM converter without power-source voltage sensors. IEEE Transactions on Industry Applications, 1998, 34(3): 473-479.

[9] 郑斐之. 永磁同步电机无速度传感器直接转矩控制策略的研究. 太原: 太原科技大学, 2021.

[10] 朱丽霞. 基于 DSP 对永磁同步电机直接转矩控制技术的研究. 机械与电子, 2010, (12): 42-46.

[11] 孙云霞. 永磁同步电机直接转矩控制容错策略的研究. 兰州: 兰州交通大学, 2014.

[12] 吕飞, 王冕, 吉哲. 基于 SVPWM 永磁直线同步电机控制仿真与应用. 船电技术, 2022, (4): 61-64.

[13] 郭伟, 王跃, 李宁. 永磁同步电机飞轮储能系统充放电控制策略. 西安交通大学学报, 2014, (10): 60-65.

[14] 张兴. PWM 整流器及其控制策略的研究. 合肥: 合肥工业大学, 2003.

[15] Rojas A. Flywheel energy matrix systems-today's technology, tomorrow's energy storage solution//Proceedings of the Battcon 2003 Conference, Atlanta, 2003.

[16] Lazarewicz M L, Ryan T M. Integration of flywheel-based energy storage for frequency regulation in deregulated markets// Proceedings of the Power and Energy Society General Meeting, Minneapolis, 2010.